干扰分析

——面向频谱管理的无线电系统建模
Interference Analysis: Modelling
Radio Systems for Spectrum Management

［英］John Pahl 著

王 磊 吴 琦 译

电子工业出版社·
Publishing House of Electronics Industry
北京·BEIJING

内 容 简 介

本书全面介绍了无线电系统之间的干扰分析及其计算方法，内容包括国际频谱管理框架、干扰分析基础知识、电波传播模型、干扰计算与分析方法，以及适用于固定、广播、移动、卫星等特定无线电业务的专用干扰算法等。

本书内容全面，取材新颖，实例丰富，注重理论与实际应用相结合，可读性和实用性强。

本书适合无线电频谱管理行业人员阅读，也可作为通信和电子信息类专业研究生和教师的参考书。

图书在版编目(CIP)数据

干扰分析：面向频谱管理的无线电系统建模/（英）约翰·帕尔（John Pahl）著；王磊，吴琦译. —北京：电子工业出版社，2022.1
书名原文：Interference Analysis: Modelling Radio Systems for Spectrum Management
ISBN 978-7-121-42753-4

Ⅰ. ①干… Ⅱ. ①约… ②王… ③吴… Ⅲ. ①无线电通信干扰—研究 Ⅳ. ①TN972

中国版本图书馆 CIP 数据核字（2022）第 017997 号

责任编辑：窦　昊　　文字编辑：韩玉宏
印　　刷：北京七彩京通数码快印有限公司
装　　订：北京七彩京通数码快印有限公司
出版发行：电子工业出版社
　　　　　北京市海淀区万寿路 173 信箱　　邮编：100036
开　　本：787×1092　1/16　印张：28.5　字数：729.6 千字
版　　次：2022 年 1 月第 1 版（原著第 1 版）
印　　次：2024 年 5 月第 3 次印刷
定　　价：199.00 元

凡所购买电子工业出版社图书有缺损问题，请向购买书店调换。若书店售缺，请与本社发行部联系，联系及邮购电话：(010)88254888，88258888。

质量投诉请发邮件至 zlts@phei.com.cn，盗版侵权举报请发邮件至 dbqq@phei.com.cn。

本书咨询联系方式：(010)88254466，douhao@phei.com.cn。

序

自从人类认识并利用电磁波以来，电磁干扰就同步出现、如影相随。从某种意义上说，一部电磁应用发展演进史，就是人们与各种有意或无意电磁干扰进行"抗衡斗争"的历史，也是人们不断深入研究电磁干扰特性规律、确保电子信息系统电磁兼容性的历史。

当今世界，以万物智联为导向的数字浪潮迅猛发展，新一代移动通信、物联网、太空互联网等新产业加速演进，推动引导全球产业格局和信息安全环境发生深刻变革。电磁频谱作为一种战略性资源，广泛应用于无线通信、广播电视、导航定位、遥控遥测、射电天文、科学研究和国防军事等各个领域，在构建信息社会、推动经济发展和维护国家安全中的地位作用日益凸显。

近年来，伴随 5G、工业互联网、车联网等新基建新业态的持续发展，我国相关行业对频谱资源的需求急剧增加，无线电台（站）与设备数量呈现指数级增长，使得电磁环境愈加复杂，各类无线电系统之间的电磁干扰问题不断显现。与此同时，各国围绕优质好用频谱资源的竞争日趋激烈，欧美发达国家在频谱规则制定上的先发优势和技术优势长期存在，我国频谱使用遭受挤压围堵的态势短期内难以改变，统筹规划频谱资源、维护国家电磁空间安全的任务繁重艰巨。在这一形势背景下，王磊和吴琦两位青年学者立足学术前沿、紧贴现实需求，基于长期积累，倾注大量时间精力，共同完成《干扰分析——面向频谱管理的无线电系统建模》一书的翻译工作，将为国内无线通信和电子信息领域，特别是频谱管理行业人员提供一本难得的专业性著作。

衷心祝愿本书的出版能够吸引国内更多学者和有识之士关注电磁干扰问题，不断推动我国电磁频谱使用和管理水平迈上新台阶！

中国工程院院士

2021 年 11 月 16 日

译 者 序

无线电频谱作为一种战略性资源，具有无形无界、军民共用、世界多国共用、易受干扰等特征。频谱管理的主要目的是，使电子系统在预期环境中正常工作，不引起或不遭受无法接受的电磁干扰。随着电子信息技术的快速发展，特别是新一代移动通信系统和卫星互联网的建设运用，无线电系统（台站）数量越来越多，部署越来越密集，使得各种无线电业务之间、无线电系统之间和系统内部的电磁干扰问题愈发突出。各类有意和无意的电磁干扰直接妨碍无线电业务的安全运行，扰乱无线电台站用频秩序，甚至对日常生产与生活的正常进行、军事系统的效能发挥造成严重影响。因此，如何全面、准确认识干扰，科学分析预测干扰，有效消除规避干扰，不仅是军地频谱管理机构的一项重要职责，也是各级领导、用频部门和无线电用户高度关注的理论与实践问题。

开展干扰分析，掌握科学的方法是关键。本书英文版（原著）由国际频谱管理领域知名专家 John Pahl 撰写，是业内第一本全面系统阐述无线电系统之间干扰分析和计算方法的专著。原著有以下 4 个显著特点。

（1）内容体系完整。从介绍干扰分析的动机和国际电信联盟（International Telecommunication Union，简称 ITU 或国际电联）的基本情况入手，详细介绍了无线电系统、信号调制、多址接入、噪声、天线和链路预算等基础知识，系统论述了 15 种地面和地空电波传播模型及其适用场景，重点阐述了干扰分析的指标类型、通用方法和面向特定业务的专用算法，涵盖干扰分析、建模、计算和评估全过程，构建形成了面向频谱管理的无线电系统干扰分析理论体系，便于读者由浅入深、循序渐进地学习和掌握干扰分析相关知识。

（2）分析方法全面。着眼于干扰分析动机多元、需求多样的特点，基于原著作者在国际频谱管理领域多年的经验积累，结合国际电联、欧洲邮电主管部门大会、英国通信办公室和美国联邦通信委员会等组织机构的文献资料，详细介绍了各种干扰分析方法及其适用场景，包括静态分析法、最小耦合损耗分析法、输入变量分析法、解析法、区域分析法、动态分析法和蒙特卡洛分析法等，并给出每种方法的优缺点和选用原则，为读者在实际干扰分析中选用一种或多种组合方法提供参考。

（3）理论实用性强。为进一步阐明通用干扰分析方法在实际频谱管理业务中的应用情况，本书利用专门章节，详细介绍了适用于固定业务、专用移动无线电系统、广播业务、卫星地球站、GSO/NGSO 卫星、雷达系统和白色空间设备等业务或系统干扰分析的算法和流程，这些专用算法已被许多国家和国际频谱管理机构采用，具有较强的实用性。

（4）案例资料翔实。为帮助读者学习并理解其中的理论方法，本书给出了 170 多个具体案例和 420 多幅图表，其中相当一部分图表是由原著作者所在公司开发的专业软件生成的频谱工程案例结果。此外，为加深读者对相关专题的理解，还以电子表格程序或仿真文件形式给出了大量附加资料，可为读者开展实际干扰分析工作提供直接参考。

本书由王磊博士和吴琦教授共同翻译。为提高译文质量，重点把握以下 3 个原则。

（1）注重内容的准确性。在翻译过程中，译者参考了大量工具书和专业文献，对书中专业性较强的内容与业界专家进行了探讨和辨析，对有些把握不准的地方与原著作者进行了多次沟通交流，对个别不当或不畅之处进行了修正或完善，对书中一些未展开论述的引用内容追溯原文献进行核实，力求客观、准确地反映原著内容。

（2）注重术语的规范性。原著包含大量专业名词术语，其中有些术语或词语在国内文献中尚未出现。对此，译者依据国家法规中给出的无线电管理术语定义，以及国际电联文献中文版等权威资料，对相关术语进行统一核对，对于一些新出现或把握不准的词语，采用加注英语原文或以译者注的形式进行说明，力求避免产生歧义。

（3）注重译文的可读性。本书内容涉及电磁场理论、通信原理、概率统计和计算机仿真等多个学科，理论性、专业性较强，译者在注重内容准确规范的基础上，在译文撰写上尽量化繁为简、简洁明了。译文初稿完成后，组织相关专业的研究生研读和试用，并根据反馈意见进行了修正润色，以增强本书的可读性和实用性。

本书的主要适用对象为军地各级频谱管理机构及无线电通信行业的管理者和工程技术人员，也可供高校通信工程、电子信息类专业的研究生和教师使用。

衷心感谢中国工程院苏东林院士在百忙之中认真审阅书稿，给予了宝贵意见和建议，并为本书作序。感谢本领域相关同事和同行专家、学者对本书给予的热心指导和宝贵建议。感谢原著作者 John Pahl 对本书翻译工作的大力支持与帮助。感谢电子工业出版社积极引进本书，同时感谢 Wiley 出版社的帮助，使得本书能够尽快与读者见面。本书的翻译工作得到了国家自然科学基金项目的支持和资助，在此深表谢意。

期望本书能够为频谱管理前沿理论传播和行业发展贡献个人的绵薄之力。

由于译者水平有限，书中难免存在疏漏和错误之处，恳请广大读者批评指正。

译　者

原 著 致 谢

无线电频谱管理行业人才济济，欢迎朋友们发表真知灼见、不吝赐教。我想感谢的人非常多，以下只是其中一小部分，按照姓氏字母顺序排列为：Tony Azzarelli、David Bacon、Malcolm Barbour、Joe Butler、Ken Craig、Ian Flood、Paul Hansell、Dominic Hayes、Chris Haslett、Philip Hodson、Whitney Lohmeyer、Karl Löw、Bill McDonald、Steve Munday、John Parker、Tony Reed、John Rogers、François Rancy、Kumar Sigarajah 和 Alastair Taylor，以及 Wiley 出版社的团队成员 Victoria Taylor、Tiina Wigley、Sandra Grayson、Purushothaman Saravanan 和 Nivedhitha Elavarasan。

我还要对下列机构表示感谢。

- 国际电联。该机构允许我引用国际电联《无线电规则》和相关建议书等文献。
- 英国通信办公室（Ofcom）。该机构允许我引用其《咨询文件》和《频率指配技术标准》。
- 英国地形测量局。该机构允许我使用其 50m 地形和陆地数据库，以生成地表覆盖预测图。
- Transfinite Systems 公司。该公司允许我使用其仿真工具，并留出时间让我完成本书的写作。
- 通用动力（General Dynamics）公司。该公司为本书提供了实测天线方向图数据。

我和出版社尽最大努力来避免书中出现排版和印刷错误。若读者发现书中存在此类问题，非常欢迎通过电子邮件 johnpahl@transfinite.com 予以告知。

还要感谢以下机构和个人为本书提供信息。

本书封面图片采用 Visualyse Professional 制作。书中部分数据来源于美国航空航天局（NASA）的 Visible Earth 网站。书中部分图片采用 Visualyse Professional、Visualyse GSO、Visualyse Coordinate、Visualyse PMR、Visualyse Spectrum Manager 和 Visualyse EPFD 制作，这些工具均由 Transfinite Systems 公司提供。

书中部分数据来源于美国航空航天局的 Visible Earth 网站：其中陆地表面、浅水和云层数据由美国航空航天局戈达德（Goddard）航天飞行中心的 Reto stöckli 提供，海洋水色、影像合成、三维地球和动画由 Robert Simmon 制作。美国航空航天局分辨率成像光谱仪（MODIS）陆地小组、科学数据小组、大气层小组和海洋小组为本书提供有关数据和技术支持。此外，美国地质勘探局（USGS）地球资源观测系统（EROS）数据中心提供了地形数据，美国地质勘探局地面遥感弗拉格斯塔夫（Flagstaff）外场中心提供了南极洲数据，国防气象卫星项目提供了城市灯光数据。

原 著 序 言

无线电通信是无线电频谱的各种应用活动的总称。过去 30 年来，无线电通信已经成为人们日常生活不可分割的一部分。

电视和音频广播、卫星通信、无线电导航系统（如 GPS）、移动电话或智能手机、Wi-Fi、蓝牙系统或车库遥控门、雷达、应急或国防通信、飞机或海上通信、无线接力通信、气象无线电探空仪或卫星、科学或地球观测卫星、射电天文和深空任务等的应用均离不开频谱，并且这仅是不断发展的用频系统和应用的一小部分。

全球无线电通信领域的投资额已达数万亿美元，随着每天获取和交换数据量的增加，对该领域的投资还在持续增长。2015 年 5 月 17 日是国际电联成立 150 周年的纪念日，其重要使命就是为无线电通信领域的短期、中期和长期投资创造一个良好的共存生态环境。

国际电联的宗旨是确保无线电频谱和卫星轨道资源得到合理、高效、平等和经济的利用，落实并定期更新《无线电规则》是践行国际电联宗旨的重要保证。《无线电规则》作为规范全球所有国家频谱资源使用行为的国际协议，其最终目标是确保所有国家的无线电通信系统免受有害干扰，使这些系统及其当前和未来的相关投资得到保护。

为实现上述目标，需要业内专家对各国关于频谱使用的调整意见进行详细审查。这些专家来自世界各地，他们通过参加国际电联无线电通信部门研究组和工作组召开的各类会议，将其智慧毫无保留地贡献给无线电通信系统和应用发展事业。20 多年来，John Pahl 先生作为国际电联专家组成员，在促进复杂系统间干扰分析技术发展、制定频谱使用规则及其有效应用方面发挥着关键作用。

本书的出版得益于 John Pahl 先生长期参与国际电联无线电通信部门技术、运行和管理决策过程所积累的高层研讨经验。书中内容涵盖开展干扰评估所应该关注的各个方面，可为无线电通信系统设计或使用协调过程中的干扰分析提供参考。

随着频谱和轨道资源需求的不断增长，以及无线电系统设计、管理、频率指配和协调过程趋于复杂，对频谱资源利用效率提出了更高要求。我相信，John Pahl 先生的这本著作将成为辅助频谱管理人员、通信系统设计师和监管者日常工作的宝典，从而支持无线电通信业务发展，满足世界各国人民日益增长的需求。

François Rancy

国际电联无线电通信部门主任

原 著 前 言

图片来源：原著

这是我们曾留心关注的一座冰山。

我和 Tristan Gooley（作家兼探险家）曾驾驶一艘 32 英尺长的风帆游艇，从苏格兰起航，途经法罗群岛到达北纬 66°33′45.7″ 地区，在观赏了当地的极昼现象后，驶出北极圈，然后从北面抵达冰岛，驶往丹麦海峡，我们希望在那里看到向南漂移的冰山。虽然当时我们已收到英国海军领航员发布的冰山预报，但由于手头携带的冰海图已于一周前过期，因而急需获取最新的海况信息。

我利用铱卫星手机拨通了格陵兰岛上的电话。一个礼貌的声音告知我们，只要游艇与冰岛的距离保持在 50 海里以内就应该能保证安全。

虽然在这次通话前我从未使用过卫星电话，但实际上我涉足卫星通信领域已接近 20 年。正是在从事某非对地静止卫星轨道（NGSO）卫星移动电话系统的工作期间，我开始了解干扰分析技术和工程的基本知识。后来我逐渐发现这个领域涉及内容非常广泛，如运动目标、天线、链路预算、业务目标、临界值、分析方法、调制方式、覆盖范围等。

在这次海上航行中，我们并未看到冰山，不过后来有机会弥补了这个遗憾。有一次我们乘坐帆船从冰岛驶往格陵兰岛，在沿该岛东海岸驶向托斯里克（Tasiilaq）途中，曾近距离看到了冰山并拍下以上照片。

1912 年，一座类似冰山曾漂向大西洋并导致英国皇家邮轮泰坦尼克号沉没。虽然泰坦尼克号曾通过无线电发出紧急求救信号，但救援还是来得太迟了。受这次事故灾难的驱动，几个月后在英国召开的国际电报会议上一致同意设立国际救援频率，并促成现在称之为《无线电规则》的诞生。

关于《无线电规则》，我经历了一个不断学习的过程。首先研究国际电联无线电通信部门（ITU-R）的法规、建议书和报告，随后开始自己撰写文稿，并提交 ITU-R 批准，后来逐渐掌握了有关程序，并受邀主持过相关会议。

干扰分析涉及工程和法规两个领域，本书基本上涵盖了这两个方面的内容。

我衷心希望本书能够为学习上述专业知识的读者们提供帮助，使他们能够避开一些潜在的"冰山"。

John Pahl

目　　录

第1章 概　　述

所有无线电系统都使用电磁频谱。这意味着无线电接收机不仅捕获有用信号，还会接收到所有地方（包括整个地球甚至外太空）同时发射的其他信号。如果外星人真的存在，而且也在使用无线电技术，那么他们发射的无线电信号也会被地球上的接收机捕获。

尽管人们在日常生活中很少亲身经历通信设备（如电台、电视和移动电话）遭受干扰，但为了确保每一位用户的无线电设备发射信号不会引起其他用户设备严重降级（更常用的说法是干扰其他接收机），往往需要无线电工程师和管理者付出数年的辛苦努力。

干扰分析主要研究一个或多个无线电系统如何导致其他无线电系统的性能降级。它包括干扰电平预测技术、干扰是否可以容忍或是否可能导致设备严重降级（导致设备严重降级的干扰称为有害干扰）。

干扰分析通常要涉及多种类型的无线电系统，需要以天线设计和电波传播等其他专业为基础。因此，开展干扰分析需要熟悉众多领域知识，包括数学建模技术、统计学和几何学等。

本书可供所有从事干扰分析的人员使用，帮助他们理解可能用到的各种技术和方法。本书试图描述干扰分析所涉及的全部关键问题，给出面向期望结果的综合干扰分析方法。书中讨论了各种类型的干扰和指标，这些指标可用来确定干扰是可接受的还是有害的。

1.1　动机和目标受众

有许多原因促使人们开展干扰分析，主要包括：

- 系统设计：优化无线电系统设计，使系统性能达到最佳，同时减少本系统内部的电磁干扰、对其他系统的干扰和来自其他系统的干扰。
- 监督管理：确定哪些无线电业务可与其他无线电业务共用频谱，并将它们列在频谱管理者所使用的频率划分表中。
- 频率指配：确定管理部门是否可以颁发新执照（如向出租车公司）且不会引起或遭受有害干扰。
- 协调交流：两个无线电系统运营商（或国家）通过协商，确定各自接收机的频率，以免受其他传输影响的方法。

本书适用于那些对无线电系统（特别是工作在 30MHz 以上频段）之间的干扰感兴趣的人们，可能包括：

- 国家频谱管理机构工作人员：他们可能正与来自邻国的代表商讨签署双边协议，以保护各自国家的无线电系统免受干扰。这时需要确定双方都能接受的干扰电平限值，以及审核或计算该电平的方法。

- 移动运营商频谱管理团队：他们希望为下一代宽带移动通信申请新的频段。为此，他们需要向国际组织特别是在国际电联相关会议上证明，他们所提出的方案能使有限的无线电频谱资源得到最高效利用。
- 卫星运营商：他们可能正与其他卫星运营商协调，以确保相互不产生有害干扰。为此，需要通过协调确定各自卫星波束内的信号电平，包括应该确定哪些指标，以及如何评估其他公司提出的建议。
- 咨询公司：他们可能正协助航空界确定能为商用飞机提供宽带服务的频段。为此，需要提出频谱共用方案，并向有关机构证明这些方案的安全性。
- 国家频谱管理机构：这些机构收到向某业务（如陆地移动或固定链路）颁发新执照的申请，需要确定有关申请是否会对现有合法用户产生干扰，或者是否会遭受合法用户的干扰。
- 正在学习电子工程、通信系统或仿真技术的学生：他们希望深入了解干扰分析和无线电系统建模知识。
- 有关学术研究机构。

1.2　本书结构

本书各章的主要内容如下。

第 2 章是动机，主要讨论人们开展干扰分析的原因，包括管理框架、国际组织和工作方法。

第 3 章是基础概念，主要介绍无线电工程基础概念，包括调制、接入方法、天线、噪声计算、几何结构和动态性、链路预算及相关特性。

第 4 章是电波传播模型。发射机和接收机（包括有用信号或干扰信号）之间的电波传播模型不同，干扰分析结果会存在很大差别。因此，在选用传播模型之前，必须掌握各种传播模型的应用场景。

第 5 章是干扰计算，主要说明如何运用前面各章的概念来计算干扰，包括集总效应、极化调整、同频与非同频、干扰限值、干扰分配和干扰消除。

第 6 章是干扰分析方法，主要介绍静态分析法（结果为单一数字）、动态分析法、蒙特卡洛分析法和区域分析法等，每种方法的复杂度不同，且各有优劣。为具体阐明这几种方法，通过下面两个案例说明如何将它们应用于频谱共用分析。

- 在 C 频段卫星地球站周围部署长期演进（LTE）网络基站。
- NGSO 卫星移动业务（MSS）系统和点对点固定链路之间的频谱共用分析。

第 7 章是特定业务和专用算法。许多业务和共用场景，如广播、专用移动无线电、白色空间设备和卫星协调等，具有专用、开源的性能分析算法，可为开展干扰分析提供支持。

1.3　各章结构和附加资料

每章的开头通常简要介绍该章内容，结尾给出延伸阅读指南。对于各章中介绍的计算方法，尽量给出具体案例，以便于读者在实际工作中应用。此外，为加深读者对相关专题的理解，书中还给出了如下附加资料。

- 用于支持链路预算、几何转换等标准计算的电子表格程序。
- 为所讨论的场景配置的案例仿真文件。

这些附加资料可从 Transfinite Systems 公司网站下载。

书中的全部计算尽可能使用国际单位制。

1.4 案例研究：如何观察干扰

通常，不同类型的无线电系统之间很少产生无意干扰。需要指出的是，任何人都不应有意干扰他人的无线电系统，大多数国家的法律均将这种行为视为刑事犯罪。不过，你可以利用自己的免执照无线电接收机，试着观察干扰对接收机的影响，查看设备工作性能是否发生变化。

你可选择 Wi-Fi 所使用的 2.4GHz 频段开展上述实验，因为包括微波炉在内的许多系统均使用该频段。尽管这些设备采取了屏蔽措施，但难免会有所泄漏，这些泄漏的电磁信号可能成为影响通信设备的干扰源。有时，这些泄漏信号还会对射电天文等敏感业务造成影响。2015 年，位于澳大利亚的帕克斯射电望远镜探测到一种名为"perytons"的不同寻常信号，后来证实该信号来自天文台内的一台微波炉，该微波炉在 1.4GHz 和 2.4GHz 频率上发射脉冲信号（Petroff 等，2015）。

例如，图 1.1 给出了两种实验场景，测试对象为智能手机与 Wi-Fi 接入点的宽带传输速率。在 A 场景中，智能手机距离微波炉 0.5m，距离 Wi-Fi 接入点 5m，Wi-Fi 的工作频率为 2.4GHz（而非其他频率，如 5GHz）。

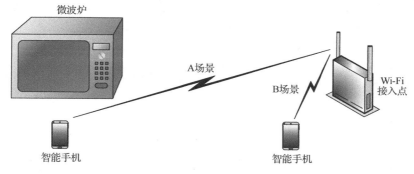

图 1.1 用于检测干扰的家庭实验装置

在微波炉打开和关闭两种状态下，分别测试智能手机的宽带传输速率，测试结果如表 1.1 所示。

表 1.1 场景 A（智能手机靠近微波炉）的测试结果

微波炉	关闭	打开
测试 1	9.38Mbps	0.72Mbps
测试 2	9.40Mbps	____①

① 智能手机因报告"网络通信问题"而未完成宽带传输速率测试。

在 B 场景中，智能手机被移至距离 Wi-Fi 接入点 0.5m，距离微波炉 5m，这时对应的测试结果如表 1.2 所示。

表 1.2   场景 B（智能手机靠近 Wi-Fi 接入点）的测试结果

微波炉	关闭	打开
测试 1	9.40Mbps	7.24Mbps
测试 2	9.38Mbps	6.43Mbps

通过上述测试可得出如下结论。

- 微波炉可导致智能手机无线通信链路性能降级。
- 性能降级的程度取决于智能手机与 Wi-Fi 接入点和微波炉之间的距离。

你可以在家里重复上述实验，根据所选用的设备类型和宽带链路参数的不同，所得到的测试数据会有差异。注意微波炉内不能放置任何电子设备。

在以上案例中，当宽带传输速率从 9.4Mbps 降至 6～7Mbps 时，虽然通信质量降级，但仍然可以实现通信。在干扰分析中，一个关键问题是如何认定干扰处于可接受水平，以及如何定义"有害干扰"。

以上通过实际测试介绍了干扰是如何导致通信质量降级的。本书的主题就是论述可用于预测干扰是否发生的工具和方法。

重要声明

    本书使用的所有系统及其参数仅用于示例目的。若研究中需要引用本书案例，则应以相关引用文献为准，特别是注意参考最新文献。

第2章 干扰分析的目的

本章讨论干扰分析的目的。从该问题的背景引出与干扰分析有关的管理框架，重点介绍国际电联（ITU）的相关工作。

首先讨论为何开展干扰分析，哪些因素引出干扰分析的需求，然后介绍干扰分析所涉及的国际和区域管理组织。鉴于这些组织机构的重要性，本章还介绍了他们的工作程序及其处理输入文件中研究结果的方法。

2.1 为何开展干扰分析？

20世纪20年代，美国的商用无线电台站发展迅速。至1926年，（美国）全国共有536座发射台，但仅有89个可用信道。为应对信道拥挤问题，各发射台竞相增大发射功率，以抵消竞争对手发射信号的影响。这种做法必然导致混乱，使得无线电台站成为"巴别塔"*。当时《纽约时报》曾报道，人们只能从广播中听到"卖花生（peanut stand）的口哨声"（Goodman，未注明日期）。

上述事例是一起典型的"公地悲剧"（Wikipedia，2014c）。"公地悲剧"是由经济学家Garrett Hardin提出的概念，是指如果一种有价值的资源被免费使用，它就会被过度利用到无法使用的程度。无线电频谱无疑是有价值的，因为它能够支持无线电广播台工作，如果没有无线电频谱，商业广播甚至都不会存在。但问题在于，如果不对无线电频谱的使用加以控制，就会引发无线电系统之间的干扰，并导致运营商无法获得其所期望的服务质量（QoS）。

要解决上述问题，就要建立用于控制无线电频谱接入的管理制度。为此，美国随后制定了《1927年无线电法案》，并基于该法案成立了专门政府机构——联邦无线电委员会（FRC）。该委员会被赋予管理无线电频谱的职权，并负责为无线电台站颁发执照。台站执照要求运营商通过控制干扰以达到所期望的服务质量。后来类似的制度框架和频谱管理机构在全球各国得到推广，并被载入国际电联《无线电规则》（RR）。

上述管理架构之所以得以建立，源于人们对频谱效率的追求，即希望尽可能高效地使用无线电频谱这一有限的自然资源。一般来讲，限制频谱使用的主要因素是干扰。因此，了解、预测和管理干扰是有关机构、国家和国际组织开展频谱管理工作的核心内容。

干扰分析可被测量替代，即除采用复杂计算方法来预测干扰电平之外，也可通过现场测量感知实际干扰电平，用于替代干扰分析。

在某些情况下（如预测结果验证），现场测量确实可用来支持干扰分析，但并非完全适用，这是因为：

（1）测量的经济成本远高于分析预测。采用计算机上的标准软件工具，只需几分钟时间，

---

* 宗教传说中的高塔，比喻人类狂妄自大最终只会落得混乱的结局。——译者注

就可完成包含数千个测试点的大范围区域的干扰电平计算。而如果将这些设备、发射机和接收机部署到现场开展测量，则所需费用会非常高。对于卫星系统的测量，所需费用会更高。

（2）测量可能非常耗时。例如，地面双向点对点链路的可用度要求非常高，年可用率最高可达 99.999%。若采用测量方法来评估该链路的可用度，为满足统计学上的显著性要求，则需要在一年时间内至少测得 200 万个样本。实际中运营商不可能为该链路预留如此长的测量准备时间。

基于这些原因，在大多数情况下，开展干扰分析比测量更加高效，费用也更低。

2.2　频谱使用方式调整的驱动力

之所以需要开展干扰分析，主要与新无线电系统的应用有关。这里有必要说明一下驱动这种变化的几种因素。众所周知，电信行业正处于一个空前的大发展时期，大量创新性的无线电频谱使用方式不断涌现。推动这种频谱使用方式调整的外部因素如下。

- 经济：由于大规模生产降低了设备价格，使得新业务的应用变得可行，同时随着各国的经济发展和 GDP 增长，可以负担更新更先进的系统。
- 技术：人类可利用的频率越来越高，NGSO 卫星星座投入运行，网络或机器对机器（M2M）通信的发展。
- 市场：用户对新业务的需求，对更高数据速率、更好移动性或科学测量新方法的需求。
- 数据：随着人们对无线电波和设备特性的理解越来越深入，需要提高传播模型的准确度。

虽然工业的发展往往源自所谓的"庞大规划"，但个人的动机有时也起着很大作用。例如，铱卫星移动系统之所以获得发展，部分原因是摩托罗拉首席执行官 Bary Bertiger 的妻子提出的一个问题。这对夫妇在巴哈马群岛度假期间，Karen Bertiger 问她的丈夫能否发明一样东西，使她无论在哪——甚至在遥远的岛上度假——都能给家里打电话。这个问题问得正是时候，因为当时技术的快速发展已经能够使这种设备变为现实。

许多频谱使用方式调整往往由一个或多个组织发起，然后很快得到更多组织的响应，后者还会提出新的意见和建议，有些建议甚至是颠覆性的。

有些频谱使用方式调整的影响可能很小，如仅仅根据新的测量结果对传播模型的参数进行调整。但有些频谱使用方式调整可能会主导国际电联议程长达数年，如 IMT-2000 标准的发展或 NGSO 卫星固定业务（FSS）的发展提案（如来自 Teledesic 公司和 SkyBrige 公司）等。

无论是作为频谱使用方式调整的发起者还是响应者，都应确保这种调整不会对其他组织造成有害干扰。由于依赖无线电频谱的可靠接入的行业规模可能达数十亿美元，若未对频谱使用方式调整方案进行干扰分析，则有可能带来巨额经济损失。

2.3　管理制度

为了对各类无线电频谱使用方式调整进行管理，各国和国际组织已经建立了一套复杂的管理制度。为介绍这套制度的基本情况，这里以其中的重要部分——国际电联《无线电规则》为例进行说明。《无线电规则》包括 4 卷。

（1）条款（436 页）。

（2）附录（826 页）。

（3）决议和建议书（524 页）。

（4）引证归并建议书（546 页）。

2012 年发布的英文版《无线电规则》总共有 2 332 页，这些还仅是对各国具有约束力的法规文件的一部分，也被认为是最重要的无线电管理法规之一。

下面首先以专用移动无线电（PMR）系统为例，介绍无线电频谱管理的基本概念。专用移动无线电也称商用无线电（BR），可用于运输公司与司机之间联络。假设，目前已经建立了一个 PMR 系统基站网络，工作频段为 420~430MHz，运营商希望再建设一个基站网络，以提高网络的覆盖范围，如图 2.1 所示。

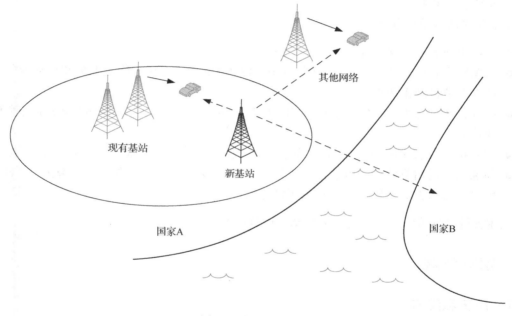

图 2.1　新基站部署图

专用移动无线电运营商如何才能获取主管部门批准，从而使新基站网络投入运行呢？

首先，规划新基站的运营商需要确定系统的部署位置、功率等特征参数，并决定系统的工作频率应与现有基站工作频率相同或是需要申请新的频率。这项工作应作为系统设计的一个环节，并通过干扰分析才能确定。运营商确定专用移动无线电系统参数后，就可向相关国家的主管机构（本例中为国家 A）申请执照。

各国负责对其领土范围内运行的无线电系统实施管理，确保这些系统符合本国法规及其认可的国际法规。国家无线电管理法规通常会包含针对专用移动无线电工作频段的限制要求，以确保新设无线电电台不会引起或遭受现有用户不可接受的性能降级。因此，为确保新设电台能够获取合适的指配频率，通常需开展干扰分析。

另外，新系统也可能引起或遭受位于邻国 B 的无线电系统的干扰。对这个问题进行评估的过程被称为国际协调。国际协调过程同样离不开干扰分析的支持。

如果上述步骤全部完成，运营商就可获取新基站在特定频率工作的执照（该工作频率由运营商提出或在频率指配过程中选定，如图 2.12 所示）。

可见，上述频率审批过程包含以下控制点。

● 新基站不会对运营商的其他无线电系统造成有害干扰。
● 所申请指配频率为分配给陆地移动业务（LMS）的频率。
● 所申请或选择的频率不会产生能使现有网络或其他网络性能降级的干扰。
● 新基站参数应符合所在国与相关邻国的协议要求。

但问题在于，如何将无线电频率划分给特定业务？如何制定邻国之间的用频协议呢？开发能够支持这两项管理工作的工具通常需要花费数年时间，且需要开展大量干扰分析活动。同时，国家主管机构所采用的频率指配方法也包含干扰分析过程，该分析过程往往也需要通过多年研究才能完成。

本节案例所涉及的基本管理支撑条件包括：

● 无线电业务的定义（如陆地移动业务）。
● 国家频率划分表（例如，在英国，420～430MHz 频段可用于固定业务和移动业务，包括许多节目制作和重要事件）。
● 国际频率划分表（例如，420～430MHz 频段可用于除航空业务之外的固定业务和移动业务）。
● 频率指配方法［例如，7.2 节中描述的英国移动频率指配系统（MASTS）算法］。
● 与邻国开展用频协调的方法，包括双边协议、区域协调程序［如协调计算方法（HCM）协议］或《无线电规则》第 9 条所描述的协调程序。

上述各种管理方法和工具将在后续章节中详细介绍。

2.4　国际法规

2.4.1　历史和结构

国际电联是联合国最早成立的专门机构。1865 年 5 月 17 日，国际电联的前身国际电报联盟成立，主要任务是建立各国间电报业务的标准化法规（ITU，未注明日期）。国际电联总部起初位于瑞士伯尔尼，当时爱因斯坦曾在该市专利办公室工作。1948 年，国际电联迁至瑞士日内瓦并延续至今。

20 世纪初期发生的一系列事件催生了对无线电波和电报系统的管理需求。首先是普鲁士亲王亨利（Prince Henry of Prussia）从美国启程回国时，他利用无线电发出的礼节信息无法被接收，原因是他使用的船载无线电设备与海岸设备属于不同国家生产的不同型号。另一个严重事件是泰坦尼克号沉船事故，由于当时与其相距最近的加州人号（SS Californian）未能接收到无线电求救信号，导致此次事件伤亡惨重。

为防止类似事件发生，1912 年召开的国际无线电电报会议（和其他相关会议）确立了沿用至今的无线电制度框架，包括制定《无线电规则》和针对特定业务的波长使用协议。1932 年，国际无线电电报会议决定自 1934 年 1 月 1 日起将其名称改为国际电联。

目前国际电联顶层架构如图 2.2 所示，图中主要列出了与无线电通信有关的部门机构。

图 2.2 和图 2.4 所使用的有关图例如图 2.3 所示。

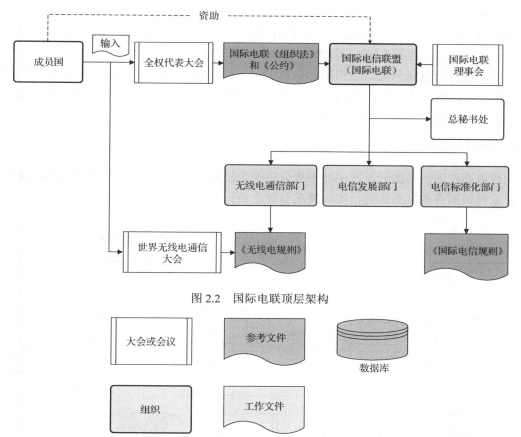

图 2.2　国际电联顶层架构

图 2.3　国际电联组织图例

国际电联最重要的法规文件是国际电联《组织法》和《公约》，这两项法规均由国际电联全权代表大会制定，主要规定国际电联的宗旨和工作方法。国际电联全权代表大会是国际电联的最高议事机构，其参与国均为联合国正式成员国。

通常，上述高级别会议和有关文件并不直接涉及干扰分析内容，但了解一下与干扰分析有关的国际电联组织和程序方面的规定还是有必要的。例如，国际电联的宗旨包括：

1a）保持和扩大所有国际电联成员国之间的国际合作，以改进和合理使用各种电信资源。

特别是，国际电联应该：

2a）实施无线电频谱的频段划分、无线电频率的分配和无线电频率指配的登记，以及空间业务中对地静止轨道卫星的相关轨道位置及其他轨道中卫星的相关特性的登记，以避免不同国家无线电台之间的有害干扰。

上述条款的目标——如通过无线电频率分配和频率指配的登记以避免有害干扰——对于将干扰分析应用于管理研究非常重要，后续章节将对这些问题进行详细讨论。

国际电联的工作主要分布在 3 个部门。

（1）"R 部门"：无线电通信部门负责无线电通信业务相关协调工作，包括在国际层面对无线电频谱和卫星轨道实施管理。

（2）"D 部门"：电信发展部门致力于促进电信活动的市场化发展，重点推动数字红利释放和协调各国合作事宜。

（3）"T 部门"：电信标准化部门负责制定用于规范互联网和语音通信等业务运行的建议书。

国家电联设有总秘书处，承担国际电联的秘书性职能。同时，国际电联理事会"在两届全权代表大会之间，作为国际电联的管理机构，为国际电联制定政策和战略规划提供报告"。此外，国家电联还组织召开国际电联全球电信大会及区域性会议等。

2.4.2　无线电通信部门

无线电通信部门是国际电联中与干扰分析关系最密切的部门，其主要组成如图 2.4 所示。若读者觉得该图有些复杂的话，实际情况有过之而无不及。

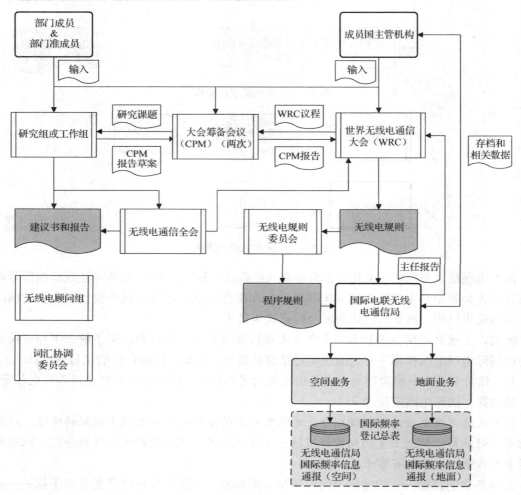

图 2.4　国际电联无线电通信部门主要组成

了解国际电联发布的主要文献和数据库，是理解图中各组成要素之间关系的最好方法，其主要包括：

- 《无线电规则》。
- 建议书和报告。
- 地面业务和空间业务数据库。
- 《程序规则》。

下面将结合有关工作组和委员会，对这些文献进行介绍。

2.4.2.1　《无线电规则》

《无线电规则》是国际电联的主要法规文件，是对国际电联成员国有约束力的国际条约文件，2.4.3 节将对其进行详细介绍。

《无线电规则》由世界无线电通信大会（WRC）审核通过。世界无线电通信大会通常简称为大会，用以表明其为最高层次的会议，可以不受国际电联无线电通信部门的限制做出决定。

国际电联无线电通信部门的一项重要工作是为世界无线电通信大会拟制议程，该议程需在前一届大会的最后阶段审核通过。大会可以讨论由成员国提出但未列入议程的问题，但考虑到每届大会工作量往往非常饱满，因此会着重处理经前一届大会确定的议题。同时，优先审议既定议题的另一个原因是，这些议题已经过了长时间充分研究，并且完成了无线电通信部门的相关程序。

每届世界无线电通信大会的重要成果之一是确定下届大会的议程，该议程是在会前广泛讨论的基础上，提交大会筹备会议（CPM）第一次会议上讨论，并在会上确定有助于解决世界无线电通信大会议题的研究课题，以及国际电联无线电通信部门的课题分工。

各研究组（SG）及其所属工作组（WP）围绕每项议题所涉及的问题开展研究，其中需要开展包括干扰分析在内的大量研究工作。这些研究通常作为以下机构工作成果的输入文件。

- 成员国，通常为负责该国频谱管理的机构，也称为主管机构。
- 部门成员和部门准成员：这是国际电联为非国家组织参与其活动所设立的两种身份，其成员包括各国公司和商贸组织等。这些成员可以参与相关课题研究，参加世界无线电通信大会，但在国际电联做出相关决策时没有投票权。

在大会筹备会议第二次会议上，各研究组的成果被汇编为一个单一文件——大会筹备会议报告，并提交世界无线电通信大会审议。两届世界无线电通信大会的间隔时间称为周期，周期时间的长短通常由大会议程内容决定。

2.4.2.2　建议书和报告

除《无线电规则》外，国际电联还发布大量建议书（Recommendation）和报告（Report）。这些建议性质的文献主要阐述最佳工作实践、实用算法和方法、无线电系统表征方法、干扰门限和术语等，可供参与各研究组和工作组的主管机构使用。

维护修订建议书和报告是各研究组和工作组的一项主要任务，这项任务通常随汇编大会筹备会议报告同步进行。

国际电联建议书中，有些可支持大会工作（也可能被引证归并入《无线电规则》），有些可用于支持设备型号核准，有些可供后面将要讨论的干扰分析参考。

要提出新建议书和报告或修改已有建议书和报告，必须首先提交输入文稿，并以通信方式或经无线电通信全会（通常简称为无线电全会或 RA）审批。

2.4.2.3　地面和空间业务国际频率信息通报

国际电联无线电通信局的一项重要工作是维护用于地面和空间系统频率指配的登记表。登记在国际频率登记总表（MIFR）中的所有频率指配均享有免受未来频率指配的有害干扰的权利。MIFR 遵循的基本原则是对先登记的频率指配进行保护，使其免受未来其他国家频率指配的干扰，提交至无线电通信局的所有新频率指配申请，应通告所有国家主管机构，并要求他们确认该申请是否会带来潜在干扰。上述过程将在 2.10 节中详细讨论。

有关数据将通过下列两种国际频率信息通报（IEIC）分发至各国主管机构。

- 地面业务国际频率信息通报。
- 空间业务国际频率信息通报。

这两个数据库根据各国主管机构向无线电通信局提交的新存档定期更新。

无线电通信局将依据《程序规则》（将在 2.4.2.4 节介绍）对有关频率指配是否符合《无线电规则》进行审查。

2.4.2.4　《程序规则》

国际电联《组织法》第 14 条规定，由无线电规则委员会（RRB）负责将《无线电规则》转化为具体程序，用于处理各国主管部门向国际电联无线电通信局提交的频率指配申请。这一规定的内容如下：

2.　无线电规则委员会的职责包括：

a）按照《无线电规则》和有权的无线电通信大会可能做出的任何决定，批准《程序规则》，包括技术标准。这些《程序规则》将由无线电通信局及其主任在应用《无线电规则》登记成员国的频率指配时使用。这些规则应以透明的方式制定，并应听取各国主管部门的意见，而且，如仍存在分歧，则将问题提交下届世界无线电通信大会。

2.4.2.5　其他组织和委员会

除了上述组织和文献之外，国际电联无线电通信部门还包括如下组织和委员会。

- 无线电通信顾问组（RAG）：其职责包括为研究组的工作提供指导，提出与其他机构和国际电联其他部门加强合作与协调的建议。
- 词汇协调委员会（CCV）：其主要职责是确保词汇的一致性，包括缩略词、缩写词和相关议题（如物理单位）等。

需要指出的是，图 2.4 并未涵盖上述组织之间及与其他组织和委员会之间的关系，而且这种关系本身也会发生变化。例如，在 2015 年之前，依据 ITU-R 第 38 号决议（该决议在 2015 年无线电通信全会上被终止），无线电通信全会曾成立处理规则/程序事务的专门委员会（SC）。

2.4.3　《无线电规则》

《无线电规则》并非一部需要逐页阅读的大部头书籍，但仍有必要尽可能多地熟悉这部法规的主要内容，至少应了解它的编排结构。本节介绍这部法规的关键主题，但并不能以此来代替对法规的阅读，因为只有通过阅读才能了解你所在组织感兴趣的频段使用规则。

每届世界无线电通信大会闭幕后不久，通常会发布《无线电规则》的修订版，近年来发布的 3 部《无线电规则》包括：

（1）2004 年版《无线电规则》（ITU，2004）。

（2）2008 年版《无线电规则》（ITU，2008）。

（3）2012 年版《无线电规则》（ITU，2012a）。

本书的大多数内容基于 2012 年版《无线电规则》，在必要情况下还包括 2015 年世界无线电通信大会有关修订意见*。

2.4.3.1　原则、术语和业务

《无线电规则》在开头部分规定了若干原则，其中较为重要的原则包括：

- 第 0.2 款：应通过"将所使用的频率数目和频谱限制到能够满意地开放必要业务所需的最低限度"，以提高频谱使用效率。
- 第 0.3 款：这是因为"无线电频率和对地静止卫星轨道是有限的自然资源"。
- 第 0.4 款：同时所有"电台，无论其用途如何，在建立和使用时均不得造成有害干扰"。

接着给出了有关重要术语和业务的定义，包括以下 3 个术语。

第 1.16 款　（频带的）划分：是频率划分表中关于某一具体频段可供一种或多种地面或空间无线电通信业务或射电天文业务在指定的条件下使用的记载。该术语也适用于所关注的无线电频带。

第 1.17 款　（无线电频率或无线电频道的）分配：是指经有权的大会批准，在一份议定的频率分配规划中，关于一个指定的频道可供一个或数个主管部门在规定条件下，在一个或数个经指明的国家或地理区域内用于地面或空间无线电通信业务的记载。

第 1.18 款　（无线电频率或无线电频道的）指配：是指由某一主管部门对给某一无线电台在规定条件下使用某一无线电频率或频道的许可。

理解频率划分、分配和指配的概念是开展频谱管理工作的基础。

频率划分表（将在 2.4.3.2 节介绍）将频段划分给特定无线电业务。之所以选择这些无线电业务，是因为通过开展包括干扰分析在内的研究表明，这些业务可以相互兼容，即这些无线电系统（如频率指配）只要遵循既定的程序或约束条件，就可以避免产生有害干扰。频率指配过程通常包括针对特定场景的干扰分析，如 2.3 节给出了陆地移动系统的例子。若频率使用场景已经（通过频率划分表）确定，就可基于有关程序和算法来确定特定频率指配的兼容性。

频率分配主要用于预留那些将要投入使用的信道和/或对地静止卫星轨道位置，它为相关主管机构提供了灵活性，以防止频谱资源被先前用户独自占有，而不能为其他主管机构特别是新兴市场国家预留足够的频谱接入。频率分配程序除用于预留频率和对地静止卫星轨位外，也适用于地面广播业务的管理，如 2006 年日内瓦区域无线电会议（GE06）等。

频率划分表规定了各种无线电业务的工作频段，《无线电规则》开头部分给出了这些无线电业务的定义，如地面业务包括：

---

*2016 年和 2020 年版《无线电规划》已经可以免费下载。——译者注

- 业余业务。
- 广播业务（BS）。
- 固定业务（FS）。
- 移动业务（MS），如陆地移动业务（LMS）、航空移动业务（AMS）、水上移动业务（MMS）等。
- 无线电测定业务。
- 无线电定位业务。
- 无线电导航业务，如水上无线电导航业务和航空无线电导航业务等。
- 标准频率和时间信号业务。

除地面业务外，还有空间业务，例如：

- 卫星业余业务。
- 卫星广播业务（BSS）。
- 卫星地球探测业务（EESS）。
- 卫星固定业务（FSS）。
- 卫星间业务。
- 卫星气象业务。
- 卫星移动业务（MSS），如卫星航空移动业务（AMSS）等。
- 卫星无线电测定业务。
- 卫星无线电定位业务。
- 卫星无线电导航业务（RNSS），如卫星水上无线电导航业务和卫星航空无线电导航业务等。
- 空间操作业务。
- 空间研究业务。
- 卫星标准频率和时间信号业务。

此外，还有一种业务既属于地面业务，也可属于空间业务，即：

- 射电天文业务。

上述部分业务还可以继续划分为次业务和子业务。例如，航空业务可细分为航线（R）和非航线（OR）业务，前者适用于沿既定航线飞行的民航通信。卫星业务可按照地-空方向和空-地方向进一步细分。

无线电业务的划分与其所对应的台站类型密切相关，如移动台站的运行属于移动业务，固定台站的运行属于固定业务等。

频段也可基于特定技术体制［如国际移动通信（IMT）］进行分类。这种分类并没有特定的法规依据，仅仅是管理部门对某频段的一种称谓，表明该频段适用于特定技术，并鼓励设备制造商参与（区域或全球）协调进程。

需要指出的是，目前对于《无线电规则》中无线电业务划分的有效性及固定和移动业务的划分界限仍有争议。例如，有关机构近期对基于移动平台的地球站（ESOMP）特别是船载和机载地球站开展了大量共用分析研究。这类地球站尽管属于移动台站，但由于其与属于卫星固定业务的空间站保持通信，也被称为移动地球站（ESIM）。

　　这里之所以提及固定业务和移动业务的混淆问题，主要是因为在所有频谱共用场景中，天线方向图都是一个关键考虑因素，也是选择干扰分析方法的基础。干扰分析方法不直接涉及固定业务和移动业务的区分，但需要讨论定向或非定向天线以及两者最小增益值的区别。这些问题似乎并不足以引起重视，但它的确会对许多干扰分析研究产生影响。

　　下面介绍与本书密切相关的干扰的定义，包括：

　　第 1.166 款　干扰：由于一种或多种电磁发射、辐射、感应或其组合所产生的无用能量对无线电通信系统的接收产生的影响，其表现为性能下降、信息误读或信息丢失，若不存在这种无用能量，则此后果可以避免。

　　第 1.167 款　允许干扰[*]：观测到的或预测的干扰，该干扰符合国家或国际上规定的干扰允许值和共用标准。

　　第 1.168 款　可接受干扰：干扰电平虽高于规定的允许干扰标准，但经两个或两个以上主管部门协商同意，且不损害其他主管部门利益的干扰。

　　第 1.169 款　有害干扰：危害无线电导航或其他安全业务的正常运行，或严重地损害、阻碍，或一再阻断按规定正常开展的无线电通信业务的干扰。

　　在上述干扰定义中，本书中使用最多的是干扰和有害干扰。

2.4.3.2　频率划分表

　　频率划分表被列在《无线电规则》第 5 条，是整个《无线电规则》的核心内容，主要是将频段划分给国际电联 3 个区域的各类无线电业务。

　　（1）1 区：欧洲和非洲[*]。

　　（2）2 区：美洲。

　　（3）3 区：亚洲[**]。

　　适用于某个国家的特定频率划分通过脚注形式给出。

　　一个频带被划分给多种业务时，这些业务按下列顺序排列。

　　（1）主要业务：业务类型采用大写字母表示，具有较高优先级。

　　（2）次要业务：业务类型采用小写字母表示，具有较低优先级。次要业务不应对主要业务引起有害干扰，且必须接受来自主要业务的干扰。

　　此外，还可以进行更详细的划分。例如，有些业务被称为高级主要业务（super-primary service），这些业务的脚注或其他法规要求其他主要业务必须为它提供保护，以防止对其产生有害干扰。

　　主要业务或次要业务的概念将对用于识别有害干扰的限值产生显著（有时是明确）的影响。

　　表 2.1 给出了频率划分表（ITU，2012a）的例子，需要注意：

● 当 3 个区域具有相同频率划分和脚注时，则在表的左侧列出频率范围，在表的中间和右侧共同列出所划分业务。

● 当每个区域具有不同频率划分和/或脚注时，则在表中该区域的上方列出频率范围。

● 频率范围的单位在其标题中给出，如本例中为 MHz。

＊ 原著提示包括俄罗斯。——译者注

＊＊ 原著提示包括伊朗和中国。——译者注

① 第 1.167.1 款和第 1.168.1 款：术语"允许干扰"和"可接受干扰"主要用于主管部门之间的频率指配协调。

- 不同区域所划分的频率范围和业务类型会存在很大区别，如本例中关于移动业务的划分。
- 大多数业务都希望能进行全球或区域频率划分，因为这样有助于促进设备的兼容性，但实际中很难实现。
- 有必要对所有脚注进行审核，以防有误。

对无线电业务进行次类划分有助于消除干扰。例如，由于航空业务的无线电发射会覆盖大片区域，因此很难与其他业务共用频率，这也使得表中时常出现"移动（航空移动除外）"的说明。同样地，对卫星业务添加"空对地"是指地球站只收不发，从而也指明了需要分析的干扰场景类型。

本书第 6 章给出了 IMT 与卫星地球站频率共用的例子，其使用频率位于表 2.1 中。其脚注 5.430A 将在例 5.48 中描述。注意 2015 年世界无线电通信大会（ITU，2015）已对表 2.1 中的划分做出重要修改，增加了移动业务划分和关于 IMT 的说明（主要通过脚注方式）。

表 2.1　摘自《无线电规则》关于 2 700～4 800MHz 划分表

划分给以下业务		
1 区	2 区	3 区
3 100～3 300	无线电定位 卫星地球探测（有源） 空间研究（有源） 5.149　5.428	
3 300～3 400 无线电定位 5.149　5.429　5.430	3 300～3 400 无线电定位 业余 固定 移动 5.149	3 300～3 400 无线电定位 业余 5.149　5.429
3 400～3 600 固定 卫星固定 （空对地） 移动 5.430A 无线电定位	3 400～3 500 固定 卫星固定（空对地） 业余 移动 5.431A 无线电定位 5.433 5.282	3 400～3 500 固定 卫星固定（空对地） 业余 移动 5.432B 无线电定位　5.433 5.282　5.432　5.432A
	3 500～3 700 固定 卫星固定（空对地） 移动（航空移动除外） 移动 无线电定位 5.433	3 500～3 600 固定 卫星固定（空对地） 移动（航空移动除外）5.433A 移动 5.433A 无线电定位　5.433
3 600～4 200 固定 卫星固定 （空对地） 移动		3 600～3 700 固定 卫星固定（空对地） 移动（航空移动除外） 移动 无线电定位 5.435
	3 700～4 200 固定 卫星固定（空对地） 移动（航空移动除外）	

2.4.3.3　条款

频率划分表仅为《无线电规则》众多条款之一（尽管是其中非常重要的一条）。本节再列举一些与干扰分析有关的重要条款。

首先有必要牢记被称为无干扰条款的第 4.4 款（ITU，2012a）。

第 4.4 款　各成员国主管部门不应给电台指配任何违背本章中频率划分表或本规则中其他规定的频率，除非明确指出这种电台在使用这种频率指配时不对按照《组织法》《公约》和本规则规定工作的电台造成有害干扰，并不得对该电台的干扰提出保护要求。

换句话说，你可以不按照频率划分表规定开展某项业务，但如果出现问题，你不能受到保护，且必须停止发射。

下面列出了其他一些重要条款。

- 第 9 条：与其他主管部门协调或达成协议的程序。特别是第 ⅡA 分节关于协调要求和协调请求，其中第 9.6 款至第 9.21 款和附录 5 将在 2.4.3.4 节讨论。
- 第 11 条：频率指配的通知和登记，明确了将频率指配列入无线电通信局国际频率登记总表的程序，其中涉及第 9 条描述的有关协调程序。
- 第 21 条：共用 1 GHz 以上频段的地面业务和空间业务。该条给出空间系统必须满足的功率通量密度（PFD）限值，因此涉及以下两项干扰分析研究。
  （1）研究提出适当的功率通量密度限值，以防止地面业务遭受有害干扰。
  （2）研究确定特定空间系统是否应该达到或超过本条规定的功率通量密度水平。
- 第 22 条：空间业务。该条主要基于等效功率通量密度（EPFD）指标，给出了保护空间系统的系列措施，目的是控制来自非对地静止轨道卫星星座的干扰进入对地静止轨道卫星系统（如 7.6 节所述）。同样地，这里涉及两类干扰分析研究。
  （1）研究提出适当的等效功率通量密度，以防止对地静止轨道卫星系统遭受有害干扰。
  （2）研究确定特定非对地静止轨道卫星星座是否应该达到或超过本条规定的等效功率通量密度水平。

还有许多其他与特定业务有关条款值得关注。例如，第 32.13C 款给出了水上业务所使用的遇险求救信号结构，该信号结构是全球水上遇险和安全系统（GMDSS）的组成部分。

2.4.3.4　附录

《无线电规则》附录是根据《无线电规则》条款所制定的一些具体规定。有关重要附录包括：

- 附录 1：《发射类别和必要带宽》。该附录描述了载波的格式，相关内容将在 5.1 节中讨论。
- 附录 3：《杂散域内无用发射的最大允许功率电平》，相关内容将在 5.3.6 节中讨论。该附录有关规定并非特别严格，大多数系统的指标均优于该附录要求，实际中最好再参考其他文献中的发射掩模指标（如 ETSI 或 3GPP 标准等）。
- 附录 4：《实施程序时使用的各种特性的综合列表和表格》。该附录规定了地面或空间系统频率指配归档时向国际电联提交的数据，可作为获取干扰分析所需的实际系统参数的重要数据源。
- 附录 5：《按照第 9 条规定确定应与其进行协调或达成协议的主管部门》。该附录规定了需要开展协调的时机和条件，因此非常有必要熟悉有关内容。

- 附录 7：《在 100MHz 至 105GHz 间各频段内确定地球站周围协调区的方法》。正如 7.4 节所述，该附录实际上给出了一种干扰分析方法，同时也给出了开展协调的前置条件。该条件设定得较为保守，这样便于发现问题，否则可能忽视某些需要进一步分析的干扰场景。
- 附录 8：《确定共用同一频段的各对地静止轨道卫星网络之间是否需要协调的计算方法》。该附录给出了对地静止轨道卫星之间是否需要协调的判定算法，具体内容将在 7.5 节中讨论。
- 附录 30、30A 和 30B：这些附录是对包含反馈链路在内的卫星广播业务和卫星固定业务的相关规划，主要是为各主管部门预留频率和对地静止卫星轨道位置，规定频率分配的使用程序。

2.4.3.5　决议

世界无线电通信大会审议通过了大量决议，这些决议明确了国际电联应该承担的工作。例如，第 233 号决议（WRC-12）《国际移动通信和其他地面移动宽带应用的频率相关事宜研究》提出与联合任务组 4-5-6-7 共同开展国际移动通信与其他业务共用分析研究，以确定可用于这些移动业务的潜在频段。联合任务组总共收到 715 份涉及多种不同类型业务间干扰分析结果的输入文档。

决议大致包括下列几部分。

- 考虑因素。
- 强调事项。
- 注意事项。
- 认识事项。
- 做出决议。
- 提请 ITU-R 关注事项。
- 鼓励/提请各主管部门关注事项。

通常，最后 3 项列出了国际电联无线电通信部门和各主管部门需要开展的实际工作，是决议最重要内容。

世界无线电通信大会通过的决议中，特别重要的一项决议是确定下届大会的议程。例如，WRC-12 批准的第 807 号决议明确了 2015 年世界无线电通信大会的议程，而且通常会交叉引用针对特定工作事项的决议。例如，议程事项 1.1 为：

1.1　依据第 233 号决议（WRC-12），考虑其他频谱以主要使用条件划分给移动业务并为国际移动通信确定其他频段和相关法规条款，以促进地面移动宽带应用发展。

2.4.4　世界无线电通信大会

世界无线电通信大会是国际电联研究周期的起点和终点，通常在瑞士日内瓦（并非固定，如 WRC 2000 举办地为伊斯坦布尔）举行，为期 4 周时间。召开世界无线电通信大会的目的是修订《无线电规则》，通过大会决议，该决议也被称为最终法案，并与旧版《无线电规则》共同构成新版《无线电规则》，如图 2.5 所示。

图 2.5　基于世界无线电通信大会通过的最终法案修订《无线电规则》

　　根据国际电联《组织法》，世界无线电通信大会具有多项权利，不仅可以修订《无线电规则》（包括无线电划分表），而且可以处理世界范围内涉及无线电通信的广泛问题。

　　世界无线电通信大会召开之前，通常先召开无线电通信全会（Radiocommunication Assembly），大概持续一周时间。通常，世界无线电通信大会结束后立即召开首次大会筹备会议（持续约一周），因此，参加上述 3 个会议的代表需在日内瓦待六周时间。第二次大会筹备会议通常在下届世界无线电通信大会召开前一年至 6 个月内召开。关于两次大会筹备会议之间的间隔周期，各国代表持有不同意见，有的认为这段时间可用来开展进一步研究，有的认为在这段时间内开展的会下讨论可能对随后召开的世界无线电通信大会形成共识造成不利影响。

　　世界无线电通信大会通常每间隔 3 到 4 年召开一次，这一时期是修订《无线电规则》的准备期，所有工作都是面向下届大会。世界无线电通信大会已逐渐成为高层政治对话和无线电工程技术研讨的平台，并具有区别于普通会议的独有特征。

　　由于世界无线电通信大会属于政府间条约谈判会议，因此获取发言权和代表资格非常重要。各国代表通常已被告知其发言具有"外交效力"，稍有不慎就有可能被召回国。大会期间许多谈判协议实际上是在走廊或咖啡厅中达成的。

　　虽然世界无线电通信大会的许多高层次会议及其正式文件被翻译为国际电联官方语言，即阿拉伯语、汉语、英语、法语、俄语和西班牙语，但大多数起草组的会议使用英语交流。需要注意的是，若各个语种版本的文件之间存在歧义，则以法语版文件表述为准，因此需要相关人员认真核对各语种文件内容。

　　大会的第一周会议议程相对较少，具有特定利益诉求的团体通常会举办招待会，并邀请相关代表参加。这期间，全体大会（plenary）需要开展大量工作，包括建立大会组织架构和主要委员会，向各研究组分发会议文件等。此外，上届大会还可能会遗留一些需要处理的议题。

　　从第二周开始，大会议程量逐渐增多，许多工作会延续到晚上和周末，有时甚至与会代表需要通宵加班。

　　需要经大会讨论的内容包括：

- 各国主管机构或区域组织（见 2.8 节）的文稿。
- 大会筹备会议报告。
- 无线电通信局文件，如主任报告等。

　　大会筹备会议报告总结了各研究组和工作组的工作，是讨论技术问题的主要参考物。作为最高权力机构，世界无线电通信大会并非一定采纳大会筹备会议报告，但该报告的影响力显然大于未经研究组或工作组审核的主管部门技术报告。

　　大会筹备会议报告的作用是，为世界无线电通信大会的某项议题提供技术参考，世界无线电通信大会享有最终决策权。大会筹备会议报告通常提供如下选项。

- 选项 A：为某频段某业务增加一个新的主要业务。
- 选项 B：为某频段某业务增加一个新的次要业务。
- 选项 C：无变化。

为便于在大会最终法案中体现文稿内容，输入文稿应包含对行政规则的修订草案，明确《无线电规则》需要修改的内容。

- 增加：在《无线电规则》中增加文本。
- 删除：从《无线电规则》中删除文本。
- 修改：在《无线电规则》中修改文本。

如前所述，每届世界无线电通信大会需要决定下届大会的议题，随后将开启新一轮会议周期。

除世界无线电通信大会之外，还会召开区域性无线电通信大会（RRC），后者主要处理特定频谱规划问题。例如，2006 年，在日内瓦召开的世界无线电会议达成了国际电联第一区数字广播频率分配协议。1993 年之前，该会议被称为世界无线电行政大会（WARC）。

2.4.5　研究组和工作组

研究组和工作组主要负责：

- 开展由世界无线电通信大会确定的、需要在下届大会前完成的工作（如议题），研究结果将写入大会筹备会议报告。
- 维护管理国际电联无线电通信建议书和报告，详见 2.4.6 节所述。

上述工作首先根据主题划归给研究组，再由研究组分配给工作组。如 WRC 2012 至 WRC 2015 周期研究组和工作组任务架构如图 2.6 所示。WRC-15 之后，由于 JTG 4-5-6-7 工作组的任务已经完成，因此解散该工作组，随后又成立了 TG 5/1 工作组。为便于协调跨研究组相关问题，可成立联合任务组（JTG）、联合专家组（JEG）或联合起草组（JRG）。有时会重新调整研究组/工作组架构，如第 6 研究组曾为第 10 研究组和第 11 研究组。

图 2.6 所示架构来源于无线电通信全会决议 ITU-R 4《无线电通信研究组架构》（ITU，2012b）。

2.4.6　建议书和报告

ITU-R 建议书和报告由研究组和工作组编写，是开展干扰分析的重要参考文献。建议书和报告的内容少则几页，多则达数百页。

新建议书提案通常先经过工作组内部多次讨论，待较为成熟后，再提交技术专家组（可能通过联络函邀请其他工作组专家参加）审核，其基本形式包括：

- 可能成为新建议书草案初稿（PDNR）的工作文件（WD）。
- 新建议书草案初稿。
- 新建议书草案。

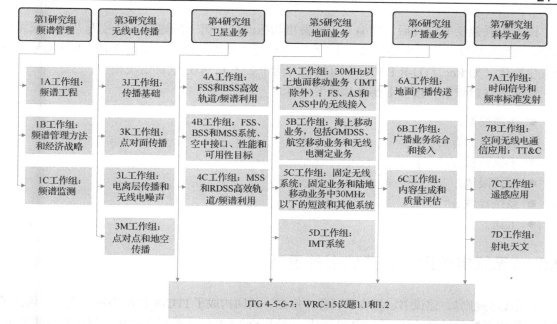

图 2.6　WRC 2012 至 WRC 2015 周期研究组和工作组任务架构

新建议书草案由工作组提交至对应研究组，并通过信函方式或无线电通信全会审批。对现行建议书的修改也须经过类似程序。报告的提出和修改程序与建议书基本相同，但由于报告地位相对较低，相关程序要求不如建议书严格，而且也无须翻译为国际电联所有官方语言。

国际电联建议书的名称由字母和编号组成，如 ITU-R P.452 建议书，简称为 P.452 建议书，但最好包含前缀 "Rec. ITU-R"。其中字母表示建议书的排列编号，有助于了解建议书所对应的主题背景，如表 2.2 所示。每个编号是独一无二的，即若存在 P.452，则不会出现 S.452。

表 2.2　ITU-R 建议书字母标识

BO	卫星传送
BR	用于制作、存档和播出的录制；电视电影
BS	广播业务（声音）
BT	广播业务（电视）
F	固定业务
M	移动、无线电定位、业余和相关卫星业务
P	无线电波传播
RA	射电天文
RS	遥感系统
S	卫星固定业务
SA	空间应用和气象
SF	卫星固定业务和固定业务系统间的频率共用和协调
SM	频谱管理
SNG	卫星新闻采集
TF	时间信号和频率标准发射
V	词汇和相关问题

国际电联建议书修改后，其编号也要做出相应改变。第一版建议书编号为"-0"或无版本号，以后每更新一版，则编号增加 1。有时会对已发布的文档进行编辑微调，但其编号并不会发生变化（如 Rec. ITU-R P.2001-0 可能包含两个版本），不过这种情况很少。

国际电联建议书和报告主要包含如下内容。

- 传播模型。
- 天线增益方向图。
- 干扰分析方法和算法。
- 干扰限值。
- 系统参数。
- 术语。

2.5 《无线电规则》和建议书的更新

《无线电规则》、建议书、报告和《程序规则》共同构成了 ITU-R 的核心参考文献，规范了各类无线电系统的管理过程。如 2.2 节所述，这些文献需要随电信行业需求的变化而持续更新。

无线电行业的某些重要变化可能导致上述大量文献进行更新。图 2.7 描述了《无线电规则》和建议书更新的一般程序，主要包括如下步骤。

（1）首先，由无线电行业或其他组织提出新业务申请，或者对尚未纳入现有规则的业务提出补充申请，如向某现行业务划分更多频谱资源。

（2）提出申请的组织需要开展相关研究，以确定规则或建议书的更新方式、内容，特别是频段选择方案。

（3）当预见到所提申请既能被 ITU-R 接受，也能带来商业利益时，该申请就可正式启动。同时，所提申请的研究内容和大会筹备会议文稿最好已列入世界无线电通信大会某项议题。

（4）ITU-R 相关研究组和工作组针对该申请开展频谱共用研究，确认新业务是否能够与现有业务共用频谱及其条件要求。若研究得出的共用条件过于苛刻，则需要考虑其他替代方案，如将该申请延后几年，直到条件具备时再行考虑。

（5）开展新业务与现有业务之间的干扰分析，研究两者的兼容性，该工作可由提出该申请的组织（或支持的国家主管部门）承担，也可由那些期望新系统能够无干扰工作的新用户承担。

（6）若研究方案具备可行性，则相关研究组和工作组将开发必要的规则工具，对有关建议书和报告进行完善或修改，撰写大会筹备会议草案，并提交世界无线电通信大会审议。

（7）随后有关建议书和报告文稿需通过信函方式或无线电通信全会审批，《无线电规则》的修订须经世界无线电通信大会审批。

（8）最后，新业务应按照更新后的无线电规则要求部署运用，并通过相关分析工作证明其符合无线电规则中的指标限值。

为确保上述程序的顺利运行，国家和区域性主管机构需要完成大量基础性工作，有关问题将在 2.7 节和 2.8 节中讨论。

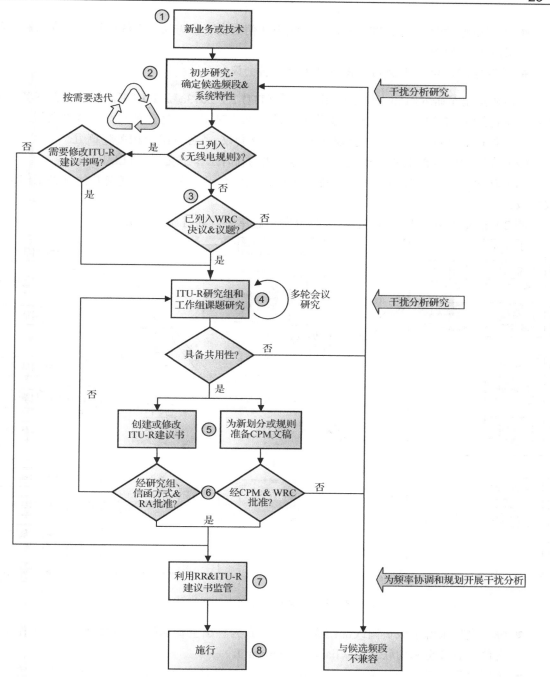

图 2.7 《无线电规则》和建议书更新的一般程序

2.6 会议和结果演示

鉴于 ITU-R 对干扰分析研究的重要支持作用，有必要了解无线电通信部门特别是工作组层面的工作流程。有关方法和框架详见无线电通信全会决议（ITU，2012b），重点包含：

- 无线电通信全会决议 ITU-R 1：《无线电通信全会工作方法，无线电通信研究组和无线电通信顾问组》。
- 无线电通信全会决议 ITU-R 2：《大会筹备会议》。

ITU-R 给出了研究组和工作组的指导文件（ITU-R，2013a）。其中工作组和联合任务组的工作通常持续 1～2 周，占据了整个工作流程的大部分时间。这些工作可分为 3 个阶段。

（1）将输入文件分发至高层会议（工作组全体会议）、各分组及相关起草组。

（2）在起草组内部准备输出文稿，最初格式为临时工作组文件（TEMP）。

（3）输出文件经各分组审议后，提交工作组全体会议，必要时可提交其他有关工作组审议修改。

图 2.8 描述了第一步，即将输入文件分发至起草组。同时还需注意：

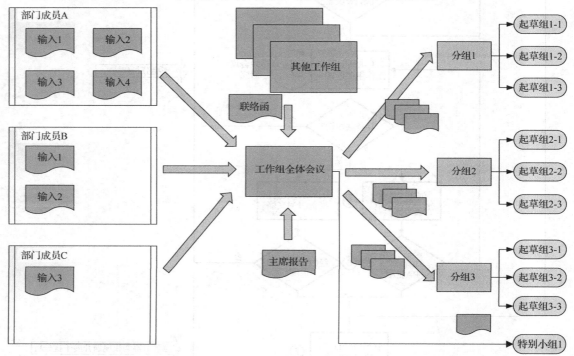

图 2.8　工作组架构：输入文件处理流程

- 输入文件来源于成员国或部门成员（大多数为各国主管部门），同时包括其他工作组的文件，后者也称为联络函（liaison statement）。
- 主席报告是以往会议中尚未发至其他研究组的文件汇总，因而暂时保留在工作组。通过不断修改完善，这些文件可能作为建议书的修改稿，也可能作废。
- 由于参会专家不可能关注到每份文件，因此应将成果文件分组并分发至起草组。相比全体会议审议，由较低层级的小组审议效率更高。
- 考虑到分组数量较多时，参会代表需要同时关注多个主题，因此要根据全体会议和起草组数量确定适当的分组数量。
- 全体会议负责设立分组（包括其主席），并向其分配文件。

● 对于某些文件，可能不适合采用简单垂直分组模式，这时可根据需要设立专门起草组，将这些文件直接提交全体会议审议。

需要指出的是，参会人要准确把握输入文稿的详细程度。在首次演示中（如全体会议或分组讨论），文稿应尽量简洁，只需向其他参会代表简要说明该文稿涉及哪些内容（如频段、业务等），以及文稿目标（工作文件、联络函、新建议书草案等）。在起草组演示中，可进一步详细说明文稿内容，包括研究设想、方法、结论、意义和下步计划等。

工作组会议的一项重要议程是起草组讨论会，期间有些代表提交的文稿涉及多方利益，而有些代表只对某份文稿感兴趣。通常来说，建议书草案需要获得工作组一致同意后才能提交研究小组，但大会筹备会议文本允许存在多个观点，并由大会做出最终决策。

工作组会议的议程安排与分组数量、起草组数量和会议持续时间有关，典型案例如图 2.9 所示。该会议仅持续一周，且包含周末。工作日被分为若干时段，其中上午和下午各两个时段，必要时还会举行晚间会议。通常情况下，多个起草组会同时在不同房间召开会议，图中仅列出两个会议室情形。

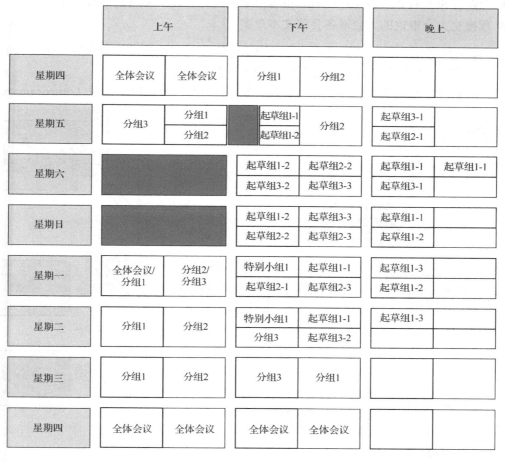

图 2.9 工作组会议时间表典型案例

为按时完成会议任务，有时需要在周末召开会议，但具体时间并不固定。例如，图 2.9

的日程中还为代表参加宗教活动预留了时间，包括：

- 周五中午。
- 周六上午。
- 周日上午。

上述工作程序源自国际电联全权代表大会（釜山，2014）第 111 号决议。

工作组主席和分组组长的主要职责是确保如期完成会议任务。会议议程中通常预留机动时间，如图 2.9 中周一上午，主要用于处理可能导致会议延期的突发情况，若会议结果与预期一致，则有助于加快会议进程。

工作组的输出文件被称为临时工作组文件，该文件由起草组撰写并通过分组审议后提交至工作组全体会议。临时工作组文件包括：

- 用于后续会议的主席报告所附工作文件。
- 预送往其他工作组的联络函。
- 预送往相关研究组的新建议书和报告草案或现行建议书和报告修改稿草案。
- 预提交大会审议的大会筹备会议文本草案。

起草组会议通常至少需要召开两次，其中第一次会议审议输出文档内容，第二次会议审议输出文档格式，两次会议的间隙用于对文档进行修改。

图 2.10 描述了输出文件的过程，该过程几乎是图 2.8 所示流程的镜像（mirror image）。

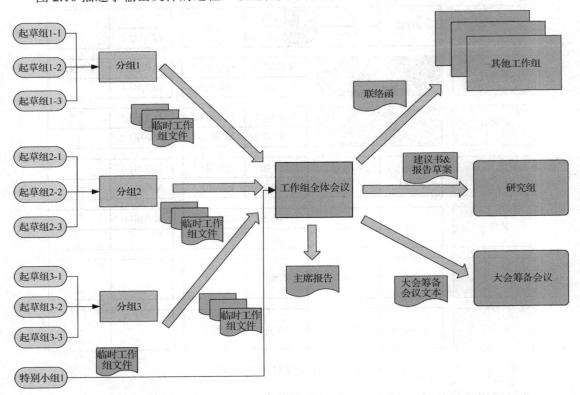

图 2.10　工作组架构：输出文件处理流程

为确保会议任务如期完成，有必要为每个分组或起草组推选一位主席。争取成为起草组主席或负责输出文件的创建工作可带来诸多益处，如在输出文件中着重考虑本组织的利益等。同时起草组主席应充分照顾到各参会组织需求，因为只有公正听取所有代表声音，才能确保会议具有建设性。

在国际电联正式会议的间隙，许多实际工作仍持续推进。参会代表可利用会下时间对提案所涉观点进行详细说明，介绍更多背景信息。在 ITU-R 工作组会议期间，这种在（走廊或喝咖啡）休息时间的讨论非常重要，即使花些时间将人名和照片列入输入文件也是值得的。工作组主席通常希望各方在最后一次会议结束前达成一致，或完成文本准备工作，而且这些文件已经征求了各方（包括主席）意见，并将各方观点综合纳入输出文件草案。

2.7　国家主管机构

各国均享有管理本国无线电频谱的主权，同时该权利受到《无线电规则》约束。各国通常设立专门机构负责频谱管理事务，如颁发发射台站执照、与邻国开展用频协调及参与国际电联会议谈判等。

以下列出了一些国家频谱主管机构。

- 澳大利亚：澳大利亚通信和媒体管理局（ACMA）。
- 加拿大：加拿大工业部。
- 法国：法国频率管理局（ANFR）。
- 英国：通信办公室（Ofcom）。
- 美国：联邦通信委员会（FCC），国家电信与信息管理局（主要负责政府频谱使用管理）。

各国主管机构常用的频谱管理工具和设施包括：

- 国家频率规划或频率划分表（FAT），即国际电联频率划分表的国内版本。
- 可支持处理频谱授权和非法发射问题的法规体系。
- 许可程序，如英国频率指配技术准则（TFAC）或美国联邦通信委员会法案和规则。
- 频率指配数据库，有些可供公众使用（如美国联邦通信委员会和澳大利亚通信和媒体管理局提供网络接口），但大多数仅供政府机构接入。
- 可核查频谱使用情况的监测站。

如 2.3 节所述，许可程序包含多种类型的干扰分析，例如：

- 审核新用户不会对其他用户产生有害干扰，或遭受来自其他用户的有害干扰。
- 确认是否需要与邻国开展用频协调。

各国主管机构应受理来自邻国的频率协调申请，有时需要将协商内容纳入双边协议范畴，例如用于确定边境线附近的功率通量密度。通常确定功率通量密度水平、电波传播模型和时间百分比等需要用到干扰分析技术。

2.8　区域和工业组织

由于无线电波在传播过程中会越过一国边境线进入其他国家，特别是当发射台站在空中或太空时这种情况更为普遍。同时无线电频谱使用受到设备可用度和成本的制约，设备的频谱兼容性等指标越好，则潜在市场越大，意味着相对成本越低。由于 ITU-R 的 200 多个成员国在频谱使用方面的关注点和优先性并不一致，要在全球范围内达成频谱兼容使用协议非常困难。因此，有必要通过区域性组织，首先在本区域范围内达成一致，以解决市场和政治性分歧。

部分区域性组织如下。

- 非洲电信组织（ATU）。
- 亚太电信组织（APT）。
- 阿拉伯频谱管理组织（ASMG）。
- 欧洲邮电主管部门大会（CEPT）和电子通信委员会（ECC）。
- 美洲国家电信委员会（CITEL）。
- （苏联）通信领域区域共同体（RCC）。

上述组织受到 ITU-R 的支持，因为他们在促成世界无线电通信大会达成一致方面发挥着重要作用。

此外，联合国有关专门机构也对电信事务高度关注，例如：

- 国际民航组织（ICAO），该组织成立于 1944 年。
- 国际海事组织（IMO），该组织成立于 1948 年。

各区域性组织的凝聚力（cohesion）和工作水平存在一定差别。如欧洲电子通信委员会表现非常活跃，通常能在欧洲国家参与世界无线电通信大会之前，协调成员国达成广泛一致。如同 ITU-R 研究组和工作组既支持世界无线电通信大会，也组织拟制 ITU-R 建议书和报告一样，欧洲电子通信委员会承担下列工作。

（1）负责制定《欧洲共同建议》（ECP），作为欧洲参与下届世界无线电通信大会的指导方针。

（2）负责制定 ECC 建议书、报告和决定。

相比 ITU-R 研究组和工作组，电子通信委员会下属工作组架构经常随关注主题的变化而变动。需要注意的是，有些较早的文献由原欧洲无线电通信委员会（ERC）发布，而非来自电子通信委员会。

ITU-R 与 ECC 的工作存在一个显著区别，后者受到欧洲的政治主体——欧盟（EU）的主导性影响。欧盟的执行机构——欧盟委员会（EC）有权要求 ECC 开展其认为重要的工作，并要求成员国执行由 ECC 发布且在欧盟层面达成一致决定。欧盟委员会下属两个处理频谱事务的小组。

- 无线电频谱政策组（RSPG）。
- 无线电频谱委员会（RSC）。

为促成欧洲统一市场进程，欧洲成立了标准化设备许可审批和管理机构——欧洲电信标准化协会（ETSI）。欧盟委员会可授权 ETSI，根据欧盟法律 [如无线电设备指令（RED）]，制定支持欧洲统一市场进程的标准。

欧盟委员会、电子通信委员会和欧洲电信标准化协会之间的高层互动关系如图 2.11 所示。

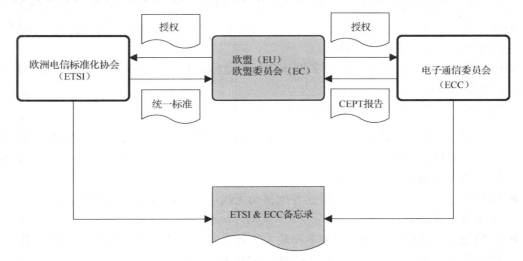

图 2.11　EC、ECC 和 ETSI 之间的高层互动关系

需要指出，尽管 EU、CEPT 和 ETSI 3 个组织的成员有一定重叠，但并非完全相同。至本书成稿为止，欧盟有 28 个成员国[*]，而 CEPT 覆盖欧盟所有国家和 21 个其他国家，总共包含 48 个国家主管机构（ECC 和 ETSI，2011）。ETSI 拥有约 700 个各类组织机构成员。

此外，欧洲还有许多制定专业标准的工业界组织，如第三代合作伙伴项目（3GPP）负责制定宽带移动标准。

关于干扰分析，有两点需要注意。

（1）干扰分析是 ECC 工作的重要组成部分。

（2）由 ECC 制定的决定、建议和报告等是 ITU-R 建议书和报告的重要引用文献来源（如天线增益方向图、传播模型、干扰分析方法和限值等）。

例如，扩展 Hata/COST 231 传播模型（见 4.3.8 节）源自 CEPT ERC 报告 68《蒙特卡洛无线电仿真方法》（CEPT ERC，2002）。

ETSI 标准包含大量天线增益掩模、发射频谱掩模信息和部分接收机滤波器掩模信息，能够为开展邻频和带外干扰分析研究提供有效支持。但由于这些标准主要由制造商制定，而制造商重点关注其产品是否能够顺利获得许可，因此相关指标总体上较为保守。此外，ETSI 标准包含大量其他（特别是固定链路和 IMT 基站）掩模信息，可支持开展特定业务的干扰分析研究。

2.9　频率指配和规划

各国频谱管理机构的一项重要职责是为国内无线电发射台站颁发执照，以确保其符合国

---

* 其中英国已于 2020 年 1 月 31 日正式"脱欧"。——译者注

际电联《无线电规则》。这项工作的复杂程度与频谱需求、执照数量及其特征有关。例如，在频谱需求较少的岛国，可能只需采用简单方法为每条链路指配频率，且确保各个指配频率不发生重叠即可。

但是，大多数国家对频谱的需求都超出了可用频谱数量。无线电频谱是一种有限的自然资源，应确保频谱尽可能得到最高效利用。一项由英国通信办公室研究报告（通过 PA 咨询集团，2009）表明，几乎所有部门均有强烈的频谱需求。因此，如何合理规划分配有限频谱资源，是频谱管理机构面临的巨大挑战。

要使频谱得到高效使用，首先需要解决如何衡量频谱利用率和效率的问题，对该问题的详细讨论见本书 3.12 节。

可采取如下几种方式对无线电频谱接入实施管理。

- 频率和/或区域范围许可，如对于通过拍卖方式授权的移动宽带频谱，可设定最大等效全向辐射功率（EIRP）密度和块边沿掩模（见 5.3.8 节）等多种限值，将相关区域的频谱使用量限定为约 2×10MHz。
- 用户或台站许可，如 2.3 节所述专用移动无线电例子，该方法也适用于固定、业余无线电和卫星地球站等。
- 执照豁免，即只要设备使用频率和最大等效全向辐射功率等指标满足一定要求，无须经过许可即可使用，如工作在 2.4GHz 的 Wi-Fi 设备。

要确定频谱许可的条件或执照豁免等级，就需要开展干扰分析，在系统使用和台站部署过程中还可能需要开展进一步分析。

台站执照申请处理过程中，多个环节均需要干扰分析支持，如图 2.12 所示。

频率执照申请可能仅针对特定频率，也可能面向特定频段，其中后者主要由所选用或购置的设备确定。频谱管理组织（通常为国家主管部门，也可能为私人组织）的职责是为其选择适当频率，通过筛选可用频率集合（信道规划）并开展相应的干扰分析，以确定每种频率方案是否会带来有害干扰，包括：

- 新频率对现有频率的干扰。
- 新频率受到现有频率的干扰。

若能够找出可用频率（对于许多拥挤频段不一定存在），则可通过图 2.12 所示流程进一步开展国际协调。频率执照申请可能涉及一个或多个发射台站，每个台站可能申请不同频率，并需要单独履行 ITU-R 频率指配程序。

在新台站执照规划和预选频率备案过程中，需要开展有用信号（用于确保链路达到预期接收机灵敏度或覆盖要求）和干扰信号的分析和计算。

在美国和澳大利亚，上述计算工作可能由非主管部门的专家承担，这样将赋予干扰分析过程更多的灵活性。

主管部门在开展频率执照审批有关技术分析过程中，不会一直采用相同的算法。这里列出了英国和澳大利亚关于固定链路和专用移动无线电台站规划的两个例子。相关参考文献包括：

在英国：

- 英国通信办公室 OfW 164《商用无线电频率指配技术准则》（Ofcom，2008b）。
- 英国通信办公室 OfW 446《采用数字调制的固定点对点无线电业务频率指配技术准则》（Ofcom，2013）。

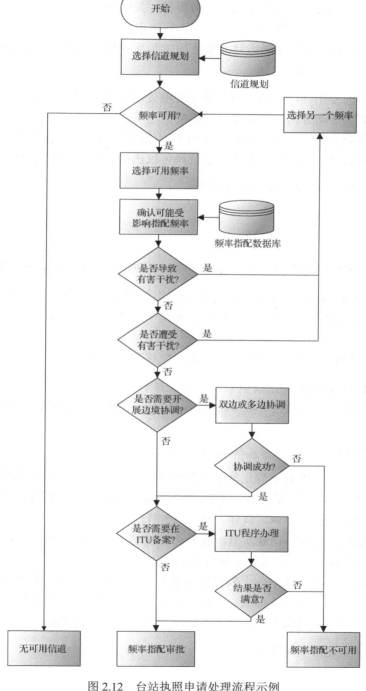

图 2.12　台站执照申请处理流程示例

在澳大利亚：

- 澳大利亚通信和媒体管理局（ACMA）LM 8《陆地移动业务频率指配要求》（ACMA，2000）。
- 澳大利亚通信和媒体管理局 FX 8《微波固定业务频率协调》（ACMA，1998）。

上述两国的文献中虽然采用了相似的传播模型、关键参数、有用信号和干扰信号计算方法，但也要考虑到两国的差异性，如英国平均人口密度高于澳大利亚。这种差异导致两国每平方公里范围内的频谱需求量不同，且要求英国的频率规划算法能够处理单位面积区域内更多数量的用户执照申请。例如：

- 英国所采用的专用移动无线电规划算法能够处理覆盖范围重叠问题，而澳大利亚所采用的算法基于空间分割原则处理同频指配问题。
- 在英国，点对点固定链路的发射功率由主管部门指定，目的是在满足可用度的同时尽量减小链路功率。而在澳大利亚，运营商可以选用较高的等效全向辐射功率。

上述算法将在 7.1 节和 7.2 节中详细讨论。

2.10　协调

频谱管理的一项重要任务是在多个层面开展卫星和地面系统用频协调，包括：

- 国家层面协调，指国家内部一个或多个组织之间的协调工作。
- 双边或多边协调，指两个或多个国家之间基于双边协议的协调工作，涉及 ITU-R 参与的除外。
- ITU-R 层面协调，指基于国际电联《无线电规则》的协调工作。

用频协调的目的是确保新无线电系统正常工作，同时避免已有无线电系统遭受有害干扰。用频协调通常坚持"先来先服务"原则，即先登记无线电系统相对后登记系统拥有用频优先权。

开展用频协调通常需要满足特定触发值（trigger），例如：

- 对于具有同等地位的对地静止轨道卫星网络，当干扰系统可能造成受扰接收机热噪声升高超过 6%时，或与处于相同对地静止卫星轨道弧线的其他卫星满足特定间隔角度时，就需要启动用频协调，具体方法见 7.5 节。
- 对于地面系统，用频协调触发值一般为边境线的功率通量密度，有关案例见例 5.48 中表 2.1 所给出的《无线电规则》脚注 5.430A。
- 对于地面系统，还存在另一个确定协调触发值的方法，即在可能产生干扰问题的新无线电系统周围划设协调轮廓线。若该轮廓线延伸至邻国或包含其他同频无线电系统覆盖范围，则应启动用频协调，具体方法将在 7.4 节中详细描述。

图 2.13 给出了上述后两种场景。

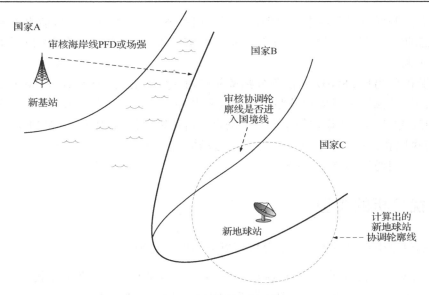

图 2.13　用频协调案例

为保证协调触发值的适当性，应综合考虑下面两种情形。

（1）协调触发值应尽量低，从而不会遗漏可能引起有害干扰的协调事项。

（2）协调触发值应尽量高，从而排除那些不会引起有害干扰的协调事项。

之所以考虑上述第二种情形，主要是为了缩短用频协调特别是涉及多方的用频协调周期。国际电联《无线电规则》第 9 章讨论了持续数月的用频协调流程。为避免出现这种情况，相关国家最好通过双边谈判达成互利协议。

用频协调通常以备忘录形式达成协议，如英国和法国曾达成如下备忘录。

● 《法国和英国主管部门关于 47～68MHz 频段使用协调的备忘录》（英国通信办公室和法国频率管理局，2004）。

该文件中给出了适用于备忘录的管理方法和示例，如：

● ITU-R P.1546 建议书给出的标准传播模型，如 4.3.5 节所述。

● 使用 T/R 25-08 建议书中的 CEPT ECC 标准。

● 优先频率的概念，即相关国家可以更灵活地、以更大功率使用这些频率。

● 将场强（与功率通量密度类似）作为协调触发值，如果未超过场强触发值，则无须开展协调。

● 以互相认可的格式［这里采用 HCM（欧洲协调计算方法）协议］交换数据。

● 等效辐射功率（ERP）限制条件。

● 包括申请协调在内的通信方法和时间限值。

用频协调过程本身没有固定规则，但鼓励参与协调各方采用 ITU-R 建议书和报告或 ECC 报告和建议书（适用于欧洲国家）等文献。

有些国际或组织制定了专用协调程序和算法，如 HCM 协议（HCM 管理机构，2013）。

上面讨论了不同国家之间的用频协调，实际上不同组织之间也可开展用频协调。这是因为相比两国之间开展卫星业务申报协调，由两国相关公司开展直接谈判可能更为便利。此外，一个国家内部两个运营商（如一个国家内的卫星地球站和固定链路管理机构）之间也可能需要开展用频协调。

例如，英国已出售 28GHz 频段部分频率并作为区域频谱块（spectrum block），因此使用不同频谱块的运营商需要就固定链路的部署问题开展协调，以避免相互产生有害干扰。在采用 ITU-R P.452 建议书传播模型的条件下，确定的协调触发值为-102.5dBW/MHz/m² （见 4.3.4 节）。同时在执照和约束条件中规定了频谱块边沿掩模（将在 5.3.8 节中详细讨论），以防止产生邻频干扰（英国通信办公室，2007）。

2.11　干扰分析的类型

从本节的讨论中可以看出，干扰分析可以分为以下几种类型。

- 面向系统的干扰分析：目的是确保相关系统对自身及其他业务的干扰最小化，为执照申请（见 2.3 节）和法规修改（图 2.7 中第 1 步）提供支持。
- 面向法规的干扰分析：目的是修改《无线电规则》或制定新建议书和报告，如 2.5 节所述。
- 面向频率指配的干扰分析：目的是满足频率指配和执照许可需求，如 2.9 节所述。
- 面向用频协调的干扰分析：通过与其他组织共同协商，目的是避免不同组织所使用的无线电系统产生有害干扰，如 2.10 节所述。

需要指出的是，通常将一个系统内部的干扰称为系统内干扰，不同系统间的干扰称为系统间干扰。

2.12　延伸阅读和后续内容

本章涉及大量值得进一步查阅的重要法规文件，特别是：

- 国际电联《无线电规则》。
- ITU-R 建议书和报告。
- 向世界无线电通信大会提交的 CPM 报告。
- CEPT ECC 决定、建议书和报告。

后续章节将介绍开展干扰分析所需的基础概念，以及各种干扰分析方法和算法。

第 3 章 基 础 概 念

干扰分析涉及大量求和运算，因此需要掌握如何确定相关要素并对其求和的方法。本章概要介绍链路预算的构成要素及其求和方法，包括天线增益、传输损耗、噪声、调制及相关链路指标等，同时介绍相关统计学、几何和动力学（dynamics）知识。

通过本章内容，读者可以了解链路预算的概念，掌握其基本计算方法。

本章介绍的部分重要计算方法可从 Transfinite 公司网站下载。

3.1 无线电通信系统

从赫兹和马可尼的早期实验到现在的智能手机，无线电通信系统经历了长期的发展历程。相较传统无线电系统，许多现代无线电系统非常复杂，使得干扰分析面临很大挑战。尽管如此，"功率"仍旧是一个发挥着基础作用的概念。

干扰分析所涉及的基本问题都与无线电信号强度特别是接收功率有关。接收功率的单位为毫瓦或瓦特（或 dBW）等，后文将详细讨论。

为便于开展复杂无线电系统分析，通常需要对其进行简化，重点关注对信号强度有影响的部分。实际中通常先建立容易理解的简化模型，再根据需要建立更详细模型。

图 3.1 给出了一个简化的典型无线电通信系统框图。该框图可适用于移动电话信号、Wi-Fi 连接、出租车公司调度服务甚至卫星链路等。

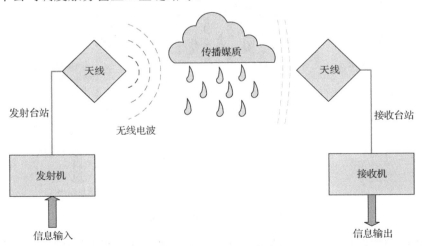

图 3.1 一个简化的典型无线电通信系统框图

无线电通信系统的基本概念包括：

● 发射机通过输出功率产生无线电波。无线电波随频率和时间变化并携带信息。

- 无线电波通过天线辐射出去，并根据天线方向图特性在空间产生不同方向能量分布。
- 无线电波通过天线辐射出去，经过雨、尘埃等传播媒质并产生大气效应。
- 在接收天线端，天线遵循其方向图特性接收无线电波。
- 接收机处理天线接收的无线电波并解码信息流。
- 无线电台站由天线和发射机/接收机等构成，链路预算需要考虑馈线损耗等其他因素。

有些无线电系统的基本框图与图 3.1 不同，如雷达和射电天文观测站系统框图可分别由图 3.2 和图 3.3 表示。

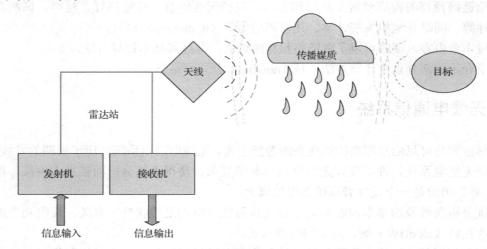

图 3.2　典型雷达系统框图

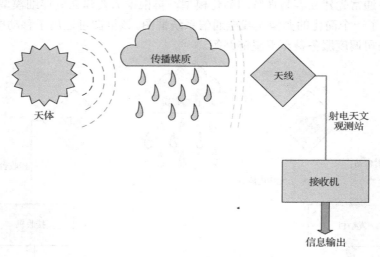

图 3.3　射电天文观测站系统框图

根据上述系统框图可建立数学模型，用于表征无线电系统间干扰程度。这里的核心问题是计算出期望系统和干扰系统所发射的电波功率，该功率通常在接收机端进行测量。图 3.4 给出了需要计算的关键参数。

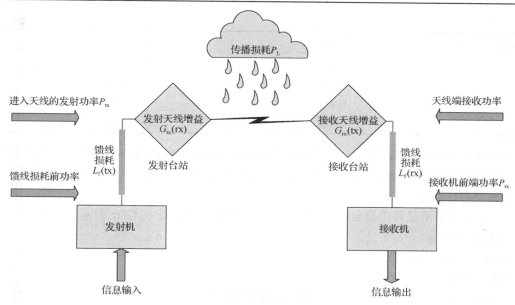

图 3.4 计算接收功率所需关键参数

在该简化模型中，接收机前端功率 P_{rx} 与下列参数有关。

P_{tx}——进入天线的发射功率，与发射功率和连接发射天线的馈线有关；

$G_{tx}(rx)$——发射天线指向接收天线方向的增益；

P_L——发射天线和接收天线之间的路径传播损耗；

$G_{rx}(tx)$——接收天线指向发射天线方向的增益；

$L_f(rx)$——接收天线和接收机之间的馈线损耗。

为计算上述各项参数，应建立天线和无线电波传播的数学模型。同时建立能够表示地面、空中、海上或太空中无线电台站位置和移动特性的几何结构，从而获取相关角度和距离信息。本章将对这些内容进行介绍，首先介绍无线电波和路径损耗基本概念，然后介绍天线和几何结构，并据此说明链路预算的重要概念。

3.2 无线电波和分贝

无线电波是电磁频谱的一部分，后者还包括伽马射线、X 射线、紫外线、可见光和红外线。大多数干扰分析所涉及的电磁辐射频率不高于表 3.1 列出的极高频（EHF）范围。

表 3.1 频段划分表

频段代码	频段名称	频率范围
ULF	特低频	300～3 000Hz
VLF	甚低频	3～30kHz
LF	低频	30～300kHz
MF	中频	300～3 000kHz
HF	高频	3～30MHz

续表

频段代码	频段名称	频率范围
VHF	甚高频	30～300MHz
UHF	特高频	300～3 000MHz
SHF	超高频	3～30GHz
EHF	极高频	30～300GHz

频率单位为每秒周数或赫兹，以纪念证明无线电波存在性的海因里希·鲁道夫·赫兹。赫兹当年在证明无线电波确实存在后，认为他的成果仅具有理论意义，并指出"我所发现的无线电波没有任何实用价值"。

表 3.1 中频率不仅可用赫兹或 Hz 表示，也可用 kHz、MHz 和 GHz 表示，其中：

1kHz=1 000Hz

1MHz=1 000 000Hz

1GHz=1000 000 000Hz

由于表 3.1 列出的有些频段，如 UHF 和 SHF 频段过宽且覆盖多个业务，因而有时也采用其他频段划分方式，如表 3.2 所示。

表 3.2　其他频段划分表

频段代码	IEEE 雷达频段	空间无线电通信
L	1～2GHz	1～2GHz 左右
S	2～4GHz	2～3GHz 左右
C	4～8GHz	3～7GHz 左右
X	8～12GHz	7～11GHz 左右
Ku	12～18GHz	11～[a]GHz 左右
K	18～27GHz	—
Ka	27～40GHz	[a]～30GHz 左右
V	40～75GHz	40[b]～50GHz 左右
W	75～100GHz	—

注：a 对于空间无线电通信，Ku 和 Ka 频段界限并未严格定义，但通常认为 14.5GHz 处于 Ku 频段，17.7GHz 处于 Ka 频段。
　　b 有时采用波导频段，如 Q 频段表示 33～50GHz，V 频段表示 50～75GHz，E 频段表示 60～90GHz。

需要指出，雷达和空间无线电通信的频段范围并没有严格定义，还可能存在其他频段划分方法。表 3.2 是一种常用的频段划分方法，来源于 ITU-R V.431 建议书（ITU-R，2000c），该建议书还定义了广播业务所使用的 VHF/UHF 第Ⅰ、Ⅱ、Ⅲ、Ⅳ、Ⅴ频段，以及专用移动无线电（PMR）使用频段。

总之，为避免产生歧义，最好能够严格区分频率范围，使用上述符号常常仅是为了方便记忆。

频率和波长通过光速关联起来，即

$$c = f\lambda \tag{3.1}$$

其中，c ——光速，单位为 m/s，见表 3.5；

f ——频率，单位为 Hz，1Hz=1/s；

λ ——波长，单位为 m。

例 3.1

当频率 $f = 3.6\text{GHz} = 3.6 \times 10^9 \text{Hz}$ 时，波长为

$$\lambda = \frac{3e^8}{3.6e^9} = 0.083\,3\text{m} = 8.33\text{cm}$$

干扰分析有时会涉及超大数值或超小数值的乘除运算。通常人们容易理解的数值范围在 0 至数百之间，更倾向于使用加减运算而非乘法运算，这也是对百以上数字采用科学计数法表示的原因。干扰分析中大多数运算采用对数格式，并将绝对值（abs）转为为分贝形式，即

$$X = 10\lg x \tag{3.2}$$

$$x = 10^{X/10} \tag{3.3}$$

本书中一律用小写变量表示绝对值，用大写变量表示分贝数。同时读者应熟悉典型绝对值和分贝数之间的对应关系，如表 3.3 所示。

表 3.3　典型绝对值和分贝数转换示例

绝对值	分贝数
2	3
10	10
4=2×2	3+3=6
5=10/2	10−3=7
20=2×10	3+10=13
100=10×10	10+10=20

表 3.4 列出了标准单位的分贝形式专用表示符号。

表 3.4　绝对值单位和分贝数单位转换示例

绝对值单位	分贝数单位
瓦特	dBW
瓦特每平方米	dBW/m^2
毫瓦特	dBm
相对于全向天线的增益	dBi
相对于偶极子天线的增益	dBd

应记住的关键数字

表 3.5 列出了值得记住的常用数字。通常链路预算计算结果保留 1 位小数，即 0.1dB，不过无须记住这些数字的准确数值，原因是实际中很难将信号强度的测量精度保持在 0.1dB 以内。

表 3.5　应记住的关键数字

描述	数字
真空中光速的正式表述值为 c=299 792 458m/s，为便于记忆，常保留 1 位小数（维基百科，2014b）	3.0e8 m/s
玻尔兹曼常数的正式表述值为 1.380 648 8×10^{-23}J/K，为便于记忆，使用分贝表示（维基百科，2014a）	−228.6dBJ/K
分贝数×2=+3.010 299 957，为便于记忆，常取整数	+3dB
带宽单位通常取 MHz，采用分贝数可方便将其转化为 Hz 　　将 dB（MHz）转化为 dB（Hz）需增加 　　将 dB（Hz）转化为 dB（MHz）需减去	60dB
将 dBW 转化为 dBm 需增加 将 dBm 转化为 dBW 需减去	30dB
自由空间传播损耗公式为 $L = 32.45 + 20\lg d_{km} + 20\lg f_{MHz}$ 详见本章 3.3 节，式中常数约为 32.447 783，为便于记忆可取	32.45dB
地球半径。干扰分析中通常采用球面模型而非扁球面（椭圆）模型，因此仅包含地球半径值。地球半径基于 WGS 84 模型（维基百科，2014d），平均赤道半径为 6 378.137km，且可简化为	6 378.1km
天线增益单位 dBd（相对于偶极子）与 dBi（相对于无方向天线）的转换式为 dBi=dBd+2.15dB（Kraus 和 Marhefka，2003）	2.15dB

3.3　功率计算

　　干扰计算中主要关注的量值为电波功率，首先需要考虑距发射源特定范围内信号强度变化特性。最简单的情形是，功率为 p_{tx} 瓦特的发射源，在自由空间中向各个方向平均辐射能量，如图 3.5 所示。

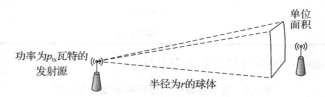

图 3.5　真空中的各向同性辐射源

　　朝各个方向均匀辐射能量的天线称为无方向性天线。根据基本几何原理，半径为 r 的球体表面积为

$$a_s = 4\pi r^2 \tag{3.4}$$

　　将离开发射源距离为 r 的单位面积上通过的功率称为功率通量密度或 PFD，其计算式为

$$\mathrm{pfd} = \frac{p_{tx}}{a_s} = \frac{p_{tx}}{4\pi r^2} \tag{3.5}$$

　　由于干扰分析主要关注接收机端的信号强度，因此需要确定接收天线等效面积，进而确定 PFD。对于接收电波波长为 λ 的无方向性天线，存在如下表达式（Kraus 和 Marhefka，2003）

$$a_{e,i} = \frac{\lambda^2}{4\pi} \tag{3.6}$$

　　无方向性天线接收信号强度为

$$s = \text{pfd} \cdot a_{e,i} = \frac{p_{tx}}{4\pi r^2} \cdot \frac{\lambda^2}{4\pi} = \frac{p_{tx}}{(4\pi r/\lambda)^2} \tag{3.7}$$

通常采用分贝数表示，则

$$\text{PFD} = P_{tx} - L_s \tag{3.8}$$

$$S = P_{tx} - L_{fs} \tag{3.9}$$

其中，扩散损耗（spreading loss）L_s 为

$$L_S = 10\lg(4\pi r^2) \tag{3.10}$$

自由空间传播损耗 L_{fs} 为

$$L_{fs} = 10\lg\left(\frac{4\pi r}{\lambda}\right)^2 \tag{3.11}$$

将功率 p_{tx} 转化为分贝形式的公式为

$$P_{tx} = 10\lg p_{tx} \tag{3.12}$$

通常将自由空间传播损耗公式转化为更容易记住的形式，即采用分贝形式，将相隔距离为 d_{km} km、电波频率为 f_{MHz} 的两点之间损耗表示为

$$
\begin{aligned}
L_{fs} &= 10\lg\left(\frac{4\pi r}{\lambda}\right)^2 \\
&= 20\lg\left(\frac{4\pi 1\,000 \cdot d_{km} f_{MHz} \cdot 10^6}{c}\right) \\
&= 20\lg\left(\frac{4\pi 10^9}{c}\right) + 20\lg d_{km} + 20\lg f_{MHz}
\end{aligned}
$$

因此，有

$$L_{fs} = 32.45 + 20\lg d_{km} + 20\lg f_{MHz} \tag{3.13}$$

例 3.2

当距离 $d = 2$km、频率 $f = 3\,600$MHz 时，自由空间传播损耗为

$$L_{fs} = 32.45 + 20\lg 2 + 20\lg 3\,600 = 109.6\text{dB}$$

式（3.13）给出了真空中的电波传播损耗，即自由空间传播损耗。该式适用于太空中两个卫星之间的通信传播计算，但对于地面通信及卫星与地面间通信，还必须考虑大气和地面效应的影响。这些影响将带来一系列需要考虑的因素，目前人们已经建立了适用于特定条件下电波传播模型，可用来预测地面通信或天地通信传播损耗，详见第 4 章。

有关术语

干扰分析中，通常需要将链路传播损耗与自由空间传播损耗进行比较（如相较自由空间损耗更小或是增强），同时在功率通量密度计算和信号强度计算中采用不同的损耗表达式。此外，还存在一些其他表示传播损耗的术语，如式（3.13）使用"扩散损耗"描述路径损耗，ITU-R P.341 建议书（ITU-R，1999a）使用"自由空间基本传输损耗"和"基本传输损耗"。

> 本书使用如下术语。
>
> - 扩散损耗：式（3.10）所采用的路径损耗，用于计算无障碍真空中参考面所接收到的功率通量密度。
> - 自由空间路径损耗（free space path loss）：式（3.13）所采用的路径损耗，用于计算无障碍真空中天线接收到的信号场强。
> - 传播损耗（propagation loss）：在考虑大气效应和障碍物影响条件下，用于计算天线接收信号场强的路径损耗。

当分别采用式（3.8）和式（3.9）计算功率通量密度和信号场强时，由于假设天线为无方向性天线，因而并未包含发射机或接收机增益。天线增益是指天线输入功率与指向目标方向的天线输出功率指标，即

$$g = \frac{p_{out}}{p_{in}} \tag{3.14}$$

用分贝形式表示的功率通量密度和信号场强公式为

$$PFD = P_{tx} + G_{tx} - L_s \tag{3.15}$$

$$S = P_{tx} + G_{tx} - L_{fs} + G_{rx} \tag{3.16}$$

式（3.13）和其他公式共同构成干扰分析所需的最重要公式，其中天线增益的概念将在后续章节中介绍。需要注意，天线增益若用 dBi 表示时，是指相对于无方向性天线的增益值。

通常发射功率和发射增益共同构成等效全向辐射功率或 EIRP：

$$EIRP = P_{tx} + G_{tx} \tag{3.17}$$

因此，功率通量密度和信号场强还可表示为

$$PFD = EIRP - L_s \tag{3.18}$$

$$S = EIRP - L_{fs} + G_{rx} \tag{3.19}$$

上式中 S 既可表示有用信号 C，也可表示干扰信号 I，诸如馈线损耗等其他损耗则用另外的术语表示。

干扰分析中，功率单位通常取瓦特，具体可用 dBW、毫瓦或 dBm 表示。1 瓦特定义为 1 焦耳每秒，实际上表示能量传输效率。无论是否需要度量，这种能量通常基于短时整数时间段表示。但在某些情况下，需要更详细地讨论功率的定义，如 6.9.2 节介绍的雷达系统蒙特卡洛仿真问题。

与 EIRP 相关的一个参数为等效辐射功率（ERP），它表示相对于半波偶极子的辐射功率，即

$$EIRP = ERP + 2.14dB \tag{3.20}$$

本书统一使用 EIRP，即采用相对于无方向性天线的增益（dBi），而非相对于单个偶极子的增益（dBd）。

例 3.3

某链路工作频率为 3 600MHz，发射机功率为 1mW（等于 -30dBW），发射天线增益为 36.9dBi，接收天线增益为 36.9dBi 且与发射天线相距 $d = 2$km，则接收信号功率为

$$S = P_{\text{tx}} + G_{\text{tx}} - L_{\text{fs}} + G_{\text{rx}}$$
$$= -30 + 36.9 - 109.6 + 36.9 = -65.8\text{dBW}$$

3.4 载波类型和调制

3.4.1 概述

无线电通信系统的主要功能是利用无线电波或载波将信息编码后发射出去，并通过接收机完成接收，该编码过程称为调制。通常调制器位于发射端，解调器位于接收端，可同时完成调制和解调功能的装置称为调制解调器。

目前人们已研发出包括模拟和数字调制技术在内的多种调制方式。干扰分析中需要重点关注载波类型和调制方式，特别是载波数据速率、带宽和频域功率密度（形状）等。同时调制还决定了能够提供所需服务质量并避免有害干扰的系统限值指标。

为便于深入讨论和理解载波概念，下面列出了调制过程所涉及的基本观点。

● 3.4.2 节描述幅度调制（AM）等模拟调制类型。
● 3.4.3 节描述二进制相移键控（BPSK）和正交相移键控（QPSK）等数字调制类型。
● 3.4.4 讨论跳频和正交频分复用（OFDM）技术。
● 3.4.5 节讨论与选用数字调制技术有关的因素。
● 3.4.6 节简要论述脉冲调制。
● 3.4.6 节讨论滤波概念。

3.4.2 模拟调制

最简单的无线通信是通过开关控制载波的方式产生莫尔斯码字，但这种数据传输技术效率不高。1901 年，雷吉纳德·费森登（Reginald Fessenden）采用外差（heterodying）技术，通过乘法器将两个频率信号进行组合，促进了无线通信的发展。这种技术首先产生并更改（或调制）一个低中频（IF）载波，然后将其移至一个更高的发射频率；接收机端采用相反步骤，即首先降低接收信号频率，再将其进行解调。外差技术是目前几乎所有无线通信系统的基础技术。

无线通信系统所发射的电波也可携带空数据（如数字通信中的 0 序列），这种电波也被称为连续波（CW），即用电波直接调制信息。起初这种调制方式为最简单的幅度调制，即用载波大小的变化表示信息，如图 3.6、图 3.7 和图 3.8 所示。

t 时刻的载波信号的数学表达式（Rappaport，1996）为

$$S_{\text{AM}}(t) = A_{\text{c}}[1 + m(t)]\cos(2\pi f_{\text{c}}t) \tag{3.21}$$

其中，$m(t)$ 为 t 时刻信号；A_{c} 为 AM 信号振幅；f_{c} 为载波频率。

电子工业

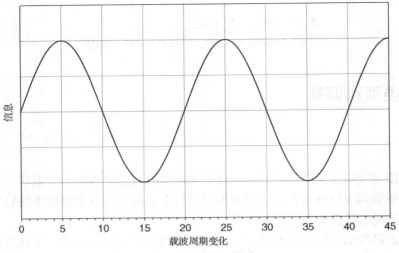

图 3.6　幅度调制信息

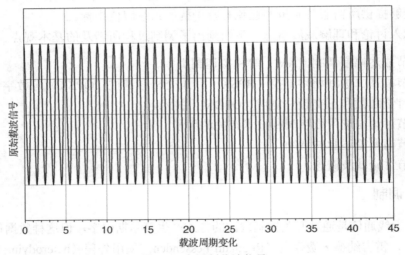

图 3.7　未调制载波信号

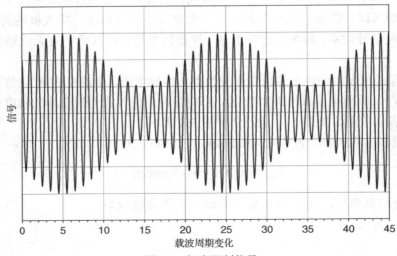

图 3.8　幅度调制信号

    AM 信号带宽通常为调制信号频率的两倍，若通过滤波减小该信号带宽，如移除一个边带，则形成所谓的单边带信号（SSB）。

    频率调制（FM）是另一种模拟信号调制方式，其调制参数为载波频率而非幅度。经调制后的信号波形样式与调制信号类型有关，如 FM 语音信号样式与电视信号样式存在一定差异。这种特性会对干扰分析带来较大影响，不仅影响干扰信号样式，而且影响接收机受扰门限。

    现代系统大多采用数字调制，详见 3.4.3 节内容。但采用模拟调制的传统通信系统仍被使用，如 7.2 节将介绍的专用移动无线电语音通信系统。

3.4.3　数字调制

与模拟调制相比，数字调制具有诸多优势。

- 正常工作所需信噪比（S/N）较低。
- 采用编码技术能降低传输错误。
- 采用加密技术。
- 采用多路传输多种通信类型。
- 采用多路传输多个用户信息。
- 更好的抗衰落能力。
- 便于软件控制。

    干扰分析中，由于数字调制信号载波的频谱形状近似为方形，这为带宽因子建模带来便利（见 5.2 节），同时利用较为充分的数字调制信息可估算无线电系统的性能。

    最简单的数字调制为二进制相移键控，其载波的相位在两种状态之间跳变。图 3.9 为调制前载波，图 3.10 为调制后载波。

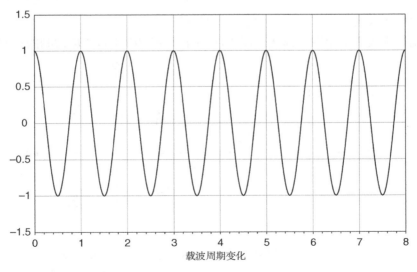

图 3.9　未调制载波

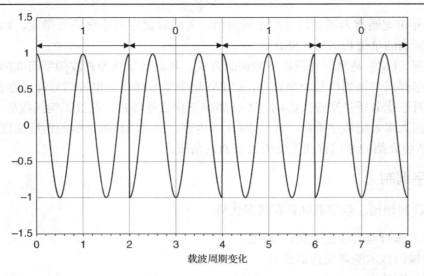

图 3.10　BPSK 调制信号

调制后载波形状要么不变，要么与未调制载波正好相反。用数学表述就是在波形函数上增加 $\{0,\pi\}$ ，即

$$\text{二进制 } 0: S_{\text{BPSK}}(t) = A_c \cos(2\pi f_c t + \pi) \quad 0 \leqslant t < T_b \tag{3.22}$$

$$\text{二进制 } 1: S_{\text{BPSK}}(t) = A_c \cos(2\pi f_c t) \quad 0 \leqslant t < T_b \tag{3.23}$$

其中，幅度 A_c 是单位比特能量 E_b 和比特持续时间 T_b 的函数：

$$A_c = \sqrt{\frac{2E_b}{T_b}} \tag{3.24}$$

注意载波频率需大于（有时需远大于）信号频率。

相位调制通常采用星座图来描述，图 3.11 展示了 BPSK 和 QPSK 调制的星座图。

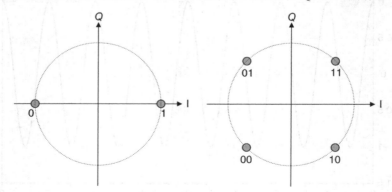

图 3.11　BPSK 调制（左）和 QPSK 调制（右）的星座图

BPSK 调制包含两个状态，每个状态调制一个比特信息 $\{0,1\}$ 。高阶调制中一个符号包含多个比特，从而产生更为复杂的波形。例如，正交相移键控（QPSK）的星座图包含四个状态，每个相位可表示一个由两个比特组成的符号 $\{00,01,10,11\}$ 。

相位至符号之间的映射可通过多种方式实现。例如，格雷编码（Gray coding）的相邻码

元仅有一个比特不同，其波形表达式为

$$S_{\mathrm{QPSK}}(t) = A_{\mathrm{c}} \cos\left[2\pi f_{\mathrm{c}} t + \frac{(i-1)\pi}{2} \right] \quad i = \{1,2,3,4\} \quad 0 \leqslant t < T_{\mathrm{s}} \tag{3.25}$$

上式可用图 3.12 描述。

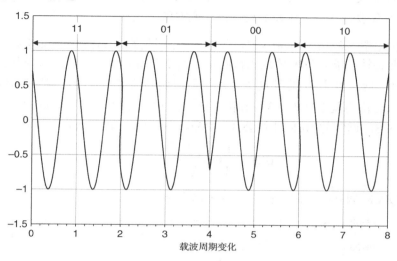

图 3.12　QPSK 调制载波

BPSK 调制和 QPSK 调制高度相关并且具有相同的功率谱密度（PSD）和频谱形状。

$$P_{\mathrm{BPSK}}(t) = \frac{E_{\mathrm{b}}}{2}\left[\left(\frac{\sin \pi(f - f_{\mathrm{c}})T_{\mathrm{s}}}{\pi(f - f_{\mathrm{c}})T_{\mathrm{s}}} \right)^2 + \left(\frac{\sin \pi(-f - f_{\mathrm{c}})T_{\mathrm{s}}}{\pi(-f - f_{\mathrm{c}})T_{\mathrm{s}}} \right)^2 \right] \tag{3.26}$$

例 3.4

某 BPSK 信号数据速率和符号速率均为 30Mbps，则其载波功率谱密度如图 3.13 所示。

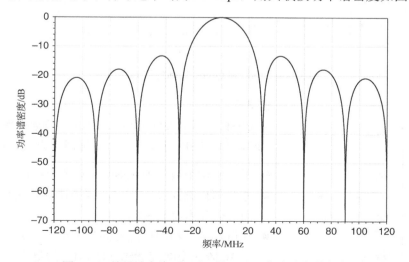

图 3.13　符号速率为 30Mbps 的 BPSK 信号功率谱密度

实际中，由发射机产生的 BPSK 或 QPSK 载波频谱与理论预测存在很大差别。为防止干扰，大多数无线电系统采用滤波器（见 3.4.7 节）减小工作频带（也称为有用带宽）之外的发射。选择滤波器通常需考虑如下因素。

- 成本：高质量滤波器需要承担更多成本。
- 尺寸：许多设备（如手持式设备）可用空间有限。
- 需求：若有敏感业务工作在邻近频段，则对滤波提出了更高要求。

在确定发射机需要满足的频谱掩模时，需要结合不同业务的具体情况加以考虑，详见 5.3.1 节。

调制的重要特性是能够反映单位比特能量（E_b）和误码率（BER）之间的关系。单位比特能量与单位 Hz 噪声（N_0）之比越大，解调器对调制信号相位的识别率越高，也就意味着解调出"正确"比特的概率越大。3.6 节和 3.11 节将进一步讨论噪声和 E_b/N_0。

BPSK 和 QPSK 调制的 BER 计算公式（Bousquet 和 Maral，1986）均为

$$\text{BER} = \frac{1}{2}\,\text{erfc}\sqrt{\frac{E_b}{N_0}} \tag{3.27}$$

BPSK 和 QPSK 调制的误码率曲线如图 3.14 所示。

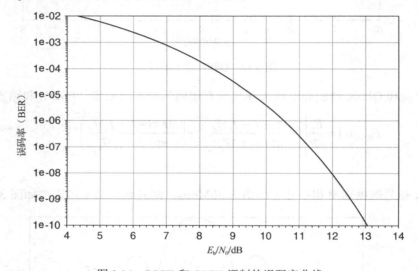

图 3.14　BPSK 和 QPSK 调制的误码率曲线

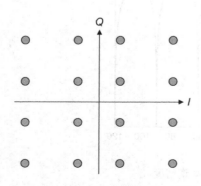

图 3.15　16 阶 QAM 调制的星座图

例 3.5

某 BPSK 信号载波的 E_b/N_0=10.5dB，则误码率 BER～1e–6。

BPSK 和 QPSK 可以衍生出多种调制方式，例如：

- 增多相位个数，如 8PSK 具有 8 个相位。
- 差分相移键控（DPSK），这种调制方式基于码元差值而非码元本身来编码。
- 还可对幅度和相位进行同步调整，例如，图 3.15 给出了 16 阶正交幅度调制（QAM）的星座图。该星座图可通过旋转来改进适应性，具体实例可参见 DVB-T2 标准。

以上各种数字调制方式的改进主要体现在：

● 载波形状，即功率谱密度随频率变化的样式。如前所述，实际发射功率谱密度取决于滤波器效果，但必要带宽由调制和数据速率决定。

● 误码率曲线，即给定 E_b/N_0 条件下所能达到的性能。采用编码技术虽然能够纠正错码，但也会降低传输效率。

如 3.4.5 节所述，系统设计的一项重要工作就是选取最合适的调制方式。有关数字调制的更多信息可参考 ITU-R SM.328（ITU-R，2006i）《数字相位调制》附件 6。

3.4.4 跳频和 OFDM

在 3.4.2 节和 3.4.3 节所述的模拟和数字调制例子中均采用单频载波。实际中也常采用多个频率发射信号，如跳频和 OFDM。

设计跳频系统的最初目的是减小频率重叠概率，这样有利于：

● 减少干扰，对于军用系统可减轻其受扰影响。

● 减小被截获概率。

● 减轻衰落影响，因为即使部分传输受到衰落影响，也可通过编码技术恢复有效码元。

跳频技术由好莱坞电影明星海蒂·拉玛（Hedy Lamarr）发明。1938 年，海蒂·拉玛从欧洲逃往美国，当时她与作曲家乔治·安塞尔（George Antheil）保持着合作关系。海蒂·拉玛从乔治·安塞尔所发明的自动、同步弹奏式钢琴中得到启发，并将这种理念应用于无线电系统，设想让无线电发射机和接收机依照一定次序切换工作频率，如图 3.16 所示。

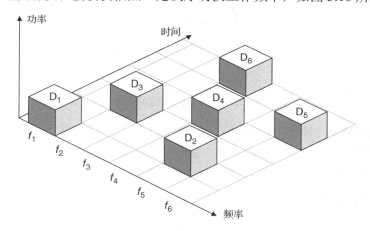

图 3.16 跳频系统原理图

跳频频率由伪随机序列密钥确定，且收发双方均掌握该密钥。若没有跳频密钥，则几乎不可能掌握频率跳变规律，也就难以对跳频信号实施截获或干扰。

由跳频可衍生出直接序列扩频，后者采用伪随机序列对整个信号带宽进行调制，且序列密钥由收发双方共享。3.5.5 节介绍码分多址（CDMA）时将详细讨论这种调制方法。

采用跳频技术能够减轻多径衰落的影响，这是因为多径衰落对频率非常敏感，即使两个信道相邻，其衰落深度也可能存在显著差异。当采用多个频率传输信号时，多径衰落通常会导致部分信道的接收信号减小，而其余信道的接收信号几乎不会受到影响。

跳频技术的上述优点促进了正交频率复用（OFDM）技术的发展。目前 OFDM 技术已经广泛应用于多种无线电通信业务，如地面数字电视（详见 7.3 节）、基于 LTE 标准的 4G 移动电话系统等。

与采用单载波传输所有数据不同，OFDM 技术将信息分别加载到多个子载波进行传输。这些子载波的频率具有正交性，从而保证发射频率不会影响其他子载波的接收。通常子载波频率隔离度为

$$\Delta f = \frac{k}{T_U} \tag{3.28}$$

其中，T_U 为符号持续时间，单位为 s；k 通常设为 1。这样 N 个子载波的总带宽为

$$B \cong N\Delta f \tag{3.29}$$

OFDM 结构如图 3.17 所示。其中，f_1 为包含 4 个子载波的 OFDM 载波，每个子载波携带由两个数据集组成的帧；f_2 为单个宽带载波，该载波携带由 8 个数据集组成的帧。

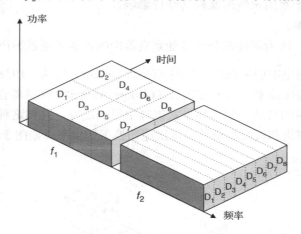

图 3.17　OFDM 结构示意图

通过监测 OFDM 各子载波的误码率并采用纠错算法，可以评估各子载波传输质量。同时 OFDM 通过增加符号持续时间，有助于减小多径干扰，保证单频网络性能。

有关 OFDM 技术对多址接入的支持作用详见 3.5.6 节。

3.4.5　数字调制方式选取

如何选取合适的数字调制方式呢？表 3.6 列出了 ITU-R F.1101 建议书（ITU-R，1994a）中有关频移键控（FSK）、相移键控（PSK）和正交幅度调制（QAM）的理论性能。

表 3.6　部分调制方式的理论性能

调制方式	衍生调制方式	满足 BER=10^{-6} 所需的信噪比（S/N）/dB	以 R_d（bps）表示的带宽/Hz
FSK	2 状态 FSK	13.4	R_d
	3 状态 FSK	15.9	R_d
	4 状态 FSK	23.1	$R_d/2$

续表

调制方式	衍生调制方式	满足 BER=10^{-6} 所需的信噪比（S/N）/dB	以 R_d（bps）表示的带宽/Hz
PSK	2 状态 PSK	10.5	R_d
	4 状态 PSK	13.5	$R_d/2$
	8 状态 PSK	18.8	$R_d/3$
	16 状态 PSK	24.4	$R_d/4$
QAM	16-QAM	20.5	$R_d/4$
	32-QAM	23.5	$R_d/5$
	64-QAM	26.5	$R_d/6$
	128-QAM	29.5	$R_d/7$
	256-QAM	32.6	$R_d/8$
	512-QAM	35.5	$R_d/9$

尽管根据 BER=10^{-6} 需求能够确定各调制方式及其衍生调制方式的信噪比限值，但该限值与系统实际工作所需限值并不完全一致。例如，若系统采用较高的误码率指标，则有利于与其他无线系统共享频谱。由于表 3.6 中的噪声值 N 包含干扰在内，因此 S/N 值也可替换为 C/N 或 $C/(N+I)$。

许多人认为若能够利用给定带宽传输数据量越大，即能使带宽效率达到最大，则意味着通信性能达到最佳。从这个角度看，QPSK（如 4 状态 PSK）的性能优于 BPSK（如 2 状态 PSK），因为前者占用带宽仅为后者一半。同理，由于 QPSK 带宽为 $R_d/2$，而 64-QAM 带宽仅为 $R_d/6$，因此后者具有更优性能。

但是，还必须考虑另一问题，那就是为了满足链路预算要求，往往需要增大发射功率，即为了达到特定误码率指标，要求信噪比超过特定门限。从表 3.6 可以看出，QPSK 信噪比高于 BPSK 信噪比 3dB，64-QAM 信噪比高于 BPSK 信噪比 16dB。

上述指标差异会对干扰分析产生重要影响。例如，由于 64-QAM 信噪比高于 BPSK 信噪比 16dB，相应地，来自 64-QAM 链路的干扰信号也会比 BPSK 链路的干扰信号高 16dB。同样地，调制方式也会对发射台站覆盖范围产生影响。例如，考虑到对环境的影响（包括为满足人体射频辐射危害限值，见表 5.23），通常对移动基站的最大辐射功率做出限制。当移动基站发射机采用高阶调制方式时，可能导致其覆盖范围减小。

正是由于上述原因，许多系统采用自适应调制技术，从而可以根据环境变化自动变换调制方式。Wi-Fi 即属于这类系统。当用户距离接入点较近时，Wi-Fi 系统会自动采用高阶调制；而当用户距离接入点较远或受到屏蔽时，Wi-Fi 系统则会采用低阶调制。不同调制方式会对载波形状以及邻频干扰产生影响，详见 5.5.3 节。

对于给定带宽 B 和信噪比 s/n（dB 形式为 S/N），其信道容量 C_a 可利用香农（Shannon）信道编码理论（Rappaport，1996）求得

$$C_a = B \cdot \mathrm{lb}\left(1 + \frac{s}{n}\right) \tag{3.30}$$

例 3.6

某链路 S/N=20dB，带宽为 200kHz（用于 GSM 系统），则理论上最大信道容量为 1.33Mbps，该容量值远大于 GSM 标准给出的信道容量值。

此外，还需考虑链路对干扰和衰落的适应性，以及所采用前向纠错编码（FEC）的码率。前向纠错编码虽然可通过增加码元数量来纠正错误码元，但同时也会降低有效数据速率。通过采用前向纠错编码并降低误码率指标，能够显著降低 S/N 门限要求。

系统设计过程中，应深入研究正常业务遭受或对其他系统产生的干扰影响，进而选取合适的调制方式和信道编码类型。

3.4.6　脉冲调制和超宽带

与前述连续波调制不同，脉冲调制采用一系列短暂脉冲携带发送信息。例如，超宽带（UBW）通信系统通过采用脉冲调制，实现在极宽频段内以小功率密度工作。又如，采用随机脉冲的多址接入系统能够产生类噪声信号。

按照超宽带系统的定义，其带宽超过 500MHz 或中心频率的 20%，最大可达数 GHz。由于超宽带系统的发射功率分布在较宽的频段内，因而发射功率谱密度会显著小于接收机噪声水平，不易对邻近频段内的授权业务产生干扰，除非超宽带设备数量较多（可能对卫星上行链路产生集总干扰）或超宽带设备靠近敏感接收机。超宽带技术常用于短距离通信和车载短距离雷达（SRR）等领域。

如果超宽带设备发射功率足够小，则无须获取用频许可。有关执照豁免设备的最大平均功率密度限值见欧盟委员会决定（2007 年）和美国联邦通信委员会 Part 15 规定（2002 年）。其中对特定频段的最大平均功率密度限值为-41.3dBm/MHz，对某些频段的限值更为严格。通过对超宽带系统的脉冲进行专门设计，可使其满足不同频段的发射限值要求。

3.4.7　滤波

图 3.13 给出了工作频率为 30MHz 的 BPSK 信号在未经过滤波时的理论功率谱密度。实际中大多数无线电系统会采用滤波技术来减小对其他系统的干扰，同时防止遭受来自其他系统的干扰。常用的滤波技术包括高斯滤波、巴特沃斯滤波和奈奎斯特滤波。其中高斯滤波的归一化表达式为（Rappaport，1996）

$$A_{\text{rx}}(\Delta f) = 10\lg\left[e^{-\frac{1}{2}\left(\frac{x}{\sigma}\right)^2} \right] \tag{3.31}$$

其中，σ 是指增益较峰值降低 X_{dB} 时所对应的双边带宽（中心频率单边带宽的两倍），即

$$\sigma = \frac{B}{\sqrt{0.8 X_{\text{dB}} \ln 10}} \tag{3.32}$$

通常滤波器带宽定义为 $X_{\text{dB}} = 3\text{dB}$ 时所对应的带宽，当然也可能采用其他带宽（如偏离中心频率增益下降 30dB 时所对应的带宽）。

n 阶巴特沃斯滤波器的 3dB 带宽计算公式为

$$A_{\text{rx}}(\Delta f) = 10\lg\left[1 + \left(\frac{\Delta f}{B_{3\text{dB}}}\right)^{2n} \right] \tag{3.33}$$

例 3.7

图 3.18 给出了 3dB 带宽均为 10MHz 的高斯滤波器和 4 阶巴特沃斯滤波器曲线。

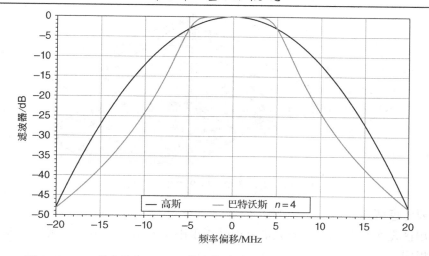

图 3.18　3dB 带宽均为 10MHz 的高斯滤波器和 4 阶巴特沃斯滤波器曲线

奈奎斯特滤波器特性由频率 f_n 和滚降系数 r_of 确定，其公式为

$$a_\text{rx}(\Delta f) = 1 \qquad\qquad\qquad\qquad\qquad f < f_n(1 - r_\text{of})$$

$$a_\text{rx}(\Delta f) = 0.5\left\{1 + \cos\left[\frac{\pi}{2r_\text{ro}}\left(\frac{f}{f_n} - 1 + r_\text{of}\right)\right]\right\} \qquad f_n(1 - r_\text{of}) < f < f_n(1 + r_\text{of}) \qquad (3.34)$$

$$a_\text{rx}(\Delta f) = 0 \qquad\qquad\qquad\qquad\qquad f > f_n(1 + r_\text{of})$$

例如，欧洲电信标准化协会（ETSI）技术报告 TR 101 854（ETSI，2005）中基于奈奎斯特滤波器和其他假设条件推导出接收频谱掩模。

3.5　多址方法

3.5.1　概述

许多情况下，同一区域内的众多用户需要共享同一频段频谱。特别是对提供商业无线电服务的运营商而言，不但希望通信系统能够尽可能服务更多用户，而且能够为用户提供最好的服务质量。本节将重点讨论能够实现多用户接入相同频段的技术。

首先讨论不同多址接入技术对干扰分析的影响，主要考虑如下因素。

- 需要构建的台站模型数量。
- 同时发射的台站数量。
- 功率如何随用户数量增加而变大，包括峰值功率和平均功率的比率。
- 带宽如何随用户数量增加而变大。

此外，还要考虑用户的业务繁忙程度。本节假设所有节点均满负荷工作。有关流量建模的讨论详见 5.7 节。

多址技术的典型应用为移动通信网络，其中基站可为多个用户提供双向通信连接，如图 3.19 所示。

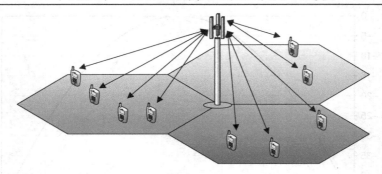

图 3.19   支持 3 个扇区 9 个用户的基站

这里需要考虑两点。

（1）各扇区是否相互独立，即频谱复用是否仅限于本扇区内用户？例如，各扇区所指配的频率并不相同。

（2）基站至手持终端链路（下行链路）是否与手持终端至基站链路（上行链路）使用相同频率？

对于第二个问题，一种解决方法是上行链路和下行链路使用不同频段，这两个频段被称为配对频段（paired blocks），如图 3.20 所示。这种频谱使用方式可支持双工（duplex）操作，即上下行链路可同时进行通信。与此相对的是仅采用单个频段完成双向通信的单工（simplex）操作。对于双工通信，上下行链路频段之间存在双工间隔（duplex gap），用于防止系统内部的非同频干扰。在图 3.20 的例子中，双工间隔可确保基站发射信号不会对基站接收到的微弱移动终端信号产生有害干扰。

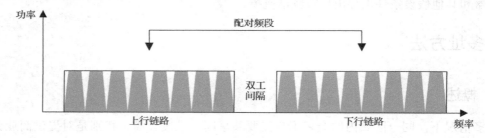

图 3.20   用于双工操作的配对频段

若采用配对频段模式，则干扰分析中需要构建两个独立模型，包括基站发射模型和移动终端发射模型，如图 3.21 所示。至于下行链路应该使用低端频段还是高端频段，主要取决于频谱共用环境，因为相比基站而言，移动终端由于发射功率和天线高度均较低，因而更便于共享频谱。

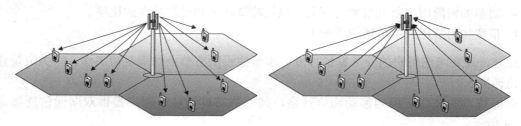

图 3.21   上行链路和下行链路的隔离场景

目前主要存在以下几种多址技术。

- 载波侦听多路访问（CSMA），详见 3.5.2 节。
- 频分多址（FDMA），详见 3.5.3 节。
- 时分多址（TDMA），详见 3.5.4 节。
- 码分多址（CDMA），详见 3.5.5 节。
- 正交频分多址（OFDMA），详见 3.5.6 节。

此外，还存在同时使用多个多址技术的情形，如频分和时分相结合的多址技术。

3.5.2 载波侦听多路访问（CSMA）

载波侦听多路访问是指多个用户在无控制和同步机制的条件下使用同一信道的技术。它可以工作在单工模式，如同 Wi-Fi 那样所有通信链路（包括上行链路和下行链路）使用相同信道；也可以工作在双工模式，如卫星链路基于 ALOHA 协议在同一信道回传数据。又如在共享专用移动无线电通信（PMR）中采用拥塞（congestion）管理机制，允许相邻区域的低活跃用户使用相同信道，详见 7.2 节。

载波侦听多路访问具有多个衍生技术，如分时 ALOHA 协议仅允许在特定时段内寻求建立通信连接。

节点在开始发射前，首先检测信道是否正被其他用户使用，若未被其他用户使用，则接入该信道。当两个节点同时寻求接入同一信道时，尽管可利用冲突检测（CD）和冲突规避（CA）等多种方法，但仍可能发生冲突。一旦检测到冲突，则节点终止发射，并在等待随机时段后重新尝试接入信道。

这种纯检测（pure sensing）方法存在一个潜在问题，即由于两个节点相互不可见，即使在发射前对信道占用情况进行检测，但当他们同时发射时仍可能出现冲突问题，如图 3.22 所示。

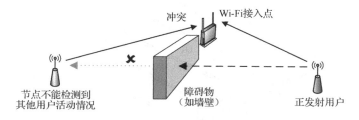

图 3.22 隐藏节点问题——Wi-Fi 网络中的信道冲突

实际中隐藏节点所产生的影响相对有限。作者曾经参与过一项由英国通信办公室组织的研究项目（Aegis 系统公司和 Transfinite 公司，2004），其目标是测量多个 Wi-Fi 网络之间的干扰限值。但是，研究中发现每个 Wi-Fi 网络均被其他网络持续检测，且各网络之间能够实现时域高效共用，以至于很难测得干扰效应。

要使多用户能够接入同一信道，需要重点考虑检测用户行为所需信号传输开销和时间。英国通信办公室（Ofcom，2004）组织开展的专用移动无线电应用研究表明，当 N_{sys} 个用户对某信道的共享程度达 50% 时，由信号传输开销和等待时间所造成的信道接入延迟将按指数规律增加，且该信道活跃因子为：

$$A_f \cong \frac{50}{N_{sys}} \tag{3.35}$$

在干扰分析中，仅需考虑一个同时工作的单台站即可，且该台站的行为由其流量模型确定。

当不同类型台站（如接入点和用户终端）共用一个频率时，应建立所有台站模型，这些台站的行为差异可用上行链路与下行链路流量比率来度量。另一种方法是通过初步分析后建立最严重情形下的干扰行为模型，但这样会过高估计干扰的影响。上下行链路和所有台站所需功率值由距离和服务质量等因素决定。

若无线电台站的分布非常分散，则台站产生的干扰与其活跃程度密切相关。在每次干扰仿真分析抽样中，应选定活跃台站（可采用随机方法）并建立多台站模型。

此外，共享信道分析中还应考虑其他重要指标，例如：

● 接入信道请求被其他传输阻塞的概率。
● 信道被阻塞情况下接入信道所需平均延迟。

当允许相邻区域的低活跃用户使用相同信道时，需要对上述指标进行评估，从而为干扰分析提供支持。7.2 节将介绍评估专用移动无线电系统信道共享程度的方法。

3.5.3 频分多址（FDMA）

频分多址是指将某段频谱分割给多个用户使用，如图 3.23 所示。图中包含 6 个用户，$\{U_1, \cdots, U_6\}$，各用户的工作频率分别为 $\{f_1, \cdots, f_6\}$。当用户的数量逐渐增加时：

● 每个用户信道带宽固定，但总占用带宽随用户数量增加而增大。
● 每个载波功率固定，但所有载波的总功率随用户数量增加而增大。

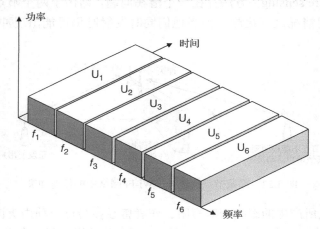

图 3.23 频分多址

频分多址中，由于每个用户均接入独立的无线信道，因此不会与其他用户相冲突。为实现双向同时通信，每个用户需接入两个信道，分别用于发射和接收信号，这也就是所谓的双工通信。

频分多址用户的发射功率与台站位置和业务有关。例如，当台站位于业务覆盖边缘区域或采用高阶调制时，需要发射更大功率。

但是，频分多址的频谱利用效率并不高，主要是因为当用户未接入其对应的信道时，这些信道不能被其他用户接入。对于流量变化较大的业务（如语音或网页浏览），所有用户无须同时达到最大数据速率。这时信道还可以通过共享或复用的方式，增加所能容纳的最大用户数量，即提高复用增益（multiplex gain）。因此，TDMA、CDMA 或 OFDMA（将在后文介绍）更适用于移动电话网络等流量变化业务。这也是为什么早期的移动电话采用 FDMA 技术，但后来均采用更高效频率接入技术的原因。

目前固定链路和专用移动无线电系统仍采用 FDMA 技术，用户在使用这些系统时，需要由主管部门指配一个（适用于单工通信）或一对（适用于双工通信）频率。固定链路由一对收发台站组成，常用于回程线路（backhaul），详见 7.1 节。

3.5.4 时分多址（TDMA）

时分多址中，单个信道被多个不同用户在不同时间使用，如图 3.24 所示。图中同一信道供多个用户使用。时分多址中通常需要定义帧，即在特定时段内发送固定数量的比特。一个帧通常包含若干时隙，时隙可被分配给不同用户使用。

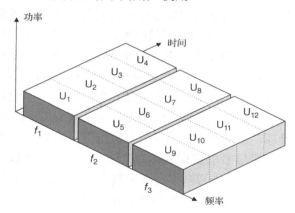

图 3.24 时分多址

例如，第二代移动通信标准 GSM 采用如下参数（Rappaport，1996）。

带宽：200kHz。

帧周期：4.615ms。

用户/帧：8 个。

GSM 的时隙可以进行组合，如帧可以组合为多帧，多帧可再组合为超帧。

由于 TDMA 系统在特定时刻和位置（如扇区）只可能与一个用户连接，因此系统建模时仅需构建一个台站模型，无须建立每个时隙的用户模型。

若移动通信系统业务负荷较低，则某些帧处于空闲状态，在这些帧持续时间内，信号平均功率将小于忙时平均功率。由于很难找到表征接收机端平均干扰特性的方法，实际中可采用蒙特卡洛仿真方法，并将用户占用状态设为随机变化量。

TDMA 系统所需最少信道数量将随用户数量的增加而增长，即

$$N_{\mathrm{c}} = \mathrm{roundup}\left(\frac{N_{\mathrm{users}}}{N_{\mathrm{users/frame}}}\right) \tag{3.36}$$

随着 TDMA 系统用户数量增加，TDMA 系统的总带宽也相应增大。

3.5.5　码分多址（CDMA）

码分多址中，多个用户通过特定编码方式使用同一信道，如图 3.25 所示。图中多个用户被分配使用同一频道，并在同一区域同时工作。在发射端，用户的输入数据经 CDMA 码扩频处理后相互隔离。接收端采用特定扩频码在多个码周期上进行积分运算，若接收信号来自其他用户，则由于扩频码不匹配而被滤除掉，且对接收机噪声水平的影响很小。扩频码速率（相对于数据速率）越高，多个用户共用带宽越宽。

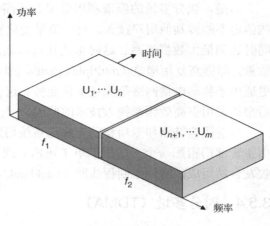

图 3.25　码分多址

例 3.8

考虑一个采用 32 位编码和两个用户的简单通信系统，假设需要发送的信息为数据比特"1"。两个用户分别由 32 位 {0,1} 组成的不同码序列表示，这两组码序列与数据比特（这里为"1"）叠加后发送出去，并被期望接收机 RX-1 和非期望接收机 RX-2 接收。两个接收机分别利用本地码序列对数据流进行解码，产生 32 位输出码序列，再对其进行积分运算。对于期望接收机，积分过程相当于连续相加，而对于非期望接收机，由于本地码与扩频码不相关，因而积分过程同时包含相加运算和相减运算，信号也将相应减小（一般不会减小至零）。虽然无用信号会使接收机噪声升高，但不会影响接收机对有用信号的提取，如图 3.26 所示。

利用码序列产生高速宽带信号的过程被称为扩频，扩频技术不仅可应用于多址接入，也可用于其他领域。例如，扩频系统的总功率分布在较宽频段内，使得其功率谱密度相对较小，对其他系统产生的干扰也较小。但是，若要使 CDMA 系统达到具有相同数量用户的 TDMA 系统的功率谱密度，则需要减小 CDMA 系统的容量。相对其他复用方式，CDMA 系统的规划相对容易，因为相邻扇区可通过编码方式实现频率复用。此外，CDMA 系统还具有安全性高、侦测难度大和抗干扰能力强等优点。

通过对 CDMA 信号进行积分运算所获处理增益可表示为

$$G_{\mathrm{p}} = 10\lg\frac{R_{\mathrm{c}}}{R_{\mathrm{d}}} \tag{3.37}$$

其中，　R_{c}——码元速率；

　　　　R_{d}——数据速率。

上式可用于调整相对于有用信号电平 C 的门限值。

例 3.9

某宽带 CDMA（WCDMA）数据链路速率为 144kbps，采用 QPSK 调制方式并通过码片速率为 3.84Mcps 的宽带载波进行传输，QPSK 解调门限 C/N=13.5dB，处理增益 G_{p}=10lg(3 840/144)=14.3dB，则该链路可达到的理论门限值为 C/N=−0.8dB。

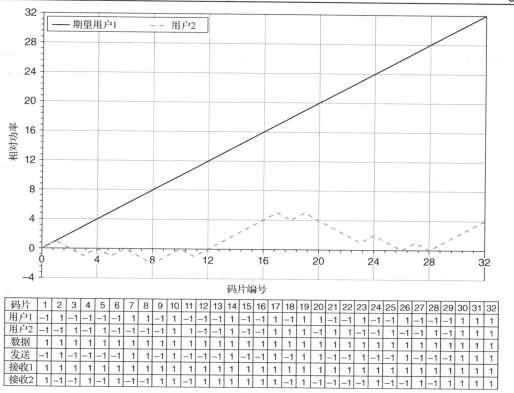

码片	1	2	3	4	5	6	7	8	9	10	11	12	13	14	15	16	17	18	19	20	21	22	23	24	25	26	27	28	29	30	31	32
用户1	−1	1	−1	−1	−1	−1	1	1	−1	1	−1	−1	−1	1	−1	1	1	−1	1	1	−1	−1	1	−1	1	−1	1	−1	−1	1	1	1
用户2	−1	−1	1	−1	−1	−1	−1	1	1	−1	1	−1	−1	−1	1	−1	1	1	−1	1	1	−1	−1	1	−1	1	−1	1	−1	−1	1	1
数据	1	1	1	1	1	1	1	1	1	1	1	1	1	1	1	1	1	1	1	1	1	1	1	1	1	1	1	1	1	1	1	1
发送	−1	1	−1	−1	−1	−1	1	1	−1	1	−1	−1	−1	1	−1	1	1	−1	1	1	−1	−1	1	−1	1	−1	1	−1	−1	1	1	1
接收1	1	1	1	1	1	1	1	1	1	1	1	1	1	1	1	1	1	1	1	1	1	1	1	1	1	1	1	1	1	1	1	1
接收2	1	−1	−1	1	1	1	−1	1	−1	−1	−1	1	1	−1	−1	−1	1	1	−1	1	1	−1	−1	1	−1	1	−1	1	−1	−1	1	1

图 3.26 CDMA 积分示例

一般情况下，经扩频处理后信号的门限不为负值，这是因为门限值不仅与载波 C 有关，还会受到工作损耗和分集增益等因素影响。

另外，CDMA 系统链路还包含其他损耗。例如，收发端均需增加信号扩频处理单元，同时需保持收发信号不间断。与之相比，TDMA 系统可根据用户接入时段进行接通切换。

CDMA 蜂窝系统存在一种所谓"小区呼吸"（cell breathing）效应，即随着系统流量的提高，系统覆盖的小区面积将减小。CDMA 上行链路噪声增量的计算公式为（Holma 和 Toskala，2010）

$$N_r = 10\lg\frac{1}{1-\eta} \tag{3.38}$$

其中，

$$\eta = \frac{e_b/n_0}{R_c/R_d}N_v(1+i) \tag{3.39}$$

其中，N——用户数量；

i——其他扇区的干扰因子（对于包含 3 个扇区的微小区，通常可取 $i=0.65$）；

v——流量因子，对于连续数据传输可取 1，对于语音传输可取 0.5。

例 3.10

根据 ITU-R M.1654 建议书（ITU-R，2003c），某全向宏基站工作参数如表 3.7 所示。系统上行链路噪声水平随小区总容量变化曲线如图 3.27 所示。有关利用噪声增加曲线得出干扰分析所需限值的方法详见 5.10.5 节。

表 3.7　ITU-R M.1654 建议书中给出的语音和数据服务案例

参数	语音	数据
E_b/N_0/dB	5.0	1.5
i	0.55	0.55
W/Mcps	3.84	3.84
Rate/Mbps	0.012 2	0.144
v	0.65	1.0

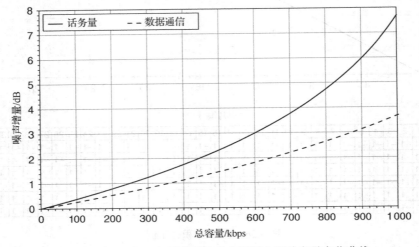

图 3.27　WCDMA 上行链路噪声水平随小区总容量变化曲线

用于 3G 移动通信系统的宽带 CDMA（WCDMA）标准定义了如下参数指标。

信道带宽：5MHz。

码片速率：3.84Mcps。

帧长度：10ms（38 400 码片）。

通过采用更先进的编码技术可以提高单个信道用户数量，但当用户数达到一定规模时，仍需要占用额外信道。例如，WCDMA 系统每个基站的单个频道最多包含 512 种编码方式，因此可能存在多个用户同时使用相同频道情况。干扰分析中，可针对这种情况建立多用户共用模型。

有些 CDMA 系统的扩展频谱带宽非常宽，以至于可将其归为超宽带通信系统，详见 3.4.6 节。

3.5.6　正交频分多址（OFDMA）

正交频分多址中，单个信道被分割为若干子载波。系统通过采用正交频率集，使得时隙和子载波资源得到动态、灵活的分配（见 3.4.4 节），如图 3.28 所示。

正交频分复用的时隙和子载波资源的分配方式由用户数量及其流量需求确定。由于语音业务和视频等高速数据业务具有不同特点，因而其资源分配方式也存在较大区别。

在涉及 OFDMA 系统的干扰分析中，通常采用两种方法。

（1）建立子载波通信模型，同时根据流量要求开展必要的集总计算。这种情况下，每个信道在特定时段内仅被一个用户使用。

（2）建立宽带通信模型，求功率平均值，并考虑同一 OFDM 信道被多个潜在用户使用的情况。

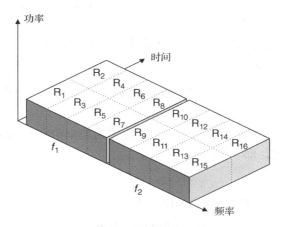

图 3.28   正交频分多址

实际中可根据具体情况特别是受扰接收机带宽来确定建模方法。对于窄带接收机，较适于建立子载波 OFDMA 模型，而对于宽带接收机，由于需要检测整个 LTE 10MHz 信道及其所有子载波，因而更适于采用第二种方法。

3.6   噪声温度和参考点

设想你在遥远的太空打开一部接收机，尽管已经无法探测到人类产生的任何信息，但接收机仍能接收到非常微弱的信号。这种信号实际上就是接收机的噪声，也是影响无线电通信系统发射信息的重要因素。

所有物体均因其自身温度而辐射能量。大爆炸（Big Bang）[*]之后的宇宙温度约为 2.7K，该温度值与 0K 非常接近。1965 年，阿诺·彭齐亚斯（Arno Penzias）和罗伯特·威尔逊（Robert Wilson）在美国新泽西州利用霍姆德尔号角天线（Holmdel Horn Antenna）探测到了微波的热辐射，这种天线最初用于 NASA 的回声（Echo）卫星通信系统。

噪声可能来自多种辐射源。ITU-R P.372 建议书（ITU-R，2013c）给出如下噪声源。

- 雷电放电的辐射（雷电引起的大气噪声）。
- 电机、电气和电子设备、电力传输线路或外燃引擎点火（人类噪声）引起的无意辐射的集合。
- 大气气体和水汽的辐射。
- 天线波束内的地面或其他障碍。
- 天体无线电源的辐射。

许多噪声源可简化表示为通用模型。背景噪声变化会对许多应用的正常工作产生显著影

---

* 特指宇宙大爆炸。——译者注

响，例如：

- 卫星系统接收天线指向太阳时，噪声会升高。
- 卫星系统遭受暴雨时，噪声会升高，且有用信号被雨水吸收后再辐射为噪声（见 4.4.2 节）。
- 城市地区大量无线电系统在全频谱范围特别是 300MHz 以下频段产生的无意辐射，会导致该地区噪声升高。

上述噪声不同于系统内的干扰噪声，如 WCDMA 网络内部的用户干扰虽然具有类噪声特性，但并非固有噪声。

噪声通常具有均匀（平坦）的功率谱密度（也称为功率密度），单位频带上的噪声 n_0 与温度 T 和玻尔兹曼常数有关，即

$$n_0 = kT \tag{3.40}$$

其中，k 的 dB 形式通常为-228.6dBW/K/Hz，则

$$N_0 = 10 \lg T - 228.6 \tag{3.41}$$

因此，对于带宽为 B（Hz）的接收机，其噪声可表示为

$$n = kTB \tag{3.42}$$

$$N = 10 \lg T - 228.6 + 10 \lg B \tag{3.43}$$

图 3.29　接收机组件对 S/N 的影响

系统总温度既与外部因素（如前所述）有关，也与设备自身有关。设某系统组成如图 3.29 所示，接收机组件可能通过以下有两种方式对输入和输出之间的 S/N 产生影响。

（1）G——组件增益（对于放大器为正值，对于馈线损耗为负值）。

（2）F_N——组件噪声系数，表示噪声的增大程度。

注意，噪声系数 F_N 为分贝数，而绝对值 f_n 被称为噪声因子，两者的转换式为

$$F_N = 10 \lg f_n \tag{3.44}$$

如前所述，上式的小写形式通常适用于绝对值，大写形式适用于分贝值，且带宽和开尔文温度通常采用大写形式。

例 3.11

某接收机输入载波带宽为 10MHz，S_I=-124dBW/MHz，N_I=-144dBW/MHz，则 S_I/N_I=20dB。接收机前端电路使信号（包括输入噪声）增大 25dB，同时引入 5dB 加性噪声，因此输出 S_O=-99dBW/MHz，N_O=-144dBW/MHz，则 S_O/N_O=15dB。接收机输入和输出信号频谱如图 3.30 所示。

噪声系数的绝对值 f_n 定义为输入 S/N 与输出 S/N 的比率，即

$$f_n = \frac{s_i/n_i}{s_o/n_o} \tag{3.45}$$

接收机电路将使信号和噪声增大 g 倍，并引入加性噪声 n_a，即有

$$f_n = \frac{s_i/n_i}{gs_i/(n_a + gn_i)} \tag{3.46}$$

$$f_n = \frac{n_a + gn_i}{gn_i} \tag{3.47}$$

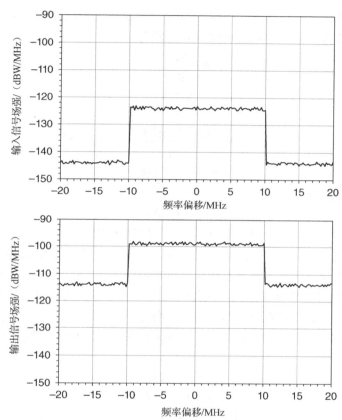

图 3.30　接收电路输入（上图）和输出（下图）信号频谱

对于地面系统，输入噪声温度接近参考温度 T_0:

$$T_0 = 290K \tag{3.48}$$

由式（3.42）可得，地面系统的输入噪声为

$$n_i = kT_0B \tag{3.49}$$

噪声因子为

$$f_n = \frac{n_a + gkT_0B}{gkT_0B} \tag{3.50}$$

$$f_n = 1 + \frac{n_a/gkB}{T_0} \tag{3.51}$$

采用等效温度 T_e 可对上式进行简化，T_e 为

$$T_e = \frac{n_a}{gkB} \tag{3.52}$$

进而有

$$T_e = T_0(f_n - 1) \tag{3.53}$$

或

$$f_n = 1 + \frac{T_e}{T_0} \tag{3.54}$$

实际中通常需要在接收机输入端（图 3.29 中点 p 位置）测量噪声和接收机噪声，该点处的噪声 n 经接收机放大 g 倍后得到输出噪声 n_o，即有

$$n = \frac{n_o}{g} \tag{3.55}$$

$$n = \frac{n_a + gn_i}{g} \tag{3.56}$$

$$n = \frac{T_e gkB + gT_0 kB}{g} \tag{3.57}$$

$$n = (T_e + T_0)kB \tag{3.58}$$

因此，n 的绝对值为

$$n = f_n T_0 kB \tag{3.59}$$

$$N = F_N + 10\lg T_0 - 228.6 + 10\lg B \tag{3.60}$$

对于除地面系统以外的其他系统，接收机输入噪声温度不等于输入参考温度。例如当卫星地球站天线指向太空方向时，接收机噪声温度可能低于 100K。为尽可能降低射电天文接收机噪声温度，甚至需要安装冷却系统，使得其噪声温度有时仅比绝对零度高几开尔文。当接收机天线指向深空时，总噪声温度还将进一步降低。

对于上述系统（如卫星和其他非地面业务系统），通常利用总噪声温度 T 来定义接收噪声，其绝对值为

$$n = kTB \tag{3.61}$$

$$N = 10\lg T - 228.6 + 10\lg B \tag{3.62}$$

构成接收系统的天线、馈线和接收机等各个组件均可能影响系统总噪声，因此有必要建立各组件噪声模型，进而计算系统总噪声。

通用的级联电路模型可用来计算系统的全部等效噪声（Rappaport，1996），即

$$T = T_1 + \frac{T_2}{g_1} + \frac{T_3}{g_1 g_2} + \cdots \tag{3.63}$$

利用式（3.54）可将上式转化为噪声系数形式，即

$$f = f_1 + \frac{f_2 - 1}{g_1} + \frac{f_3 - 1}{g_1 g_2} + \cdots \tag{3.64}$$

接收系统的通用噪声模型需考虑各个组件的影响，特别是天线、馈线和接收机，如图 3.31 所示。图中包含两个参考点。

p：位于天线之后、馈线之前。

q：位于馈线之后、接收机之前。

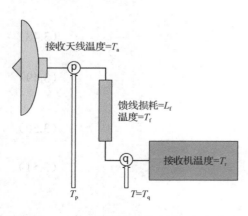

图 3.31　接收机噪声计算中涉及的组件

参考点的选择会直接影响噪声温度的计算结果。

对于馈线等无源组件，其噪声系数等于器件损耗（Rappaport，1996）。因此可根据这些组件的损耗 L_f 和温度 T_f 计算其等效噪声温度 T，即

$$T = (L_f - 1)T_f \tag{3.65}$$

利用式（3.63）和式（3.65），可得出温度 T_p 的计算式为

$$T_p = T_a + (L_f - 1)T_f + \frac{T_r}{g_r} \tag{3.66}$$

由于 $g_r = 1/L_f$，则可将 $T = T_q$ 表示为

$$T = T_q = \frac{T_p}{L_f} \tag{3.67}$$

因此，有（Bousquet 和 Maral，1986）

$$T = \frac{T_a}{L_f} + T_f\left(1 - \frac{1}{L_f}\right) + T_r \tag{3.68}$$

实际干扰分析中，很难同时获取全部四个参数（T_a, L_f, T_f, T_r）值。通常更容易商定一个单一的值，即总噪声温度 T。在某些情况下，这个值可以与馈线损耗的值一起使用。

当馈线损耗很低时，可假设其为 0dB（对应绝对值为 1），同时若天线温度为室温时，则根据可式（3.68）导出总噪声温度的简化计算式为

$$T \cong T_0 + 0 + (f_r - 1)T_0 = f_r T_0 \tag{3.69}$$

通常利用总噪声温度（单位取 K）和馈线损耗（单位取 dB）来计算接收机噪声。除非给定某接收机组件噪声系数和噪声功率转换公式，否则应给定总噪声系数。

例 3.12

某地面卫星接收站的天线温度 T_a=50K，馈线温度 T_f=290K，馈线损耗 L_f=1dB，接收机温度 T_r=290K。根据式（3.68），接收机输入端的总噪声温度 T=389.4K。当带宽 B=30MHz 时，采用式（3.43）计算得到的噪声功率为-127.9dBW。

例 3.13

某移动通信系统带宽 B=5MHz，接收机噪声系数 NF=6dB，馈线损耗 L_f=3dB，天线温度 T_a=290K，参考温度为 T_0=300K。那么天线输出端的总噪声应为多少？

该例的输入为接收机噪声因子，因此应首先利用式（3.53）将其转化为噪声温度：

$$T_r = (f_r - 1)T_0 = (3.981\ 1 - 1) \times 300 = 894.3$$

由于馈线损耗 3dB 对应的绝对值为 2，等效增益约为 0.5，因此可利用式（3.66）计算出 p 点的总温度为

$$T_p = 290 + (1.995\ 3 - 1) \times 300 + 894.3/0.501\ 2 = 2\ 373K$$

当接收机带宽为 5MHz 时，噪声功率为

$$N = 10\lg 2\ 373.0 - 228.6 + 10\lg 5e6 = -127.9dBW$$

则天线输出端的总噪声功率为-127.9dBW。

3.4.5 节曾指出，接收机要达到给定调制方式的误码率指标要求，应满足特定的 S/N，其中噪声取点（q）处的噪声值。为与该节保持一致，有必要增加馈线损耗项，并将式（3.16）修改为

$$S = P_{tx} + G_{tx} - L_{fs} + G_{rx} - L_f \tag{3.70}$$

为便于比较不同调制方式的门限，需要已知接收机输入端的 S/N，而非天线输出端的 S/N。因此除非特别指定，通常选择（q）点为参考点，从而有 $T=T_q$。

3.7 天线

3.7.1 基本概念

天线是无线电通信系统的基本器件，因此要尽量确保天线模型的可用性。天线种类繁多，图 3.32 展示了几种典型天线。下列器件均可用于制作天线。

- 抛物面反射器。
- 包含多个阵元的平板天线。
- 导线或线缆。
- 手机外壳附件。
- 手机或路由器顶部的棒状结构。
- 基站一侧的矩形盒。

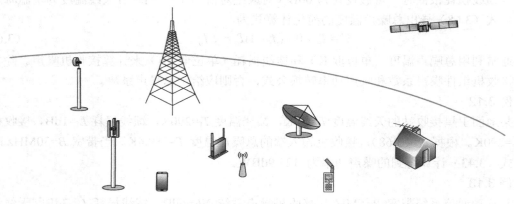

图 3.32　几种典型天线

天线设计涉及大量电子工程问题，包括反射器、波导和材料等，这已经超过了本书的范畴。与干扰分析相关的重要天线参数包括：

（1）峰值增益：天线在各方向上的最大增益是多少？该值通常用 dBi 表示。注意天线的最大增益很少与天线孔径方向一致，在其他方向上天线增益可能更高。

（2）增益方向图：增益随天线方向如何变化？该图可以定义为相对于天线增益峰值的增益变化，单位为 dB。与之相关的参数为半功率波瓣宽度，即峰值增益下降 3dB 所对应的波束角度。

（3）指向方法（pointing method），详见 3.7.12 节所述。

本书通常将上述参数作为主要输入量，不再介绍其推导过程，但抛物面天线或圆盘天线除外，因为这两种天线的参数可通过其直径计算得到。

天线在特定方向的增益通常定义为峰值增益和该方向上的相对增益之和，即

$$G = G_{\text{peak}} + G_{\text{rel}}$$

$$(3.71)$$

天线峰值增益和方向图仅表示天线远场特性，而非天线在其邻近区域的近场特性。在近场区，接收天线可通过电磁效应对发射天线产生重要影响。而在远场区，可视接收天线和发射天线相互独立。

天线近场区域的距离限值称为夫琅和费（fraunhofer）距离（Kraus 和 Marhefka，2003）即

$$d = \frac{2D^2}{\lambda} \tag{3.72}$$

其中，D 为天线最大阵元直径，λ 为波长，两者采用相同单位，同时满足远场条件 $d \gg D$ 和 $d \gg \lambda$。当频率较高或天线直径较大时，满足远场条件的距离相应变大。

例 3.14

表 3.8 给出 Wi-Fi 节点和射电天文台的夫琅和费距离。

表 3.8　夫琅和费距离示例

参数	Wi-Fi 节点	射电天文台
频率/GHz	2.4	43
天线尺寸/m	0.08	10
波长/m	0.12	0.01
夫琅和费距离/m	0.10	28 686.51

一般情况下，本书中列出的干扰分析方法主要适用于近场以外区域的电磁兼容问题。但由于夫琅和费距离仅是一个限定条件而非刚性约束，同时所采用的天线增益在大多数情况下仅是一个合理的假设值，因此实际中这些方法几乎应用于地面所有距离的干扰分析。

如前所述，天线增益是指特定方向上天线输出功率与输入功率之比，该值为通过乘积运算得到的绝对值，其对应的分贝数为相加值。尽管天线在特定方向上辐射能量（作为发射天线）或吸收能量（作为接收天线），但并没有放大作用。理想的天线将其全部输入功率辐射出去，其核心指标为方向性（directivity），该指标定义为远场区某球面范围内测得的最大功率密度与平均功率密度之比。

实际中受到电阻热损耗影响，天线存在功率损失。天线增益 g（绝对值）与天线方向性 d 及电阻损耗因子 k_O 的关系为

$$g = k_O d \tag{3.73}$$

其中，天线的电阻损耗因子 k_O 会对天线效率产生影响，详细信息可参考天线专业文献。

与天线方向性相比，天线增益表示天线实际可用的性能，因此常用于链路计算。将所有方向上的天线增益（绝对值）进行积分，即可得到

$$k_O = \frac{1}{4\pi} \int_{-\pi}^{\pi} \int_{-\pi/2}^{\pi/2} g(\theta,\phi) \mathrm{d}\theta \mathrm{d}\phi \tag{3.74}$$

k_O 值通常接近于 1，且不会大于 1。但本书中给出的许多天线增益方向图的组合可能大于 1，有时甚至远大于 1。这主要是因为在干扰分析中，通常需要综合考虑多个目标，例如：

● 既需要采用特定设备参数，也需要采用适用多个设备的通用参数。

● 既需要基于保守假设来防止用户受扰，也需要采用最可能发生场景的实际参量。

对上述类似问题的综合权衡会在本书中多次出现。

获取天线增益方向图的途径可能有：

- 服务提供商的系统设计文件会给出天线模型信息。
- 天线制造商的技术手册中应该能够给出天线增益方向图信息。
- ITU-R 和其他标准化机构（如 CEPT、ETSI 和 3GPP）文献包含大量天线增益方向图参考信息，如公式、表格和参数化数据（如峰值增益或天线直径相对于波长的比值等）。
- 贝塞尔函数等基础工程图，这种方法常作为备用手段，主要是因为前面几种文献可能包含开展共用分析所需的重要参考文件，使用起来更为方便。

3.7.2　波束和波束宽度

天线波束及其宽度是天线的重要特性，通常用半功率波束宽度来表示。半功率波束宽度定义为天线发射功率降为其峰值功率一半时所对应的角度，即天线增益比其最大增益降低 3dB 时所对应的角度。半功率波束宽度是对天线峰值增益与波束宽度的折中考虑，因为若波束过宽，则天线增益将显著降低；若波束过窄，则天线增益又会过高。天线峰值增益为

$$G_{\text{peak}} = 10\lg\left[\eta\left(\frac{70\pi}{\theta_{\text{3dB}}}\right)^2\right] \tag{3.75}$$

其中，G_{peak} 单位为 dBi；θ_{3dB} 单位为度；η 为天线效率且无量纲，取值范围为 $(0,1)$，其中 1 表示理想天线，0 表示无用天线。通常 η 取值范围为 $(0.55,0.75)$，也可能达到 0.8。常数 70 与天线波束和孔径效率有关，详见 3.7.5 节。

图 3.33 描述了给定 η 值时天线峰值增益与半功率波束宽度之间的关系。

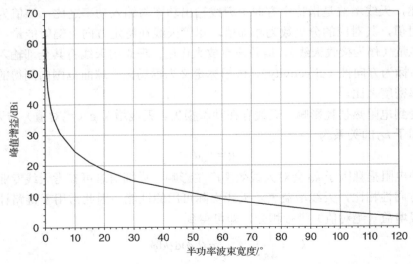

图 3.33　当 η =0.6 时天线峰值增益与半功率波束宽度之间的关系

注意，半功率波束宽度为全角度，有时也会取半功率波束宽度的半角，如图 3.34 所示。不同方向上的半功率波束宽度会有所不同，主要与天线方向图的对称性有关，详见 3.7.3 节。图 3.34 还展现了天线方向图的三个部分：主瓣、旁瓣和远端偏轴（far off-axis）范围。

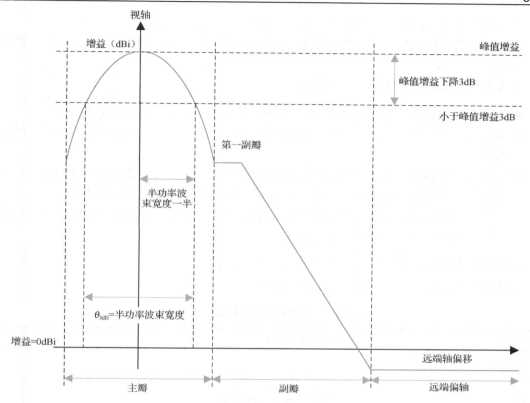

图 3.34 天线半功率波束宽度与增益方向图构成

3.7.3 典型天线增益方向图类型

在天线建模过程中，通常需要掌握天线方向图的对称性，并确定是否要建立天线掩模或实际方向图。

天线的对称性通常包含如下几种情况。

- 天线在所有方向上具有相同增益，即为各向同性天线，详见 3.7.4 节。
- 天线增益沿某视轴对称，如抛物面天线增益方向图围绕其视轴具有对称性，详见 3.7.5 节。
- 天线增益沿某视轴不具有对称性，如沿视轴一侧更宽，从而形成椭圆状横截面，详见 3.7.6 节。
- 天线增益随方位角变化，对于指定方位角，所有仰角的增益相同，详见 3.7.8 节。
- 天线增益随仰角变化，对于指定仰角，所有方位角的增益相同，这种天线也称为无方向性天线，详见 3.7.9 节。
- 天线增益由方位角截面和仰角截面确定，即增益在三维方向上变化，详见 3.7.10 节。
- 天线增益方向图由三维表格定义，该表格给出了阵列天线在各方位角和仰角方向的增益值，详见 3.7.11 节。

许多无线电业务采用特定方法来定义天线增益方向图。例如，对地静止轨道卫星系统通常采用等值线（纬度、经度）来定义其天线方向图，如 7.5 节所述。

与天线增益方向图相关的一个参量为信号极化，后者对开展干扰分析不可或缺，详细讨论见 5.4 节。

天线增益方向图还可以按如下方式分类。

- 理论天线方向图，如基于贝塞尔函数曲线的理想抛物面反射器天线方向图。
- 实测天线方向图，这类方向图与理论方向图较为接近，但会因制造缺陷和馈线损耗而发生变化。
- 天线方向图掩模或辐射方向图包络（RPE），即能够涵盖大多数实际天线的辐射方向图的包络。这类方向图可用来支持干扰分析，且能够确保所采用的天线增益值不小于实际增益值，但可能会使频谱共用分析结果过于保守。这类方向图还可用于计算有用信号，但相关预测结果可能过于乐观。

后续介绍抛物面天线时会给出上述分类方法的例子。

表 3.9 列出了特定系统常用天线增益方向图。

表 3.9　特定系统常用天线增益方向图

系统类型	天线增益方向图
移动或手持	全向
移动基站	ITU-R F.1336 建议书或 3GPP TR 36.814 报告
点对点固定业务	ITU-R F.699 或 F.1245 建议书
卫星地球站	ITU-R S.465 或 S.580 建议书
卫星波束	ITU-R F.672 建议书或 GSO 波束形状
专用移动通信基站	HCM 编码
广播固定接收机	ITU-R BT.419 建议书

3.7.4　各向同性天线方向图

理想的各向同性天线在各个方向具有相同增益，且增益值应定义为 0dBi。但当各向同性天线应用在如下场景时，其增益值也需做出调整。

- 天线近似各向同性天线，但其发射或接收的信号受周围障碍物影响而产生衰减。例如，手机天线增益会受到人体头部的影响，因此其各向同性增益可设为-6dBi。
- 天线增益较低（约 3dB），但实际中很难确定峰值增益方向，这时可假设天线为具有峰值增益的各向同性天线。
- 天线峰值增益较高且方向图变化较大（如抛物面天线），但干扰分析中重点关注干扰源天线指向受扰对象的时段。例如，雷达站天线指向沿方位角不断变化，但 I/N 指标主要由雷达天线指向受扰台站的时段确定。因此，干扰分析时可将雷达天线等效为具有峰值增益的各向同性天线。

3.7.5　抛物面天线

抛物面天线是一种常用天线，可应用于卫星地球站、雷达、点对点固定链路和射电天文观测等领域。由于抛物面天线获得广泛应用，因此可基于该天线具体介绍天线增益的常用概念。

抛物面天线的峰值增益可通过天线面积及其与各向同性天线等效面积的比值求得。口面直径为 D、效率为 η 的圆盘天线的等效面积为

$$a_{\mathrm{e}} = \eta \cdot \pi \left(\frac{D}{2} \right)^2 \qquad (3.76)$$

抛物面天线的增益为上式增益值与式（3.6）给出的各向同性天线等效面积的比值，即

$$g = \eta \frac{\pi D^2 / 4}{\lambda^2 / 4\pi} = \eta \left(\frac{\pi D}{\lambda} \right)^2 \qquad (3.77)$$

通常采用上式的分贝形式，即

$$G_{\mathrm{peak}} = 10 \lg \left[\eta \left(\frac{\pi D}{\lambda} \right)^2 \right] \qquad (3.78)$$

在 3.7.2 节中，曾指出抛物面天线峰值增益随口面直径和频率增加而增加，而波束宽度却随之减小。

在确定固定业务链路和卫星地球站抛物面天线的直径过程中，需要综合考虑如下因素。

● 大型天线增益较高且波束宽度较小，这样不仅能够增大有用信号功率，也能减小（发射和接收）干扰信号功率，进而提高频谱效率，也有助于改善雷达系统的覆盖范围和精度。
● 大型天线成本高。

例 3.15

某抛物面天线效率为 0.6，口面直径为 2.4m，在 3.6GHz 的峰值增益为 36.9dBi。图 3.35 绘制了天线峰值增益随频率和口面直径变化曲线。

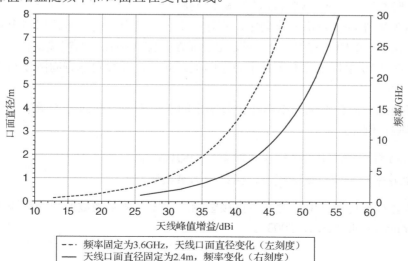

图 3.35　天线峰值增益随频率或口面直径变化曲线

理想的抛物面天线可等效为无限大金属板上的圆形孔径，该孔径的增益方向图可由贝塞尔函数表示为

$$G_{\mathrm{rel}}(\theta) = 20\lg\left[\left(\frac{2j_1(x)}{x}\right)^2\right] \tag{3.79}$$

其中，

$$x = \frac{\pi D}{\lambda}\sin\theta \tag{3.80}$$

口面直径为 2.4m 的抛物面天线在 3.6GHz 频率上的理论贝塞尔函数方向图如图 3.36 所示。

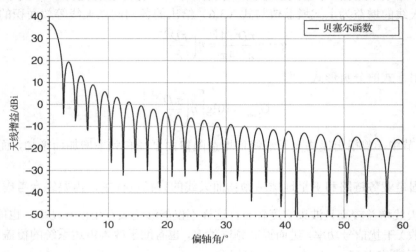

图 3.36　口面直径为 2.4m 的抛物面天线在 3.6GHz 频率上的理论贝塞尔函数方向图

图 3.36 所示的方向图在实际中很难实现。例如，图中的低谷或零点的增益值至少为−50dB，这些零点增益值尽管可用绘图软件表示，但实际上已经接近负无穷大。若受扰台站能够将其增益的零点方向对准干扰源，则可以显著减小干扰。

理论上图 3.36 中的零点由波长确定，实际中由于无线电系统通常使用多个频率，其平均效应将使零点减小（如图 3.37 所示）。同时由于系统失配或损耗（如馈线损耗）等影响，天线实际方向图与图 3.36 中理论方向图并不完全匹配。此外，天线实际方向图还与天线工艺和设计水平有关。

由于天线制造商需在波束效率和孔径效率之间取得平衡，从而对主瓣滚降速度和第一副瓣水平造成影响。例如：

● 高孔径效率，主波束滚降较快，但第一副瓣较高。

● 高波束效率，主波束滚降较慢，但第一副瓣较低。

上述因素会对半功率波束宽度产生直接影响。前述贝塞尔函数的半功率波束宽度可通过下式计算（Kraus 和 Marhefka，2003）。

$$\theta_{\mathrm{3dB}} = \frac{58}{D/\lambda} \tag{3.81}$$

许多实际天线需要采用更高的孔径效率和更均衡方法。例如，在对地静止轨道卫星业务

中，地球站天线第一副瓣最可能对相邻卫星造成干扰，因此必须对其进行有效控制。根据 Bousquet 和 Maral（1986），天线波束宽度的计算公式为

$$\theta_{3dB} = \frac{70}{D/\lambda} \qquad (3.82)$$

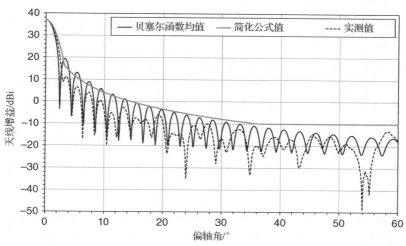

图 3.37　贝塞尔函数均值与简化标准方向图及实测数据对比

通常天线波束宽度计算公式中常数的取值范围为 58～70。

工程实际中往往并不采用上述理论方向图，而是采用已经对峰值和零点进行平滑处理的平均增益方向图。ITU-R 和 ETSI 等标准化机构给出的方向图通常有两种用途。

（1）干扰研究。

（2）定型审批。

这两种应用具有不同的优先级。例如，天线制造商希望其产品一定符合定型审批所要求的方向图。但对干扰研究而言，则希望在干扰发生概率与天线复杂度之间取得平衡。

与抛物面天线类似，典型标准化天线增益方向图通常由下面一组公式表示，其中 θ 为偏离视轴线的角度。

$$G(\theta) = G_{peak} - 12\left(\frac{\theta}{\theta_{3dB}}\right)^2 \qquad \theta < 90\frac{\lambda}{D} \qquad (3.83)$$

$$G(\theta) = 29 - 25\lg\theta \qquad 90\frac{\lambda}{D} \leqslant \theta < 36.4° \qquad (3.84)$$

$$G(\theta) = -10 \qquad 36.4° \leqslant \theta \qquad (3.85)$$

图 3.34 所示的 3 个部分如下。

（1）主瓣：抛物面天线主瓣由峰值增益和波束宽度决定。

（2）副瓣：抛物面天线副瓣与峰值增益和波束宽度无关。

（3）远端偏轴：远端偏轴增益（far off-axis gain）为常数。

ITU-R 建议书通常采用上述三要素定义标准增益方向图。

图 3.37 给出了采用上述公式计算得到的方向图，与采用贝塞尔函数计算得到的 36MHz 载波带宽内的平均方向图和天线实测方向图进行了对比。由图可知，贝塞尔函数主瓣较窄，

但第一副瓣较大；标准方向图主瓣较宽（基于标准抛物面滚降特性），但第一副瓣较小，主要原因是两者的波束和孔径效率存在差别。

图 3.37 中实测天线为 2.4m C 频段天线，测量频率为 3.625GHz，由通用动力 SATCOM 技术公司提供。该实测天线方向图具有以下特点。

- 实测方向图主瓣宽度位于贝塞尔函数方向图主瓣和标准方向图主瓣之间，说明实测方向图在孔径和波束效率之间达到平衡。
- 实测方向图全部数据均小于标准方向图数据，说明若标准方向图通过定型审批，则该天线能够满足规定要求。注意，标准方向图中允许小部分旁瓣峰值超标。
- 若将标准方向图用于干扰分析，则在所有偏轴角度上的实际干扰值将小于预测值。注意，在干扰计算中，天线增益包络应进行保守估计；而在有用信号计算中，天线增益包络应进行乐观估计。
- 在远端偏轴区域，实测方向图曲线的峰值和谷值与贝塞尔函数理论曲线非常接近，但均稍小于后者。

天线定型审批标准中，通常会给出辐射方向图包络，天线方向图必须满足该包络要求。有时用表格表示天线方向图（单位为 **dB** 或 **dBi**）比用角度表示更为便利。表中各点（G_i, θ_i）之间的偏轴角增益可采用差值公式计算，即

$$G(\theta) = G_1(1-\lambda_\theta) + G_2\lambda_\theta \tag{3.86}$$

其中，（θ_1, θ_2）为表中与所要计算的偏轴角相邻的角度，（G_1, G_2）为对应的天线增益，且

$$\lambda_\theta = \frac{(\theta - \theta_1)}{(\theta_2 - \theta_1)} \tag{3.87}$$

3.7.6　椭圆方向图

标准抛物面天线的增益方向图围绕其视轴对称。若沿视轴垂直方向将该方向图切开，则截面为圆形方向图。将该圆形方向图进行拉伸或压缩操作就可得到椭圆方向图。

以 GSO 卫星网络为例。由于卫星全部位于对地静止轨道，对这些卫星特别是相邻卫星间的干扰进行管理非常必要。又由于在 GSO 卫星轨道正交面上没有卫星，因此无须对该正交面方向图进行限制。通常将 GSO 卫星天线主瓣截面设计为椭圆状，如图 3.38 所示。

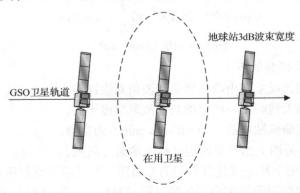

图 3.38　GSO 地球站的椭圆方向图横截面

图 3.38 中，天线主瓣所有方向的增益相等，但在 GSO 卫星轨道垂直方向上，天线方向图被拉伸；而在沿 GSO 卫星轨道方向上，天线方向图被压缩。天线主瓣两侧各包含一个半功率波束。因此根据式（3.75），有

$$G_{\text{peak}} = 10\lg\left[\eta\frac{(70\pi)^2}{\theta_{\text{3dB,a}}\theta_{\text{3dB,b}}}\right] \tag{3.88}$$

其中，$\theta_{\text{3dB,a}}$ 和 $\theta_{\text{3dB,b}}$ 分别为图 3.39 中椭圆长轴和短轴的半功率波束宽度。上式同时给出了椭圆波束的一个关键参数——倾斜角（tilt angle），即椭圆主轴与水平面的夹角。

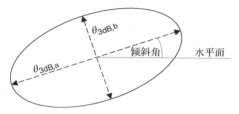

图 3.39　椭圆波束指向

倾斜角与波束中心的方位角和仰角共同确定台站天线波束的指向和方位。

对雷达站而言，因为要确定目标方位，通常要求天线在水平方向具有窄波束，而在垂直方向具有较宽波束。这时可采用增益方向图为椭圆且倾斜角为 90° 的天线。

对移动通信基站而言，情况正好相反。由于大多数用户位于天线水平面以下 5°～10° 区域，因此要求天线在垂直方向具有窄波束。在基站水平方向，希望天线能够覆盖 60°～120° 扇区范围，如图 3.40 所示。

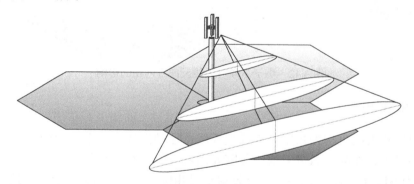

图 3.40　移动通信基站天线方向图（水平方向比垂直方向具有更宽椭圆波束）

根据式（3.82），半功率波束宽度与天线尺寸成反比，即天线尺寸越大，波束宽度越小。因此对于图 3.40 所示天线，由于天线水平方向图比垂直方向图宽，因此天线形状应为上下高，水平窄，如同图中竖立的盒子。对雷达天线而言则恰好相反，天线形状应为水平方向宽，垂直方向窄。

移动通信基站天线通常保持一定的下倾角，如图 3.41 所示，且天线波束的仰角为

$$仰角 = -天线下倾角 \tag{3.89}$$

基站天线通常采用以下两种下倾方式。

（1）机械式下倾，即天线在物理上以一定角度指向水平面。

（2）电子下倾，即采用波束成型方法实现天线波束下倾。

上述两种方式会产生近似前向方向图，但会形成不同的反向方向图。其中机械式下倾的反向方向图与视轴成 180°，而电子下倾的反向方向图仍为下倾，如图 3.42 所示。

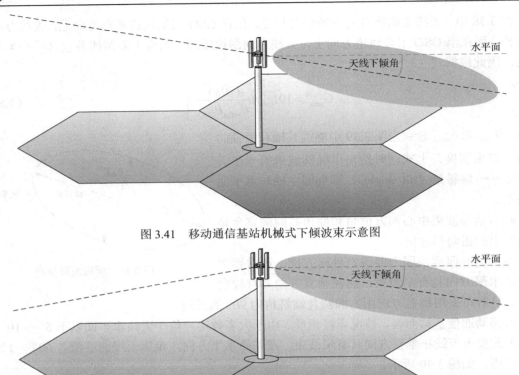

图 3.41　移动通信基站机械式下倾波束示意图

图 3.42　电子下倾对天线反向方向图的影响

3.7.7　相控阵天线

自适应相控阵天线也称为数字波束成型天线，这种天线由多个阵元构成，每个阵元均为一个独立的偶极子、波导或微带天线。各阵元的收发信号经过相位调制，产生电控的合成方向图，其原理如图 3.43 所示。图中各阵元发射信号相位经过补偿处理，形成一致波阵面（wave front）。通过调整各阵元的信号相位，可使天线指向扫描角度范围内的任意方向。图 3.43 中天线合成波束方向与阵列法线夹角为 14°。

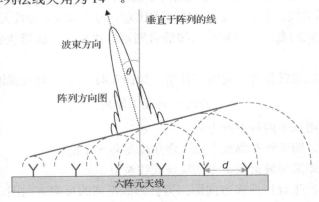

图 3.43　相控阵发射天线

相控阵天线具有诸多优点，如组件无须移动，近乎实时调整天线波束方向，可同时产生多个波束，以及单个阵元异常所导致的影响较小等，但相控阵天线成本较高，技术也相对复杂。

相控阵天线广泛应用于雷达、射电天文和卫星遥感等众多领域。采用相控阵天线的移动基站能够产生指向用户的窄波束，从而提高频谱效率，如图 3.44 所示。自适应天线能够根据电磁环境变化来调整阵列相位，可在干扰信号方向产生近似零点。

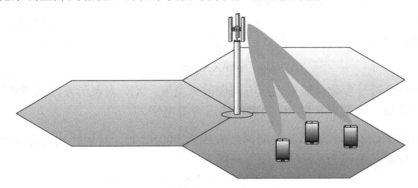

图 3.44 采用波束成型技术的基站天线

3.7.8 方位角相关天线

在地面干扰分析中，通常仅关注天线水平方向增益，即天线方向图的横截面。由于横截面无法反映天线垂直方向增益变化，因此通常假设横截面上具有相同的垂直方向增益。

偶极子是最简易的天线，其峰值增益为 0dBd=2.15dBi，形状类似"油炸圈饼"的横截面，如图 3.45 所示。

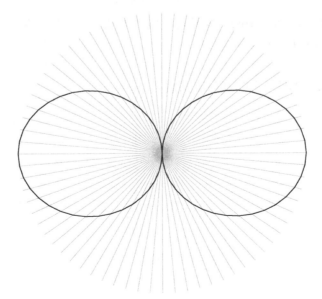

图 3.45 偶极子增益方向图

半波偶极子的远场电场方向图计算式为（Kraus 和 Marhefka，2003）

$$e_v = \frac{\cos\left(\frac{\pi}{2}\cos\theta\right)}{\sin\theta} \qquad (3.90)$$

如要将电场转化为 dB 形式的增益，则使用以下公式：

$$G = 20\lg e_v \qquad (3.91)$$

该天线在水平面上的方向图包含两个波瓣（图中东西两侧）和两个零点（图中南北两侧）。

实际中许多天线均满足上述地面干扰分析应用要求，且其增益可通过表格或类似偶极子方向图公式来表示。协调计算方法（HCM）给出了一种通过 7 位字母符号表示天线方向图的方法：

$$nnnXXmm$$

其中：nnn 为首个符号参数，通常表示方向图波束宽度；XX 为表示方向图形状的编码；mm 为第二个符号参数，通常表示以 dB 为单位的远旁瓣电平。

例如，采用 HCM 格式表示的各向同性天线为 000ND00。其他样式的方向图需通过参数化公式表示，例如，编码为 CA 的天线方向图为

$$\varsigma = \sqrt{\frac{(1-a^2)\cos(2\theta) + \sqrt{(1-a^2)^2\cos^2(2\theta) + 4a^2}}{2}} \qquad (3.92)$$

其中，

$$0 \leqslant a = \frac{nnn}{100} \leqslant 1$$
$$180° \leqslant \theta \leqslant 180°$$

则天线增益计算公式为

$$G_{rel} = 20\lg\varsigma \qquad (3.93)$$

注意，这里采用 20lg 而非 10lg，同时对天线方向图前后比也有限制（前后比是指前视峰值增益与反方向峰值增益之比）。

例 3.16

图 3.46 给出了两个 HCM 天线方向图案例。

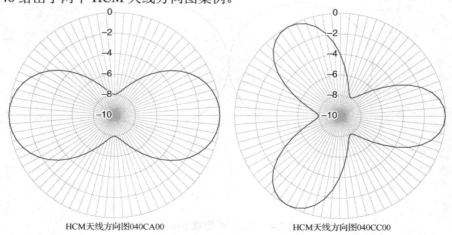

HCM天线方向图040CA00　　　　　　HCM天线方向图040CC00

图 3.46　HCM 天线方向图案例

3.7.9　仰角相关天线

将 3.7.8 节中的偶极子方向图进行旋转，即可得到沿仰角的方向图，其形状类似水平"油炸圈饼"，且在所有方位上具有相同增益，如图 3.47 所示。

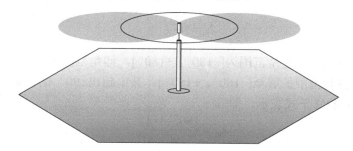

图 3.47　垂直放置的偶极子天线

这类天线通常称为全向天线，它在所有方向上的增益相等，增益值随仰角变化而变化。该天线水平方向图也可采用前述 HCM 编码来表示。

天线在仰角方向的增益变化可应用于空对地和地对空干扰路径分析。

3.7.10　方位角和仰角截面

天线三维方向图可通过两个截面表示。

- 沿仰角=0°平面的方位角增益方向图，满足-180°≤Az≤+180°。
- 沿方位角=0°平面的仰角增益方向图，满足-90°≤El≤+90°或-180≤El≤+180°。

这两个截面既可表示为表格形式，也可表示为 HCM 编码格式，还可表示为多种形式进行组合。其中最简单的方法是将方位角方向和仰角方向的增益值进行叠加，即

$$G(\text{Az}, \text{El}) = G(\text{Az}) + G(\text{El}) \tag{3.94}$$

例如，3GPP 技术报告 TR 36.814（3GPP，2010）给出的基站扇区方向图和 IEEE 802.16m 评估方法文件（IEEE，2009a）给出的方向图为

$$G(\text{Az}) = -\min\left[12\left(\frac{\text{Az}}{\theta_{3\text{dB,Az}}}\right)^2, A_{\text{m}}\right] \tag{3.95}$$

$$G(\text{El}) = -\min\left[12\left(\frac{\text{El} - \text{El}_{\text{downtilt}}}{\theta_{3\text{dB,El}}}\right)^2, \text{SLA}_{\text{V}}\right] \tag{3.96}$$

$$G(\text{Az}, \text{El}) = -\min\left\{-[G(\text{Az}) + G(\text{El})], A_{\text{m}}\right\} \tag{3.97}$$

其中，$\theta_{3\text{dB,AZ}} = 70°$；$\theta_{3\text{dB,El}} = 10°$；$\text{SLA}_{\text{V}} = 20\text{dB}$；$A_{\text{m}} = 25\text{dB}$；$\text{El}_{\text{downtilt}}$ 为 6°～11°，具体取值由实际场景确定。

有些情况下，采用式（3.94）的叠加方法可能会带来误差，特别是：

- 当 El=±90°时，天线增益与方位角存在强相关，但实际中 $G(\text{El}=\pm90°)$ 可能仅是一个单值。
- 除非定义下限［如式（3.97）］，否则远端偏轴增益下限将被大大高估。例如，每个表

中的远端偏轴增益下限均为-20dBi，则它被两次相加得到-40dBi。

上述两个问题可采用以下平滑函数处理，即

$$G(\text{Az}, \text{El}) = G(\text{Az})(1 - \lambda_{\text{El}}) + G(\text{El})\lambda_{\text{El}} \tag{3.98}$$

其中，

$$\lambda_{\text{El}} = \frac{|\text{El}|}{90°} \tag{3.99}$$

通常，天线方向图的方位角范围为[-180°，+180°]，仰角范围为[-90°，+90°]。当测量仰角增益时，有时也将其范围扩展至[-180°，+180°]，其中超出±90°的值取反半球对称值。该值可采用式（3.99）的修正式表示，即

$$\lambda'_{\text{El}} = \frac{180° - |\text{El}|}{90°} \tag{3.100}$$

若提供的数据仅覆盖天线部分辐射区域，则可通过对末位数据或后两位数据进行插值，以扩展天线增益表，但扩展值仅代表理想情况下的增益值。

3.7.11 3D 增益表

对于非对称天线方向图，有必要采用实测等方法来确定特定（方位角和仰角）角度的增益值。这时通常需要采用网格方法，该方法包括如下参数。

- 最小方位角（度）。
- 方位角间隔（度）。
- 方位角数据点数。
- 最小仰角（度）。
- 仰角间隔（度）。
- 仰角数据点数。
- 增益数列（方位角点数，仰角点数），单位为 dBi。

通常采用双线性插值方法计算上述数据点之间的增益值，即

$$G(\theta) = G_{11}(1 - \lambda_{\text{Az}})(1 - \lambda_{\text{El}}) + G_{12}\lambda_{\text{Az}}(1 - \lambda_{\text{El}}) + G_{21}(1 - \lambda_{\text{Az}})\lambda_{\text{El}} + G_{22}\lambda_{\text{Az}}\lambda_{\text{El}} \tag{3.101}$$

其中，（G_{11}, G_{12}, G_{21}, G_{22}）、（Az_1, Az_2）和（El_1, El_2）分别为增益表中目标（Az, El）所对应的增益、方位角和仰角，且

$$\lambda_{\text{Az}} = \frac{(\text{Az} - \text{Az}_1)}{(\text{Az}_2 - \text{Az}_1)} \tag{3.102}$$

$$\lambda_{\text{El}} = \frac{(\text{El} - \text{El}_1)}{(\text{El}_2 - \text{El}_1)} \tag{3.103}$$

当天线方位角和仰角超出上式定义的范围时，可采用最邻近的角度值来替代。实际工程计算中，只有当天线增益达到天线远端偏轴增益下限时，才有必要定义天线的增益方向图。

3.7.12 天线指向确定方法

天线指向通常存在以下几种方式。

- 固定指向：如天线（方位角、仰角）是确定的。
- 指向其他台站：某固定台站天线的峰值增益波束指向链路另一端，如卫星地球站天线主瓣指向其目标 GSO 卫星。
- 指向同一区域：如对于采用对流层散射通信的点对点固定链路，收发天线均指向空中信号发射区域。
- 旋转：如雷达站天线以固定旋转速率在 360° 范围内旋转。
- 扫描：如星载传感器随卫星移动在一定区间内扫描。

有些情况下，确定天线指向并非易事。例如，对于非对地静止轨道卫星网络地面控制站，在确定地球站天线指向时，不仅要考虑卫星在星座中的位置，还要考虑地面控制站其他天线的指向。

每种情况的结果大致相同，即角度（方位角、仰角）随时间步长或仿真样本变化情况。

3.8 几何结构和动态性

3.8.1 几何结构

干扰分析涉及的参数主要包括有用信号和干扰信号功率，以及式（3.16）所列出的收发两端位置、天线指向等信息，即：

（1）$G_{tx}(rx)$：发射天线在指向接收机方向的增益。

（2）L_{fs}：自由空间损耗，或收发天线之间的传输损耗 L_p。

（3）$G_{rx}(tx)$：接收天线在指向发射机方向的增益。

为计算上述距离和角度参量，必须掌握用于确定位置的详细几何结构。同时，还需要掌握卫星轨道和飞机飞行大圆路径等台站的动态特性，用于支持动态仿真分析。

应根据需要确定几何结构的分辨率。表 3.10 列出了四种通用几何机构及其适用的干扰分析类型。通常大多数干扰分析无须采用椭球模型（ellipsoidal Earth model），原因是干扰分析通常重点关注如下问题。

- 何为最大干扰？
- 干扰发生频次如何？
- 干扰持续时间多长？

通过采用椭球模型，上述问题的求解精度可完全满足要求。另外，椭球模型可用于解决如下问题。

- 何时必须停止特定卫星发射，以避免其引起或遭受有害干扰？

这个问题与卫星任务规划或操作有关，且已经超过了本书的讨论范畴。

短距离干扰分析的范围通常为 100～1 000m，若超出该范围，则需要考虑地球曲率对距离和角度的影响（即对天线增益的影响）。

本书中的大多数案例采用地心惯性（Earth centred inertial）坐标系，并采用矢量表示位置信息。

表 3.10　几何结构

几何结构	位置定义方法	用途
平坦地球	矢量(x,y,h)，其中位置(x,y)表示平面，h 表示高度，典型单位均为 m	短距离干扰研究，如室内或飞机内的干扰分析
球形地球——球形坐标系	以（纬度、经度和高度）表示球面位置，单位为度和 m	间隔远大于短距离范围的地面频谱共用研究
球形地球——矢量坐标系	以地心坐标系的(x,y,h)表示位置，单位通常为 km（球形距离）	地面或空间频谱共用分析
椭圆地球——矢量坐标系	以地心坐标系的(x,y,h)表示位置，单位通常为 km（椭球形距离）	卫星任务规划和操作

3.8.2　平坦地球矢量

在平坦地球模型中，台站位置采用图 3.48 中的矢量表示。

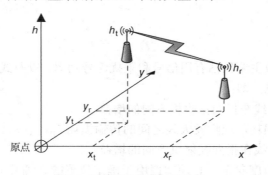

图 3.48　平坦地球矢量结构

图 3.48 中每个位置由相对于原点的水平面坐标(x,y)及面上高度坐标确定。由于位置距离通常较小，因此以 m 为单位。x 和 y 轴的指向可分别定义为朝东和朝北，也可定义为相对于建筑物的方向。因此发射台站矢量 $\boldsymbol{r}_{\text{tx}}$ 可定义为

$$\boldsymbol{r}_{\text{tx}} = \begin{bmatrix} x_{\text{tx}} \\ y_{\text{tx}} \\ h_{\text{tx}} \end{bmatrix} \tag{3.104}$$

当接收台站的位置矢量与发射台站矢量方向一致时，两者的距离可表示为

$$d = \left| \boldsymbol{r}_{\text{tx}} - \boldsymbol{r}_{\text{rx}} \right| = \sqrt{(x_{\text{tx}} - x_{\text{rx}})^2 + (y_{\text{tx}} - y_{\text{rx}})^2 + (h_{\text{tx}} - h_{\text{rx}})^2} \tag{3.105}$$

对于移动台站，如收发台站均以前向速度 v_{m} m/s、前向角度 θ（相对于 y 轴）离开起始点时，则 t_{s} 时刻的位置矢量为

$$\boldsymbol{r}(t) = \boldsymbol{r}_0 + v_{\text{m}} t_{\text{s}} \begin{bmatrix} \cos\theta \\ \sin\theta \\ 0 \end{bmatrix} \tag{3.106}$$

平坦地球模型的衍生模型为环绕几何（wrap around geometry）模型，后者可避免集总干扰分析中的边缘效应。图 3.49 给出了包含基站网格和两个手持终端的场景模型，其中：

● 一个终端位于网格中心，因而可能遭受全部集总效应影响。
● 另一个终端位于网格边缘，因而仅能接收到部分干扰信号。

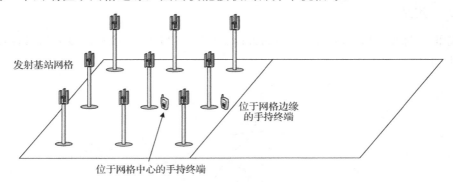

图 3.49　未采用环绕几何模型的集总场景

实际中上述两种情况均可能出现，如一个手持终端位于市区中心，另一个位于城市边缘地带。建立大城市高密度手持终端分布模型通常需采用大型仿真系统，也可采用环绕几何方法，将左侧台站与右侧台站相连，如图 3.50 所示。此外还可将顶端与底端相连接。

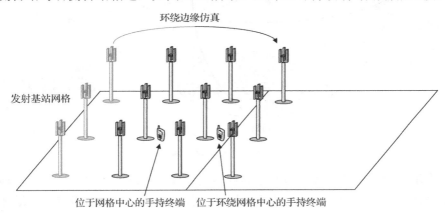

图 3.50　采用环绕几何模型的集总场景

通过采用环绕几何方法，可将台站移至与实际位置相隔若干环绕区域的位置。例如，若环绕区域的宽度和高度均为 d_w，则 (x, y, h) 处的发射机移动位置可定义为

$$\boldsymbol{r}_{tx} = \begin{bmatrix} x_{tx} + id_w \\ y_{tx} + jd_w \\ h_{tx} \end{bmatrix} \tag{3.107}$$

其中，(i, j) 取值为 $\{-1, 0, +1\}$ 其中之一。

最简单的情形是仅有一个台站移至 (i, j) 位置，以使其与位于网格中心的受扰接收机相距最短。更为复杂的情况是将整个基站网格进行拓展，这时每个台站都会有若干个副本。

虽然采用环绕几何方法有助于避免集总干扰的边缘效应，但也会增加干扰分析的复杂性。同时该方法很难适用于更为常用的球形坐标系。

3.8.3　地球球面坐标系

3.8.3.1　定义

地球球面坐标系（Earth spherical coordinates）用（纬度、经度和高度）的组合表示位置，如图 3.51 所示。

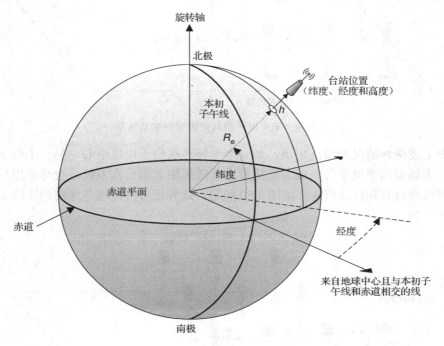

图 3.51　地球球面坐标系

地球可表示为一个围绕北极和南极轴向旋转的球体。穿过球体中心且与旋转轴相垂直的面称为赤道平面，赤道平面与球体的相交大圆称为赤道。北极点和南极点之间沿球体表面的线称为大圆。其中经度为零的大圆定义为本初子午线。

位于球面上的台站位置可通过两个角度来确定。

（1）纬度：地心至台站连线与赤道平面之间的夹角。

（2）经度：赤道平面上台站所在大圆与本初子午线之间的夹角。

若要获取台站三维位置信息，则还需获取台站离地高度值。

（纬度，经度）角度可通过多种格式表示，最常用的表示方式为十进制度、度、分和秒（DMS），其中 1 度等于 60 分，1 分等于 60 秒，即

$$十进制度=度+分/60+秒/3\,600 \tag{3.108}$$

（度，分，秒）的表示符号为（D° M′S″）。

采用 DMS 表示方法的最大好处是便于海上导航，因为纬度 1 分恰好等于 1 海里。而在其他应用场合，采用十进制度更为方便。

纬度和经度具有如下正负关系。

- 赤道以北区域纬度为正数，赤道以南区域纬度为负数。
- 本初子午线以东区域经度为正数，本初子午线以西区域经度为负数。有时西经也用正数表示，通常用 W 作为代号，实际上与负数意义相同。

由于 0.000 01° 纬度约等于 1m，因此 5 位小数点可精确表达台站位置。

例 3.17

伦敦的位置用 DMS 表示为 51°30′26″N 0°7′39″ W。该坐标所对应的 5 位十进制位置坐标为（51.507 22°N，−0.127 50°E）。

采用（纬度，经度）数值表示台站实际位置时，应确保它们基于相同的坐标系。最为稳妥的办法是两者均基于世界大地坐标系（WGS84），该坐标系也被全球定位系统（GPS）所采用。

3.8.3.2 距离和方位

地球表面两点之间的距离和台站方位（相对于正北）可通过球面几何原理计算，如图 3.52 所示。

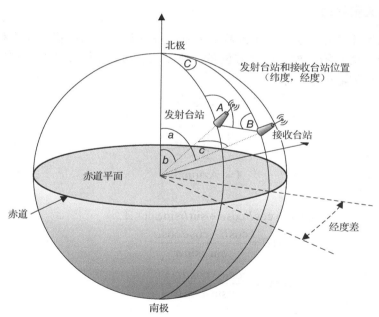

图 3.52 球面几何示意图

若已知发射台站和接收台站经纬度坐标，则可首先根据下列公式确定地球表面上球面三角形 ABC 及其对应的球心角 a、b、c。

$$C = \text{long}_{\text{RX}} - \text{long}_{\text{TX}} \tag{3.109}$$

$$a = \frac{\pi}{2} - \text{lat}_{\text{RX}} \tag{3.110}$$

$$b = \frac{\pi}{2} - \text{lat}_{\text{TX}} \tag{3.111}$$

然后采用球面三角函数计算 c、A、B：

$$\cos c = \cos a \cos b + \sin a \sin b \cos C \tag{3.112}$$

$$\cos A = \frac{\cos a - \cos b \cos c}{\sin b \sin c} \tag{3.113}$$

$$\cos B = \frac{\cos b - \cos c \cos a}{\sin c \sin a} \tag{3.114}$$

根据以上参数可计算有关距离和角度。例如，两个台站之间的大圆距离 d 可表示为

$$d = R_e c \tag{3.115}$$

其中，R_e 为地球半径；c 单位为弧度。

本例中接收台站的经度大于发射台站经度，因此从发射台站看去的接收台站方位角为正值，而从接收台站看去的发射台站方位角为负值。反之亦然。

例 3.18

某发射台站位于伦敦，其经纬度为（51.507 22°N，−0.127 5°E），接收台站位于巴黎，其经纬度为（48.856 67°N，2.350 83°E），则收发台站之间的大圆距离为 343.9km，从发射台站看去的接收台站方位角为自正北 148.1°。

3.8.3.3　沿大圆移动

前述球面几何计算方法也可用于预测沿大圆路径移动的台站位置，如机载或越洋航船载台站等。当已知移动起始位置、前向方位角、速度 v_{km}（单位为 km/h）和移动时长 t_h（单位为 h）时，则终点位置可表示为

$$c = \frac{v_{km} t_h}{R_e} \tag{3.116}$$

$$b = \frac{\pi}{2} - \text{lat}_{tx} \tag{3.117}$$

$$A = \text{Azimuth} \tag{3.118}$$

进而有

$$\cos a = \cos b \cos c + \sin b \sin c \cos A \tag{3.119}$$

$$\cos B = \frac{\cos b - \cos c \cos a}{\sin c \sin a} \tag{3.120}$$

$$\cos C = \frac{\cos c - \cos a \cos b}{\sin a \sin b} \tag{3.121}$$

因此，有

$$\text{long}_{rx} = C + \text{long}_{tx} \tag{3.122}$$

$$\text{lat}_{rx} = \frac{\pi}{2} - a \tag{3.123}$$

例 3.19

某架飞机以 800km/h 速度沿大圆路径飞过伦敦某地（51.507 22°N，−0.127 5°E）上空，航向方位角为 148.1°。经过 0.43h（25 分钟 48 秒）后，飞抵巴黎某地（48.856 67° N，2.350 83° E）。

3.8.3.4　仰角

方位角为仰角的补角，该角度值可通过图 3.53 所示几何关系计算。

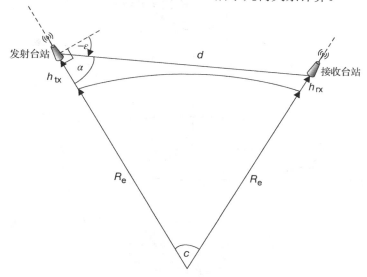

图 3.53　仰角计算几何示意图

图 3.53 中，地心（半径为 R_e）和两个收发台站构成三角形，则仰角 ε 可通过如下公式计算。

$$d^2 = (R_e + h_{tx})^2 + (R_e + h_{rx})^2 - 2(R_e + h_{tx})(R_e + h_{rx})\cos c \tag{3.124}$$

$$\sin\alpha = \frac{R_e + h_{rx}}{d}\sin c \tag{3.125}$$

因此，有

$$\varepsilon = \alpha - \frac{\pi}{2} \tag{3.126}$$

例 3.20

某发射台位于伦敦上空 100m，接收台位于巴黎上空 10m，则 c=3.1°，且接收台仰角为 ε=-1.56°。

这里需要考虑一种特殊情况，即光滑地表（不考虑地形影响）水平方向的仰角 ε 主要由天线高度决定，且满足

$$\cos\varepsilon_0 = -\frac{R_e}{R_e + h} \tag{3.127}$$

例 3.21

当位于光滑地表上的发射台站高度为 100m 时，其水平方向仰角 ε=-0.32°。

3.8.4　ECI 矢量坐标系

3.8.4.1　定义

地心球体坐标系通常适合于地面应用，当其被用于空间应用时，则往往使问题复杂化。因此，有必要采用基于地心的通用矢量坐标系，这种坐标系为惯性坐标系，即坐标矢量不随地球旋转，因此也称为地心惯性（ECI）坐标系。坐标系中的位置由（x, y, z）3 个坐标值表示，

如图 3.54 所示。

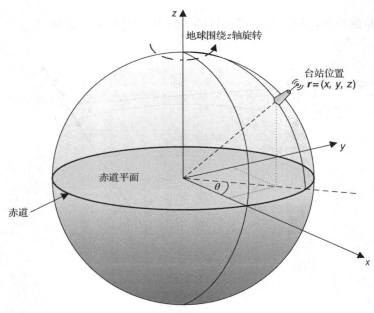

图 3.54　ECI 坐标系

ECI 坐标系的 z 轴与地球自转轴重合，xy 面与赤道平面重合。接下来的问题是，x 轴指向哪？仿真分析中通常采用如下两种方法。

（1）在仿真起始时，将 x 轴与本初子午线（经度=0）重合，这样有助于确定所有台站（包括卫星）在仿真起始时相对于地球的位置。

（2）将 x 轴指向被称为昼夜平分点（vernal equinox）方向的天文参考点，该点为空间中固定点，且通常用于确定围绕地球移动的卫星轨道。

当采用第二种方法时，本初子午线在仿真起始时刻与 x 轴的夹角为 θ_{g}，该角度与天文参考点和假设参考时间有关。为了简化起见，后面有关案例均采用第一种方法，则有 $\theta_{\mathrm{g}}=0$。

地球自转平均速度 $w_{\mathrm{e}}=0.004\,178\,074°/\mathrm{s}$，因此图 3.54 中经度为 λ、仿真起始时刻为 t 的固定台站的角度为

$$\theta(t) = \lambda + \omega_{\mathrm{e}}t \tag{3.128}$$

3.8.4.2　球面坐标系转换为 ECI 坐标系

假设地球为球体，则可利用如下公式将以纬度、经度和高度（单位为 m）表示的坐标（φ, λ, h_m）转换为 ECI 矢量。

$$r = R_{\mathrm{e}} + \frac{h_{\mathrm{m}}}{1\,000} \tag{3.129}$$

$$\mathbf{r} = \begin{bmatrix} r\cos\theta(t)\cos\vartheta \\ r\sin\theta(t)\cos\vartheta \\ r\sin\vartheta \end{bmatrix} \tag{3.130}$$

上述转换过程的逆转换为

$$h_{\mathrm{m}} = 1\,000(r - R_{\mathrm{e}}) \tag{3.131}$$

$$\sin \vartheta = \frac{z}{r} \tag{3.132}$$

$$\tan \theta(t) = \frac{y}{x} \tag{3.133}$$

例 3.22

某发射台站位于伦敦，其经纬度为（51.507 22°N，–0.127 5°E），接收台站位于巴黎，其经纬度为（48.856 67°N, 2.350 83°E），收发台站高度均为 10m，假设 $t=0$，$\theta_g =0$，则 ECI 矢量为：

发射台站（伦敦）=（3 969.85，–8.83,4 992.09）

接收台站（巴黎）=（4 192.94,172.13,4 803.17）

3.8.4.3　轨道参数

要确定卫星在 ECI 坐标系中的位置，首先需要表征其轨道参数。传统干扰分析中通常采用图 3.55 和图 3.56 所示轨道参数（Bate 等，1971）。

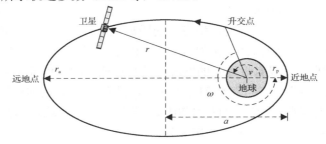

图 3.55　卫星轨道的位置和形状

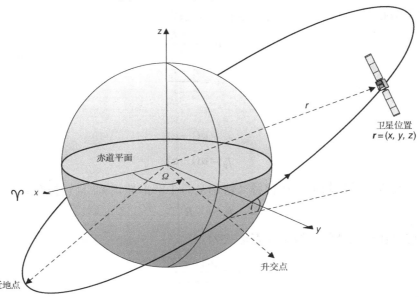

Ω =升交点经度，即赤道平面内 x 轴（指向昼夜平分点 γ ）与升交点指向之间的地心夹角，其中升交点是指卫星从南半球向北半球运动所形成的轨道面与赤道平面的交汇点。

ω =远地点幅角（argument），即卫星轨道面内升交点指向与远地点指向之间的地心夹角。

v =真近点角（true anomaly），即卫星轨道面内远地点指向与卫星指向之间的地心夹角。

图 3.56　卫星在 ECI 坐标系中的方向和位置

卫星在某时刻的位置可通过多种参数组合来表示，其中最常用的一种参数集为：

a=半长轴，用于确定轨道大小。

e=偏心率，用于确定轨道形状。

i=轨道倾角，用于表示赤道平面和轨道面的夹角。

这些参数往往用特定时刻或卫星经过升交点的取值来表示。

轨道形状可能为圆形、椭圆形、抛物线形和双曲线形，这些形状的偏心率满足：

$e=0 \Rightarrow$ 圆形。

$0<e<1 \Rightarrow$ 椭圆形。

$e=1 \Rightarrow$ 抛物线形。

$e>1 \Rightarrow$ 双曲线形。

干扰分析中最常用的轨道类型为圆形和椭圆形。实际中由于发射误差和扰动影响，卫星轨道不可能为绝对圆形或椭圆形。对于向深空发射的卫星，其轨道模型可采用双曲逃逸轨迹线（hyperbolic escape trajectories）表示。

卫星轨道距离地球最近的点称为近地点，而距离地球最远的点称为远地点。需要指出的是，这两个名称并非适用于所有天体。例如，围绕太阳运行的最近的点称为近日点（perihelion）。

若卫星轨道为圆形，则没有近地点的概念，其与近地点的夹角可定义为 0 或相对于轨道上任一点的角度。与之类似，对于 $i=0$ 的赤道轨道，没有定义升交点经度。

国际电联《无线电规则》附录 4（ITU-R,2012a）要求主管部门记录卫星相位角（PA），ITU-R S.1503 建议书（ITU-R,2013a）将相位角定义为

$$PA = \omega + v \tag{3.134}$$

半长轴和偏心率与远距半径和近距半径的关系为

$$a = \frac{r_a + r_p}{2} \tag{3.135}$$

$$e = \frac{r_a - r_p}{r_a + r_p} \tag{3.136}$$

或

$$r_a = a(1+e) \tag{3.137}$$

$$r_p = a(1-e) \tag{3.138}$$

卫星轨道高度通常用轨道半径代替（特别是对于圆形轨道），且转换公式为

$$h = r - R_e \tag{3.139}$$

椭圆轨道上任一点处的轨道半径表达式为

$$r = \frac{a(1-e^2)}{1+e\cos v} \tag{3.140}$$

根据上述公式可计算出卫星在 t 时刻的位置，且可将其转换为 ECI 矢量。

3.8.4.4　轨道预测

地球轨道卫星运动受到如下因素影响。

（1）特定时刻卫星位置和速度。

（2）引力场。

（3）大气阻力。

（4）太阳辐射压力。

由于地球为非理想球体，且受到太阳、月球和其他行星等天体的引力场影响，使得引力场对地球卫星的影响非常复杂。

在开展卫星干扰分析过程中，可以根据分析精度要求选择相应的轨道预测模型，常用的轨道预测模型如下。

（1）质点（point mass）模型：该模型仅考虑地球引力的影响，并假设地球质量均位于中心点，并以此建立引力场模型。

（2）质点加 J_2 模型：该模型在质点模型基础上进一步考虑地球椭圆形状的影响。

（3）简化通用扰动 4（SGP-4）模型：该模型是一种考虑到引力影响和扰动效应的高级轨道模型，非常适用于近地轨道干扰分析（Vallado 等，2006）。

此外，还存在一些具有更高预测精度的高可信度模型。

总之，不同于卫星任务规划，干扰分析需要获取干扰信号大小、干扰发生概率和持续时长等参数，这些参数可采用前两种轨道预测模型计算得到。

质点模型预测方法具有多种衍生方法，其中有些方法适用于所有卫星轨道类型。这里所描述的方法主要适用于圆形和大多数椭圆轨道，但不适用于近似抛物线轨道。在质点模型中，轨道面为固定的惯性空间，因此模型预测的目标是确定卫星在轨道面中的位置，重点是计算真近点角 $=v$。为此，需要根据开普勒等面定律（law of equal areas）计算平均运动常数 n，即卫星在指定时间扫过的区域面积。

平均运动常数 n 的计算公式为

$$n = \sqrt{\frac{\mu}{a^3}} \tag{3.141}$$

其中，μ 为地球引力常数 $=398\ 600.441\ 8 \mathrm{km^3/s^2}$。卫星轨道周期为

$$P = 2\pi\sqrt{\frac{a^3}{\mu}} \tag{3.142}$$

需要指出的是，轨道周期仅取决于半长轴，与轨道离心率等其他常数无关。

初始平均近点角经过 t 时段后，初始值 M_0 变为

$$M = M_0 + nt \tag{3.143}$$

通过式（3.143）及偏近点角（eccentric anomaly），可得到真近点角为

$$M = E - e\sin E \tag{3.144}$$

$$\cos v = \frac{e - \cos E}{e\cos E - 1} \tag{3.145}$$

对上式求逆运算，可得

$$\cos E = \frac{e + \cos v}{1 + \cos v} \tag{3.146}$$

由此可得到 t 时刻卫星位置的计算方法。

已知 $t=0$ 时刻的 $(a, e, i, \Omega, \omega, v_0)$：

（1）利用（e, v_0）并通过式（3.146）计算初始偏近地点幅角 E_0。

（2）利用（e, E_0）并通过式（3.144）计算初始平均近地点幅角 M_0。

（3）利用（a）并通过式（3.141）计算平均运动常数 n。

（4）利用（M_0, n, t）并通过式（3.143）计算 M。

（5）利用（M, e）并通过式（3.144）迭代计算 E。

（6）利用（E, e）并通过式（3.145）计算 v。

上述第 1 步至第 3 步仅需计算一次，第 4 步至第 6 步需要迭代计算。

速度的计算公式为

$$v^2 = \mu\left(\frac{2}{r} - \frac{1}{a}\right) \tag{3.147}$$

对于许多干扰分析问题，采用质点轨道预测模型就可满足要求，但有些干扰分析需要更高精度。例如，对于 ITU-R S.1503-2 建议书（ITU-R，2013p）给出的非对地静止轨道卫星系统，其等效功率通量密度（EPFD）的计算方法需要在质点模型基础上增加 J_2 项，该方法将在 7.6 节中描述。通过增加 J_2 项，可使轨道面围绕赤道旋转，同时使近地点在轨道面内发生相应偏转。

根据式（3.141），非扰动平均运动常数为

$$n_0 = \sqrt{\frac{\mu}{a^3}} \tag{3.148}$$

将其用扰动平均运动常数替换为

$$\bar{n} = n_0\left[1 + \frac{3}{2}\frac{J_2 R_e^2}{p^2}\left(1 - \frac{3}{2}\sin^2 i\right)(1-e^2)^{1/2}\right] \tag{3.149}$$

其中，$J_2 = 0.001\,082\,636$，且

$$p = a(1-e^2) \tag{3.150}$$

因此，有

$$M = M_0 + \bar{n}t \tag{3.151}$$

近地点和升交点经度增量均非常数，两者随时间变化量为

$$\omega = \omega_0 + \omega_r t \tag{3.152}$$

$$\Omega = \Omega_0 + \Omega_r t \tag{3.153}$$

其中，ω_0、Ω_0 为初始值，ω_r、Ω_r 为相应的变化量，且满足

$$\omega_r = \frac{3}{2}\frac{J_2 R_e^2}{p^2}\bar{n}\left(2 - \frac{5}{2}\sin^2 i\right) \tag{3.154}$$

$$\Omega_r = -\frac{3}{2}\frac{J_2 R_e^2}{p^2}\bar{n}\cos i \tag{3.155}$$

由此可得到修正后的 t 时刻卫星位置的计算方法。

已知 $t=0$ 时刻的（a, e, i, Ω, ω, v_0）：

（1）利用（e, v_0）并通过式（3.146）计算初始偏近地点幅角 E_0。

（2）利用（e, E_0）并通过式（3.144）计算初始平均近地点幅角 M_0。

（3）利用（a）并通过式（3.148）计算平均运动常数 n_0。

（4）利用（n_0, a, i, e）并通过式（3.149）计算 $\bar{n}$。

（5）利用（$\bar{n}$,a, i,e）并通过式（3.154）计算 ω_r。

（6）利用（$\bar{n}$,a, i,e）并通过式（3.155）计算 Ω_r。

（7）利用（M_0,$\bar{n}$,t）并通过式（3.151）计算 M。

（8）利用（M,e）并通过式（3.144）迭代计算 E。

（9）利用（E,e）并通过式（3.145）计算 v。

（10）利用（ω_0,ω_r,t）并通过式（3.152）计算 ω。

（11）利用（Ω_0 ,Ω_r ,t）并通过式（3.153）计算 Ω。

上述第 1 步至第 6 步仅需计算一次，第 7 步至第 11 步需要迭代计算。

式（3.154）中，若轨道倾角满足

$$\sin^2 i = \frac{4}{5} \tag{3.156}$$

则近地点变化量为 0。

满足上述条件意味着 i=63.43°。该值通常用于"闪电号"卫星（Molniya）星座等椭圆轨道系统，原因是满足该条件能够实现近地点无漂移，进而保持远地点位置固定。根据式（3.155），升交点经度仍在赤道周围发生变化，但这种变化可通过调整半长轴得到克服，这时虽然卫星轨道周期与所对应的地球运行周期并不完全一致，但仍能使卫星地面轨迹保持固定。

为计算卫星地面轨迹，需要将表征卫星位置的轨道参数转换为矢量，具体方法如 3.8.4.5 节所述。

3.8.4.5　轨道参数转换为 ECI 矢量

与轨道预测算法类似，目前存在多种将卫星轨道参数转换为 ECI 矢量的方法，其中一种方法需要首先定义轨道面的矢量 $\boldsymbol{P}$ 和 $\boldsymbol{Q}$，如图 3.57 所示。

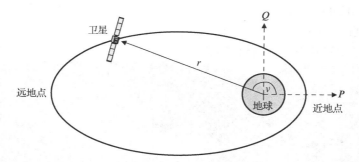

图 3.57　轨道（$\boldsymbol{P}$, $\boldsymbol{Q}$）矢量

在图 3.57 坐标系中，卫星位置可表示为

$$\boldsymbol{r} = r\cos v\boldsymbol{P} + r\sin v\boldsymbol{Q} = p\boldsymbol{P} + q\boldsymbol{Q} \tag{3.157}$$

其中，轨道半径由式（3.140）确定。

为实现卫星位置向 ECI 坐标系转换，首先定义旋转矩阵（Bate 等，1971）

$$\begin{bmatrix} x \\ y \\ z \end{bmatrix} = \begin{bmatrix} R_{11} & R_{12} & R_{13} \\ R_{21} & R_{22} & R_{23} \\ R_{31} & R_{32} & R_{33} \end{bmatrix} \begin{bmatrix} p \\ q \\ 0 \end{bmatrix} \tag{3.158}$$

其中，旋转矩阵中的元素可通过 ECI 坐标系中用于确定轨道面方向的角度 $\{\Omega,\omega,i\}$ 求得，即有

$$R_{11} = \cos\Omega\cos\omega - \sin\Omega\sin\omega\cos i \tag{3.159}$$

$$R_{12} = -\cos\Omega\sin\omega - \sin\Omega\cos\omega\cos i \tag{3.160}$$

$$R_{13} = \sin\Omega\sin i \tag{3.161}$$

$$R_{21} = \sin\Omega\cos\omega + \cos\Omega\sin\omega\cos i \tag{3.162}$$

$$R_{22} = -\sin\Omega\sin\omega + \cos\Omega\cos\omega\cos i \tag{3.163}$$

$$R_{23} = -\cos\Omega\sin i \tag{3.164}$$

$$R_{31} = \sin\omega\sin i \tag{3.165}$$

$$R_{32} = \cos\omega\sin i \tag{3.166}$$

$$R_{33} = \cos i \tag{3.167}$$

以上公式中并未包含 (R_{13}, R_{23}, R_{33}) 三项。在确定 ECI 矢量后，可将其转换为（纬度，经度）值，再利用式（3.131）、式（3.132）和式（3.133）就可表征卫星运动的地面轨迹。

同理，可将卫星速度矢量表示为

$$v = \sqrt{\frac{\mu}{p}}[-\sin v\boldsymbol{P} + (e+\cos v)\boldsymbol{Q}] \tag{3.168}$$

例 3.23

国际空间站（ISS）的轨道参数如下。

近地点高度：418km。

远地点高度：423km。

轨道倾角角度：51.64°。

图 3.58 给出了卫星轨道的地面轨迹案例。

图 3.58　卫星轨道的地面轨迹案例（图片来源：Visualyse Professional 软件。

数据来源：NASA Visible Earth 网站）

3.8.4.6 对地静止卫星轨道和重复轨道

国际空间站位于高度为 418km 的近地轨道，绕地球一周约需 93 分钟。它像在傍晚时分升起的一颗"亮星"，几分钟后又划破天空黯淡消失。

空间站的运行需要无线电通信系统的支持，并依靠定向机制和操作引导天线跟踪空间站，这些都需要付出额外成本。阿瑟·克拉克（Arthur C.Clarke,1945）曾指出，若沿赤道轨道运行的卫星具有与地球自转同样的角速度，则从地面看去卫星是固定的。

相对太阳而言，地球每经过一天（86 400 秒）会回到初始位置。虽然地球沿着其轨道移动，但经过固定时长又会回到惯性坐标系（特别是昼夜平分点）的固定位置，该固定时长为：

$T_{sideral}$=23 小时 56 分钟 4.091 秒=86 164.091 6 秒

将该时长作为轨道周期代入式（3.142），得到的轨道半径和高度分别为

R_{gso}=42 164.17km

h_{gso}=35 786.1km

卫星的轨道参数若与上述轨道参数相等，则称为对地静止轨道卫星，意味着卫星轨道与地球保持平均同步。对地静止卫星轨道（GSO）必须位于赤道平面上，即满足倾角 i=0。可采用与地球站相同的方法快速计算 GSO 卫星的 ECI 坐标，其中高度= h_{gso}。

若某卫星位于近似对地静止卫星圆形轨道且具有较小的非零倾角，则从地球上看去，该卫星将沿"8"字形缓慢移动。这类卫星可满足对极地区域的间歇性覆盖要求。

此外，也可以通过调整卫星轨道的偏心率，保持卫星地面轨迹的重复性，尽管这时卫星轨迹不再为"8"字形。例如，高椭圆轨道（HEO）具有非零倾角和偏心率，同时其周期为地球同步轨道周期的数倍或几分之一。

例 3.24

"天狼星"卫星通信网由 3 个高椭圆轨道卫星组成的星座构成，其轨道参数如表 3.11 所示（国际发射服务，2000）。相对于对地静止卫星轨道，通过选取表中卫星轨道参数，可以为北美用户提供更高的最小倾角。

表 3.11 "天狼星"卫星通信星座轨道参数

参数	参数值
倾角	63.4°
偏心率	0.268 4
半长轴	42 164
近地点幅角	270.0°
远地点经度	96.0° W

取近地点幅角=270°能够确保卫星远地点经过北半球。由于卫星在远地点比近地点运行缓慢，因此卫星将在北半球"滞留"更长时间。表 3.11 中卫星轨道倾角根据式（3.156）计算得到。

"天狼星"卫星星座的地面轨迹如图 3.59 所示，图中还给出了 GSO 卫星（位于固定位置）和具有一定倾角的 GSO 卫星地面轨迹图，其中后者的轨迹为"8"字形，且可覆盖北极地区。

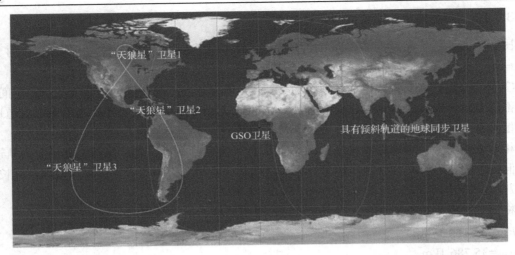

图 3.59　地球同步轨道案例（图片来源：Visualyse Professional 软件。数据来源：NASA Visible Earth 网站）

3.8.5　椭球形地球轨道模型

前述圆形地球 ECI 方法适用于解决绝大部分干扰分析问题，但某些问题对计算精度提出了更高要求。例如，有时需要确定飞船必须停止发射信号的准确时间，以避免产生有害干扰。

前面已经介绍了诸如 SGP-4 等高级卫星轨道预测模型，这里再介绍一种椭球型地球轨道模型，如图 3.60 所示，其中 L=大地纬度（常用），L'=地心纬度。

该模型通过椭圆横截面参数定义地球形状参数。这些参数在最常用的 WGS84 模型中的对应值如表 3.12 所示。

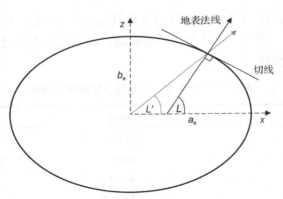

图 3.60　椭球模型

表 3.12　WGS84 椭圆参数

参数	参数值
a_e=半长轴	6 378.137km
b_e=半短轴	6 356.752 314 245km
$1/f_e$=反扁率	298.257 223 563

通过椭圆半长轴和半短轴可计算出椭圆的扁率和偏心率为

$$f = \frac{a-b}{a} \tag{3.169}$$

$$e^2 = 1 - \frac{b^2}{a^2} \tag{3.170}$$

由此可计算出 xz 平面内的 ECI 矢量为

$$x = \left| \frac{a_e}{\sqrt{1-e^2\sin^2 L}} + h \right| \cos L \tag{3.171}$$

$$z = \left| \frac{a_e(1-e^2)}{\sqrt{1-e^2\sin^2 L}} + h \right| \sin L \tag{3.172}$$

若已知经度，则可根据上式计算出全部 ECI 矢量。

需要注意，目前世界各国使用多种参考大地水准面（reference geoid），有些国家还对其进行了优化处理。例如，英国地形测量局的国家格网参考系统（OSGB）采用 Airy 大地水准面。因此，若某位置采用（纬度，经度）表示，则应核对其所使用的参考大地水准面，必要时将其转换为 WGS84 等通用坐标。

3.8.6　延迟和多普勒效应

卫星网络之间的距离差会导致通信链路产生延迟，对于双向通信还会带来附加延迟。此外，卫星网络链路之间的相对速度会使测量频率发生变化，即产生多普勒效应。延迟和多普勒频差的计算公式为

$$\Delta t = \frac{d}{c} \tag{3.173}$$

$$\Delta f = \frac{\Delta v}{c} f_0 \tag{3.174}$$

其中，d 为传输路径长度；Δv 为相对速度；c 为光速；f_0 为系统静止频率。

对干扰分析而言，延迟和多普勒效应通常不会产生较大影响，但其对系统设计特别是卫星星座轨道设计的影响不可忽略。对于包含上行链路和下行链路的星地通信传输，还会产生往返延迟。此外，在用于地面数字广播的单频网络（SFN）中，需要重点考虑延迟问题，详见 7.3 节。

例 3.25

ITU-R M.1184 建议书（ITU-R，2003a）列出了 3 个倾角为 20° 的卫星网络的往返延迟，如表 3.13 所示。由表可知，GSO 卫星会带来较为严重的双向通信延迟。

表 3.13　卫星网络往返延迟案例

系统	LEO-D	LEO-F	GSO
高度/km	1 414	10 355	35 786
倾角/°	20	20	20
往返延迟/ms	18.7	111.6	281.3

3.9　角度的计算

前面介绍了如何利用通用 ECI 矢量集计算台站位置的方法，为计算发射台站或接收台站

增益，有必要将 ECI 矢量集转换为角度，如方位角和仰角等。

3.9.1 方位角和仰角

图 3.61 给出了根据矢量参数计算方位角和仰角的方法。注意图中采用大写字母 (X, Y, Z) 表示的矢量是相对于台站参考坐标系，而非 ECI (x, y, z)。

将长度为 R 的矢量 (X, Y, Z) 转换为 (Az, El) 的公式为

$$Az = \arctan\frac{X}{Y} \tag{3.175}$$

$$El = \arcsin\frac{Z}{R} \tag{3.176}$$

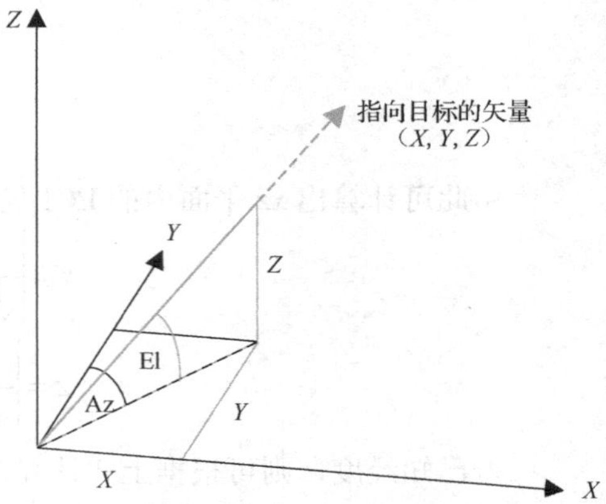

图 3.61　方位角和仰角的计算

将 (Az, El) 转换为单位矢量 (X, Y, Z) 的公式为

$$X = \sin Az \cos El \tag{3.177}$$

$$Y = \cos Az \cos El \tag{3.178}$$

$$Z = \sin El \tag{3.179}$$

上述转换的关键是确定由 X、Y、Z 轴构成的参考坐标系的指向，且其与台站类型密切相关。该问题后面会具体说明。

3.9.2 地面系统

对地面系统而言，最简单的参考坐标系为地球表面，其中方位角=0°的方向为正北，仰角=0°的方向为与正北垂直的水平面方向，如图 3.62 所示。

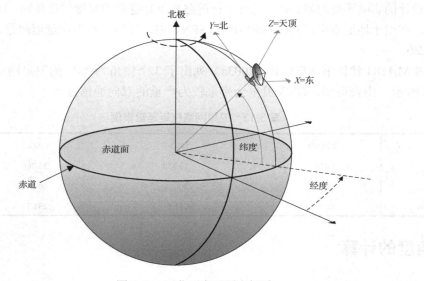

图 3.62　正北正东天顶坐标系

该坐标系的显著标志是包含 3 个分别指向正北、正东和天顶（NEZ）方向的相互垂直的矢量。其中 NE 面为水平面且与天顶矢量垂直。

另一个参考坐标系为移动台站，其中方位角=0°的方向为前向，有时也称为 12 点方向。该坐标系的 3 个参考方向为：

（1）Y：移动方向。

（2）Z：指向天顶方向。

（3）X：垂直于 ZY 方向，且与其共同构成 XYZ 坐标系。

3.9.3　卫星系统

与地面系统一样，卫星系统也存在多个坐标系。对于 GSO 系统，其坐标系由正北和正东方向及卫星星下点（sub-satellite point）确定，如图 3.63 所示。

对于 NGSO 系统，其坐标系通常以台站移动方向为参考，如图 3.64 所示。但当采用功率通量密度（PFD）计算等效功率通量密度（EPFD）时（如 7.6.3 节所述），NGSO 系统通常采用图 3.63 所示坐标系。

此外，还可考虑从卫星运动方向向卫星星下点观察的视角来构建 NGSO 系统坐标系，如图 3.65 所示。

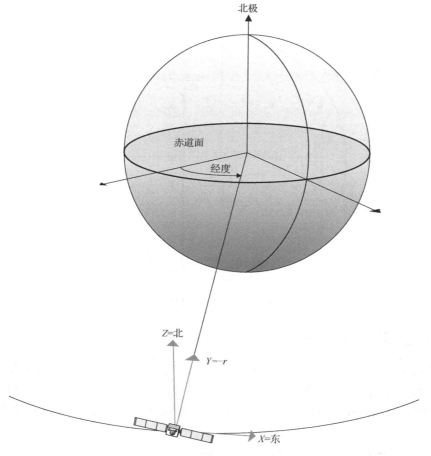

图 3.63　GSO 台站参考坐标系

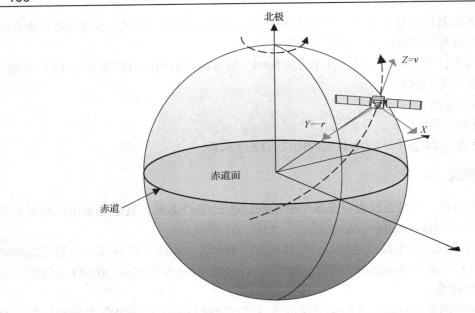

图 3.64   NGSO 卫星参考坐标系

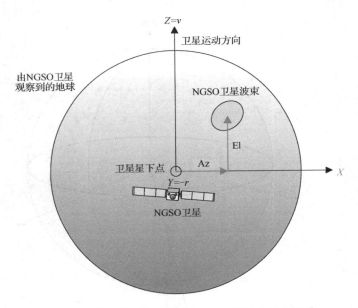

图 3.65   从卫星视角建立的 NGSO 卫星参考坐标系

3.9.4   天线坐标系中的角度

为获取 ECI 坐标系中的天线角度以计算其增益，首先需要确定天线视轴的角度（Az,El）。由图 3.66 可知，分别从天线视轴和偏轴方向看去，可得到两种形式的天线（Az,El）角度。

通过采用球面几何和矢量旋转等方法可计算天线偏轴角度，此外还可采用 3.9.5 节介绍的方法。

（Az,El）角度非常类似于（纬度，经度），即

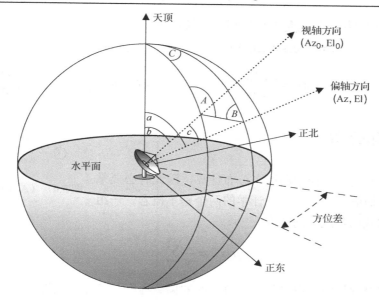

图 3.66　视轴和偏轴方向角度

方位角～经度

仰角～纬度

因此，可采用 3.8.3 节中的球面几何方法计算（Az,El）：

$$C = \text{Az}_0 - \text{Az} \tag{3.180}$$

$$a = \frac{\pi}{2} - \text{El} \tag{3.181}$$

$$b = \frac{\pi}{2} - \text{El}_0 \tag{3.182}$$

然后采用球面三角方程计算 c、A、B。其中偏轴角 c 的计算公式为

$$\cos c = \cos a \cos b + \sin a \sin b \cos C \tag{3.183}$$

3.9.5　基于 ECI 矢量的偏轴角

根据 ECI 矢量可直接计算偏轴角。假设存在 A、B、C 3 个台站，其中台站 B 的天线指向台站 A，且台站 B 指向台站 C 的偏轴角为 ABC，则两个矢量 r_{BA} 和 r_{BC} 可表示为

$$r_{\text{BA}} = r_{\text{A}} - r_{\text{B}} \tag{3.184}$$

$$r_{\text{BC}} = r_{\text{C}} - r_{\text{B}} \tag{3.185}$$

因此，偏轴角 θ 可根据上两个矢量的点积求得，即

$$\cos \theta = \frac{r_{\text{BA}} \cdot r_{\text{BC}}}{|r_{\text{BA}}||r_{\text{BC}}|} \tag{3.186}$$

3.9.6　Theta Phi 坐标

除了采用（Az,El）坐标表示天线角度外，也可采用（θ, ϕ）定义天线指向角（pointing angles），如图 3.67 所示，还可参考 ITU-R BO.1443 建议书（ITU-R，2014c）。注意，ϕ 为等效偏轴角。

采用上述两种坐标表示的角度可以相互转换，即

$$\cos\phi = \cos Az\cos El \tag{3.187}$$

$$\sin\theta = \frac{\sin El}{\sin Az} \tag{3.188}$$

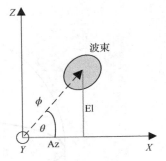

图 3.67　（Az,El）和（θ,ϕ）角

3.10　统计和分布

　　干扰分析涉及大量统计学和概率分布计算，因此有必要掌握这方面知识。均值和标准差是统计学的两个基本概念。一组由 N 个变量 x 构成的数组的均值为

$$\mu = \overline{x} = \frac{1}{N}\sum_{i=1}^{i=N} x_i \tag{3.189}$$

标准差 σ 用来度量随机变量和其均值之间的偏离程度，其计算式为

$$\sigma^2 = \frac{1}{N-1}\sum_{i=1}^{i=N}(x_i - \overline{x})^2 \tag{3.190}$$

　　由于式（3.190）中的均值为计算值而非已知值，因此求得的标准差为样本标准差。若已知总体均值，则式中的（$N-1$）应替换为 N。

例 3.26

数据集={3,2,4,7,3}的均值为 3.8，样本标准差为 1.92。

若两个变量{x,y}相互独立，则其和的标准差计算公式为

$$\sigma^2(x,y) = \sigma^2(x) + \sigma^2(y) \tag{3.191}$$

　　在电波传播计算中，当存在两种相互独立的衰落机制时，可采用式（3.191）进行建模。

　　均值和标准差既可用绝对值表示，也可表示为分贝值。当计算功率均值时，通常用绝对值（单位为 W）表示。

　　干扰分析中常用的分布样式包括：

- 正态分布。
- 线性或均匀分布。
- 三角分布。
- 瑞利分布。
- 莱斯分布。

　　对于每种分布，均可计算其概率密度函数（PDF）和累积分布函数（CDF）。其中 CDF 为 PDF 的积分形式，即

$$CDF(X) = \int_{-\infty}^{X} PDF(x)dx \tag{3.192}$$

　　为计算 PDF 和 CDF，通常将样本数据表示为类似直方图 $H(i)$ 的分量形式，其中 $i=\{0,\cdots,n\}$，且每个 i 值可映射为数值 $x(i)$，即

$$x(i) = x_{\min} + i \cdot x_{\text{BinSize}} \tag{3.193}$$

数值 x 对应的区间（bin）表示为

$$i(x) = \text{Round}\left(\frac{x - x_{\min}}{x_{\text{BinSize}}}\right) \tag{3.194}$$

应慎重选择凑整方向（rounding directing），最好采用较小区间以减小凑整误差。

由此 CDF 可通过直方图的百分比形式表示

$$\text{CDF}(X) = 100 \cdot \frac{\sum\limits_{i=0}^{i(X)} H(i)}{\sum\limits_{i=0}^{i=n} H(i)} \tag{3.195}$$

注意，为产生与 PDF 分布一致的序列，应按照反函数法进行 CDF 抽样（即先抽取累计分布概率值，再利用反函数求得随机变量值）。这种方法同样适用于 6.9 节所述的蒙特卡洛分析法。

正态分布（也称为高斯分布）是统计学和无线电系统建模中一种重要分布样式，其 PDF 和 CDF 分别为

$$\text{PDF}(x) = \frac{1}{\sigma\sqrt{2\pi}} e^{-\frac{(x-\mu)^2}{2\sigma^2}} \tag{3.196}$$

$$\text{CDF}(x) = \frac{1}{2}\left[1 + \text{erf}\left(\frac{x-\mu}{\sigma\sqrt{2}}\right)\right] \tag{3.197}$$

正态分布 CDF 的互补分布称为 Q 函数，表示大于随机变量 x 的概率：

$$Q(x) = 1 - \text{CDF}(x) \tag{3.198}$$

正态分布可用钟形曲线表示，如图 3.68 所示，图中分别给出了均值为 0、标准差为 3 和 6 的正态分布曲线。曲线的宽度和中心点分别由正态分布的标准差和均值确定。正态分布的 CDF 可通过对 PDF 求积分得到，如图 3.69 所示。

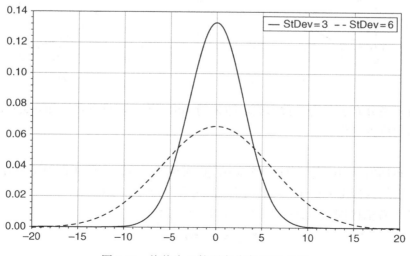

图 3.68　均值为 0 的正态分布 PDF 曲线

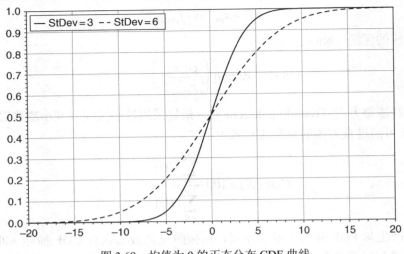

图 3.69   均值为 0 的正态分布 CDF 曲线

正态分布 PDF 曲线越宽，表示随机变量取值越多，函数输出值的不确定性越大。可通过设定置信区间来规定所需百分比概率以及取值范围。例如，图 3.70 给出了均值为 10、标准差为 3 的正态分布的 90% 置信区间范围。

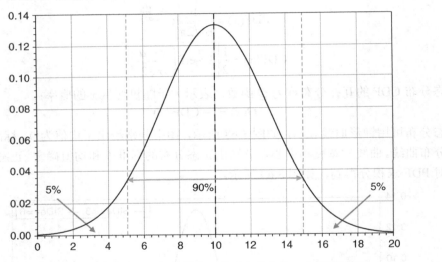

图 3.70   均值为 10、标准差为 3 的正态分布的 90% 置信区间

有时也将正态分布表示为对数形式，即采用 $10\lg x$ 表示随机变量，如 4.3.5 节描述的服从对数正态分布的位置变化量。

例 3.27

某正态分布均值 $\mu = 0$，标准差 $\sigma = 5.5\text{dB}$，其 95% 置信区间为除去两侧 2.5% 范围的中心区间。由于置信区间为标准差的 1.96 倍，因此区间范围为 ±10.8dB。

随机变量 X 置信区间 $[X_{\text{Min}}, X_{\text{Max}}]$ 的常用计算公式为

$$X_{\text{Min}} = \mu - z\sigma \tag{3.199}$$

$$X_{\text{Max}} = \mu + z\sigma \tag{3.200}$$

其中，z 的取值与置信度要求有关，表 3.14 给出了 z 的部分取值。

表 3.14 置信区间因素

p=置信区间$[\mu-z\sigma, \mu+z\sigma]$	z
0.8	1.282
0.9	1.645
0.95	1.960
0.99	2.576

若所关注的统计量并非置信区间，而是不超过特定概率的似然值，则应考虑表 3.15 所列因素。

表 3.15 不超过特定概率的似然值因素

p=不超过似然值$\mu+z\sigma$	z
0.9	1.282
0.95	1.645
0.975	1.960
0.995	2.576

相比正态分布，均匀分布（或平坦分布）和三角分布较为简单，其概率密度函数和累积分布函数分别如图 3.71 和图 3.72 所示。这两种分布均可通过样本的最小值和最大值或样本均值和单侧边界来确定。其中图 3.71 和图 3.72 的相关取值为：

取值一	最小值=-10	最大值=+10，通常表示为[-10,10]
取值二	均值=0	边界=±10

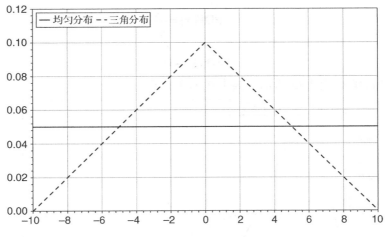

图 3.71 均匀分布和三角分布的 PDF

从 PDF 图可知，均匀分布和三角分布具有很强的相似性。例如，样本区间内均匀分布具有相同的概率密度。三角分布的概率密度主要分布于均值两侧，且可用服从均匀分布的两个独立随机变量之和产生。

例 3.28

若发射功率服从均匀分布[-10,0]dBW，发射增益与发射功率相互独立且服从另一均匀分布[0,10]dBi，则等效全向辐射功率（EIRP）服从均值为 0dBW、限值区间为±10dB 的三角分布。

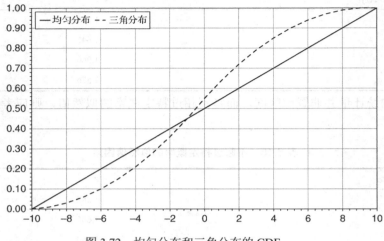

图 3.72　均匀分布和三角分布的 CDF

与其他分布样式类似，可利用均匀随机数对均值分布和三角分布的 CDF 求逆，从而产生能够满足所需 PDF 的数据序列。其中所采用的随机数发生器应具有较长的重复周期，且能够产生具有均匀概率密度、接近 0 和 1 的随机数。

例 3.29

设等效全向辐射功率服从[-10,10]的三角分布（见例 3.28 和图 3.72），则随机数 r=0.28 所对应的 EIRP=-3dBW。

有时采用瑞利分布或莱斯分布表示信号衰落。其中瑞利分布可通过标准差 σ 定义为

$$\mathrm{PDF}(x)=\frac{x}{\sigma^2}\mathrm{e}^{-\frac{x^2}{2\sigma^2}} \tag{3.201}$$

$$\mathrm{CDF}(x)=1-\mathrm{e}^{-\frac{x^2}{2\sigma^2}} \tag{3.202}$$

瑞利分布的 PDF 如图 3.73 所示，其中 σ 为 3 和 6。

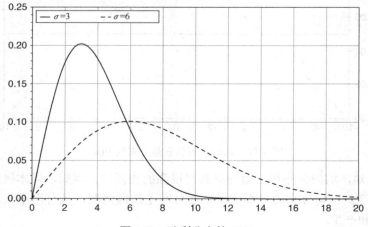

图 3.73　瑞利分布的 PDF

以上讨论了采用数学公式表示概率分布的方法。实际中也可采用数据表格形式表示概率分布的 CDF，即

[数据值，超过该数据值的概率]

在 6.9 节所述的蒙特卡洛仿真分析中，可对上述数据表格进行抽样处理，同时还可进行统计可信度评估和显著性检验等。

3.11　链路预算及度量指标

链路预算是开展干扰分析的基本方法，主要是指根据发射功率及相关增益和损耗计算接收信号场强。其中增益包括天线增益和功放增益等，损耗包括传播损耗、极化损耗和馈线损耗等。

通过下列链路预算公式可计算 C=有用（受扰）信号或 I=干扰信号。

$$C = P_{\text{tx}} + G_{\text{tx}} - L_{\text{p}} + G_{\text{rx}} - L_{\text{f}} \tag{3.203}$$

$$I = P'_{\text{tx}} + G'_{\text{tx}} - L'_{\text{p}} + G'_{\text{rx}} - L_{\text{f}} \tag{3.204}$$

上述公式中的馈线损耗包含接收台站传输损耗，因此可将接收机输入端作为参考点，如 3.6 节所述。需要指出，公式中发射功率的参考点为天线输入端，因此无须考虑发射机自身损耗。如图 3.74 所示。

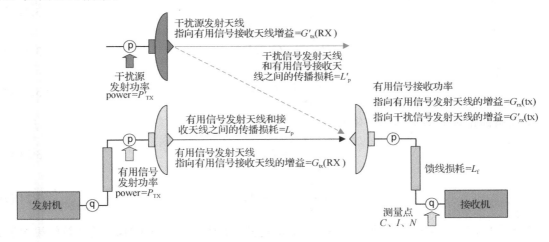

图 3.74　有用信号和干扰信号链路

在频率许可和干扰分析中，主要关注总辐射功率（TRP），因此通常将天线输入端作为发射测量点。但由于接收机输入端信号会对用户服务质量产生很大影响，因此通常将接收机输入端作为接收测量点。

另外，式（3.16）中的自由空间损耗 L_{fs} 由总传播损耗 L_{p} 替换，后者需要利用适当的传播模型计算得到。

有用信号 C 或干扰信号 I 的单位由发射功率 P_{tx} 确定，通常为 dBW 或 dBm，即分贝（瓦）或分贝（毫瓦）。两者之间的转换公式为

$$\text{dBm} = \text{dBW} + 30 \tag{3.205}$$

$$dBW = dBm - 30 \tag{3.206}$$

有用信号或干扰信号减去带宽（单位为 Hz）的分贝值，即为相应的功率密度（单位为 dBW/Hz）为

$$C_0 = C - 10\lg B \tag{3.207}$$

$$I_0 = I - 10\lg B \tag{3.208}$$

根据 3.6 节，由链路噪声系数或温度以及带宽可计算得到链路噪声功率为

$$N = F_{\mathrm{N}} + 10\lg T_0 - 228.6 + 10\lg B \tag{3.209}$$

$$N = 10\lg T - 228.6 + 10\lg B \tag{3.210}$$

上式中 -228.6dBW/K/Hz 为玻尔兹曼常数的分贝形式，N 的单位为 dBW。

通过有用信号功率、干扰信号功率和噪声功率，可计算得到多个评价指标，例如：

- C/I：信干比。
- C/N：信噪比。
- $C/(N+I)$：信号与噪声加干扰比。
- I/N：干扰信号与噪声比。

上述指标的分贝形式为

$$\left(\frac{C}{I}\right) = C - I \tag{3.211}$$

$$\left(\frac{C}{N}\right) = C - N \tag{3.212}$$

$$\left(\frac{I}{N}\right) = I - N \tag{3.213}$$

上述指标相对于 1Hz 的归一化形式为

$$\left(\frac{C_0}{N_0}\right) = C_0 - N_0 \tag{3.214}$$

$$\left(\frac{I_0}{N_0}\right) = I_0 - N_0 \tag{3.215}$$

由于有用信号载波带宽和噪声带宽相同，因此式（3.212）和式（3.214）的计算结果相等。同时由于干扰信号带宽与受扰系统噪声带宽不一致，因此式（3.213）和式（3.215）的计算结果不同。详见 5.2 节。

实际中通常采用 $C/I = C - I$ 的表述方式，这样也表明其为分贝运算。

当计算 $C/(N+I)$ 时，需要将 I 和 N 的绝对值相加，即有

$$\frac{C}{N+I} = C - 10\lg(10^{N/10} + 10^{I/10}) \tag{3.216}$$

另一个重要指标是单位比特能量，其与有用信号和数据速率有关，即

$$E_{\mathrm{b}} = C - 10\lg R_{\mathrm{d}} \tag{3.217}$$

其中，C 单位为 dB（瓦），单位比特能量单位为 dB（焦耳），瓦=焦耳/秒，数据速率单位为

bits/s。因此，E_b/N_0 为

$$\frac{E_b}{N_0} = (C - 10\lg R_d) - (N - 10\lg B) \tag{3.218}$$

例 3.30

根据例 3.33 给出的链路参数，表 3.16 列出了该星地链路预算。

表 3.16 链路预算案例

参量	符号	取值	计算公式
发射频率/GHz	f	3.6	
带宽/MHz	B	30	
发射功率/dBW	P_{tx}	−10	
发射峰值增益/dBi	G_{tx}	36.9	
发射 EIRP/dBW	EIRP	26.9	$P_{tx} + G_{tx}$
距离/km	d	38 927.2	
自由空间路径损耗/dB	L_{fs}	195.4	根据式（3.13）
接收峰值增益/dBi	G_{RX}	36.9	
馈线损耗/dB	L_f	1	
接收信号/dBW	C	−112.5	根据式（3.203）
接收温度/K	T	300	
接收噪声/dBW	N	−129.1	根据式（3.210）
C/N/dB	C/N	16.5	$C-N$

需要指出，尽管目前一些组织机构采用所谓标准链路预算模板，但尚没有得到工业界的广泛认可。链路预算的具体内容与链路场景、信息的可用性和需求有关。

例如，卫星干扰分析中通常需要计算噪声温度 T 的变化率 ΔT 或 DT：

$$\frac{DT}{T} = 100 \cdot 10^{\frac{I/N}{10}} \tag{3.219}$$

或

$$\frac{I}{N} = 10\lg\frac{DT/T}{100} \tag{3.220}$$

例 3.31

某卫星系统的 DT/T=8%，其对应的 I/N 为 10lg0.08=−10.97dB。

对于存在多个干扰的情形，应先将干扰功率的绝对值（单位为 W 而非 dBW）进行求和，再将其转换为 dBW。集总干扰（aggregate interference）的计算公式为

$$I_{agg} = 10\lg\sum_i 10^{I_i/10} \tag{3.221}$$

与单输入干扰比率 I_i/N、C/I_i 等类似，集总干扰也存在 I_{agg}/N、C/I_{agg}，且后者具有独立限值。许多干扰分析场景需要综合考虑单输入干扰和集总干扰，详见 5.9 节。

在符合性分析中，通常需要了解功率通量密度（PFD），其绝对值为

$$pfd = \frac{eirp}{4\pi r^2} \tag{3.222}$$

某些情况下需要将接收相对增益（receive relative gain）引入 PFD 计算公式，进而建立另一指标——等效功率通量密度（EPFD）：

$$epfd = \frac{eirp}{4\pi r^2} \cdot g_{rx,rel} \quad\quad (3.223)$$

无线电信号也可用电场强度来度量。与 PFD 类似，场强 E 也可表示功率大小，但单位为 dBμV/m。平均功率与场强平方成正比，因此功率的分贝值需用 20lg 形式的场强表示。

PFD 和场强 E 可通过自由空间阻抗 $Z_0=119.916\,983\,2\pi\Omega$（约 $120\pi\Omega$）转换。场强 e_V（单位为 V/m）与 pfd（单位为 W/m²）的转换公式为

$$pfd = \frac{e_V^2}{Z_0} \quad\quad (3.224)$$

因此，场强 $E_{\mu V}$（单位为 dBμV/m）与 PFD（单位为 dBW/m²）的转换公式为

$$PFD = E_{\mu V} - 145.8 \quad\quad (3.225)$$

根据式（3.6），PFD 与全向接收机前端信号功率之间的转换公式为

$$S = PFD + A_{e,i} \quad\quad (3.226)$$

其中，

$$A_{e,i} = 10\lg\frac{\lambda^2}{4\pi} \qu\quad (3.227)$$

卫星接收机的常用指标为 G/T，表示接收机峰值增益与接收机噪声温度的比率，单位为 dB/K。该指标值越大，则接收有用信号与噪声比越高，即

$$\frac{C}{N_0} = P_{tx} + G_{tx} - L_p - L_f + \frac{G}{T} - k \quad\quad (3.228)$$

3.12　频谱效率和要求

绝大多数频谱管理法规都指出"要提高无线电频谱利用效率"，应该如何理解这种说法呢？根据 3.4.5 节所述，衡量频谱效率最简单的指标是载波带宽效率，也称为相对于带宽 B（Hz）的数据速率 R_d（bps）：

$$e_C = \frac{R_d}{B} \quad\quad (3.229)$$

高阶调制通常具有较高的载波带宽效率，但同时也要求更大的发射功率，从而容易产生干扰和/或覆盖范围问题。单纯提高载波效率仅能使单个用户受益，为提高无线电频谱的利用效率，可考虑在特定区域 A 内向所有用户传输集总数据速率（aggregate data rate），即

$$e_A = \frac{\sum R_d}{A \cdot B} \quad\quad (3.230)$$

这时频谱效率的单位为 bit/s/Hz/km²。

用单位面积数据速率表示的频谱效率主要适用于移动系统，为提升频谱效率，可采用如下方法。

- 增加每个基站的单元数量。
- 增加基站数量。

但采用这种方式表示的频谱效率很难适用于其他无线电业务。例如，对广播业务而言，最高效的系统被认为是能够使单个广播发射塔的覆盖范围达到最大，因此

$$e_{\mathrm{T}} = \frac{A \cdot R_{\mathrm{d}}}{B} \tag{3.231}$$

衡量频谱效率不应仅考虑技术因素，还应考虑成本等因素。例如，若仅从技术角度考虑，可通过部署大量小区基站使频谱效率指标 e_{A} 达到最优，但这样不仅会使建设成本剧增，而且也会面临环境保护方面的阻力。

许多移动通信运营商已经着手综合考虑下列因素。

● 频谱成本，例如通过拍卖购买频谱的成本。
● 基站及其附属设施的建设成本。

移动通信运营商在考虑其现金流和基站建设成本的基础上，对频谱价值进行综合评估。同时采用流量模型（traffic model）预测频谱需求，并确定最优应对策略。

这种综合收益权衡方法也适用于其他无线电业务。例如，GSO 卫星轨道是一种重要的无线电频谱资源，其频谱效率可通过提供相同位置服务的同频率同极化卫星之间的最小间隔来度量。对于给定的 G/T，这种频谱效率是地球站天线直径的函数。

例 3.32

假设 BPSK 链路干扰保护限值 C/I=22.7dB，根据图 3.75 描述的 GSO 卫星轨道间隔与地球站天线直径关系，可估计净空（如自由空间路径损耗）条件下，工作频率分别为 f=3.6GHz 和 f=12GHz 的同频、同极化和同位置卫星的地面天线直径。

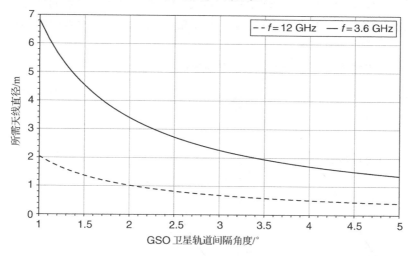

图 3.75 天线直径与 GSO 卫星轨道间隔角度关系

由图 3.75 可知，卫星地球站天线直径随 GSO 卫星轨道间隔的减小而急剧增大。因此，GSO 卫星轨道利用效率越高，意味着地球站的成本越高。

对卫星和地面系统而言，需要综合考虑资源（频谱、GSO 卫星轨道）利用效率和包括设备及其部署在内的总体成本，而不能仅考虑 bit/s/Hz 或 bit/s/Hz/km^2 等技术指标。这些因素进一步增加了频谱需求分析的复杂性。

此外，从更大的社会影响角度看，还应考虑无线电系统的功耗等指标，以降低 CO_2 排放量，减轻对环境的影响。例如，地面电视从模拟体制向数字体制发展过程中，一方面使得相同带宽能够传输更多的电视频道，提高了频谱效率，也为其他应用释放了大量频谱；但另一方面，由于数字接收机技术更为复杂，导致总功耗增加。在英国，由此带来的功耗增加量为 31MWh/天（Scientific Generics Limited，2005）。

为充分考虑以上各种需求，主管部门需要综合采用拍卖、授权和类似"选美比赛"（beauty-contest）等手段管理无线电频谱资源。实际上本书所讨论的许多干扰问题与频谱经济存在很强的关联性，目前该领域的研究还较为初步，对有关问题的深入研究有望带来显著效益。

N 系统（N-System）方法是一种将频谱效率、干扰分析和频谱经济等概念关联起来的方法，它通过干扰分析来确定能够在给定参考区域部署的某类（设备和服务）台站的数量，同时防止干扰达到限值要求。台站部署密度是衡量频谱密度的又一指标，因为新业务系统的应用可能导致既有业务台站密度降低。台站部署密度可用来确定单个台站频谱机会成本，该成本与其他固定成本一起构成频谱执照费的成本。详见 7.8 节。

3.13　案例分析

例 3.33

假设存在两个 GSO 卫星系统，其干扰场景如图 3.76 所示。

- 受扰卫星：位于 30° E 的 GSO 卫星，其发射天线指向位于巴黎的地球站。
- 干扰卫星：位于 25° E 的 GSO 卫星，其发射天线指向位于伦敦的地球站。

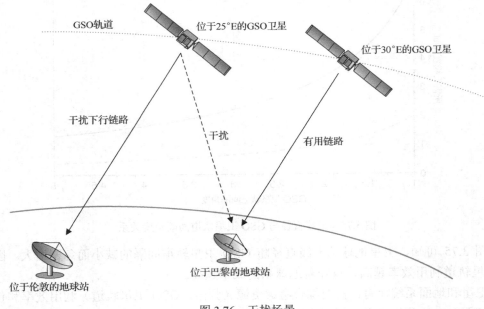

图 3.76　干扰场景

考虑到地面干扰分析需要采用较为复杂的传播模型，本例对卫星干扰场景进行了简化处理，尽管如此，其拓扑结构仍相当于两个固定链路。

两个卫星的工作频率均为 3.6GHz，发射功率 P_{tx}=10dBW，信号带宽为 30MHz，天线均为直接为 2.4m 、效率为 0.6 的抛物面天线，馈线损耗为 1dB，总噪声温度为 300K。

假设卫星波束均具有 3.7.5 节描述的标准增益方向图，GSO 卫星和地球站天线波束直接相对，采用自由空间传播模型，则链路指标{$C/N,C/I,I/N,\text{DT}/T,C/(N+I)$}分别为多少？

有如下两个资料可供本例参考。

资料 3.1 电子表格 "Chapter 3 Calulations.xlsx" 给出了本例有关计算程序。

资料 3.2 Visualyse Professional 软件仿真文件"GSO Example.SIM"参数取值与本例一致。

首先需要将卫星和地球站位置坐标转换为通用格式，本例推荐采用 ECI 球面模型。根据 3.8.4 节有关公式，可计算得到卫星和地球站 ECI 矢量如表 3.17 和表 3.18 所示。

表 3.17   GSO 卫星 ECI 矢量

卫星	位于 25°E 的 GSO 卫星	位于 30°E 的 GSO 卫星
x/km	38 213.7	36 515.2
y/km	17 819.3	21 082.1
z/km	0.0	0.0

表 3.18   地球站 ECI 矢量

地球站	伦敦	巴黎
x/km	3 969.85	4 192.94
y/km	−8.83	172.13
z/km	4 992.09	4 803.17

根据表 3.17 和表 3.18 及 3.9.5 节给出的方法，可计算出受扰地球站相对干扰卫星的偏轴角，以及干扰卫星相对于受扰地球站的偏轴角，其结果如表 3.19 所示，该表同时给出了相对增益值。假设标准天线增益方向图如 3.7.5 节所述。

表 3.19   干扰角度和相对增益

偏轴角和相对增益	偏轴角	相对增益
位于巴黎的地球站指向位于 25°E 的卫星	5.4°	−26.2dB
位于 25E 的卫星指向位于巴黎的地球站	0.2°	−0.1dB

巴黎地球站与两个卫星之前的距离分别等于对应 ECI 矢量的幅度。将距离值和频率 3.6GHz 代入式（3.13），可计算出有用信号链路和干扰信号链路的自由空间损耗，如表 3.20 所示。

表 3.20   巴黎地球站与两个卫星之间的距离及其对应的自由空间路径损耗

GSO 卫星	位于 25°E 的 GSO 卫星	位于 30°E 的 GSO 卫星
距离/km	39 100.8	38 794.1
自由空间路径损耗/dB	195.4	195.4

根据式（3.78），天线峰值增益为 36.9dBi。

综上所述，有用信号和干扰信号链路预算如表 3.21 所示。由式（3.43）可得 $N=-129.1\text{dBW}$。表 3.22 给出了链路特性。

表 3.21　有用信号和干扰信号链路预算

信号	有用信号链路	干扰信号链路
频率/MHz	3 600	3 600
发射功率/dBW	10	10
发射天线峰值增益/dBi	36.9	36.9
发射离轴角/°	0.000	0.227
发射天线增益/dB	0.0	−0.1
距离/km	38 927.2	39 100.8
自由空间路径损耗/dB	195.4	195.4
接收机天线峰值增益/dBi	36.9	36.9
接收离轴角/°	0.0	5.4
接收天线相对增益/dB	0.0	−26.2
接收损耗/dB	0.0	1.0
接收信号功率/dBW	−112.5	−138.9

表 3.22　链路特性示例

特性	特性值
C/N/dB	16.5
I/N/dB	−9.9
DT/T/%	10.3
C/I/dB	26.4
$C/(N+I)$/dB	16.1

看到上述表格中的数据后，读者难免会问，这些数据能够说明什么问题？它们表明干扰是可以接受的还是有害的？有关干扰判定门限的问题将在 5.9 节和 5.10 节中介绍，与特定业务有关的详细内容将在第 7 章中介绍。

3.14　延伸阅读和后续内容

本章介绍了链路计算和建模的基础知识、链路预算及相关特性，重点介绍了载波调制、接入方法、噪声、天线和几何结构等内容。

后续章节将进一步介绍链路计算和干扰分析相关内容，主要包括：

- 第 4 章介绍非自由空间电波传播模型。
- 第 5 章介绍载波形状、极化、流量和集总效应等影响干扰分析的因素。
- 第 6 章介绍各种干扰分析方法，包括静态方法、动态方法和蒙特卡洛方法等。
- 第 7 章介绍适用于特定业务和频谱共用场景的专用算法。

本章介绍的干扰分析内容涉及载波和天线工程，详细信息可参考相关书籍（Bousquet 和 Maral，1986；Karhefka，2003；Rappaport，1996）。

第4章 电波传播模型

无线电系统的基本特征是将信号通过无线方式发射出去。从发射天线辐射出去的无线电信号，经过电波传播环境到达接收天线，信号强度通常会产生损耗。用于计算信号强度损耗的算法称为电波传播模型。

从理论上讲，利用麦克斯韦方程组可以表征电磁波的物理特征，但由于其计算过程较为复杂，因此很少应用于干扰分析领域。实际上，目前人们已经建立了大量电波传播模型，对干扰分析而言，关键是选用最为适当的电波传播模型。

本章将逐一介绍目前大多数电波传播模型，主要涉及如下内容。

- 模型的参考文献。
- 建立模型的动机。
- 使用模型需要考虑和排除的因素。
- 模型的适用性，如几何特性、高度和频率等。
- 电波传播损耗预测案例。

选用电波传播模型，首先要了解电波传播环境，因此 4.2 节将介绍地理气象参数及地形、地表和陆地使用数据库（land use database）。由于地面传播模型和地对空传播模型具有显著区别，因此 4.3 节和 4.4 节将分别介绍这两类模型。此外，本章还将讨论航空传播模型及建筑物、楼层和其他障碍物对电波的损耗效应。

下面首先简要介绍各类电波传播模型及其概念，然后讨论干扰分析中选用电波传播模型的方法。

读者可参考如下资料（见 1.3 节）。

资料 4.1 电子表格"Chapter 4 Examples.xlsx"含有绕射损耗、地球半径、P.452 模型杂波损耗、双斜率模型损耗和位置标准差 σ 的计算程序。

4.1 概述

电波传播模型的选择会对干扰预测产生重要影响，甚至直接影响到有害干扰是否存在这一结论的判断。每项干扰分析研究工作均需采用一种或几种电波传播模型，同时要保证所采用的传播模型有据可查且具有可信性。

多年来，国际上对电波传播模型开展了大量研究工作，除 ITU-R 第三研究组作为专职研究机构外，英国通信办公室（Ofcom）、美国航空航天局（NASA）和卢瑟福·阿普尔顿（Rutherford Appleton）实验室（RAL）等机构均对电波传播模型进行了深入研究。开展电波传播研究时，通常先设定参数范围（如频段、高度、时间百分比等），然后开展测量工作，最后建立由物理概念或拟合曲线构成的电波传播模型。这些模型在获得认可之前，通常需通过

ITU-R 第三研究组或类似机构审查。随着电波传播模型应用数据的不断积累，模型本身需要进行相应更新和完善。

许多电波传播模型会定期进行更新，读者可查阅 ITU-R 网站获取模型的最新版本。除非为了复现以往研究工作，否则应选用最新版 ITU-R 建议书。电波传播模型的基本概念往往长期保持不变，即便是旧版本的传播模型也很少弃之不用。

电波传播模型的制定具有严格的程序要求，只有通过相关审查程序，才表明其具备可信性，并被许可作为 ITU-R 建议书发布。要使电波传播模型获得更广泛认可，必须将其应用于实际干扰分析、频率规划和指配等频谱管理工作，并且经过长达数年甚至数十年、涉及成千上万个无线电系统的检验验证。

电波传播模型的可信性表明，一旦选用该模型，则认为其计算结果是"正确"的。然而实际中，即使选用被认为是最为适当的传播模型，其计算结果也可能存在较大偏差，甚至电波损耗预测值与测量值之间的标准差超过 10dB 也不鲜见（Ofcom，2008a）。

由于有些电波传播模型过于复杂，很难采用本书给出的基本公式表达。因此，本书重点描述电波传播模型的主要特征及其构成要素，使读者能够了解其适用场景及使用方法。鉴于大多数电波传播模型已经能够利用软件实现，本章着重说明电波传播模型的选择和参数设置方法。

电波传播模型的选择通常需要考虑如下问题。

- 链路几何关系，特别是地面和空中或地球和太空之间的电波传播路径具有哪些特点？
- 传输距离是多少？如电波在建筑物内的传播模式与数千公里距离上的传播模式显著不同。
- 关注的时间百分比范围是多少？
- 面向通用研究还是面向特定位置？
- 考虑特定区域覆盖（有用或干扰）还是某特定位置处损耗？

其中信号场强可能超过的时间百分比是一个关键参量。由于大气状态不仅与温度和压力有关，而且随雨、雪、雹、冰和沙子等气象现象不断变化，因此许多电波传播模型不仅建立各种气象现象模型，而且给出这些气象现象影响下信号强度统计特性预测方法。

根据 ITU-R P.452 建议书（ITU-R，2013d），采用 $L_p(p)$ 表示年 p% 时间不超过的传播损耗：

p=所要求的不超过计算出的基本传输损耗的时间百分比

由于传播损耗（正值）是信号强度的一部分，因此时间百分比的含义如下。

对于电波传播损耗，p 为传播损耗不超过的时间百分比	$\Longrightarrow$	对于信号强度，p 为接收信号场强超过的时间百分比

尽管时间百分比会随月份变化，但通常取年平均值。同时时间百分比的关键区间（critical range）与信号类型有关。

- 有用信号：由于主要关注有用信号强度的减小量（或损耗增加），因此其时间百分比 p 的关键区间为 50% 或更高。
- 干扰信号：由于主要关注干扰信号强度的增加量（或损耗减小），因此其时间百分比 p 的关键区间为 50% 或更小。

某些情况下，电波传播模型是链路预算中唯一随时间变化的数据项，这时只有给定时间百分比值，才能得到信号强度的确定值。若链路预算中还存在其他时变项，则可采用蒙特卡洛分析方法建立更详细模型。

信号强度达到或超过的时间百分比直接影响干扰限值的类别，如可将干扰区分为：

- 短期干扰：干扰信号时间百分比小于 1%。
- 长期干扰：干扰信号时间百分比为 20%～50%。

这项数据项通常适用于 ITU-R SM.1448 建议书（ITU-R，2000b）等电波传播模型的时间百分比。

有些电波传播模型不包含时间百分比，原因可能是该模型没有显著的时间变化量（如自由空间损耗），也可能是该模型为中值预测（即最大概率传输路径损耗）模型。

点对面电波传播模型包含位置百分比参量 $q\%$，其含义与时间百分比类似。

对于电波传播损耗，q 为传播损耗不超过的位置百分比	⟹	对于信号强度，q 为接收信号场强超过的位置百分比

点对面传播模型表征了信号强度在方形区域的变化情况，通常被用于台站覆盖区域电波传播损耗计算。

需要指出的是，有些电波传播模型可以单独（其所适用的场景）使用，有些则需与其他模型共同使用。例如，P.452 模型是一个完整的电波传播模型，而 P.526 模型只给出计算绕射损耗的方法，需要结合其他模型才能计算信号总路径损耗。

有些 ITU-R 建议书不仅包含电波传播模型，而且给出附加信息。例如，P.530 模型不仅描述了降雨和多径衰落模型，而且给出了与之相关的固定链路规划信息。但是，由于这些附加信息往往属于通用指导而非算法描述，因此很难转化为计算软件。

干扰分析中，有时需要针对有用信号链路和干扰信号链路采用不同的电波传播模型。例如，对于固定业务电波传播损耗计算，可采用 P.525 模型计算点对点链路的基本损耗，将 P.530 模型作为降雨衰减模型来计算有用信号强度，同时利用 P.452 模型计算干扰信号强度。

此外，电波极化（如 5.4 节所述）也会影响电波传播。例如：

- 当采用 P.452 模型（如 4.3.4 节所述）时，垂直极化电波的路径损耗稍大于水平极化电波的路径损耗，两者差值通常小于 1dB，且随频率增加而减小。
- 当采用 P.530 模型（如 4.3.3 节所述）时，垂直极化电波的降雨衰减稍小于水平极化的降雨衰减。
- 在信号传输过程中，电波极化有可能发生旋转。因此，低频地对空传输常采用圆极化（Haslett，2008）。
- 电波极化可能随位置改变而发生变化，这在某些存在较多杂波反射的地方更为明显。

除对电波传播的损耗进行建模外，也对电波传播的其他效应进行建模。例如，针对单频网络（SFN）的时间同步管理，可建立电波传播的延迟模型，详见 7.3 节。

4.2　电波传播环境

无线电波在真空中，也就是自由空间的传播模型仅与频率和距离有关。除此之外，其他电波传播模型还需要考虑大气、雨、雪、雹，以及沙尘、建筑物、植被、山丘、水体等环境因素的影响。通过利用气象和地理数据，以及地形、地表和陆地使用数据库，可以修正电波传播模型，更精确地预测收发天线间传输损耗。

对于通用干扰分析研究，由于其结论通常具有广泛适用性，因此最好选取典型场景计算相关结果，并说明该结果与常规结论的相关性。若针对某台站开展干扰分析，则最好从数据库中选取相同位置处的台站数据，并说明两者之间的相关性及理由。

4.2.1　有效地球半径

在真空中，无线电波沿收发设备之间的直线传播。在地球大气层内，由于大气密度随高度变化，因此会对无线电波产生折射效应，折射强度由折射率 n 决定。其中折射率 n 为近似等于 1 的无量纲值，且通常表示为 N：

$$N = (n-1) \times 10^6 \tag{4.1}$$

折射率 N 在大气底层 1km 距离上的变化量为 ΔN，该变化量会对无线电波传输至平滑地表（假设地表为不考虑地形起伏的球面）上地平线的距离产生影响，如图 4.1 所示。

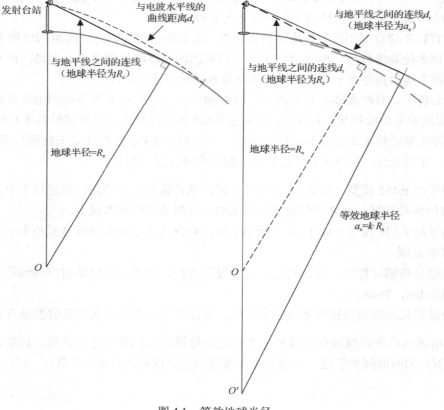

图 4.1　等效地球半径

- 左图表示物理地球上无线电波传播路径，其中地球半径为 R_e，无线电波传播距离为 d_r，且传播曲线超出了发射机与地平线之间的连线。
- 右图表示由等效地球半径 a_e 所构成的大地球（larger Earth）无线电波传播路径，这时无线电波传播至地平线的距离为 d_r。

图 4.1 中的 O 点代表物理地球的原点或中心点，右图中的 O' 点代表大地球中心点，后者被许多地面传播模型所采用。此外，在计算传播路径上的障碍物（如地形）高度时，应考虑地球曲率的影响。当采用等效地球半径时，无线电波可视为沿视距传播。

通常用参数 k 等效地球半径 a_e 与物理地球半径 R_e 的比率：

$$a_e = k \cdot R_e \tag{4.2}$$

其中，k 值随位置和时间百分比的变化而变化。ITU-R P.452（ITU-R，2013d）给出的中值 k_{50} 为

$$k_{50} = \frac{157}{157 - \Delta N} \tag{4.3}$$

表 4.1 给出了不同 ΔN 所对应的 k_{50} 和 a_e。

表 4.1　不同 ΔN 所对应的 k_{50} 和 a_e

ΔN	30.0	45.0	60.0
k_{50}	1.24	1.40	1.62
a_e	7 884.7	8 940.7	10 323.3

k 值随位置和时间百分比的变化而变化，在温带气候条件下的典型 ΔN 为 39，其所对应的 k=1.33。因此常用 k=4/3 近似表示平均等效地球半径系数（median effective Earth radius factor）。

此外，大气中还可能存在分层效应（layering effects），导致出现大气折射层或大气波导，这时等效地球半径的概念不再适用。

4.2.2　地理气候和气象参数

前面介绍了 ΔN 会增加或减小大气折射率，进而改变无线电传播路径。除 ΔN 之外，全球数据库中还包含其他地理气候（geoclimatic）和气象参数，如：

- ΔN =折射率 N 在大气底层 1km 距离上的变化量（如前所述）。
- N_0 =大气折射率外推至海平面的平均值。
- 温度，常用单位为℃或 K，且随高度和（纬度，经度）变化。
- 气压，常用单位为百帕（hectopascal）（hPA=millibar）。
- 水蒸气密度，常用单位为 g/m³。
- 降雨率，常用年 0.01%时间内超过的降雨量（单位为 mm/h）表示。

上述参数的具体规定可参考如下 ITU-R 建议书：

- ITU-R P.453-10 建议书《无线电折射指数：公式和折射率数据》（ITU-R，2012d）。
- ITU-R P.835-5 建议书《参考标准大气》（ITU-R，2013i）。
- ITU-R P.836-5 建议书《水蒸气：地表密度和气柱总含量》（ITU-R，2013j）。
- ITU-R P.837-6 建议书《传播建模和降水特性》（ITU-R，2012f）。该建议书包含电子数据集及数据间插值方法。

● ITU-R P.838-3 建议书《预测方法所用的特定雨衰模型》（ITU-R，2005d）。
● ITU-R P.1510 建议书《年平均地表温度》（ITU-R，2001b）。

此外，ITU-R SM.1448 建议书给出了降雨量的经典定义，即通过{A,B}、{C,D,E}、{F,G,H,J,K}、{L,M}或{N,P,Q}等降雨气候区（rain climatic zone），在地图上标识出降雨率 $R(p)$，表示年 p 时间内超过的平均降雨量（单位为 mm/h）。

4.2.3 无线电气候区

无线电波可以跨越陆地和水体传播，因此 ITU-R SM.1448 建议书（ITU-R，2000b）给出了适用于地面电波传播计算的无线电气候区（radio climatic zone）。

● A1 区：沿海陆地，即平均海拔高度为 100m 的邻海（水）陆地或与最近海域距离小于 50km 的陆地。
● A2 区：除已定义为"沿海陆地"之外的全部陆地。
● B 区：纬度高于 30° 的"冷"海、洋和大型内陆水体，地中海及黑海除外。
● C 区：纬度低于 30° 的"暖"海、洋和大型内陆水体，以及地中海与黑海。

有时也将 B 区和 C 区统称为"海"。ITU-R P.452 模型适用于各种无线电气候区。

上述区域划分详见后续部分（如地形和陆地使用类别）所述数据库，也可参见国际电联无线电通信局的全球数字地图（IDWM）。

例 4.1

图 4.2 给出了无线电气候区改变干扰区域案例，其中干扰区域根据 P.1812 模型和 10%时间百分比预测得出。注意，当不考虑无线电气候区时，通常假设电波传播路径仅包含陆地，并不包含海面等水体在内。

图 4.2 中专用移动无线电（PMR）系统信道带宽为 12.5kHz，发射功率为 12dBW，工作频率为 420MHz，基站位置为（50.334 453° N，-4.635 703° E），天线高于平滑地表 10m。网格线分别间隔 1° 经度和纬度，地图采用墨卡托投影法。

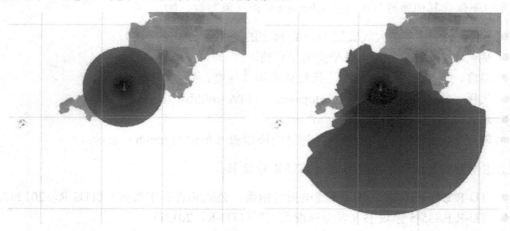

图 4.2 包含（左图）和不包含（右图）无线电气候区数据时的干扰区域

读者还可参考如下资料。

资料 4.2　利用 Visualyse Professional 软件仿真文件 "LM coverage no surface.sim" 可产生无地表数据或无线电气候区域的干扰覆盖图。

资料 4.3　利用 Visualyse Professional 软件仿真文件 "LM coverage no surface zones.sim" 可产生包含无线电气候区域但无地表数据的干扰覆盖图。

注意，上述仿真文件不含地形或地表数据。

4.2.4　地形和地表数据库

3.8 节将地球描述为球形或扁球形模型，实际上地球表面非常复杂，分布着众多山峦峡谷，以及建筑物、植被等地形地物。这些特征通常用两种数据库表示。

（1）地形数据库：包含山谷等自然特征数据。

（2）地表数据库：包含叠加在地形数据之上的建筑物和植被数据。

上述数据库通常采用栅格网格格式（raster grid format），各点表示高程。网格点之间的高程可通过式（3.101）、式（3.102）和式（3.103）进行线性插值得到，其中（方位角，仰角）由（纬度，经度）或（北距，东距）等单位替代，也可利用邻近地形的高程点等其他插值方法计算路径剖面，但这样会影响到计算精度。

图 4.3 给出了基于栅格网格格式的高程点示例，同时还描绘了发射台站和接收台站连线，构成所谓路径剖面。

图中的路径剖面沿收发台站之间的大圆路径，以确保路径距离最短。当然也可采用平地几何模型。路径剖面通常由收发台站连线上等间隔点构成，具体间隔距离与地形或地面数据库分辨率有关。理论上，路径剖面也可由非等间隔点构成。例如，路径剖面较长时，可在台站及其地平线之间采用高分辨率，而在超出地平线以外距离上采用低分辨率。根据近年来更新的国际电联建议书，大多数软件工具均采用等间隔路径剖面。

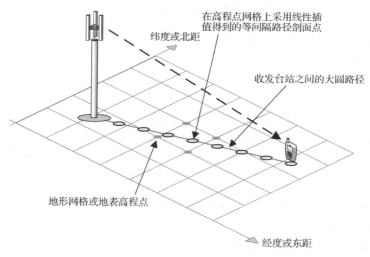

图 4.3　高程点网络上的路径剖面

通常认为网格上的（纬度，经度）点表示对应高度的准确位置，但实际上这些高度值往往是某网格像素中所有点的平均高度，且相关位置代表网格像素的中心及其边角。

此外，数据集本身也可能存在误差，特别是高度误差可能超过数米。注意，采用不同大地水准面（geoid）对应不同高度参考值及相应的（纬度，经度）补偿。

由于链路长度不可能总是给定路径剖面分辨率的整数倍，因此相关软件工具需要先对抽样点数进行凑整，再计算出相应的路径剖面。实际中通常对抽样点数进行向上凑整，从而保证抽样点间距小于给定分辨率。同时，确保样本点数至少为 3 个，包括发射点、接收点及其连线的中点。

根据实际工程经验，路径剖面分辨率应近似等于相关地形或地表数据库分辨率，以保证不损失细节信息。但当所采用的数据库分辨率很高时，可能带来很大计算开销。目前，人们已经提出了多种减小路径剖面采样分辨率的方法，有些方法虽然不会显著减小预测值和测量值之间的标准差，但相关结果仍与路径有关。

路径剖面是部分主要地面传播模型（如 P.452、P.1546、P.1812、P.2001）的关键输入，会对接收信号强度产生重要影响。

例 4.2

图 4.4 给出了路径剖面案例。

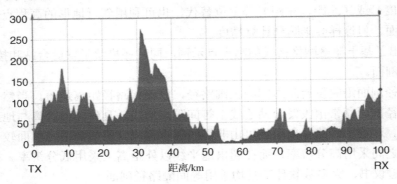

图 4.4　路径剖面案例

路径剖面的样式与所采用数据库类型有关，图 4.5 给出了分别采用地形数据库和地表数据库时对应的路径剖面。

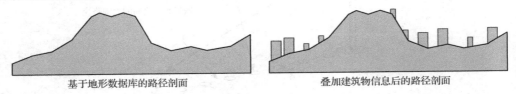

基于地形数据库的路径剖面　　　　　叠加建筑物信息后的路径剖面

图 4.5　地形路径剖面和地表路径剖面的区别

随着遥感技术发展，地表数据库分辨率越来越高。例如，飞机通过在城市上空进行遥感测量，捕获建筑物细节信息，可获取水平方向分辨率为 1m、垂直方向误差为数米的地表数据库，利用这些数据可对特定市区进行更为精确的信号传播预测。

要确保电波传播预测达到较高精度，不仅需要具有较高分辨率的地形或地表数据库，还需要具有同样分辨率的发射和接收位置等其他参数，且台站高度应与数据库保持一致。需要注意，相对地形数据库，地表数据的有效期更短。

目前有许多可免费使用的全球地形和地表数据库，包括：

- 航天飞机雷达地形测量任务（Shuttle Radar Topographic Mission，SRTM）：通过装载在航天飞机上的雷达对 60°N 和 54°S 之间的整个地球进行扫描。由于雷达观测点位于太空，会受到山脉遮挡或轨道覆盖范围限制，导致测量数据存在盲点。为消除这些盲点，相关发布机构对地形数据进行了填补处理。SRTM 的地表数据库分辨为 30m 或 90m，因而只能分辨城市社区，无法辨识建筑物。此外，该数据库还存在一定噪声，特别是垂直方向误差较为明显（NASA,n.d.）。
- 先进星载热辐射和无线电反射仪（ASTER）：该任务与 SRTM 任务类似，但其覆盖范围更广，达到 83°N 至 83°S，数据分辨率可达 30m，但数据异常率和噪声比 SRTM 稍大（NASA JPL,n.d.）。

上面两个数据库均基于 WGS84 大地水准面，且同样采用地表高度，因此无法区分地形高度，也就无法辨识台站相对于地面的高度，这些都对数据库的使用带来影响。理想情况下，地形数据库和地表数据库应基于相同区域进行划分。

此外，若为上述数据库引入陆地使用数据，则情况会更为复杂，而且需要避免重复计算。详见本章后续内容。

例 4.3

图 4.6 描述了 SRTM 90m 分辨率地表数据库改变例 4.1 中 PMR 干扰区域案例。图中两种情况均采用无线电气候区数据，因此可以确定经过海水的传播路径百分比。

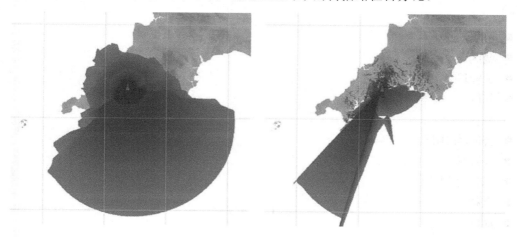

图 4.6　采用地表数据（右图）和不采用地表数据（左图）得出的干扰区域

本例可参考如下资料。

资料 4.4　Visualyse Professional 软件仿真文件 "LM coverage with surface and zones.sim" 可用于生成台站地表覆盖数据和区域范围。其他可用地形数据还包括 "Resource 4-4 terrain.gen"。

4.2.5　陆地使用数据

考虑图 4.7 所示移动通信系统，该系统基站与两个手机的距离相等，其中一个手机位于大型建筑物后面，另一个手机位于开阔地，且邻近小池塘。由于传播环境和周围地物不同，两个手机接收信号场强存在显著差别。

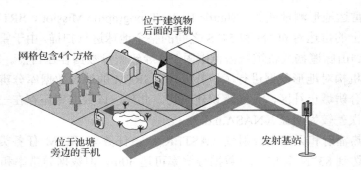

图 4.7　手机信号受地物影响示例

若采用地表数据库建立干扰分析模型，则会受到下列条件制约。

- 建立能够准确模拟广域内建筑物细节的模型通常需要付出较高成本（包括购置数据库和计算资源）。
- 所购置的数据库不包含软件模型，特别是不包含树木等植被数据。
- 即使仅计算图 4.7 中 4 个网格的信号强度分布，也需要其他信息和模型支持。

因此，通常采用一种被称为陆地使用数据库（land use database）的方法，将每个网格或方格的陆地进行编码，用以表示单位土地的特征，例如该方法将陆地类型划分为（Ofcom，2012a）：

- 密集城区。
- 城区。
- 工业区。
- 郊区。
- 乡村。
- 公园/休闲区。
- 开阔地。
- 城市开阔地。
- 森林。
- 水域。

ITU-R P.1058 建议书《用于传播研究的数字拓扑数据库》给出了另一种陆地使用数据库的例子。

上述陆地使用编码通常与地物高度等多个参数有关，这些参数支持电波传播模型计算：

（1）杂波损耗，即由（接收和/或发射机）台站周围障碍物导致的接收信号强度衰减。

（2）信号经过陆地网格时衰减量的标准差。

陆地使用编码通常以特定网格中心或左下角为参考位置，适用于该网格内所有点。网格大小可为 50m、200m 甚至 1km。网格分辨率越高，相应的数据库售价越高。这与 SRTM 和 ASTER 数据库存在显著区别。

由于陆地网格可能包含多种使用类型，因此对于较大网格，可将其简单归并为一个网格。例如，图 4.7 中的大网格由 4 个方格构成，包含密集市区、郊区、森林和公园/休闲区等使用类型。反之，当网格较小时，接收信号强度可能会受到台站周围地物的影响。例如，某个被定义为公园/休闲区的网格，其周围存在许多被定义为密集市区的高大建筑物。

在采用地面数据库或地表数据库过程中，应注意两者的关联性。地表数据库所包含的建筑物细节信息，如市区数据不应被用于陆地使用编码，因为这样做会导致终端区杂波损耗的重复计算。而在 4.3.6 节中介绍的 P.1812 模型中，应将陆地使用数据库中的地物高度计入路径剖面，如图 4.28 所示。

4.2.6　信号变化和快衰落

对于地面无线传播链路，当收发终端处于移动状态时，其接收信号的变化与多种因素有关，ITU-R P.1546 建议书（ITU-R，2013I）将这些因素概括为：

- 多径衰落：指电波在波长量级尺度上发生的变化，由地面和建筑物反射所引起的相位增量产生。
- 本地地面覆盖衰落（local ground cover variation）：指电波受建筑物和植被影响且在与其大小相当的尺度上发生的变化，该衰落远大于多径衰落。
- 路径衰落：指电波由于受到传播路径几何关系变化特别是地形影响所产生的衰落。除较短路径衰落之外，路径衰落远大于本地地面覆盖衰落。

多径衰落可以在非常短的距离上产生，当台站处于运动状态时，还会产生非常迅速的信号衰落或快衰落。电波在市区环境传播过程中，由于受到建筑物反射影响，收发天线之间可能存在多条传播路径。不同传播路径上的信号到达接收天线后，既可能同相叠加，也可能反相抵消，进而使合成信号衰落或增强。

设无线电系统发射信号波长为 λ，两条传播路径的距离差为 Δd，则合成信号电平差（采用 20lg 形式）的分贝值为

$$\Delta E = 20 \lg \left| 1 + \cos \left(2\pi \frac{\Delta d}{\lambda} \right) \right| \tag{4.4}$$

可见，频率或距离的微小变化可能导致接收信号电平发生显著变化，这也是引起移动台站接收信号产生快衰落的原因。

例 4.4

如图 4.8 所示，某手机接收到来自基站的直射信号，同时接收到经建筑物反射后的信号，且该建筑物距离直射路径 30m。设直射信号传播距离为 d_1，建筑物与直射路径相距 x，则反射信号传输距离 d_2 可表示为

$$d_2 = 2\sqrt{x^2 + \left(\frac{d_1}{2} \right)^2} \tag{4.5}$$

直射路径和反射路径距离差为

$$\Delta d = d_2 - d_1 \tag{4.6}$$

该距离差将导致反射路径传播产生延迟，其计算公式为式（3.173）。OFDM 系统设计过程中，需要将传播延迟作为一个重要考虑因素。

设信号工作频段为 700～750MHz，则其在 100m 和 101m 距离上产生的多径效应如图 4.9 所示。由图可知，随着频率变化，合成信号可能比直射信号增强 6dB，也可能衰落至等效 0

信号（effectively zero signal）。同时若手机移动 1m，则信号频率变化 6.05MHz；若 f=722MHz 保持不变，则手机移动 1m 时接收信号场强变化 13dB。

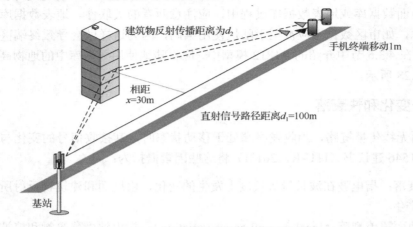

图 4.8　由建筑物反射所引起的多径效应案例

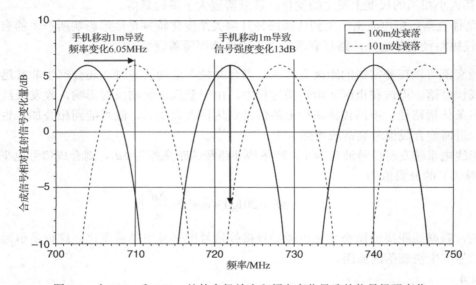

图 4.9　由 100m 和 101m 处的多径效应和频率变化导致的信号场强变化

根据接收信号随时间或频率变化速度，可将衰落划分为快衰落和慢衰落，如表 4.2 所示。

表 4.2　衰落类型

变化速度	时域	频域
慢	平坦慢衰落	频率选择性慢衰落
快	平坦快衰落	频率选择性快衰落

多径衰落与本地地面覆盖衰落特别是杂波损耗存在显著区别。为便于对比分析，图 4.10 给出了基于 ITU-R P.452 模型的传播损耗，其中系统工作频段为 700～750MHz，间隔距离为 100m 或 101m，障碍物高度为 20m。由图可知，杂波损耗明显小于多径衰落，因此前者也称为慢衰落，后者称为快衰落。

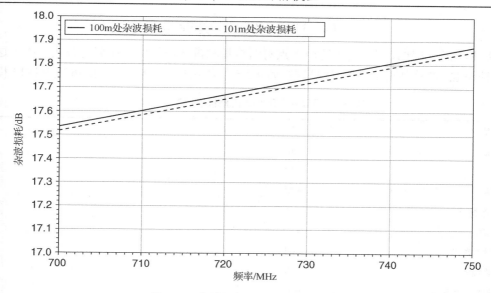

图 4.10 杂波损耗随频率和距离变化

通过将信号变化速度与无线电系统的符号持续时间或带宽进行对比，可确定信号是否随时间或频率产生慢衰落或快衰落。

为计算市区环境中电波传播的多径衰落或增强效应，需要构建所有地物的几何模型，这将带来极大技术挑战。为此实际中常采用瑞利（Rayleigh）分布或莱斯（Rician）分布统计模型构建信号衰落模型。若所有多径信号强度大致相当，则信号衰落服从瑞利分布。如存在主导信号（如视距传播），则信号衰落计算适于采用莱斯分布统计模型（Haslett，2008）。

如前所述，多径衰落与频率高度相关，因此对于 OFDM 等多信道系统，部分子载波会存在较大衰落。通过采用编码技术和信道误码率（BER）处理技术，可对子载波衰落进行控制。

干扰分析中，快衰落通常属于间接影响因素。如果在有用信号链路预算中增加快衰落限值，那么为了满足覆盖区域所需服务质量要求（QoS），就需要增大发射机功率或台站部署密度，但这样做也会增大干扰信号功率。

4.3   地面传播模型

本节讨论大部分地面传播模型，4.3.12 节将对这些模型进行对比分析。

4.3.1   P.525：自由空间路径损耗模型

该模型的定义见下述文献。

● ITU-R P.525-2 建议书《自由空间衰减计算》（ITU-R，1994b）。

表 4.3 列出了 ITU-R P.525-2 建议书中自由空间路径损耗模型的特征参数。

自由空间路径损耗可通过 3.3 节中的式（3.13）进行计算，即

$$L_{fs} = 32.45 + 20\lg d_{km} + 20\lg f_{MHz}$$

ITU-R P.525-2 建议书给出了适用于点对面传播和雷达信号传播计算的公式。由于这些公式实用性不强，实际中通常采用其他模型（如 4.3.5 节和 4.3.6 节介绍的 P.1546 或 P.1812 模型）。

表 4.3　ITU-R P.525-2 传播模型的特征参数

路径类型	不限
频率范围	不限
距离	不限
天线高度	不限
时间百分比	不适用
点对面模型	无
可采用地形数据	不可
包含地物模型	不含
包含主损耗（core loss）	是

例 4.5

图 4.11 描述了自由空间路径损耗随距离和频率变化情况，其中距离变化范围为 1～100km，频率={100MHz,1GHz,10GHz}。

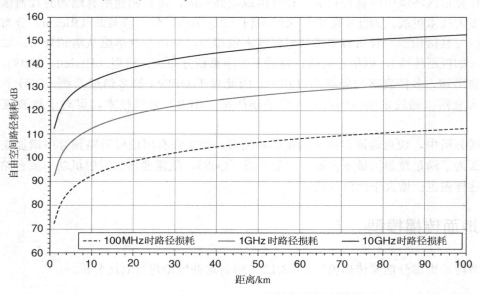

图 4.11　ITU-R P.525-2 建议书：自由空间路径损耗

由于 ITU-R P.525 模型不考虑无线电传播路径上的障碍物、反射和阻挡（intrusion）及大气效应等影响，因而可能导致电波传播损耗计算结果偏高或偏低，相应地使得信号增强或衰落。为克服这些缺点，可将 ITU-R P.525 模型与其他传播模型结合起来使用，例如：

● ITU-R P.526 模型：可计算电波传播路径菲涅耳区内障碍物导致的绕射损耗，详见 4.3.2 节。

- ITU-R P.530 模型：可计算降水或多径损耗，详见 4.3.3 节。
- ITU-R P.618 模型：可计算卫星链路降水损耗，详见 4.4.2 节。
- ITU-R P.676 模型：可计算气体衰减，详见 4.4.1 节。

此外，ITU-R P.452、P.1546、P.1812 或 P.2001 建议书等给出了更加详细的电波传播模型，还有一些适用于特定场景的电波传播模型，如适用于航空路径损耗计算的 ITU-R P.528 模型等，详见 4.5 节。

ITU-R P.525 传播模型适用于计算有用信号的乐观估计值或干扰信号的保守估计值。

4.3.2 P.526：绕射模型

该模型的定义见下述文献。

- ITU-R P.526-13 建议书《绕射传播》（ITU-R，2013a）。

ITU-R P.526 建议书附件 1 第 4.5 节给出了绕射传播损耗模型的特征参数，如表 4.4 所示。

由于 ITU-R P.526 模型未包括主损耗，因此必须与 ITU-R P.525 自由空间路径损耗模型等组合使用。

考虑单个刃形障碍物绕射传播的简化模型的几何关系如图 4.12 所示。

表 4.4 ITU-R P.526 传播模型的特征参数

路径类型	地面
频率范围	理论上无限制
距离	不限
天线高度	不限
时间百分比	无直接限制，尽管当等效地球半径作为输入时会涉及时间百分比
点对面模型	无
可采用地形数据	可以
包含地物模型	不含
包含主损耗	不含

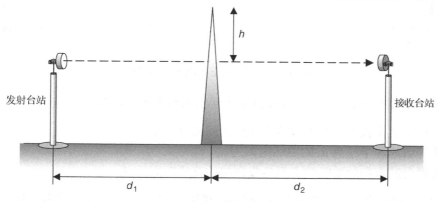

图 4.12 刃形障碍物绕射传播几何关系

若考虑发射台站和接收台站之间障碍物的绕射损耗，则收发台站之间的电波传播路径损耗将大于自由空间路径损耗。绕射损耗计算公式中包含一个重要因子——菲涅尔参数 v，当采用自相一致单位（self-consistent unit）时，v 可用 (h,d_1,d_2) 表示为（Haslett，2008）：

$$v = h\sqrt{\frac{2}{\lambda}\left(\frac{1}{d_1}+\frac{1}{d_2}\right)} \tag{4.7}$$

根据以上参数，ITU-R P.526 建议书给出了计算绕射传播损耗的完整计算公式，其典型近似表达式为

$$L_d = 6.9 + 20\lg[\sqrt{(v-0.1)^2+1}+v-0.1] \quad v > -0.7 \tag{4.8}$$

$$L_d = 0 \quad v \leqslant -0.7 \tag{4.9}$$

例 4.6

某障碍物与发射台站和接收台站分别相距 2km 和 1km，且比收发台站连线高出 50m，若台站工作频率为 700MHz，且满足

$$v = 50\sqrt{\frac{2}{0.43}\left(\frac{1}{2\,000}+\frac{1}{1\,000}\right)} = 4.18$$

则信号绕射传播损耗为

$$L_d = 6.9 + 20\lg[\sqrt{(4.18-0.1)^2+1}+4.18-0.1] = 25.3\text{dB}$$

实际中，由于受到地球曲率（可采用 4.3.1 节中的等效地球半径进行建模）影响，电波传播几何关系不适于简化为图 4.12。此外，若采用地形数据库，则有可能存在多个孤立障碍物。即使不采用地形数据库，在超出发射台站视距较远的平滑地表上，仍可能存在绕射现象。这种情况下的绕射点不再是地面障碍物，而是地球本身，电波传播路径如图 4.13 所示。

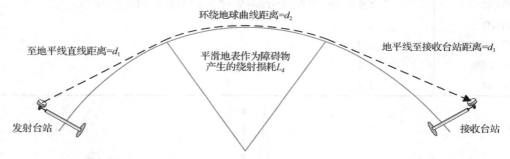

图 4.13　平滑地表上的电波传播路径

视距以外的电波传播路径可用收发台站之间的大圆来表示，即：

● 发射台站至接收台站方向的地平线点之间的直线距离为 d_1。

● 环绕等效地球半径为 a_e 的曲线距离为 d_2。

● 从发射台站方向的地平线点至接收台站的直线距离为 d_3。

因此，收发台站之间的总传播损耗为自由空间路径损耗与绕射损耗之和，即

$$L_p = L_{fs}(d) + L_d \tag{4.10}$$

其中，

$$d = d_1 + d_2 + d_3 \tag{4.11}$$

由以上公式可知，即使收发台站之间不满足视距要求，其自由空间损耗仍可通过收发台站之间的距离计算得到，且作为总传播损耗的一部分。而在地球与太空之间的电波传播计算中，若不满足视距要求，则通常认为信号会发生中断。

若采用地形数据库，由于收发台站时间可能存在多个孤立障碍物，因而有必要对式（4.7）和式（4.8）进行改进。目前存在多种针对 P.526 模型的改进方法，包括 Epstein-Peterson 方法、Deygout 方法和 Bullington 方法等。最新版的 ITU-R P.526 建议书基于 Bullington 方法，因此本书也采用该方法。

ITU-R P.526 建议书给出的绕射模型已被 ITU-R P.452、P.1812 和 P.2001 等多个传播模型引用，后面还要对这些模型进行详细介绍。注意等效地球半径并非固定不变，而是随位置和所需时间百分比的变化而变化。

即使障碍物没有阻挡收发台站连线，只要其进入所谓的第一菲涅耳区（Fresnel zone），就会对无线电信号产生影响。图 4.14 给出了菲涅耳区示意图，第一菲涅耳区的半径计算公式为

$$R = \sqrt{\frac{\lambda d_1 d_2}{d_1 + d_2}} \tag{4.12}$$

为避免电波传播损耗，通常应确保第一菲涅耳区内无障碍物（或者即使存在单个障碍物，也应使障碍物尺寸小于第一菲涅尔半径的 0.6 倍）。关于障碍物所导致的电波损耗问题，后面还要讨论。

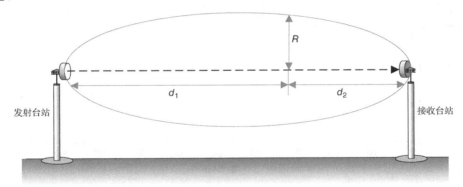

图 4.14　菲涅耳区示意图

例 4.7

图 4.15 描述了由平滑地表所产生的电波绕射损耗，其中电波传播距离为 1～100km，频率取值分别为{100MHz, 1GHz, 10GHz}，发射台站和接收台站高度均为 10m。

由于 ITU-R P.526 绕射模型并不包含主路径损耗，因此图 4.16 给出了增加自由空间路径损耗后的总路径损耗曲线。当然还应尽可能考虑其他损耗，如可根据 ITU-R P.676 建议书计算气体衰减，详见 4.4.1 节。

ITU-R P.526 模型是一种简单且基本的传播模型，适用于较宽频段和高度范围内有用信号和干扰信号的传播损耗计算，但该模型不包括时间要素。

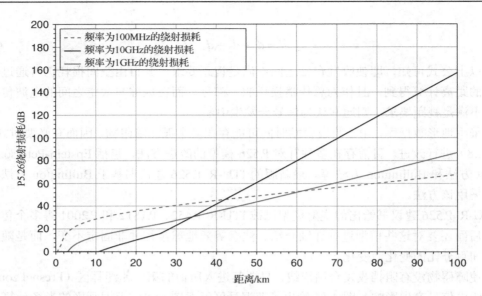

图 4.15　采用 ITU-R P.526 模型计算得出的光滑地表绕射损耗

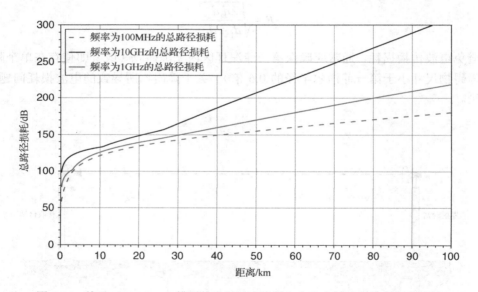

图 4.16　基于 ITU-R P.526 模型的光滑地表绕射和自由空间传播的总路径损耗

4.3.3　P.530：多径和降雨衰减

该模型的定义见下述文献。

● **ITU-R P.530-15 建议书《设计地面视距系统所需的传播数据和预测方法》**（ITU-R，2013f）。

ITU-R P.530 模型的特征参数如表 4.5 所示。

表 4.5　ITU-R P.530 传播模型的特征参数

路径类型	地面
频率范围	未具体规定，某些文献所述频率范围为 2～100GHz
距离	降雨模型最远有效距离为 60km
天线高度	未具体规定，但应与现实中地面上天线塔的高度一致
时间百分比	多径："所有" 降雨衰减：0.001%～1%
点对面模型	无
可采用地形数据	可以（可用于计算路径余隙）
包含地物模型	不含
包含主损耗	不含

ITU-R P.530 模型建立在多年实测和分析结果的基础上，主要用于预测固定点对点链路有用信号随各种环境因素和时间变化情况，是固定链路规划常用的基本传播模型。ITU-R P.530模型通常与 ITU-R P.525 模型组合使用，其中后者用于计算主路径损耗，并在此基础上进一步计算各种传播因素带来的额外损耗，包括：

- 由传播路径上的障碍物导致的绕射衰落（见 4.3.2 节关于菲涅耳区的描述）。
- 由大气气体引起的衰减，详见 4.4.1 节所述 ITU-R P.676 模型。
- 由大气异常折射层导致的多径衰落或由岛屿间水体表面反射导致的衰落（见 7.1.5 节方框中文字）。
- 由雨、雹、雪和湿雪（wet snow）等降水引起的衰减。

ITU-R P.530 建议书讨论了多种传播现象，其中两个主要子模型为多径衰落/增强模型和降雨模型，如图 4.17 所示。其中降雨模型还包括雪和雹等其他降水模型。相关预测方法适用于平均年或最坏月份统计。

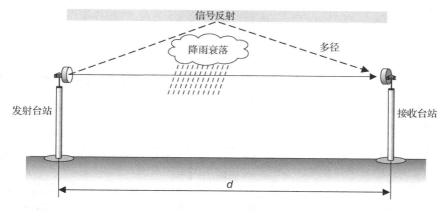

图 4.17　ITU-R P.530 建议书：多径和降雨衰减模型

例 4.8

ITU-R P.530 多径模型和降雨模型已被应用于多种链路传播计算，主要包含如下特征参数。

发射和接收天线高度	20m
路径长度	5km、10km
频率	3.6GHz、18GHz、36GHz

图 4.18、图 4.19 和图 4.20 分别给出了相关计算结果。

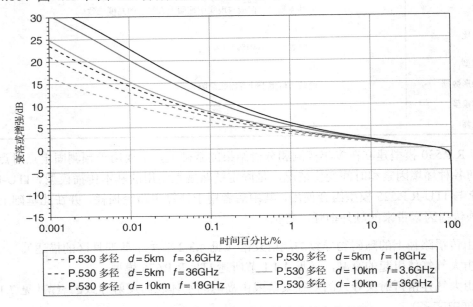

图 4.18　ITU-R P.530 建议书：链路多径衰落案例

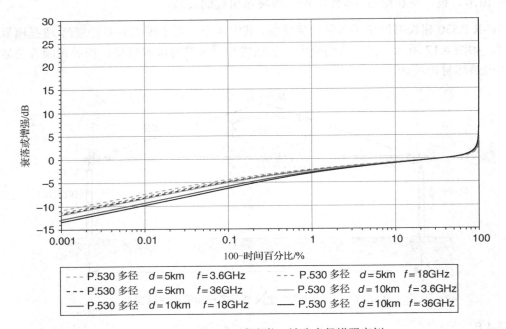

图 4.19　ITU-R P.530 建议书：链路多径增强案例

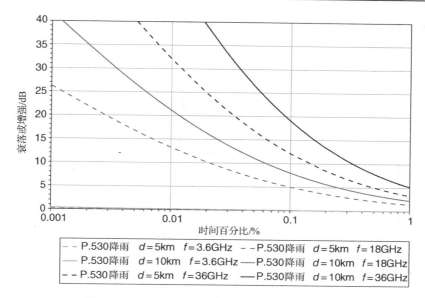

图 4.20　ITU-R P.530 建议书：链路降雨衰减案例

在应用 ITU-R P.530 过程中，应注意以下几点。

● 多径传播模型既包含信号衰落分量，也包含信号增强分量，当描述信号增强分量时，应用 x 轴表示 $100-p\%$。

● 对于很小的时间百分比，多径衰落深度与 $\lg$（时间百分比）呈线性关系。

● 降雨衰减的时间百分比区间为 0.001% 至 1%。

● 当频率较低时，降雨衰减远小于多径损耗。

● 当频率较高时，降雨衰减远大于多径损耗。

　　尽管传输距离是影响多径衰落或降雨衰减的主要因素，但通常认为，在 10GHz 以下频段，多径衰落占据主要地位，而在 15GHz 以上频段，降雨衰减的影响更为显著。对于 10km 固定链路，降雨衰减在 18GHz 和 36GHz 频率显著增大，因此这两个频率仅适用于短距离链路。

　　若综合考虑降雨衰减和多径衰落，需要将两种传播模型进行组合，例如，可定义衰落深度 A 为

$$A_{530,\,fade}\left(p_1\right)=A_{530,\,multi}\left(p_2\right) \tag{4.13}$$

其中，

$$p_1+p_2=p \tag{4.14}$$

其中，p 为所需时间百分比。上式需要进行迭代运算处理。

　　美国电信工业协会（TIA）公报 10F（TIA，1994）给出了一种专用衰落计算模型，该模型与 ITU-R P.530 模型的特征参数类似，并被美国联邦通信委员会（FCC）规则采纳，用于计算固定链路传播计算。

4.3.4　P.452：干扰预测模型

　　该模型的定义见下述文献。

● ITU-R P.452-15 建议书《评估在频率高于约 0.1GHz 时地球表面上电台之间干扰的预测程序》（ITU-R，2013d）。

ITU-R P.452 模型的特征参数如表 4.6 所示。

表 4.6　ITU-R P.452 传播模型的特征参数

路径类型	地面
频率范围	已在 100MHz～50GHz 范围内开展测试
距离	<10 000km
天线高度	未考虑是否适用于机载天线，但所有合理的天线高度都应接受
时间百分比	$0.001\% \leqslant p \leqslant 50\%$
点对面模型	无
可采用地形数据	可以
包含地物模型	是
包含主损耗	是

ITU-R P.452 模型是一种性能良好、可信度较高的电波传播模型，适用于干扰信号路径损耗计算，为频谱管理、频率指配和干扰分析提供支持。该模型涵盖图 4.21 中的多种传播机制和衰落效应，既可结合地形数据库使用，也可作为不依赖地形数据库的光滑地表模型。当没有地形数据库支持时，该模型可对"最坏情形"做出预测，适用于常规干扰分析和通用管理分析研究。当有地形数据库支持时，模型的预测结果与具体台站有关，可用于台站用频协调和频率指配。ITU-R P.452 模型也可用于有用信号路径损耗计算，这时需要将时间百分比设为50%。与 ITU-R P.530 类似，ITU-R P.452 模型也包含最坏月份和年平均统计量等参量。

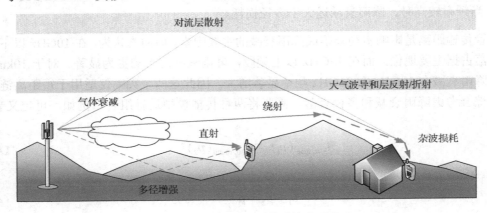

图 4.21　ITU-R P.452 模型构成要素

ITU-R P.452 模型通常需要多个其他模型的支持，特别是 4.3.2 节所述 ITU-R P.526 模型和4.4.1 节中 ITU-R P.676 建议书所述气体衰减模型，并对这些模型的（主要是早期）文本进行了归并处理。ITU-R P.452 模型还需要利用地形路径剖面（如 4.2.4 节所述），以及 4.2.3 节所述{内陆、沿海、海洋}等地形路径分类数据。此外，ITU-R P.452 模型需采用多种无线电气象参数，如 4.2.2 节所述 ΔN 和 N_0。

由于 ITU-R P.452 模型包含绕射、大气波导/层反射和对流层散射 3 种传播机制，因此可先分别计算每种传播机制的损耗，再通过混合叠加求得总损耗。需要考虑的传播因素包括：

- 自由空间路径损耗。
- 多径增强。
- 绕射损耗。
- 气体衰减。
- 大气波导和层反射/绕射。
- 对流层散射。
- 杂波损耗。

在计算自由空间路径损耗时，应采用发射天线和接收天线之间的路径剖面距离，而非两者之间的直线距离。若天线高度存在较大误差，则采用 ITU-R P.452 模型计算得到的路径损耗将小于实际损耗。

杂波损耗需要考虑下列因素。

- d_k=地物与天线之间的距离（km）。
- h=天线离地高度（m）。
- h_a=地物离地高度（m）。

上述参数通常可利用陆地使用代码从相关数据库中获取。杂波损耗的计算公式为

$$A_h = 10.25 F_{fc} e^{-d_k} \left\{ 1 - \tanh \left[6 \left(\frac{h}{h_a} - 0.625 \right) \right] \right\} - 0.33 \tag{4.15}$$

其中，

$$F_{fc} = 0.25 + 0.375 \{ 1 + \tanh[7.5(f_{GHz} - 0.5)] \} \tag{4.16}$$

上式适用于任意高度的发射或接收台站天线，这与 ITU-R P.1546 模型或 Hata/欧洲科学和技术合作（COST）231 模型有所区别。

例 4.9

某卫星地球站接收频率为 3.6GHz，天线高度为 5m，为防止地球站受到电磁干扰，已为台站安装屏蔽措施。在距离地球站 100m 处有一高度为 20m 的障碍物，则地球站的杂波损耗约为 18.0dB。

例 4.10

图 4.22 描述了采用 ITU-R P.452 模型时传播损耗随距离变化曲线，其中距离范围为 1～100km，频率取值为{100MHz, 1GHz, 10GHz}，时间百分比分别为 50%和 1%，假设地形为平滑地球表面。发射台站和接收台站天线高度均为 10m。当增添自（51°N，0°E）指向正北范围内的地形数据时，相应的损耗曲线如图 4.23 所示。前述两种情况下 ΔN=45 和 N_0=325，链路路径剖面如图 4.4 所示。

由图可知：

- 传播损耗随频率增加而升高，随时间百分比增加而降低。
- 在某些光滑地球表面范围内，会出现传播损耗随距离增加而降低（如 f=1GHz，p=1%，

d=30km）情况。这是由于在 P.452-15 模型（和 P.1812-3 模型）中，由多种传播机制（如绕射、大气波导、对流层散射等）所形成的综合"效应"所致。未来 ITU-R 可能将这些模型移至其他（如 ITU-R P.2001）建议书。

● 采用地形数据时的传播损耗与光滑地表传播损耗存在很大差别（本例中最多相差 70dB）。

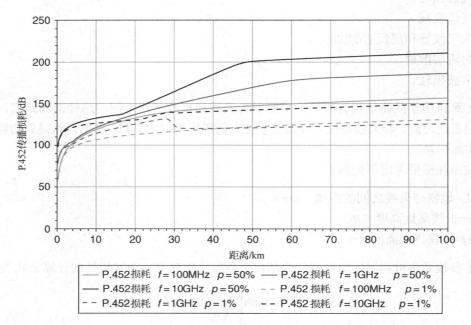

图 4.22　ITU-R P.452 模型光滑地表传播损耗（f={100MHz, 1GHz, 10GHz}，p={50%, 1%}）

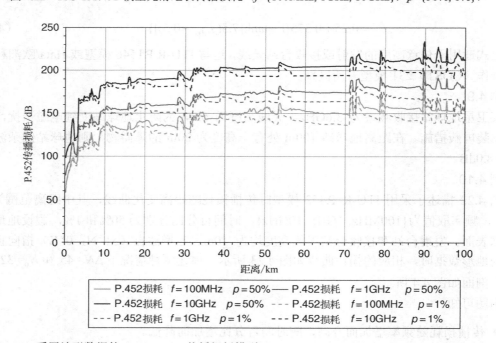

图 4.23　采用地形数据的 ITU-R P452 传播损耗模型（f={100MHz, 1GHz, 10GHz}，p={50%, 1%}）

Longley-Rice 传播模型是美国专用的 P.452 模型的等效模型,可用于计算非规则地形条件下的点对点传播损耗。与 P.452 模型相比,Longley-Rice 模型还包括预测结果可信度、点对面分量(与 P.1546 模型类似)等其他特征参数。

4.3.5 P.1546:点对面预测模型

该模型的定义见下述文献。

● ITU-R P.1546-5 建议书《30MHz 至 3 000MHz 频率范围内地面业务点对面预测的方法》(ITU-R,2013l)。

ITU-R P.1546 模型的特征参数如表 4.7 所示。

表 4.7　ITU-R P.1546 传播模型的特征参数

路径类型	地面
频率范围	$30MHz \leqslant f \leqslant 3GHz$
距离	$\leqslant 1\,000km$
天线高度	$<3\,000m$
时间百分比	$1\% \leqslant p \leqslant 50\%$
点对面模型	适用:$1\% \leqslant q \leqslant 99\%$
可采用地形数据	可以
包含地物模型	是
包含主损耗	是

ITU-R P.1546 模型是一种性能良好、可信度较高的电波传播模型,可用于预测点对面业务的覆盖范围,特别适用于广播等发射天线较高、接收天线较低的业务。若将该模型用于网络规划时,通常将时间百分比设为 50%;若将该模型用于干扰研究,通常将时间百分比设为 1%等低值。ITU-R P.1546 模型涵盖多种传播机制(如图 4.24 所示),且对地形数据库无依赖性。当该模型的位置百分比 q 取 50%时,则可将其作为点对点模型使用。

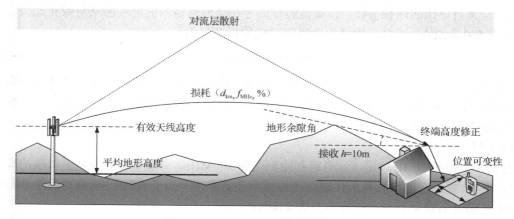

图 4.24　ITU-R P.1546 模型构成要素

ITU-R P.1546 模型源于 ITU-R P.370 模型，后者虽然已被废止，但仍保留了各种距离、频率、高度和气候区域的传播损耗曲线，这些曲线被 ITU-R P.1546 模型沿用，主要包含如下分量。

- 传播主损耗，表示为在不同频率、时间百分比和高度情形下，场强随距离变化曲线。当该曲线用于参考接收机时，应满足天线高度为 10m，发射机有效辐射功率（ERP）= 1kW。
- 采用不同时间百分比时传播损耗的调整量。
- 考虑不同发射天线高度时传播损耗的调整量，其中地面高度定义为沿发射天线指向接收天线方向 3～15km 范围内的地形平均高度（设地形数据可用）。
- 考虑接收机处无线电路径余隙角时传播损耗的调整量（设地形数据可用）。
- 当接收机天线高度小于 10m 参考高度时传播损耗的调整量，这种损耗类似于采用 ITU-R P.452 模型计算出的杂波损耗，且计算结果更为精细。
- 在接收机地理网格内不同位置接收信号时传播损耗的调整量。
- 考虑对流层散射传播损耗限值时传播损耗的调整量。

ITU-R P.1546 模型的建立过程，也就是不断增加基于上述场强曲线调整量的过程。相比而言，ITU-R P.1812 模型则是基于物理建模的点对面传播模型。

与 ITU-R P.452、P.1812 和 P.2001 不同，ITU-R P.1546 不具有对称性，即利用该模型计算出的台站 A 至台站 B 的传播损耗与其反向传播损耗不相等。这主要是由于 ITU-R P.1546 的设计初衷是为了满足高发射天线、低接收天线场景下的传播计算需求。因此将 ITU-R P.1546 模型应用于其他场景时应慎重考虑其适用范围。

当电波传播路径距离小于 3km 时，采用 ITU-R P.1546 模型的计算结果并不理想。主要原因是，在短距离传播计算中，环境因素（如建筑物）的影响占据主导地位，而基于中值场强曲线的基本传输损耗预测精度降低。当距离进一步减小时，ITU-R P.1546 模型将演变为自由空间路径损耗模型。

ITU-R P.1546 模型的一项重要应用是计算点对面传播损耗，即可以计算某地理网格内不超过 $q\%$ 位置百分比的路径损耗。该模型假设信号在地理网格内的位置服从对数正态分布。例如，对于 500m×500m 网格，均值为 0 时所对应的标准差为

$$\sigma = K + 1.3\lg f_{\text{MHz}} \tag{4.17}$$

其中，$K=1.2$，适用于市区环境中接收天线高度低于地物高度，或郊区环境中移动通信系统的全向天线位于车顶的情形；$K=1.0$，适用于位于屋顶上的接收天线与地物高度相当的情形；$K=0.5$，适用于乡村地区接收系统。

例 4.11

对于在英国 UHF 38 频道（该信道起始频率为 306MHz，带宽为 8MHz）上传输的模拟电视信号，位于屋顶上的接收机的位置可变性标准差是多少？由于 UHF 38 频道的中心频率为 610MHz，因此所求位置可变性标准差为 4.6dB。

对于某些特定场景，ITU-R P.1546 建议书推荐采用给定标准差，如推荐所有数字业务的位置可变性标准差取 5.5dB，该值同样适用于广播、移动等业务，其中网格尺寸为 1km 至 50m。

这主要是由于在很多情况下无法找出更好的方法。在英国通信办公室（Ofcom）开展的 LTE 和 DVB 系统在 800MHz 频段兼容研究中（Aegis Systems Ltd，2011），建议 100m 和 1km 范围内测量数据位置可变性标准差应分别为 1dB 和 5.5dB，其他距离范围内采用内插方法处理。

ITU-R P.1546 建议书指出 "q 值可在 1～99 范围内变化。本建议书不适用于位置百分比小于 1%或大于 99%的情形"。该建议书中没有给出当 q 超过上述范围时的处理方法（如蒙特卡洛分析），实际中可通过截取百分比的方法来计算 q 的近似值，即

$$q' = \max[\min(q,99),1] \tag{4.18}$$

例 4.12

某数字系统的位置可变性标准差为 5.5dB。当位置百分比 q=[1%,99%]时，该系统的信号传播损耗曲线如图 4.25 所示。

该曲线不能适用于实际中系统位置可变性分布的所有情形。例如，当系统部署于郊区时，根据接收机位置是否处于发射机视距范围，系统的位置可变性分布将聚集为两个峰值区域。尽管如此，在未找到可替代方法时，该曲线仍是首选方法。对于海上信号接收，通常不定义位置可变性。

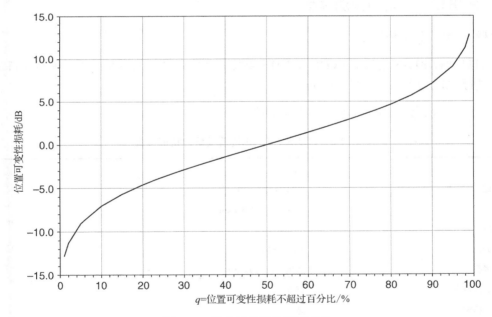

图 4.25　数字系统的位置可变性

例 4.13

图 4.26 给出了基于 ITU-R P.1546 模型得出的光滑地表传播损耗随距离、频率和时间百分比变化曲线，其中距离范围为 1～100km，频率取值为{100MHz, 1GHz}，时间百分比 p=50% 和 1%。发射天线和接收天线高度均为 10m，位置百分比 q=50%。

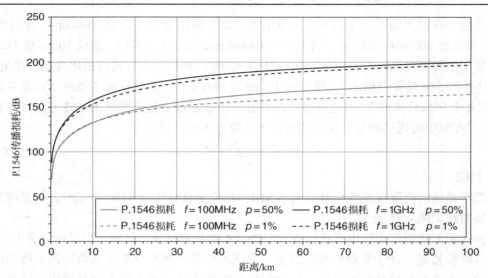

图 4.26   采用 ITU-R P. 1546 模型的光滑地表传播损耗（$f=\{100\text{MHz}, 1\text{GHz}\}$，$p=\{50\%, 1\%\}$）

4.3.6   P.1812：点对面预测模型

该模型的定义见下述文献。

● ITU-R P.1812-3 建议书《VHF 和 UHF 频段中有关点对面地面业务的一种路径特定的传播预测方法》（ITU-R，2013m）。

ITU-R P.1812 模型的特征参数如表 4.8 所示。

表 4.8   ITU-R P.1812 传播模型的特征参数

路径类型	地面
频率范围	$30\text{MHz} \leqslant f \leqslant 3\text{GHz}$
距离	$0.25\text{km} \leqslant d \leqslant 1\,000\text{km}$
天线高度	$<3\,000\text{m}$
时间百分比	$1\% \leqslant p \leqslant 50\%$
点对面模型	适用：$1\% \leqslant q \leqslant 99\%$
可采用地形数据	可以
包含地物模型	是
包含主损耗	是

相比 P.1546 和 P.452 模型，P.1812 模型是一种新传播模型，主要适用于 VHF 和 UHF 频段内系统点地面传播预测，可计算有用信号覆盖范围或时间百分比 $p=1\%$ 的干扰信号损耗。若将该模型的位置百分比 q 设为 50%，则可将其作为点对点模型使用。

ITU-R P.1812 模型涵盖多种传播机制（如图 4.27 所示），同时对地形数据库无依赖性。将图 4.21 和图 4.24 进行对比发现，P.1812 模型包含了 P.452 模型和 P.1546 模型的诸多要素，说明 P.1812 模型是对后两种模型的继承和发展。实际上 P.1812 模型常作为"低频 P.452 模型"

被用于点对面传播预测。

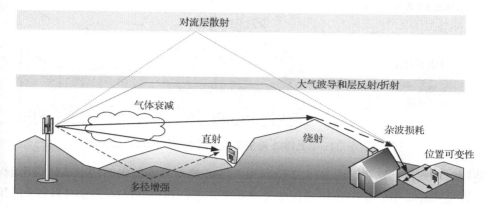

图 4.27　ITU-R P.1812 模型构成要素

P.1812 模型中的下列分量来自 P.452 模型。

- 自由空间路径损耗。
- 多径增强。
- 绕射损耗。
- 气体衰减。
- 大气波导和层反射/折射。
- 对流层反射。
- 杂波模型。

另外，以下分量来自 P.1546 模型。

- 位置可变性，当天线距地物高度为 10m 时，位置可变效应将随地物高度趋近于零而逐渐减小。

因此，当没有可用的陆地使用数据时，地物高度的默认值为零，意味着位置可变性将趋于零。注意 P.1546 模型不包含位置可变性递减效应。

读者还应注意，ITU-R P.1812-3 建议书中关于位置可变性的表达式（式 66）中，频率的单位应为 MHz［与式（4.17）一致］。这种错误还可能出现在其他 ITU-R 建议书等文献中，因此读者在应用相关公式和软件时应注意甄别。

与 P.452 模型不同，P.1812 模型采用图 4.28 所示陆地使用数据库提取地物高度，再结合地形数据得出路径剖面。因此在使用包含地球表面数据库的 P.1812 模型时，应避免重复计算建筑物高度。

P.1812 模型的有效频率下限为 30MHz，低于 P.452 模型的有效频率下限 100MHz。P.1812 模型的最低时间百分比限值为 1%（与 P.1546 模型一致）。

P.1812 模型具有许多优良特性。例如其传播建模方法与 P.452 模型保持一致，从而确保点对点与点对面中值损耗预测的连续性。又如 P.1812 模型采用发射台站和接收台站间的完整路径剖面，这一点与 P.452 模型类似，而非 P.1546 模型采用的基于水平视角的路径剖面。

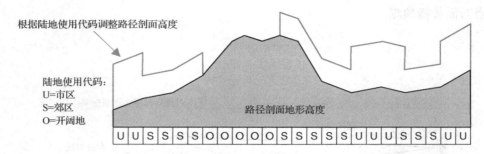

根据陆地使用代码调整路径剖面高度

陆地使用代码：
U=市区
S=郊区
O=开阔地

路径剖面地形高度

| U | U | S | S | S | S | O | O | O | O | O | S | S | S | S | S | U | U | U | S | S | U | U |

图 4.28　在 ITU-R P.1812 模型路径剖面中增加地物高度数据

即使针对相同传播路径，由 P.1812 模型和 P.1546 模型预测得出的传播损耗仍可能存在显著差别，详见 4.3.12 节。根据英国通信办公室研究结果，相比 P.1546 模型（ITU-R，2008a），P.1812 模型预测结果与实测结果的标准偏差更小。尽管如此，P.1812 模型仍不如 P.1546 模型应用广泛，主要原因是 P.1546 模型在广播和陆地移动系统规划领域已经有数十年的应用历史，并且被 2006 年在日内瓦举行的区域无线电通信大会（RRC）决议等引用。

例 4.14

图 4.29 给出了基于 ITU-R P.1812 模型得出的光滑地表传播损耗随距离、频率和时间百分比变化曲线，其中距离范围为 1～100km，频率取值为{100MHz, 1GHz, 10GHz}，时间百分比 p=50%和 1%。发射天线和接收天线高度均为 10m，位置百分比 q=50%。

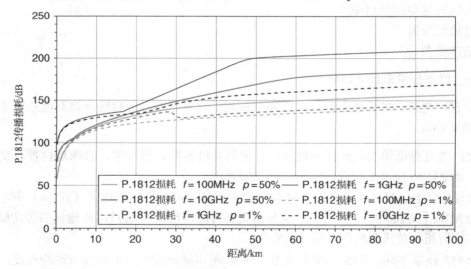

图 4.29　ITU-R P.1812 模型光滑地表传播损耗（f={100MHz, 1GHz, 10GHz}，p={50%, 1%}）

注意：

（1）该模型计算结果与 P.452 模型非常接近。

（2）尽管该模型适用的频率上限为 3GHz，但当 f=10GHz 时，仍可生成合理的结果（与 P.452 模型相似，且后者适用频率更高）。

4.3.7　P.2001：广域传播模型

该模型的定义见下述文献。

● ITU-R P.2001-1 建议书《一种 30MHz 至 50GHz 频率范围内广泛通用的地面传播模型》
  （ITU-R，2013m）。

ITU-R P.2001 模型的特征参数如表 4.9 所示。

表 4.9　ITU-R P.2001 传播模型的特征参数

路径类型	地面
频率范围	$30\text{MHz} \leqslant f \leqslant 50\text{GHz}$
距离	$\leqslant 3\,000\text{km}$
天线高度	假定为 $<3\,000\text{m}$
时间百分比	$0.000\,01\% \leqslant p \leqslant 99.999\,99\%$
点对面模型	不适用
可采用地形数据	可以
包含地物模型	否
包含主损耗	是

P.2001 模型的组成分量如图 4.30 所示，其中许多子模型也被 P.452 模型使用，例如：

● 自由空间路径损耗。
● 多径增强和衰落。
● 降水衰落。
● 绕射损耗。
● 气体衰减。
● 大气波导和层反射/折射。
● 对流层散射。
● 电离层 E 层传播，对长距离和低频较为显著（未包括在 P.452 模型中）。

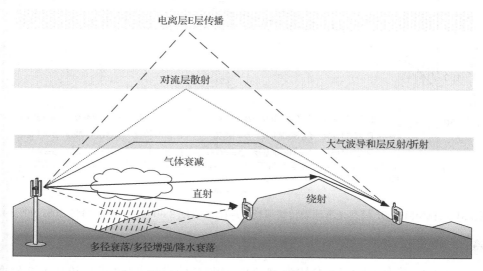

图 4.30　ITU-R P.2001 模型构成要素

　　P.452 模型和 P.1812 模型均可用于点对点和点对面传播预测,适用于无线电系统常用频段,并且考虑了地形、地面参数和地物因素影响,但由于这两种模型的时间百分比上限均为 $p=50\%$,从而造成两点局限。

　　(1) 无法计算时间百分比为 99% 的有用信号衰落减少量。

　　(2) 采用蒙特卡洛分析法(详见 6.9 节)时,要求时间百分比服从[0,100]范围内均匀分布,因此将 P.452 模型和 P.1812 模型应用于蒙特卡洛法会带来(即使作最乐观估计)统计偏差。

　　对此,ITU-R 第三研究组在 P.452 模型和 P.1812 模型基础上,进一步开发出一种适用于信号增强和衰落计算的广域传播模型(WRPM),以满足有用信号计算和蒙特卡洛建模需求。

　　这种广域传播模型不仅扩展了 P.452 模型的衰落分量(如 4.3.3 节所述多径和雨衰),而且增加了电离层传播模型,从而形成一种适用范围广泛的多用途传播模型。

　　相比 P.452 模型和 P.1546 模型,P.2001 模型是一种较新的传播模型,具有很大的应用潜力,同时也存在一些局限性。

　　尽管 P.452 模型和 P.1546 模型均包含地物模型,但 P.2001 模型并不包含地物模型。

　　尽管 P.452 模型和 P.1546 模型均包含位置可变性项,但 P.2001 模型并不包含位置可变性项。

　　目前 P.452 模型已经发展到第 15 个版本,但 P.2001 模型一直沿用初始版本,说明后者的实用性仍需评估。

　　例 4.15

　　图 4.31 给出了基于 ITU-R P.2001 模型得到的光滑地表传播损耗随距离、频率和时间百分比变化曲线,其中距离范围为 1~100km,频率取值为{800MHz, 3600MHz},时间百分比取值为{1%, 50%, 99%}。发射天线和接收天线高度均为 10m。

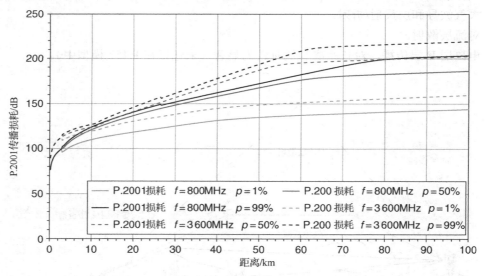

图 4.31　ITU-R P.2001 模型光滑地表传播损耗($f=$ {800MHz, 3 600MHz},$p=$ {1%, 50%, 99%})

注意:

● 虽然 P.2001 模型中时间百分比为 1% 的传播损耗曲线与 P.452 模型和 P.1812 模型相似,但在 30km 距离处并没有表现出由多种传播机制形成的混合特征。

● P.2001 模型中时间百分比为 99%的传播损耗值比时间百分比为 50%的中值损耗值大约增大 17dB，这将导致台站和/或业务覆盖范围显著减小。

ITU-R P.1812 建议书中指出，由于受到本地地物变化影响，短距离电波传播损耗预测值与实测值将存在较大差别。通过采用高分辨率地表数据库，可进一步提高短距离传播损耗预测精度，但这样做也会增加传播模型对特定台站的依赖性。大量研究表明，给定环境条件下的中值损耗值更具有实用性，详见 4.3.8 节 Hata/COST 231 模型内容。

4.3.8　Hata/COST 231 中值损耗模型

1996 年，Okumara 基于实测数据发表如下论文，建立了 Hata 模型。

● 《陆地移动无线电业务传播损耗统计公式（Masaharu Hata，1980）》。

Hata 模型的初始适用频段为 150～1 500MHz，而后由 COST 231 工作小组建议将该模型频段范围扩展至 2 000MHz，详见如下报告。

● 《COST 231 工作小组最终报告》（COST Action 231，未注明日期）。

根据以下文献，目前 Hata/COST 231 模型的频率覆盖范围扩展至 3GHz。

● 《欧洲无线电通信委员会报告 68：用于不同无线电业务或系统间频谱共用和兼容研究的蒙特卡洛射频仿真方法（CEPT ERC，2002）》。

Hata/COST 231 模型最初以曲线形式给出，这些曲线根据市区、郊区和开阔地/乡村环境以及不同频率和台站天线高度条件下的实测路径损耗拟合而成，因此较适用于预测台站平均路径损耗随距离变化等通用研究，而非针对特定台站的传播损耗研究。相比而言，尽管 ITU-R P.452 模型也可用于光滑地表通用损耗预测，但需假设电波传播路径上不存在地形或其他障碍物，因而得出的是"最保守"的预测结果。实际中，特别是短距离电波传播，上述条件很难满足。需要指出，Hata/COST 231 模型仅能提供中值损耗预测，不涉及时间百分比信息。

Hata/COST 231 传播模型的特征参数如表 4.10 所示，表中数据来源于 CEPT ERC 报告 68 的扩展版本。

表 4.10　Hata/COST 231 模型的特征参数

路径类型	地面
频率范围	30MHz≤f≤3 000MHz
距离	≤20～100km
天线高度	1m≤h≤200m
时间百分比	50%时间百分比中值损耗
点对面模型	不适用
可采用地形数据	不可
包含地物模型	否
包含主损耗	是

主要 Hata 模型（core Hata model）通常给出城市环境下的中值损耗，经修正后也适用于

其他环境，其公式如下。

$$L_{50}(\text{urban}) = \\ 69.55 + 26.16\lg f_{\text{MHz}} - 13.82\lg h_{\text{tx}} - a(h_{\text{rx}}) + (44.9 - 6.55\lg h_{\text{tx}})\lg d_{\text{km}} \quad (4.19)$$

其中，f_{MHz}——频率（MHz）；

d_{km}——发射台站和接收台站之间的距离（km）；

h_{tx}——发射台站有效高度（m）；

h_{rx}——接收台站有效高度（m）。

上式中 $a(h_{\text{rx}})$ 项与城市规模和频率有关，对于小城市和中等规模城市，满足

$$a(h_{\text{rx}}) = (1.1\lg f_{\text{MHz}} - 0.7)h_{\text{rx}} - (1.56\lg f_{\text{MHz}} - 0.8) \quad (4.20)$$

对于大城市和 300MHz 以下频率，满足

$$a(h_{\text{rx}}) = 8.29[\lg(1.54h_{\text{rx}})]^2 - 1.1 \quad (4.21)$$

对于大城市和 300MHz 以上频率，满足

$$a(h_{\text{rx}}) = 3.2[\lg(11.75h_{\text{rx}})]^2 - 4.97 \quad (4.22)$$

基于上述市区环境下的传播损耗计算公式，可得到郊区环境传播损耗，即

$$L_{50}(\text{suburban}) = L_{50}(\text{urban}) - 2\left(\lg\frac{f_{\text{MHz}}}{28}\right)^2 - 5.4 \quad (4.23)$$

乡村/开阔地环境下的传播损耗计算公式为

$$L_{50}(\text{open}) = L_{50}(\text{urban}) - 4.78(\lg f_{\text{MHz}})^2 + 18.33\lg f_{\text{MHz}} - 40.98 \quad (4.24)$$

在上述公式基础上开发的升级版传播模型可参考有关文献。

在 Hata/COST 231 传播模型的早期版本中，将两个台站分别称为发射和接收台站，并将传播路径设为由高至低路径。后来 ERC 报告 68 将天线较高的台站作为发射台站，天线较低的台站作为接收台站，并将传播路径扩展至由低至高路径，同时在原模型公式基础上增加了用标准差表示的对数周期变量，用于表示屋顶以上或以下（above rooftops or below）传播损耗变化。通过提出屋顶以上或以下传播路径这一概念，有助于理解市区或郊区环境下的电波传播特性，如图 4.32 所示。

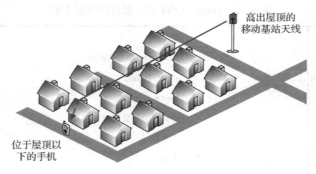

图 4.32　位于屋顶以上的基站天线和屋顶以下的手机

Hata/COST 231 传播模型及其 CEPT ERC 报告 68 改进版在通用频谱共用研究中获得广泛应用，在移动系统电波传播预测中，通常 50%时间百分比的中值损耗即可满足要求。

例 4.16

图 4.33 描述了基于 Hata/COST 231 模型得出的传播损耗随距离、频率和环境变化情况，其中距离上限为 40km，频率取值为{800MHz，1 800MHz}，环境条件包括{市区，郊区，开阔地}。其中发射台站天线高度为 20m，接收台站天线高度为 2m。

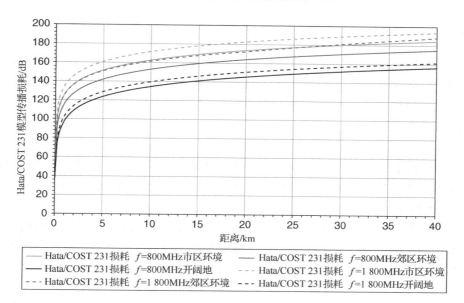

图 4.33　Hata/COST 231 模型地表传播损耗（f={800MHz，1 800MHz}，环境条件包括{市区，郊区，开阔地}）

4.3.9 《无线电规则》附录 7 模型

该模型定义见《无线电规则》和 ITU-R 建议书，主要包括：

- 《无线电规则》附录 7：《确定 100MHz 至 105GHz 频段地球站周围协调区域的方法》（ITU，2012a）。
- ITU-R SM.1448 建议书：《确定 100MHz 至 105GHz 频段地球站周围协调区域的方法》（ITU，2000b）。

上述两份文献内容几乎完全相同，主要是因为 ITU-R SM.1448 建议书是被直接收录到《无线电规则》附录 7。附录 7 模型的特征参数如表 4.11 所示。

表 4.11　附录 7 模型的特征参数

路径类型	地面
频率范围	100MHz$\leqslant$$f$$\leqslant$105GHz
距离	参见模型说明
天线高度	未定义
时间百分比	0.001%$\leqslant$$f$$\leqslant$50%
点对面模型	不适用

续表

路径类型	地面
可采用地形数据	受限
包含地物模型	否
包含主损耗	是

　　附录 7 模型适用于开展卫星地球站协调，特别是计算协调等值线，用于确定卫星地球站周围是否能够部署其他同频固定业务或卫星固定业务台站，以便开展进一步协调工作。其中协调等值线是指地球站周围需要协调区域的边线。若协调等值线进入邻国或多个国家，则需要开展国际协调。

　　例 4.17

　　图 4.34 给出了某卫星地球站协调等值线案例，该卫星地球站天线直径为 2.4m，位于（50.334453°N，−4.635703°E），工作频段为 C 频段，发射功率为 10dBW，载波带宽为 30MHz，GSO 卫星位于 30°E。

　　本例中协调等值线的计算基于悲观假设（pessimistic assumption）原则，即相对于可能遭受干扰情形，对可能不会遭受干扰的情形实施更为严格的审查。例如，假设固定点对点业务链路方向与卫星地球站发射信号方向一致，尽管这种假设在实际中很难成立。有关天线实际指向问题，将在 7.4 节中详细讨论。

　　在计算图 4.34 所示协调等值线过程中，其他业务参数均取典型值，传播模型包含两个分量，相关几何关系如图 4.35 所示。

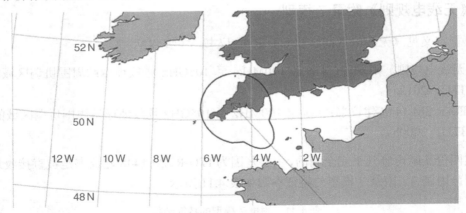

图 4.34　采用附录 7 模型计算协调等值线案例（图片来源：Visualyse Coordinate）

- 模式 1：大圆光滑地表传播，类似于包含对流层散射、波导传播、层反射/折射和大气吸收等要素的 P.452 模型。
- 模式 2：水汽散射，有效雨云反射或电波能量再辐射。

　　协调等值线规定了沿卫星地球站各方位角的距离限值，其中最小距离限值通常为 100km，主要与频率有关，而最大距离通常为 375km（无沿海陆地）至 1200km（暖水区），且与无线电气候区有关。

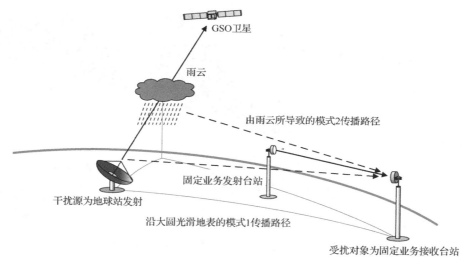

图 4.35　附录 7 模型模式 1 和模式 2（干扰源为地球站，受扰对象为固定业务台站）

模式 2 中，假设降雨云团位于影响"最严重"区域，即正好位于卫星地球站与卫星之间，且固定业务台站天线直接指向该降雨云团。由于卫星地球站天线通常不会垂直指向上方，因此其在模式 2 中的协调等值线会与实际位置发生微小偏离。

模式 1 中，受卫星地球站天线增益及 4.2.3 节所述无线电气候区影响，协调等值线在卫星方向呈"凸出"状（bulge）。全部协调等值线由模式 1 和模式 2 中各个方向上的较大保护距离构成。

此外，考虑到某些额外损耗的影响，可能需增加辅助等高线（auxiliary contour）。例如，固定业务台站天线指向偏差或台站屏蔽可能会带来 5dB 或 10dB 损耗。

例 4.18

图 4.36 描绘了例 4.17 中卫星地球发射站分别在模式 1（实线）和模式 2（虚线）中的协调等值线。图 4.37 描绘了"钻石"状反向带等高线（reverse band contour），这种等高线适用于台站位于两个卫星地球站之间的情形。

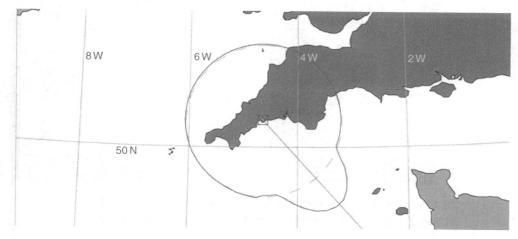

图 4.36　采用附录 7 模型计算模式 1 和模式 2 协调等值线案例

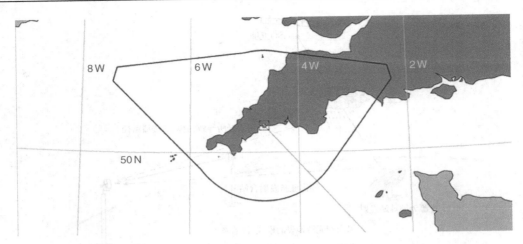

图 4.37　采用附录 7 模型计算反向带等高线案例

传播模型基于较为保守的平滑地表模型，若考虑包括地球站地平线仰角在内的地形数据，则地球站协调等值线的形状和大小会随地理位置不断变化，尽管这种变化小于考虑整个路径剖面所带来的变化。

　　例 4.19

图 4.38 描绘了与例 4.17 相同位置处卫星地球接收站的协调等值线，该等高线基于 SRTM 地形数据，并考虑增加或不增加地平线仰角两种情况。由于本例中引入地形数据，从而避免与比利时开展台站协调。主要原因是，图中两个等高线均恰好延伸至西班牙北部海岸线，可以引入 5dB 额外损耗或增加更大的辅助等高线（如图中所示），而且位于海岸线附近的固定链路台站很少指向海上方向。

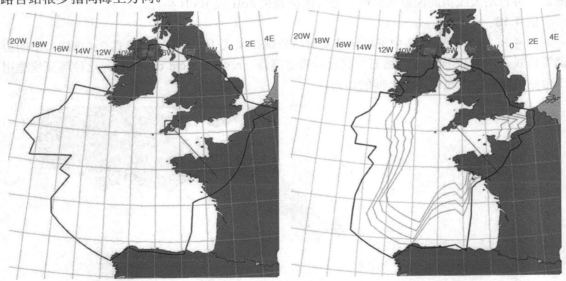

图 4.38　C 频段卫星地球接收站协调等值线案例（左图未考虑地形数据，
右图增加了地形产生的水平线仰角及由 5dB 额外损耗生成的辅助等高线）

4.3.10　通用模型

在设计和选用传播模型的过程中，如何确定影响传输损耗的传播机制，以确保模型的准确性时一大难题。例如 P.1812 模型重点关注短距离传输损耗，原因是发射台站附近的地物会对特定距离上信号场强产生重要影响。如图 4.39 所示，某移动网络基站天线高度低于所在街区建筑物，在这种情况下，位于街区同一侧的移动终端接收信号质量会优于临近街区信号质量，具体信号质量提升程度与建筑物高度有关。

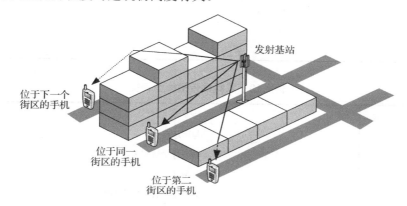

图 4.39　市区环境中不同街区场强变化

目前人们已经建立了许多适用于特定场景的传播模型，例如利用地表数据库可以表征单个建筑物对电波传播的影响，但相关计算结果高度依赖假设条件，而且模型呈现出复杂化趋势。实际中，干扰分析人员更希望采用包含少量参数的传播模型，例如双斜率或三斜率的传播模型。

下列文献包含基于双斜率的传播模型。

- ITU-R P.1238-7 建议书《用于规划频率范围在 900 MHz 到 100 GHz 内的室内无线电通信系统和无线局域网的传播数据和预测方法》（ITU-R，2012a）。
- ITU-R P.1411-7 建议书《300MHz 至 100GHz 频率范围内的短距离室外无线电通信系统和无线本地网规划所用的传播数据和预测方法》（ITU-R，2013k）。
- ITU-R P.1791 建议书《用于超宽带设备影响评估的传播预测方法》（ITU-R，2007e）。

上述传播模型中，在临近接收机设置分割点（break point），分割点之前传输路径为自由空间损耗，分割点之后由于受到建筑物影响，电波损耗更大。整个链路损耗可用数学公式表示为

$$L = L_1(d_{km}, f_{MHz}) \qquad d_{km} \leqslant d_1 \tag{4.25}$$

$$L = L_2(d_{km}, f_{MHz}) \qquad d_{km} > d_1 \tag{4.26}$$

其中，

$$L_1(d_{km}) = 32.45 + 20\lg d_{km} + 20\lg f_{MHz} \tag{4.27}$$

$$L_2(d_{km}) = L_1(d_1) + N_1 10\lg \frac{d_{km}}{d_1} \tag{4.28}$$

上述模型参数包括距离 d_1（km）和分割点后的斜率 N_1，同时模型可扩展为两个或更多分割点及其相关系数。分割点的距离与具体场景有关，如表 4.12 所示。室内环境中第一分割点通常为最邻近墙壁，如表 4.12 中为距离发射台站 5m 处。

上述模型参数均有特定的有效区间，因此表 4.13 中参数特征与具体场景有关。

表 4.12   双斜线模型参数示例

场景	d_1/km	N_1
室内	0.005	4
市区	0.05	4
郊区	0.2	3

表 4.13   双斜率传播模型特征

路径类型	地面
频率范围	与所选参数有关
距离	与所选参数有关
天线高度	与所选参数有关
时间百分比	典型平均百分比为 50%
点对面模型	与所选参数有关
是否可采用地形数据	否
是否包含地物模型	否
是否包含主损耗	是

ITU-R P.1238 建议书给出了多个斜率参数 N，但这些参数仅适用于单斜率模型。

双（或三）斜率模型通常会给出特定距离上的固定平均损耗，实际中该损耗值：

● 随方位角变化而变化，具体与本地地物有关。

● 随时间变化而变化，具体与人员和车辆移动有关，从而产生障碍物和多径损耗或增强效应。

为表征上述损耗变化，可在双斜率模型基础上增加损耗因子，如增加均值为零、给定标准差的对数正态变量等。

例 4.20

图 4.40 描绘了双斜率模型路径损耗随距离变化曲线，表 4.14 给出了模型参数和随机正态变量。

由图可知，增加了随机变量的双斜线模型路径损耗小于自由空间路径损耗，对此可采取 3 种措施。

（1）考虑传播的增强效应，如由于受到多径反射影响，城市街区信号传播可能明显优于自由空间信号传播。

（2）仅在传播模型中增加第一分割点之后的随机损耗变量。

（3）采用该双斜线模型路径损耗代替自由空间路径损耗。

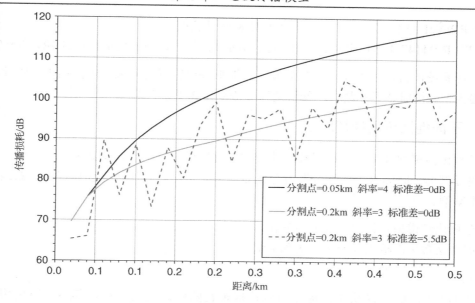

图 4.40　包含随机变量的双斜线模型案例

表 4.14　包含随机变量的双斜线模型参数案例

场景	d_1/km	N_1	σ
市区	0.05	4	0.0
郊区	0.2	3	0.0
郊区且包含随机变量	0.2	4	5.5

在陆地使用数据库支持下，则可将上述双斜率模型或 P.2001 模型扩展为通用地物模型，如利用检索表格将陆地使用编码转化为对应的地物损耗。

此外，为表征射入室内或室内电波传播损耗，既可使用固定损耗值，也可从 4.6 节中给出的随机数值中选定损耗的[最小值，最大值]变化区间。

4.3.11　其他传播模型

除前述各种传播模型外，实际中可根据具体应用场景选择其他模型。例如，计算短距离路径损耗可采用射线追踪模型，该模型综合考虑墙壁、屋顶、地板反射和障碍物绕射效应，建立室内和市区无线电波传播的 3D 模型，再通过复杂计算过程得出针对特定场景的较为精确的结果。

ITU-R P.1411 建议书给出了可替代射线追踪模型的 Walfisch 和 Bertoni 模型（Rappaport，1996）。该模型通过分析电波在市区建筑物间的传播路径，确定是否存在视距或绕射至邻近街区，更适用于无线电系统规划而非干扰分析。此外，还存在许多可替代 Hata 模型的传播模型，如 Lee（1993）和 Egli（1957）模型等。

当频率较低时，可考虑天波和地波传播模型，相关参考文献如下。

● ITU-R P.368-9 建议书《10kHz 至 30MHz 频段地波传播曲线》（ITU-R，2007c）。该建议书给出了多个频率和环境条件（陆地、海上等）下场强随距离变化曲线及其相应的

GRWAVE 软件工具。该软件可从 ITU-R 网站获取。

- ITU-R P.1147-4 建议书：150kHz 至 1 700kHz 频段天波场强预测（ITU-R，2007d）。

对雷达系统而言，由于需要预测从波浪、地形等地物反射回来的电波场强，因此需要额外的传播模型。同时这些地物会降低雷达探测概率，详见 7.7 节。

4.3.12　不同地面传播模型比较

将各种传播模型（例如受地形数据的影响）进行对比分析非常有意义。由于涉及频率、高度、路径剖面、时间百分比和位置百分比等众多参数，这种比较需要展现大量曲线。这里仅举两个案例。

- 分析比较模型损耗随距离如何变化。
- 展现某数字广播电视业务覆盖预测情况。

例 4.21

图 4.41～图 4.44 描绘了某链路信号传播损耗随距离变化曲线，其中链路使用频率为 800MHz，发射天线高度为 15m，接收天线高度为 2m，距离范围为 0 至 25～50km 之间。各图所对应的发射机位置均为（纬度，经度）=（51.0,0.0），接收天线指向北方，传播路径为陆地区域 A1。其他传播参数包括：

ΔN=45

N_0=325

温度 T=15℃

水汽密度=3g/m^3

气压=1 013hPa

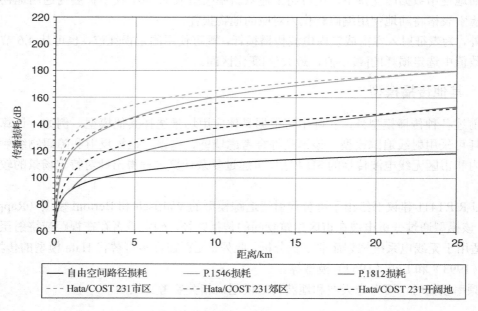

图 4.41　自由空间传播、P.1546、P.1812 和 Hata 模型在光滑地表和 50% 时间百分比条件下路径损耗随距离变化曲线

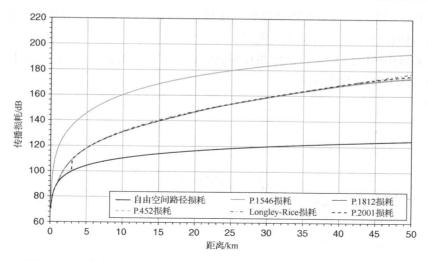

图 4.42　自由空间传播、P.1546、P.1812、P.452、Longley-Rice 和 P.2001
模型在光滑地表和 50%时间百分比条件下路径损耗随距离变化曲线

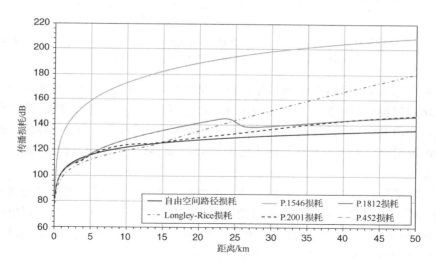

图 4.43　自由空间传播、P.1546、P.1812、P.452、Longley-Rice 和 P.2001
模型在光滑地表和 1%时间百分比条件下路径损耗随距离变化曲线

由图 4.41 可以看出：

- 采用自由空间传播模型预测得到的路径损耗最小。
- 采用 P.1546 模型得出的路径损耗大于 P.1812 模型，最大差值为 14.7dB。其中 P.1812 模型在短距离范围内的损耗与自由空间模型相近。
- 采用 Hata 市区模型得出的路径损耗最大，其次为 Hata 郊区模型。
- 采用 Hata 开阔地模型得出的路径损耗居于 P.1546 模型和 P.1812 模型之间。

由图 4.42 可以看出：

- 采用自由空间传播模型预测得到的路径损耗最小。
- 采用 P.1546 模型得出的路径损耗最大。

- 采用 P.452 模型、P.1812 模型和 P.2001 模型得出的路径损耗非常接近（由于这几种模型的结构相似，这一结果符合预期）。
- 采用 Longley-Rice 模型得出的路径损耗起初接近于 P.452/P.1812/P.2001 模型，而在远距离上向 P.1546 模型靠近。

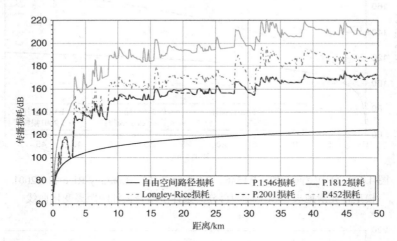

图 4.44　自由空间传播、P.1546、P.1812、P.452、Longley-Rice 和 P.2001 模型在地形影响和
50%时间百分比条件下路径损耗随距离变化曲线

由图 4.43 可以看出，采用 P.1546 模型得出的路径损耗仍为最大，在较远距离上采用 P.2001 模型得出的路径损耗与自由空间损耗较为接近，考虑到时间百分比小于 1%，能够获取上述结果相当不易。采用 P.1812 模型和 P.2001 模型得出的路径损耗小于自由空间损耗。同样，采用 Longley-Rice 模型得出的路径损耗起初接近于 P.452、P.1812、P.2001 模型，而在远距离上向 P.1546 模型靠近。

图 4.44 增加了地形的影响（本例为 SRTM 数据），因此计算结果与路径选择高度相关。与前几幅图一样，采用自由空间模型得出的路径损耗最小，采用 P.1546 模型得出的路径损耗最大，Longley-Rice 模型对应的损耗位于 P.452、P.1812 和 P.2001 模型之间。总体上看，图 4.44 所示曲线与图 4.42 所示曲线（未考虑地形影响）存在较大差异。

例 4.22

根据表 4.15 所列参数同时基于地形和陆地使用数据库，生成位于英国的某数字广播电视发射台覆盖图，其中部分参数来源于欧洲广播联盟（EBU）向 CEPT ECC PTD 提交的文稿。本例中除使用国际电联无线电通信局的全球数字地图气候区数据确定水上路径百分比外，其余无线电气候区参数与例 4.21 相同。

图 4.45 和图 4.46 分别给出了采用 P.1546 模型和 P.1812 模型得出的覆盖图。由图可知：

- 相比采用 P.1812 模型得出的覆盖图，P.1546 模型的覆盖图更接近圆形，主要原因是后者仅使用平均地形高度和地平线仰角等部分路径剖析数据。
- 相比采用 P.1546 模型得出的覆盖图，P.1812 模型的覆盖范围更广，其原因是后者的平均路径损耗较小（见例 4.21）。虽然 P.1812 模型覆盖图不为圆形，但能更好地反映地形的影响作用。此外，P.1812 模型覆盖图包含许多零碎片段，其原因是地形中存在许多异常突出地物。

表 4.15　数字电视覆盖案例参数

发射台纬度	51.424 167°N
发射台经度	−0.075E
发射台离地高度	150m
发射频率	610MHz
发射功率	40dBW
接收天线离地高度	10m
接收天线增益及损耗	9.15dBi
接收噪声系数	7dB
噪声带宽	7.6MHz
256-QAM DVB-T2 所需 C/N	19dB

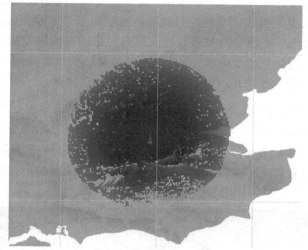

图 4.45　基于 P.1546 模型的电视发射台覆盖图（p=50%，q=50%）

图 4.46　基于 P.1812 模型的电视发射台覆盖图（p =50%，q=50%。

图片来源：Visualyse Professional 软件。地形和陆地使用数据来源：Ofcom & OS）

火星上的4G网络覆盖建模

如何建立火星上的4G网络覆盖模型？早在开展火星北极基地（Martian polar regions）研究（Cockell，2006），即北风之神项目（Project Boreas）通信与导航服务需求分析时（Pahl，2006），我就提出过这个问题。

本章前面各节描述的传播模型是数十年来测量分析的成果。虽然目前人类尚未开展火星表面无线电波传播分析的专项任务，但所有火星探测任务均需要火星表面与其轨道或地球之间的通信支持，因此喷气推进实验室（JPL）编写了《火星通信无线电波传播手册》（Ho et al.，2002），其中列出了火星与地球的许多重要区别，例如：

- 火星半径较小，温度更低。
- 火星电离层高度比地球低一个数量级，使得火星对450MHz以上的无线电波几乎完全透明。在火星上虽然可实现地对地低频通信，但带宽受到限制。
- 火星对流层比地球小两个数量级，因此具有极小的对流层效应。
- 由于大气密度较低且缺少雨雪，火星上电波传播的大气衰减很小，典型值小于1dB。
- 火星上尘暴严重，可对Ka频段电波产生至少3dB损耗。

与地球相似，火星表面电波传播也存在绕射和多径等基于地形的传播现象，因此可首先采用P.526绕射模型预测位于火星大峡谷——水手峡谷内的4G基站覆盖范围，该峡谷长4 000km，宽200km，深7km，同时采用火星全球探勘者号携带的火星轨道激光测量仪（MOLA）采集的地形数据。图4.47给出了火星大峡谷内4G基站覆盖的计算示例。由图可知，基站覆盖范围延伸至峡谷边沿视距地带。

图4.47　火星上水手峡谷内4G网络覆盖示例
[图片来源：Google Earth 数据 ESA/DLR/FU 柏林（G.Neukum）]

由于目前人类探测火星邻近空间的活动还很少，采用非同频方式来避免干扰并非易事。随着人类探测开发火星任务的不断增多，很可能需要开展火星上特别是不同航天机构任务无线电系统之间的干扰分析。

例 4.22 中，基于 P.452 模型和 P.2001 模型的发射台覆盖图与 P.1812 覆盖图类似，因此并未给出相关图示。这两种模型虽然为点对点传播模型，但也适用于某些点对面分析场景。两者都需要先计算各网格中心的信号强度，然后再通过增加 P.1546 模型和 P.1812 模型中的位置可变性项成为点对面模型。

当 q=50%时，P.1546 模型与 P.1812 模型与 P.452 模型和 P.2001 模型作用类似，因为这些模型均可用于计算相关网格中心的点对点损耗。同时，通过增加基于对数正态项的位置变量，P.452 模型和 P.2001 模型均可扩展为点对面模型。这里需要特别注意假设条件的有效性。例如，P.452 模型经常被用于固定业务发射塔，由于其发射天线高于地物高度，因此不考虑位置可变性（如同 P.1812 模型中位置可变效应随地物高度趋近于零而逐渐减小）。

4.4　地对空传播模型

本节分别介绍地对空和空对地路径传播模型。

4.4.1　P.676：气体衰减模型

该模型定义见下列文献。

● ITU-R P.676-10 建议书《大气气体衰减》（ITU-R，2013a）。

P.676 模型的特征参数如表 4.16 所示。

表 4.16　P.676 模型的特征参数

路径类型	地面和地对空
频率范围	1GHz≤f≤350GHz
距离	未定义
天线高度	未定义
时间百分比	未定义
点对面模型	不适用
可采用地形数据	否
包含地物模型	否
包含主损耗	否

ITU-R P.676-10 建议书包括地面和地对空传播路径，但地面路径损耗通常采用 P.452 模型和 P.1812 模型计算，因此本节主要讨论地对空路径损耗的计算方法，具体通过两种途径。

（1）逐次计算气体衰减，这是一种详细计算各层大气衰减之和的方法。

（2）粗略估计气体衰减，这是一种直接计算大气衰减随仰角和其他变量变化的方法。

干扰分析中，通常采用第二种方法，原因是该方法计算效果更高，且在非低仰角（小于 5°）范围内与第一种方法结果非常接近。对于需要准确计算出低仰角气体衰减的场景，可参考下列文献。

● ITU-R SF.1395 建议书《用于卫星固定业务和固定业务间共存研究的大气气体最小传播

衰减》（ITU-R，1999c）。

ITU-R P.676 建议书的关键输入参数包括：

● 频率范围为 1～350GHz。

● 气压值可参考 ITU-R P.836 建议书。

● 温度值可参考 ITU-R P.1510 建议书。

P.676 模型包括干燥空气和水汽衰减，但不含降雨衰减，后者可参考 ITU-R P.618 建议书。许多干扰分析研究需要建立地对空链路模型，有些要求满足"净空"条件，即假设没有气体衰减或额外降雨损耗。有关净空条件下干扰分析方法详见 7.5 节附录 8。

例 4.23

设位于伦敦的卫星地球站与位于 25°E 的 GSO 卫星（与例 3.33 相同，轨道倾角约为 26.5°）之间的地对空路径的气候参数为：

温度：15℃。

气压：1013hPA。

水汽密度：9g/m^3。

图 4.48 描绘了该地对空路径 1 至 50GHz 频段和干燥空气条件下的水汽损耗。由图可知，在 22.3GHz 左右和 45GHz 以上频段水汽损耗达到峰值，从而导致这些频段难以适用空间业务。

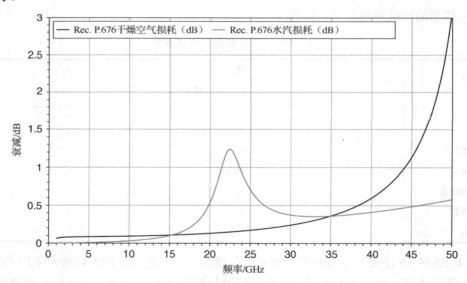

图 4.48   ITU-R P.676 建议书给出的气体吸收损耗案例

4.4.2   P.618：雨衰和噪声增强模型

该模型定义见下列文献。

ITU-R P.618-11 建议书《空地通信系统设计所需传播数据和预测方法》（ITU-R，2013g）。

P.618 模型特性参数如表 4.17 所示。

表 4.17　P.618 模型的特征参数

路径类型	地对空
频率范围	1GHz≤f≤350GHz
距离	未定义
天线高度	未定义
时间百分比	0.001%≤p≤5%
点对面模型	不适用
可采用地形数据	否
包含地物模型	否
包含主损耗	否

例 4.24

假设例 4.23 中的地对空链路 0.01%时间百分比的降雨率超过 30.77mm，其在 1～50GHz 频段的雨衰如图 4.49 所示。

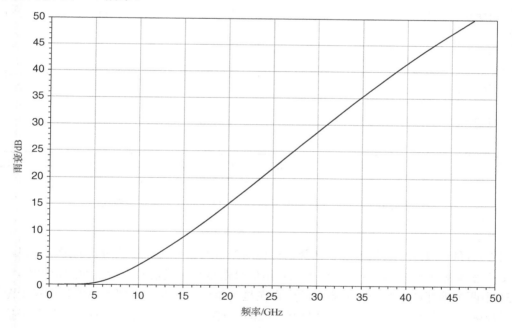

图 4.49　ITU-R P.618 建议书给出的 0.01%时间百分比雨衰案例

由图可知，6GHz 以下频段的雨衰非常小，随后雨衰随频率迅速增大。为减轻雨衰影响，卫星通信需使用较低频率，进而需要较大口径的地球站天线。

另外，由于降雨可对所吸收的能量再次辐射，导致卫星链路噪声增大。这种由不同雨衰深度的导致的噪声增强效应可使总噪声达到介质温度，其计算式为

$$T_s = T_m(1 - 10^{-A/10}) \tag{4.29}$$

其中，T_s——由天空噪声产生的天线额外噪声（K）；

　　　A——路径衰减（dB）；

　　　T_m——介质温度（K），典型取值范围为250～280K。

例 4.25

受降雨损耗影响，例 4.24 所述地对空路径的总接收噪声随频率增大而升高，直至达到由介质温度和带宽（本例为 30MHz）所确定的特定值，如图 4.50 所示。

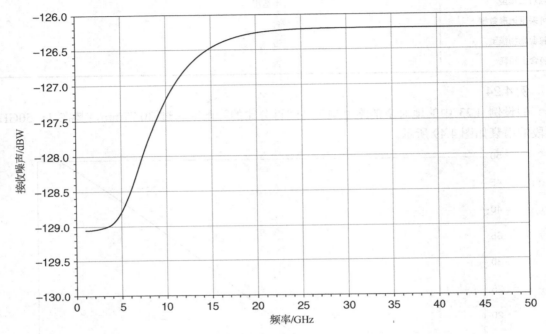

图 4.50　由降雨再次辐射所导致的地球站接收噪声升高效应

此外，ITU-R P.618 建议书还包括降雨对地对空链路去极化和持续时长的影响信息。

在考虑雨衰对地对空路径时，应关注有用信号雨衰和干扰信号雨衰之间的相关性。例如，图 4.51 中两个地球站上行链路的雨衰效应存在显著差异，除非两者邻近部署。而对于图 4.52 所示下行链路，有用信号和干扰信号具有相似的雨衰效应。总体来看，有用信号和干扰信号雨衰的相关程度取决于传播路径、方向和积雨云的尺寸等因素。

有关不同传播路径之间的相关性问题将在 4.8 节中详细讨论。

另外，美国曾提出 Crane 降雨模型，其定义可参考如下文献。

● Robert K.Crane 提出的电磁波雨中传播模型（Crane，1996）。

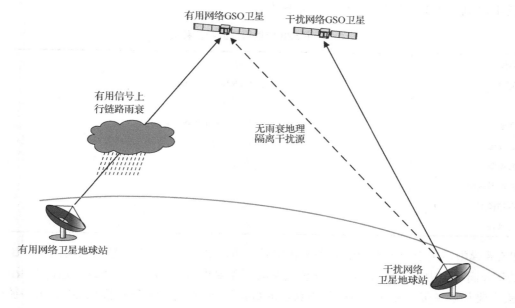

图 4.51　地理隔离的有用和干扰地球站上行链路低相关雨衰效应

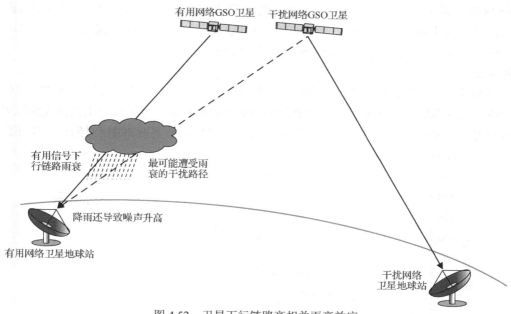

图 4.52　卫星下行链路高相关雨衰效应

4.5　航空传播模型

航空传播模型的定义可参考如下文献。

● ITU-R P.528-3 建议书《使用 VHF、UHF 和 SHF 频段的航空移动和无线电导航业务传播曲线》（ITU-R，2012e）。

表 4.18 列出了 P.528 传播模型的特征参数。

表 4.18　P.528 传播模型的特征参数

路径类型	地对空
频率范围	125MHz≤f≤5.5GHz
距离	d≤1 800km
天线高度	1.5m≤h≤20 000m
时间百分比	1%≤p≤95%
点对面模型	不适用
可采用地形数据	否
包含地物模型	否
包含主损耗	否

P.528 模型适用于空地有用信号和干扰信号分析，如可计算有用信号 95%时间百分比的损耗，以充分满足空中交通管理等生命安全系统的覆盖要求。尽管 ITU-R P.528-3 建议书指出"本曲线簇主要基于温带大陆性气候条件下获取的数据"，但该模型综合考虑了绕射、主路径损耗和衰减等效应。

P.528 模型基于光滑地表模型，因而未包含地形效应。这是由于大量航空应用中飞机高度足够高，无须考虑地形因素影响。当飞机处于较低高度时，不能忽略地形效应，这时应采用 P.1812 模型（其最大天线高度为 3 000m）等其他传播模型。

例 4.26

图 4.53 描绘了某地面站和飞机间链路传播损耗曲线，其中链路使用频率为 300MHz，地面站天线高度为 10m，飞机飞行高度分别为 5 000m 和 10 000m，时间百分比为{5%,50%,95%}。图 4.54 描绘了在相同天线高度和时间百分比条件下链路使用频率为 3GHz 时的传播损耗曲线。

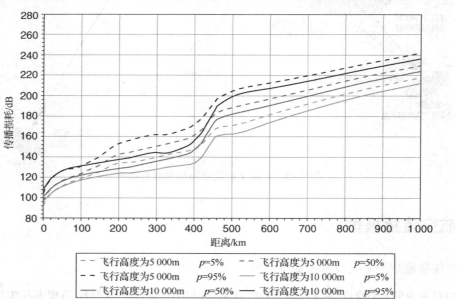

图 4.53　链路使用频率为 300MHz 时 P.528 模型传播损耗

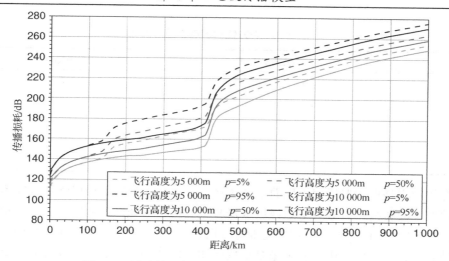

图 4.54　链路使用频率为 3GHz 时 P.528 模型传播损耗

4.6　额外衰减

除了前面各节介绍的由传播模型计算得出的有用信号或干扰信号损耗外，还可能存在其他电波传播衰减，例如：

- 站址屏蔽衰减，通常由人工设计的建筑体产生，目的是减小干扰信号。站址屏蔽衰减可通过 ITU-R P.452 模型中的杂波损耗模型计算得出，详见 4.3.4 节。
- 建筑物透射损耗，主要指发射机位于室外，接收机位于室内的情形。
- 植被损耗，见 ITU-R P.833（ITU-R，2013a）。
- 室内墙壁损耗。
- 室内屋顶损耗。
- 人体吸收损耗。
- 地下损耗，主要指发射机位于地面上，接收机位于地下的情形。

上述衰减与具体环境高度相关，不同的环境材料所导致的损耗差异很大。除非具备建筑物数据库及其建筑材料信息，否则很难构建具体位置模型。

另外，可采用如 7.9 节中 GRMT 项目所述均值方法，如假设建筑物透射损耗为 10dB。也可采用如 7.2 节中 MASTS 算法，假设适用于 VHF 和 UHF 频段陆地移动频率指配的建筑物透射损耗为 5dB。

建筑物透射损耗与频率有关。在英国通信办公室开展的 4G LTE 网络覆盖验证中（Ofcom，2012b），由于需要验证室内信号覆盖情况，因而需考虑建筑物透射损耗和人体/方向损耗，如表 4.19 所示。

有关建筑物透射损耗和楼层/墙壁损耗信息可参考 ITU-R P.1328 和 P.1411 建议书。例如，ITU-R P.1411 建议书给出办公室环境下 5.2GHz 频段建筑物透射损耗为 12dB，标准差为 5dB。更多信息可参考 ITU-R P.2040 建议书（ITU-R，2013o）。

表 4.19　人体/方位和建筑物透射损耗

频段/MHz	人体/方向损耗/dB	建筑物透射损耗/dB
800	2.5	13.2
900	2.5	13.7
1 800	2.5	16.5
2 100	2.5	17.0
2 600	2.5	17.9

以上介绍的损耗值主要适用于地面电波传播路径，即主建筑物透射路径为穿透墙壁或窗户。对于地空电波传播，有必要考虑楼层数量和电波传播路径仰角的影响。一个相关的案例是，在无线局域网（RLAN）和卫星固定业务（FSS）网在 5GHz 频段共用分析中，卫星信号可覆盖地球表面大片区域，由此带来集总干扰问题。例如，服务北美或欧洲的卫星可覆盖超过 5 亿人口，其集总效应可能高达 $10\lg(5\times10^9)=87\text{dB}$。当然具体干扰大小与市场渗透率、活动因子等有关，而且对于室内 RLAN 设备还需考虑建筑物透射损耗。若建筑物楼层较多且电波传播路径接近垂直方向，则会带来显著衰减。

下列建议书提供了 RALN 和 FSS 网络之间频谱共用分析的案例信息。

● ITU-R M.1454 建议书《为保证 5150～5250MHz 频段移动卫星业务中非同步系统馈线链路保护而对 RLANS 或其他无线接入发射机的 e.i.r.p.密度限制和运行限制》（ITU-R，2000a）。

在该建议书中，平均建筑物损耗为 7～17dB。

若采用蒙特卡洛分析法，则有必要确定特定区间随机数的统计模型。例如，给定区间 $p=[0,1]$ 内的随机数 p，则相应的建筑物透射损耗为

$$L_{\mathrm{B}}=\begin{cases}5 & p\leqslant 0.15\\ 5+10\dfrac{p-0.15}{0.85-0.15} & 0.15<p<0.85\\ 15 & p\geqslant 0.85\end{cases}\qquad(4.30)$$

该模型表示在 15%的时间内，室内台站位于建筑物边缘，这时建筑物透射损耗最小（本例中为 5dB）。同理在另外 15%时间内，室内台站位于建筑物内部，这时建筑物透射损耗达到最大值 15dB。在其他时间百分比内，建筑物透射损耗为 5～15dB。

通过在建筑物外表面覆盖频率选择表面（frequency selective surface），可阻挡特定频率信号而允许其他频率信号射入。例如，将这种方法应用于音乐厅，使其能够阻挡公众移动手机信号，同时允许紧急业务信号射入。

此外，地下无线电网络可视为与地上无线电网络完全隔离，或者为其设定较高电波衰减值（如 20dB）。

4.7　无线电路径几何关系

电波传播模型对链路计算的影响还体现在无线电路径几何关系和天线增益等方面。

在图 4.55 所示例子中，穿越建筑物（不包含透射）的无线电路径会对用于计算天线增益的角度产生影响。例如，若利用基站至手机的直射路径角度计算发射或接收天线增益，则由于无线电波会越过建筑物顶端，从而导致计算结果不准确。因此，应根据电波传播模型计算无线电路径，进而用于计算天线增益。

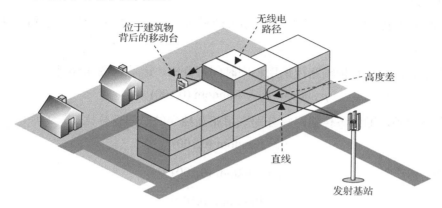

图 4.55　传播对天线增益计算的影响

此外，在建筑物边缘特别是显著高于周边的区域，无线电波仍可绕射通过。一般来讲，对于这种效应的影响需要具体问题具体分析，如在开展城市密集区域网络（如移动或广播）规划中，可能需要考虑这种效应。

4.8　时间百分比和相关性

前面各节指出，许多传播模型均包含相关时间百分比 p 损耗，其中：

对于电波传播损耗，p 为传播损耗不**超过**的时间百分比	$\Longrightarrow$	对于信号强度，p 为接收信号场强**超过**的时间百分比

上述模型属于统计性模型，即不包含特定传播事件及其发生次数和持续时间等信息，仅表示一定测量周期，如一个月或一年内的概率。尽管实际测量过程中会涉及抽样持续时间和频率，但这些信息并未被纳入时间百分比模型。

可见，上述时间百分比模型不能用于分析来自东北部的暴风雪对无线电的影响，这固然由于此类问题的建模非常复杂，也是由于其结果与特定场景息息相关。对于气象条件存在高度可变性的场景，只有当模型的统计特征在相当长时间内足够稳定，才可采用该模型。

当考虑包含多条传播路径的场景时，模型的复杂度会进一步提高。例如，在图 4.56 中：

- 正常工作系统：点对点固定业务链路，其衰落（或增强）效应采用 ITU-R P.530 模型表征，时间百分比 $p=p_{\mathrm{w}}$。
- 干扰系统：两个卫星地球站，采用 ITU-R P.452 传播模型，时间百分比分别为 p_1 和 p_2。

那么在干扰分析中，如何选择三个时间百分比（p_{w}, p_1, p_2）？

这个问题与各条无线电路径传播效应之间的相关性有关，4.4.2 节给出了两个例子：

- 图 4.51 中，若正常工作卫星地球站和干扰卫星地球站间隔足够距离，则卫星上行链路不相关。
- 图 4.52 中，由于有用信号和干扰信号在受扰卫星地球站附近遭受相同的降雨等衰减，因而卫星下行链路具有相关性。

这两个例子代表了完全相关和完全不相关两种极端情况，可分别采用下列方法选择传播模型的时间百分比。

- 完全相关，即所有传输路径采用相同时间百分比，因此在图 4.56 中，有

$$p_\mathrm{w} = p_1 = p_2 = \mathrm{Random}\ (0,100) \tag{4.31}$$

- 完全不相关，即每条传输路径分别采用相互独立的时间百分比：

$$p_\mathrm{w} = \mathrm{Random}\ (0,100) \tag{4.32}$$

$$p_1 = \mathrm{Random}\ (0,100) \tag{4.33}$$

$$p_2 = \mathrm{Random}\ (0,100) \tag{4.34}$$

注意，以上各式中随机数选自完整的百分比区间，实际应用时有必要根据传播模型要求确定具体数值范围。例如 ITU-R P.452 模型仅当 $0.001\% \leqslant p \leqslant 50\%$ 时有效。

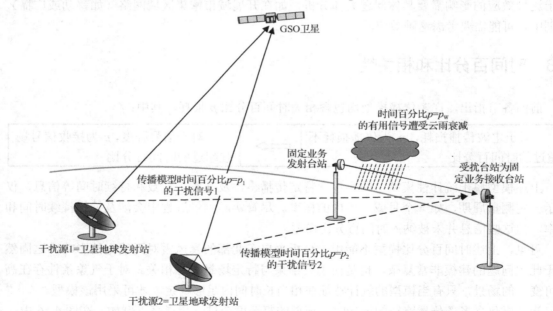

图 4.56　集总干扰场景下多路径传播时间百分比示例

虽然 4.4.2 节给出了卫星地球站传输路径完全相关和完全不相关的例子，但实际中特别是对地面业务而言，传输路径之间总是存在一定相关性。例如，图 4.56 中两个卫星地球站发射的干扰信号由于在相似的大气环境中传播，因而会同时遭受一定程度的波导效应或衰落，两者并非相互独立。

更进一步讲，随着干扰源数量的增加，传输路径完全不相关变得越来越不可能。N 条路

径的时间百分比小于 0.01%的概率可表示为

$$p(p_i < 0.01\%) = 1 - (1 - 0.000\,1)^N \tag{4.35}$$

因此，当存在 7 000 个干扰源时，对于一个样本将仅有一条传输路径的时间百分比达到 0.01%，当然在实际传播环境中这种情况很难发生。

由于相关性的统计量与传输路径和气候条件高度相关，需要经过多年实际测量才能保证其统计的显著性，因此研究和构建传输路径相关性模型并非易事。此外，ITU-R 建议书的相关性模型通常会给出限定条件，如要求各条传输路径具有相似的几何关系。

近年来，人们提出一种通过选择相关时间百分比的连接函数（copulas）方法（Craig, 2004），可用于定义两条传输路径之间的相关性 ρ。

若针对图 4.56 场景建立两个概率 (u,v)，则完全相关和完全不相关模型可分别表示为

$$u = v = \text{Random}(0,1) \tag{4.36}$$

$$u = \text{Random}(0,1), \quad v = \text{Random}(0,1) \tag{4.37}$$

采用连接函数建立上述两个分布的关联，使得相关性参数化。若给定单个累计概率分布函数（CDF）$F(u)$ 和 $F(v)$ 及其联合 CDF $F(u,v)$，则连接函数 $C(u,v)$ 可表示为

$$F_{uv}(u,v) = C[F_u(u), F_v(v)] \tag{4.38}$$

采用生成函数 ϕ 将上述表示为克莱顿（Clayton）连接函数，则

$$\phi[C(u,v)] = \phi(u) + \phi(v) \tag{4.39}$$

其中，生成函数定义为

$$\phi(t) = \frac{1}{\alpha}(t^{-\alpha} - 1) \tag{4.40}$$

因此，连接函数可进一步表示为

$$C(u,v) = (u^{-\alpha} + v^{-\alpha} - 1)^{-1/\alpha} \tag{4.41}$$

其中，参数 α 表示 (u, v) 变量之间的相关性，它与传输路径相关性 ρ 之间的关系（Craig, 2004）为

$$\alpha = \left(\frac{\rho}{1-\rho}\right)^{0.8} \tag{4.42}$$

利用式（4.42）很容易定义相关性数值，并生成部分相关随机数 (u, v)（Nelsen, 1999），如图 4.57 所示。

将上述两个随机数转换为百分比，可用来计算图 4.56 中两个卫星地球站产生的干扰。相关度与传播效应和距离有关，同时也会影响传播效应的持续时长。例如，大气波导对广域范围内链路的影响长达数小时，并决定相关性的统计性。另一方面，市区环境中短距离传输可能遭受多径衰落和建筑物损耗，这些效应变化迅速且几乎不相关。

在构建无线电系统模型时，需要考虑传播效应之间的相关性。如 5.5.2 节所述，无线电系统可采用功率控制技术来增大发射功率，以克服衰落影响。同样，相关性和时间百分比也是开展蒙特卡洛分析时必须要考虑的因素，详见 6.9 节。

例如，在采用 IEEE 方法（IEEE，2009b）的基础上，蒙特卡洛方法被用于预测英国 4G 网络覆盖情况。通过计算与某网格相邻的 20 个基站所有扇区的信号强度，来确定该网络内信号场强。同时根据 ITU-R P.1812 建议书给出的方法，采用正态分布表征网格内信号统计特性，其中正态分布的均值和方差与传播环境有关，而环境数据可通过该网络的陆地使用编码获取。

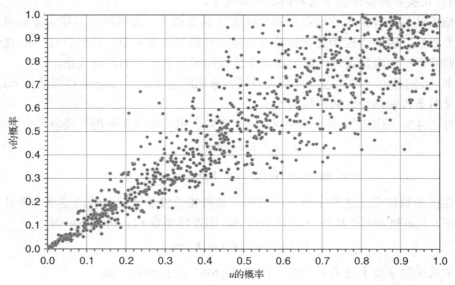

图 4.57 部分相关随机数（u, v）的散点图（$\rho \sim 0.9$）

对于每个蒙特卡洛样本，随机数 p 可表示为

- $\{p_i\}$ 适用于第 i 个网格。
- $\{p_{ij}\}$ 适用于第 j 个基站至第 i 个网格。

设传输路径和网格变化量之间的权重因子为 0.5，则该路径上从第 j 个基站至第 i 个网格的总变化量 Z_{ij} 为

$$Z_{ij} = \frac{1}{\sqrt{2}} Z(p_i, \sigma) + \frac{1}{\sqrt{2}} Z(p_{ij}, \sigma) \tag{4.43}$$

其中，$Z(p, \sigma)$ 服从均值为 0、方差为 σ 的对数正态分布，抽样概率为 p。

英国通信办公室文件 3J/146-E（Ofcom，2006a）给出了一种整合多条传播路径信号的实用方法，可用于处理两个以上输入信号的集总问题。该方法基于下列原则。

- 对于低时间百分比情形，集总功率通常主要由功率较高的单输入信号决定。
- 对于中等时间百分比情形，集总功率趋向于由所有信号的功率总和决定。

上述方法需要用到差值变量 R。通过对英国测量结果进行拟合处理，可得到用于计算 R 值的参数，即：

（1）对于 n 条路径 $i = \{i, \cdots, n\}$，计算 $p\%$ 所对应的场强 S_i。

（2）确定最大信号：

$$S_{\max} = \max(S_1, S_2, \cdots, S_n) \tag{4.44}$$

（3）计算所有信号的功率之和：

$$S_s = 10\lg\sum_{i=1}^{n}10^{S_i/10} \tag{4.45}$$

（4）计算差值变量 R：

$$R = 0.1 + 0.213\lg(1\,000p) \tag{4.46}$$

（5）集总信号场强为

$$S = S_{\max} + R(S_S - S_{\max}) \tag{4.47}$$

4.9　传播模型的选择

干扰分析中，若存在多个可用传播模型，则需要确定具体采用哪种模型。对于有用信号或干扰信号传播路径，既可能需要单个传播模型，也可能需要组合传播模型。

具体应考虑下列因素。

● 专用或通用：相关研究是面向特定区域还是为了生成通用结果？
● 频率：哪个模型对于涉及的频率是有效的？
● 几何关系：信号传输路径属于地面传播、地面至太空传播或地面至空中传播？
● 距离：所涉及的距离有多远？
● 环境：模型需要考虑{市区，郊区，开阔地}等通用环境类型吗？
● 时变性：有必要考虑信号的时变性吗？例如信号限值是否考虑短期干扰？
● 点对点或点对面？有必要建立网格内部信号场强变化模型吗？
● 数据库：地形、地表和陆地使用数据库是否可用，其分辨率为多少？
● 数据准确性：已经获取的发射和接收台站位置的准确度能达到多少？
● 管理要求：相关规则中是否规定了应该采用的传播模型？

图 4.58 给出了传播模型选择的决策树。注意图中所示的决策过程可能不适用于某些特殊情况，因此应谨慎使用。例如，考虑地面路径中距离的影响：

● 短距离（如 $d<50\text{m}$）：建筑物内部传播可采用 4.3.10 节所述双斜率模型。
● 中等距离（如 $50\text{m}<d<3\text{km}$）：可选择多种传播模型。
  ○ P.452、P.1546、P.1812 或 P.2001 模型适用于通用研究，需满足光滑地表条件，有时还需考虑额外地物损耗。
  ○ P.452、P.1546、P.1812 或 P.2001 模型适用于特定台站分析，同时需要地形数据库支持，有时还需利用陆地使用数据。
  ○ P.452、P.1812 或 P.2001 模型适用于特定台站的详细分析，同时需要高分辨率地表数据库支持。
  ○ Hata/COST 231 模型适用于特定环境条件下的通用研究。
● 长距离（如 $d>3\text{km}$）：可采用 P.452、P.1546、P.1812 或 P.2001 模型，需要（地形、地表、陆地使用）数据库支持，或满足光滑地表条件。

4.3.12 节曾指出 P.452、P.1812 和 P.2001 模型的计算结果较为相近，而与 P.1546 存在一定差别。当这四种模型均可采用时，需要确定哪种模型最为合适。ITU-R 第三研究组相关报告指出，虽然采用 P.1812 模型得出的预测值与实测值之间的标准差小于 P.1546 模型，但前者的数据需求及准确度也相对偏高。若发射机的位置存在不确定性，则采用 P.1812 模型得出的信号场强预测值偏差将大于 P.1546 模型。

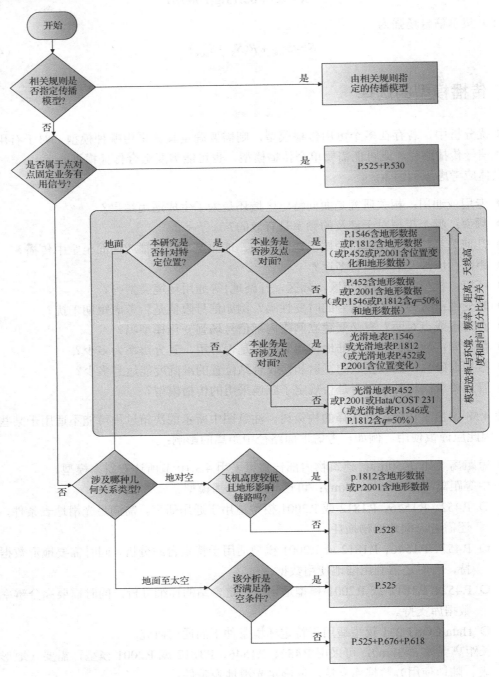

图 4.58　传播模型选择过程

有些情况下，由于参与课题研究的人员不乐意使用或不熟悉某种传播模型，则即使这种传播模型在技术上最为适当，也有可能不被采用。特别是对于一些被长期用于业务规划的模型（如用于广播业务和 PMR 覆盖预测的 P.1546 模型），反而会妨碍新模型（如 P.1812 模型）走向应用。

国家和国际法规可能会要求采用特定传播模型，例如：

- 在 ITU-R 区域无线电通信大会（RRCS）上，要求采用 P.1516 模型开展广播业务重新规划（GE06）。
- 美国联邦通信委员会建议采用 Longley-Rice 模型来修改部分规则。
- 英国在开展固定链路规划过程中，综合采用 P.525 模型和 P.530 模型用于正常链路传播计算，采用 P.452 模型用于干扰路径传播计算（Ofcom，2013）。
- 卫星地球站国际协调中，采用《无线电规则》附录 7 模型计算等值线，再采用 P.452 模型用于详细分析。
- 《无线电规则》第 8 条有关 GSO 卫星协调触发分析中，要求采用 P.525 自由空间路径损耗模型（ITU，2012a）。

有时也许换一种方式提问可能更容易给出答案。例如，每种模型对哪种场景有效？要回答这个问题，需要对各种模型有深入的了解，知道该模型设计初衷是什么？具有哪些优点？这些优点是否能够与相关场景契合等。

若项目团队对模型的选择存在疑问或不同意见，最好向相关专家咨询，也可直接联系国家主管机构。对 ITU-R 内部的课题，还可向 ITU-R 第三研究组的相关工作组发送函件寻求指导。

4.10　延伸阅读和后续内容

本章介绍了目前使用的大多数传播模型及其优缺点和适用性，给出了特定频率上传播模型损耗随距离变化曲线，同时分析了采用不同传播模型时，地形对台站覆盖范围产生的影响。

传播模型还会影响无线电路径，进而对天线增益计算结果产生影响。不同无线电路径之间存在时间相关性，本章介绍了确定无线电路径之间完全相关和不相关的方法，以及建立部分相关路径模型的技术。

有关传播模型的更详细信息可参考 ITU-R 建议书等原始文献，也可参考 Barclay（2003）和 Haslett（2008）等书籍。

本章与第 3 章"基础概念"共同介绍了陆地、空中或太空中任意两点之间的有用信号和干扰信号场强的计算方法。后续章节将详细介绍干扰计算有关内容。

第5章 干扰计算

前述各章介绍了基本链路预算、接收机输入端有用信号和干扰信号场强的计算及多种电波传播模型。除此之外，干扰计算中还需要考虑有用信号和干扰信号的带宽和极化方式等其他因素，本章将对这些因素及相关内容进行介绍。

同频或非同频无线电系统之间均可能产生相互干扰。在非同频无线电系统间干扰分析中，通常需要计算工作在某频率的系统发射信号进入工作在其他频率的接收机信号功率，这时就会用到计算本章将要介绍的掩模积分调整因子及其他邻信道选择性。

同时，本章还将讨论自适应功率和调制等系统行为，分析互调产物及台站部署模型和流量模型对干扰的影响。

在考虑上述因素的基础上，通过计算有用信号和干扰信号场强并与相关门限值相比较，就可确定干扰是否能被接受。其中重点讨论门限值与干扰裕量的关系，以及集总干扰的分配问题。

为消除或减小有害干扰，需要综合考虑影响干扰计算的相关因素。本章最后讨论可用于消除干扰的有关技术。

下述资料可支持开展干扰计算。

资料 5.1 电子表格"第 5 章 Examples.xlsx"给出了带宽调整、邻信道干扰抑制比（ACIR）、端到端性能、《无线电规则》附录 7 和 SF.1006 门限，以及确定 C 频段功率通量密度限值的有关计算方法。

5.1 带宽和域

3.4 节介绍了载波的概念，分析了如何利用调制将信息载入无线电信号的方法。调制可以改变信号功率在频域的分布，同时通过带宽等参数可模拟调制过程。当多个频率上存在较多干扰信号时，将会产生集总效应，这一点需要在信道规划时加以考虑。

图 5.1 描述了几个重要概念。图中用矩形功率框表示载波在频域上分布，这种表示方法常用于同频干扰分析。载波 p_{tx} 的总功率为功率密度 ρ 与占用带宽（OBW）B 的乘积，其绝对值为

$$p_{tx} = \rho_{tx} \cdot B \tag{5.1}$$

在详细的分析中，应采用频谱掩模来对载波的带内、带外和杂散域特性进行建模，如图 5.2 所示。

通常，中心频率 $\{f_1, f_2, f_3, \cdots\}$ 主要来自某个特定业务的信道规划（channel plan）。例如，ITU-R 建议书等法规通常会给出广播、移动和固定业务（FS）的信道规划。有些业务（如陆地双工移动和固定业务）的信道规划以频率对（pair of frequencies）的形式给出。

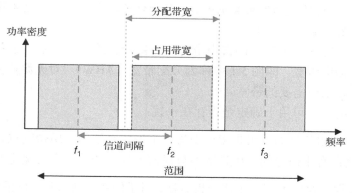

图 5.1　带宽和信道间隔

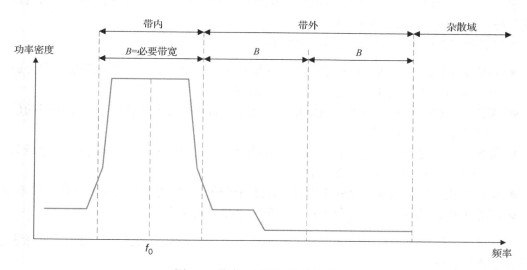

图 5.2　带内、带外和杂散域示例

例 5.1

在欧洲范围内，24.5～26.5GHz 频段固定业务系统的载波带宽为 28MHz，系统中心频率对 (f, f') 可根据下式选择。

$$f_n = f_0 - 966 + 28n$$

$$f_n' = f_0 + 42 + 28n$$

其中，$f_0 = 25501.0\,\mathrm{MHz}$，$n = \{1, 2, \cdots, 32\}$，详见 ERC 建议书 T/R 13-02（CEPT ECC，2010）附件 B 和 ITU-R F.748 建议书（ITU-R，2001a）附件 1。

《无线电规则》（RR）将占用带宽定义为：

1.153　占用带宽：指这样一种带宽，在此频带的频率下限之下和频率上限之上所发射的平均功率分别等于某一给定发射的总平均功率的规定百分数 $\beta/2$。

除非 ITU-R 建议书对某些适当的发射类别另有规定，$\beta/2$ 值应取 0.5%。

5.3.1 节将讨论由该定义所确定的功率计算方法。

《无线电规则》将必要带宽定义为：

1.152　必要带宽：对给定的发射类别而言，其恰好足以保证在相应速率及在指定条件下具有所要求质量的信息传输的所需带宽。

相对于从能量传输角度所定义的占用带宽，必要带宽的定义采用基于系统性能的方法。通常必要带宽等于信道带宽，即图 5.1 中称为分配带宽（ABW）。对无源业务而言，必要带宽是指能够达到观测要求所需要的带宽。

上述关于带宽的定义可用于确定是否存在干扰：

- 同频干扰：有用信号的占用带宽至少与一个干扰系统的占用带宽重叠。
- 非同频干扰：有用信号的占用带宽不与任何干扰系统的占用带宽重叠。

上述两种干扰样式对应不同的干扰分析方法。对于同频干扰分析，可采用 5.2 节所述的矩形块建立简化的载波模型。而对于非同频干扰分析，则需考虑发射功率和接收机滤波器的频域变化特性，具体内容将在 5.3 中讨论。

在定义频谱共用场景时还会用到下列术语。

- 同信道干扰：与同频干扰概念相似，区别在于采用信道的形式描述干扰，主要适用于有用信号与干扰系统采用相同信道规划情形。
- 邻信道干扰：与非同频干扰概念相似，适用于有用信号和干扰信号采用相似的信道规划情形。
- 带内干扰：与同频干扰概念相似，这里的"带"通常是指期望系统和干扰系统共同占用但并非以同频方式工作的频带。
- 带外干扰：与非同频干扰概念相似，后面将说明，这里的带外域仅限于特定频率偏移。
- 邻带干扰：用以替代非同频干扰，这里的"带"可视为频带。

本书统一用同频表示有用信号和干扰系统的占用带宽相重叠的情形，采用非同频表示两者没有重叠的情形。

同频和非同频用于表述干扰路径是否存在带宽重叠，而其他术语，如邻信道、带外等可用于区分频率共用场景。

紧邻必要带宽以外的功率密度由发射机调制和滤波特性决定，这部分功率经发射机滤波后，通常会降至噪底以下。受谐波和设备失配影响，在距离信号中心频率较远的频率上偶尔还会存在信号。紧邻必要带宽以外的频域称为带外域，带外域以外的频域称为杂散域，这两个域上的发射统称为无用发射。

带外域和杂散域的分界线通常（并非一定）定义为离开中心频率 250% 必要带宽的频率，如图 5.2 所示。该图同时描述了一个典型的频谱掩模，其中频域上的载波功率密度由一系列直线表征（dBW/Hz vs. Hz）。此外，《无线电规则》还给出了如下定义。

1.146　无用发射：包括杂散发射和带外发射。

1.146A　（发射的）带外域：是指刚超出必要带宽而未进入杂散域的频率范围，在此频率范围内带外发射为其主要发射产物。基于产生的源而定义的带外发射，主要产生在此带外域中，也会在杂散域中延伸一小部分。同样地，主要产生在杂散域中的杂散发射也可能在带外域中产生。

1.146B　（发射的）杂散域：带外域以外的频率范围，在此频率范围内杂散发射为其主要发射产物。

　　ITU-R 采用发射标识来区分通信系统的载波类型，具体格式见《无线电规则》附录 1（国际电联，2012a）。即必要带宽用 1 个字母和 3 个数字表示，字母相当于小数点位置，用来表示带宽的单位。具体表示如下。

- 0.001～999Hz，单位以"Hz"表示，标识用字母 H 表示。
- 1.00～999KHz，单位以"KHz"表示，标识用字母 K 表示。
- 1.00～999MHz，单位以"MHz"表示，标识用字母 M 表示。
- 1.00～999GHz，单位以"GHz"表示，标识用字母 G 表示。

完整的发射标识是一个包含下列信息的字母数字串。

- 必要带宽用 3 个数字和 1 个字母表示。
- 载波通过 3 个字符定义。
  （1）主载波的调制方式。
  （2）调制主载波的信号特征。
  （3）发射信息的类型。
- 发射类别的附加特性用两个符号标识。
- 第 4 个符号标明信号的详细信息。

由于大多数载波为数字体制且可以传输多种数据类型，因而必要带宽以外的信息通常不相关。

例 5.2

必要带宽为 36MHz 的载波（如卫星电视传输）可表示为 36M0。

例 5.3

必要带宽为 12.5kHz 的载波（如陆地移动语音通信）可表示为 12K5。

5.2　带宽调整因子

　　在同频干扰分析中，往往需要利用带宽调整因子 A_{BW} 对信号带宽差值和重叠度进行调节。图 5.3 给出了典型同频干扰场景的频域信息。

　　可通过比较下式中两个频率和（占用）带宽 B 之间的关系，来判断是否存在带宽重叠进而产生同频干扰。

$$|f_{\mathrm{w}} - f_{\mathrm{I}}| < \frac{(B_{\mathrm{w}} + B_{\mathrm{I}})}{2} \tag{5.2}$$

非同频干扰的产生条件为

$$|f_{\mathrm{w}} - f_{\mathrm{I}}| \geq \frac{(B_{\mathrm{w}} + B_{\mathrm{I}})}{2} \tag{5.3}$$

　　即使存在带宽重叠，也不一定所有的干扰功率都进入接收机。同频干扰分析中，常利用矩形块建立发射载波模型（见图 5.3），而视接收机为与有用信号具有相同频率和带宽的理想滤波器。接收干扰功率为总干扰功率的一部分，用计算公式表示为

$$\mathrm{Overlap} = \min\left\{ B_{\mathrm{w}}, B_{\mathrm{I}}, \frac{B_{\mathrm{w}} + B_{\mathrm{I}}}{2} - |f_{\mathrm{w}} - f_{\mathrm{I}}| \right\} \tag{5.4}$$

$$A_{\mathrm{BW}} = 10\lg\frac{\mathrm{Overlap}}{B_{\mathrm{I}}} \tag{5.5}$$

则式（3.204）为

$$I = P'_{\mathrm{tx}} + G'_{\mathrm{tx}} - L'_{\mathrm{p}} + G'_{\mathrm{rx}} - L_{\mathrm{f}} + A_{\mathrm{BW}} \tag{5.6}$$

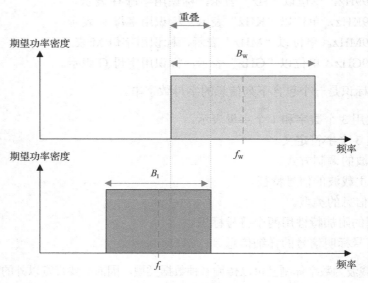

图 5.3　同频重叠示例

例 5.4

某数字电视系统发射的有用信号占用带宽为 8MHz，载波频率为 706MHz，干扰源为移动通信系统（如 LTE），发射频率为 700MHz，占用带宽为 10MHz，则利用以上公式可得

$$\mathrm{Overlap} = \min\left\{8, 10, \frac{8+10}{2} - |706 - 700|\right\} = 3\mathrm{MHz} \tag{5.7}$$

$$A_{\mathrm{BW}} = 10\lg\frac{3}{10} = -5.2\mathrm{dB} \tag{5.8}$$

当受扰系统带宽远大于干扰信号带宽时，就会出现图 5.4 所示的多干扰场景。这时不仅需要考虑占用带宽 OBW=B，而且需要考虑信道带宽或 ABW。

针对这种情况可采用两种方法。一种方法是对每个中心频率进行重复计算，得到第 i 个干扰和总干扰分别为

$$I_i = P'_{\mathrm{tx}} + G'_{\mathrm{tx}} - L'_{\mathrm{p}} + G'_{\mathrm{rx}} - L_{\mathrm{f}} + A_{\mathrm{BW},i} \tag{5.9}$$

$$I_{\mathrm{agg}} = 10\lg\sum_i 10^{I_i/10} \tag{5.10}$$

另一种方法是将多信道干扰视为具有特定中心频率和频率范围（即带宽）的"超载波"，这时总功率为超载波与受扰信号占用带宽重叠部分所含载波数量与单载波功率的乘积。在计算带宽调整因子时，应采用信道带宽或 ABW 代替占用带宽，即

$$A_{\mathrm{BW,agg}} = 10\lg\frac{\mathrm{Overlap}}{\mathrm{ABW}_{\mathrm{I}}} \tag{5.11}$$

相应地，有

$$I_{agg} = P'_{tx} + G'_{tx} - L'_p + G'_{rx} - L_f + A_{BW,agg} \qquad (5.12)$$

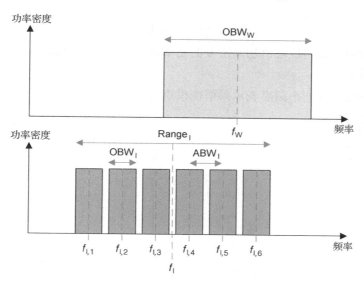

图 5.4 多干扰场景

第二种方法要求已知所有信道的相关参数（增益、功率和传播损耗等），因此使用时应考虑是否满足相关条件。7.5.3 节给出了该方法应用于对地静止轨道卫星的例子。

5.3 频谱掩模、比率和保护带宽

5.3.1 发射频谱掩模和带宽的计算

《无线电规则》将占用带宽定义为包含 99%的总平均功率的频率范围，因此频谱掩模两端频率范围仅占总平均功率的 0.5%，如图 5.5 所示。

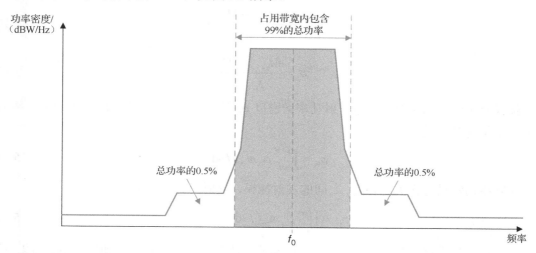

图 5.5 占用带宽计算方法

频谱掩模表征发射功率密度在频域上的分布，可用来计算载波带宽。发射频谱掩模可通过以 i 为序号的点集来定义：

$$[M_{tx,i},f_i] \quad i=\{1,\cdots,n\} \tag{5.13}$$

其中，M_{tx} —— 相对于带内或峰值功率密度的功率谱密度，单位为 dB；

　　 f —— 频率。

图 5.6 中用连接直线的小圆点表示频谱掩模点集。

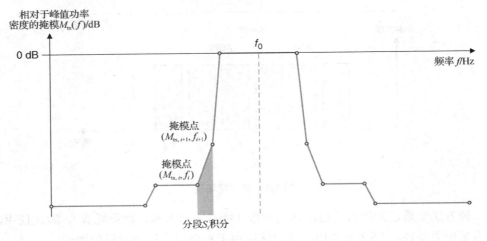

图 5.6　发射频谱掩模分段示例

其中每个用分贝表示的直线分割点 $M_{tx}(f)$ 可转化为用绝对值（如线性值）$m_{tx}(f)$ 表示的曲线，即

$$M_{tx}(f)=A_i+B_i f \quad f_i \leqslant f \leqslant f_{i+1} \tag{5.14}$$

$$m_{tx}(f)=10^{M_{tx}(f)/10} \quad f_i \leqslant f \leqslant f_{i+1} \tag{5.15}$$

利用每个分段起点 $(M_{tx,i},f_i)$ 和终点 $(M_{tx,i+1},f_{i+1})$ 可计算该分段的截距和斜率参数 (A_i,B_i)：

$$A_i=\frac{M_{tx,i}f_{i+1}-M_{tx,i+1}f_i}{f_{i+1}-f_i} \tag{5.16}$$

$$B_i=\frac{M_{tx,i+1}-M_{tx,i}}{f_{i+1}-f_i} \tag{5.17}$$

掩模 $m_{tx}(f)$ 表示相对于峰值发射功率谱密度 ρ_{tx} 的功率（单位为 W/Hz），因此总功率的绝对值（单位为 W）为

$$p_{tx}=\int_{f=0}^{f=\infty} \rho_{tx} m_{tx}(f)\mathrm{d}f \tag{5.18}$$

实际中通常只定义 f_{min} 至 f_{max} 之间的发射掩模，这时上式积分值为

$$p_{tx}=\int_{f_{min}}^{f_{max}} \rho_{tx} m_{tx}(f)\mathrm{d}f \tag{5.19}$$

上式可通过数值积分方法计算，但更精确的方法是将掩模分割为以 dB 表示的直线，再通过解析方法对这些分段进行积分，然后求和。因此，假设峰值功率密度为常数，则总功率为

$$p_{tx} = \rho_{tx} \sum_i s_i \tag{5.20}$$

其中，

$$s_i = \int_{f_i}^{f_{i+1}} m_{tx}(f) \mathrm{d}f = \int_{f_i}^{f_{i+1}} 10^{M_{tx}/10} \mathrm{d}f \tag{5.21}$$

因此

$$s_i = \int_{f_i}^{f_{i+1}} 10^{(A_i + B_i f)/10} \mathrm{d}f = \int_{f_i}^{f_{i+1}} 10^{A_i/10} 10^{B_i f/10} \mathrm{d}f \tag{5.22}$$

由于

$$10^x = \mathrm{e}^{\ln(10)x} \tag{5.23}$$

则

$$s_i = 10^{A_i/10} \int_{f_i}^{f_{i+1}} \mathrm{e}^{\ln(10)B_i/10 f} \mathrm{d}f \tag{5.24}$$

利用

$$Q_i = \frac{\ln(10)B_i}{10} \tag{5.25}$$

$$s_i = 10^{A_i/10} \int_{f_i}^{f_{i+1}} \mathrm{e}^{Q_i f} \mathrm{d}f \tag{5.26}$$

这种积分方法取决于 $Q_i = B_i = 0$ 是否成立，即如果为水平分割，$Q_i \neq 0$，则

$$s_i = \frac{10^{A_i/10}}{Q_i} (\mathrm{e}^{Q_i f_{i+1}} - \mathrm{e}^{Q_i f_i}) \tag{5.27}$$

若 $Q_i = 0$，则

$$s_i = 10^{A_i/10} (f_{i+1} - f_i) \tag{5.28}$$

注意，这两种情况均与频率差值而非频率绝对值有关，因此积分结果与中心频率无关。将式（5.27）中的变量 Q_i 替换后得到

$$s_i = \frac{10^{A_i/10}}{\ln(10)B_i/10} [\mathrm{e}^{\ln(10)B_i f_{i+1}/10} - \mathrm{e}^{\ln(10)B_i f_i/10}] \tag{5.29}$$

$$s_i = \frac{[10^{(A_i + B_i f_{i+1})/10} - 10^{(A_i + B_i f_i)/10}]}{\ln(10)B_i/10} \tag{5.30}$$

$$s_i = \frac{10}{\ln(10)} \frac{m_{i+1} - m_i}{M_{i+1} - M_i} (f_{i+1} - f_i) \tag{5.31}$$

由此可以通过解析方法计算发射频谱掩模各分段的功率，将各段功率求和即可计算出发射频谱掩模的总功率。

对上述运算过程求逆即可得到占用带宽，即

$$\int_{f_1}^{f_2} \rho_{tx} m_{tx}(f) \mathrm{d}f = 0.99 p_{tx} = \int_{f_{min}}^{f_{max}} \rho_{tx} m_{tx}(f) \mathrm{d}f \tag{5.32}$$

其中，

$$\mathrm{OBW} = f_2 - f_1 \tag{5.33}$$

上式两端中的功率密度项可以相互抵消，这意味着功率密度可以使用除峰值之外的其他值（如带内平均功率密度），且积分值保持不变。

这时可基于下式得出 f_1 和 f_2，即

$$\int_{f_1}^{f_0} m_{tx}(f)\mathrm{d}f = \int_{f_0}^{f_2} m_{tx}(f)\mathrm{d}f = 0.495a_{tx} \tag{5.34}$$

其中，

$$a_{tx} = \int_{f_{min}}^{f_{max}} m_{tx}(f)\mathrm{d}f \tag{5.35}$$

上述计算方法可能涉及某分段区域，因此需要基于式（5.28）～式（5.31）的逆过程计算频差。

需要说明的是，在 5.2 节中计算带宽调整因子时，曾使用两个参数（P_{tx},OBW），其中发射功率指占用带宽内的总功率。但本节使用的 P_{tx} 包括占用带宽内外的所有功率，且利用发射频谱掩模来计算占用带宽，后者所在频率范围的功率占总功率 99%。因此，这里需要考虑两个发射功率，总功率 P_{tx} 和带内发射功率 P_{ib}，两者绝对值之间的关系为

$$p_{ib} = 0.99 \cdot p_{tx} \tag{5.36}$$

通常情况下，给定的发射功率是指 P_{tx}，但两者之间的差别非常小。

$$P_{tx} - P_{ib} = 0.043\,6\mathrm{dB} \tag{5.37}$$

在同频干扰分析中，若设 $P_{ib} = P_{tx}$，则会导致干扰估计值稍微升高，但由于干扰分析本身基于若干假设条件并包含许多具有较大不确定性的分量（特别是传播模型部分），因而上述两个功率之间的差异可以忽略。再者，实际中虽然对干扰路径的保守估计会导致微小误差，但这样做在工程上是被认可的。

5.3.2 标准和发射频谱掩模

许多组织（如 ETSI）的标准文件会给出多种发射频谱掩模的定义，其中许多定义不同于前述章节所定义的发射频谱掩模 $M_{tx}(f)$。本节将介绍这方面的一些例子，并在必要情况下将其他频谱掩模转化为 $M_{tx}(f)$ 格式。

例 5.5

某固定点对点系统的带宽为 28MHz，工作在 28GHz 频段的频谱效率等级为 4H（表示采用 32 状态调制方式，如 32QAM）。下述 ETSI 标准给给出该设备参数。

- ETSI EN 302 217-2-2：固定无线电系统；点对点设备和天线的特性和要求；第 2-2 部分：工作在协调频段的数字系统；欧盟协调标准（EN）涵盖了欧盟无线电指令（RED）第 3.2 章中的核心要求（ETSI，2014c）。

表 5.1 和图 5.7 给出了有关频谱掩模。

表 5.1 28MHz 固定点对点链路发射频谱掩模

频率偏移/MHz	掩模/dB
12	2
15	−10

续表

频率偏移/MHz	掩模/dB
16.8	-33
35	-40
48.3	-50
70	-50

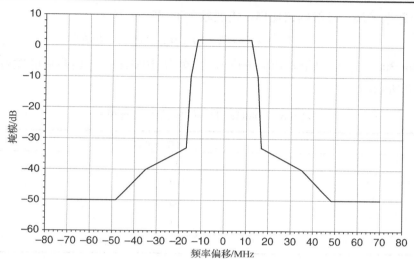

图 5.7　28MHz 固定点对点链路发射频谱掩模

频率偏移是相对载波中心频率而言的，所定义的发射频谱掩模应确保"频谱掩模的 0dB 电平对应载波中心频率的功率谱密度"。在表 5.1 中出现掩模电平为 2dB 情况，这说明该掩模可用于多载波系统，因为这种系统的峰值功率密度不一定出现在载波中心处。需要指出，由于发射频谱掩模是通过积分并与相同掩模的部分积分值相比较得出的，因而掩模电平大于 0 这种情况在数学上是可以接受的。频谱掩模实际上定义了特定包络，满足标准要求的设备不应超过特定包络限值，只能等于或低于包络所定义的功率密度。当采用设备的功率谱计算占用带宽或 5.3.3 节中的掩模积分时，通常认为该功率谱在所有频点上均满足要求。

由图 5.7 可知，该发射频谱掩模延伸至 28MHz 信道间隔的 2.5 倍频率，噪底相比峰值功率谱密度小 50dB。经计算得出的 99%功率带宽 OBW=27.97MHz。

例 5.6

欧洲某广域基站（BS）的发射载波带宽为 10MHz，发射功率为 46dBm，工作频率高于 1GHz，其发射频谱掩模由 3GPP 标准给出。

- 3GPP TS 36.104：LTE；演进的通用无线接入（E-UTRA）；基站无线传输和接收（ETSI/3GPP，2014）。

该文件也称为 ETSI TS 136 104 技术标准。

表 5.2 给出了偏离上述系统信道边沿（并非例 5.5 中所指的中心频率）Δf 频率所对应的最大功率密度，该表仅给出了单边频率偏移所对应功率密度和相应测量带宽。

表 5.2　10MHz LTE 广域基站的发射频谱掩模

频率偏移 Δf	功率密度要求 R	测量带宽 B_M
$0\text{MHz} \leqslant \Delta f < 5\text{MHz}$	$-7\text{dBm} - \dfrac{7}{5}\Delta f$	100kHz
$5\text{MHz} \leqslant \Delta f < 10\text{MHz}$	-14dBm	100kHz
$10\text{MHz} \leqslant \Delta f < 20\text{MHz}$	-15dBm	1MHz

要将表中数据转换为发射频谱掩模，需要基于下式计算 $M_{\text{tx}}(f)$。

$$M(f) = R - 10\lg B_{\text{M}} - (P_{\text{tx}} - 10\lg B) \tag{5.38}$$

取 $P_{\text{tx}} = 46\text{dBm}$（与 R 取相同功率单位），带宽 $B=10\text{MHz}$，则转换后的发射频谱掩模如表 5.3 和图 5.8 所示。

表 5.3　10MHz LTE 基站发射频谱掩模

频率偏移/MHz	掩模 $M(f)$/dB
5	-33
10	-40
15	-40
15	-51
25	-51

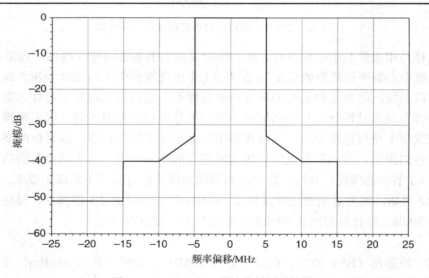

图 5.8　10MHz LTE 基站发射频谱掩模

例 5.7

某带宽为 8MHz 的数字视频广播（DVB）系统发射功率为 20kW，由于其工作频率与某敏感（小功率或单收）系统工作频率邻近，因此被要求采用下述标准给出的较严格频谱掩模。

● ETSI EN 300 744 欧盟标准（电信系列）。数字视频广播；数字地面电信系统的帧结构、信道编码和调制。

　　该掩模如表 5.4 所示。其中相对电平定义为"采用 4kHz 测量带宽测得的、对应 0dB 总输出功率的功率值"。若发射机发射功率为 20kW（=43dBW），功率密度为 34dBW/MHz（=10dBW/4kHz），则将表 5.4 中的相对电平加上总功率（=43dBW）再减去带内功率密度（=10dBW/4kHz），得到如图 5.9 所示发射频谱掩模，该掩模延伸至带宽的 250%的频率区域。

表 5.4　8MHz 数字视频广播采用的较严格发射频谱掩模

频率偏移/MHz	相对电平/dB
−12	−120
−6	−95
−4.2	−83
−3.8	−32.8
3.8	−32.8
4.2	−83
6	−95
12	−120

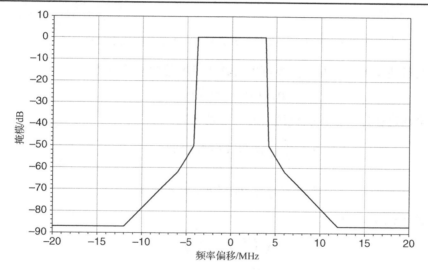

图 5.9　8MHz 数字视频广播采用的较严格发射频谱掩模

　　值得注意的是，本例中的发射频谱掩模比例 5.5 中的固定点对点链路掩模和例 5.6 中的基站掩模严格得多。这固然可以减小大功率数字视频广播系统的无用发射，但也会导致设备成本升高。因为高性能滤波器不仅非常昂贵，而且需要占用更多的站址空间。对于像手机这类有严格成本控制和空间限制要求的设备，上述因素所带来的影响尤其显著。因此，通常相关设备通常不会采用如此严格的发射频谱掩模。

5.3.3　掩模积分调整因子

　　发射频谱掩模 $M_{tx}(f)$ 描述了发射功率谱密度的频域变化情况。相应地，也可定义接收频谱掩模 $M_{rx}(f)$（单位为 dB）或 $m_{rx}(f)$（绝对值）来衡量接收机频率响应特性。对于未经过滤波且功率密度为 $\rho_{rx}(f)$ 的接收信号，在 δf 范围内实际接收信号功率为

$$\delta p_{rx}(f) = \rho_{rx}(f)m_{rx}(f)\delta f \tag{5.39}$$

因此，总接收功率为

$$p_{rx} = \int_{f=0}^{f=\infty} \rho_{rx}(f)m_{rx}(f)df \tag{5.40}$$

接收频谱掩模取值通常为负 dB 数，0dB 表示无滤波和衰减。有时也将滤波器响应定义为损耗，这时对应的接收频谱掩模为正值。

考虑图 5.10 所示传输系统。该图是将图 3.74 中的无线电传输放大，使得发射机可以直接与接收机相连，从而排除了天线、传播和接收馈线的影响。

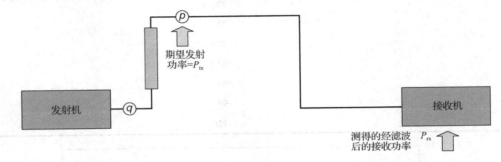

图 5.10　用于表示掩模调整计算过程的简化无线电传输路径

图中由发射功率密度和发射掩模可求得 P 点处的接收功率密度

$$\rho_{rx}(f) = \rho_{tx}m_{tx}(f) \tag{5.41}$$

因而，可通过计算得到接收机检波的信号功率为

$$p_{rx} = \int_{f=0}^{f=\infty} \rho_{tx}m_{tx}(f)m_{rx}(f)df \tag{5.42}$$

$$p_{rx} = \rho_{tx}\int_{f=0}^{f=\infty} m_{tx}(f)m_{rx}(f)df \tag{5.43}$$

考虑到式（5.18）曾指出

$$p_{tx} = \rho_{tx}\int_{f=0}^{f=\infty} m_{tx}(f)df \tag{5.44}$$

因此，经过滤波所得到的接收功率与发射功率的比率为

$$\frac{p_{rx}}{p_{tx}} = \frac{\int_{f=0}^{f=\infty} m_{tx}(f)m_{rx}(f)df}{\int_{f=0}^{f=\infty} m_{tx}(f)df} \tag{5.45}$$

由于涉及带宽的计算，上述两个掩模的积分被限定在特定频率区间，且该频率区间通常由接收频谱掩模确定。同时，该频率区间可被细分为若干分段，相应的发射频谱掩模和接收频谱掩模也表示为若干直线段，如图 5.11 所示。

记 a_{tx} 为式（5.21）和式（5.35）中发射频谱掩模分段 s_i 的积分和，则掩模积分调整因子 A_{MI} 可表示为

$$A_{MI} = 10\lg a_{MI} \tag{5.46}$$

其中,

$$a_{\mathrm{MI}} = \frac{\displaystyle\sum_{i} t_i}{a_{\mathrm{tx}}} \tag{5.47}$$

$$t_i = \int_{f_i}^{f_{i+1}} m_{\mathrm{tx}}(f) m_{\mathrm{rx}}(f)\mathrm{d}f = \int_{f_i}^{f_{i+1}} 10^{(M_{\mathrm{tx}} + M_{\mathrm{rx}})/10}\mathrm{d}f \tag{5.48}$$

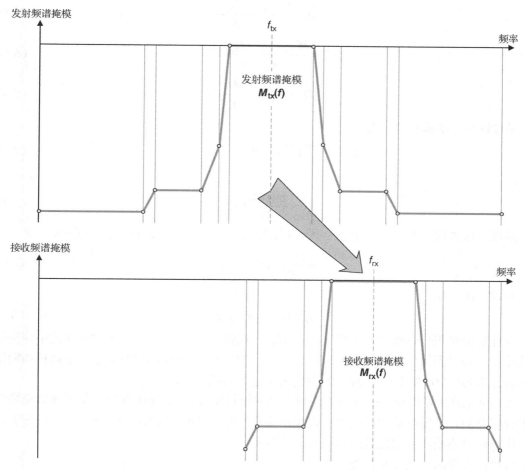

图 5.11　利用 $M_{\mathrm{tx}}(f)$ 和 $M_{\mathrm{rx}}(f)$ 的分段计算 A_{MI}

　　在选定适当分段情况下,发射频谱掩模和接收频谱掩模均可表示为 (dB, f) 形式的直线,所以可使用下列两式,即

$$M_{\mathrm{tx}}(f) = A_i + B_i f \tag{5.49}$$

$$M_{\mathrm{rx}}(f) = C_i + D_i f \tag{5.50}$$

　　因此,有

$$t_i = \int_{f_i}^{f_{i+1}} 10^{(A'_i + B'_i f)/10}\mathrm{d}f \tag{5.51}$$

其中,

$$A_i' = A_i + C_i \tag{5.52}$$

$$B_i' = B_i + D_i \tag{5.53}$$

这里可采用 5.3.1 节中发射频谱掩模积分的概念将掩模上的点转化为线段：

$$A_i = \frac{M_{\text{tx},i} f_{i+1} - M_{\text{tx},i+1} f_i}{f_{i+1} - f_i} \tag{5.54}$$

$$B_i = \frac{M_{\text{tx},i+1} - M_{\text{tx},i}}{f_{i+1} - f_i} \tag{5.55}$$

$$C_i = \frac{M_{\text{rx},i} f_{i+1} - M_{\text{rx},i+1} f_i}{f_{i+1} - f_i} \tag{5.56}$$

$$D_i = \frac{M_{\text{rx},i+1} - M_{\text{rx},i}}{f_{i+1} - f_i} \tag{5.57}$$

通过解析方法求积分，得

$$t_i = 10^{A_i'/10} \int_{f_i}^{f_{i+1}} e^{Q_i' f} \, \mathrm{d}f \tag{5.58}$$

其中，

$$Q_i' = \frac{\ln(10) B_i'}{10} \tag{5.59}$$

同理，这种积分方法取决于 $Q_i' = B_i' = 0$ 是否成立，即如果为水平分割，$Q_i' \neq 0$，则

$$t_i = \frac{10^{A_i'/10}}{Q_i'} (e^{Q_i' f_{i+1}} - e^{Q_i' f_i}) \tag{5.60}$$

若 $Q_i' = 0$，则

$$t_i = 10^{A_i'/10} (f_{i+1} - f_i) \tag{5.61}$$

在计算掩模积分过程中，采用 A、B、C、D 代替式（5.52）～式（5.57）各式中的掩模值能使计算过程得到简化。欧洲协调计算方法（HCM）协议附件 3B "固定业务中掩模和网络滤波器的分辨力"（HCM 管理，2013）中给出了这方面的例子。

通常 A_{MI} 的计算需要在接收频谱掩模带宽内进行积分，a_{tx} 的计算是在发射频谱掩模带宽内进行积分的。当发射频谱掩模和接收频谱掩模没有重叠时，如图 5.12 所示，这时是否意味着干扰可以忽略或者需采用其他方法来计算呢？

这里需要考虑下述几种情况。

（1）采用发射频谱掩模的终止值，该值延伸至接收频谱掩模的全部带宽。

（2）采用杂散发射限值等其他值（将在 5.3.6 中讨论）。

（3）假设不存在干扰。

具体采用何种方法取决于干扰场景和可用数据。

若将 A_{MI} 用于有用信号电平和干扰信号电平计算，则可利用发射频谱掩模和接收频谱掩模求得接收功率。

$$C = P_{\text{tx}} + G_{\text{tx}} - L_{\text{p}} + G_{\text{rx}} - L_{\text{f}} + A_{\text{MI}}(\text{tx}_{\text{W}}, \text{rx}_{\text{W}}) \tag{5.62}$$

$$I = P_{\text{tx}}' + G_{\text{tx}}' - L_{\text{p}}' + G_{\text{rx}}' - L_{\text{f}} + A_{\text{MI}}(\text{tx}_{\text{I}}, \text{rx}_{\text{W}}) \tag{5.63}$$

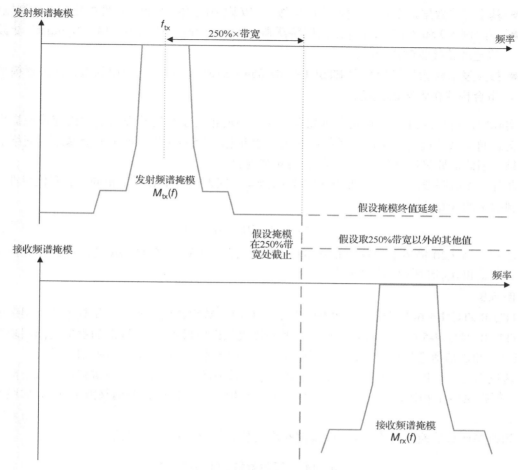

图 5.12 $M_{tx}(f)$ 和 $M_{rx}(f)$ 之间无重叠的几种情况

根据计算 C 和 I 两种情况，接收频谱掩模分别由有用信号接收机或受扰接收机确定，发射频谱掩模分别由有用信号发射机或干扰发射机确定。该方法假设发射频谱掩模不随发射机功率的变化而变化，且天线增益和传播损耗为相关带宽内的平均值。

上述公式适用于同频干扰和非同频干扰计算，因而具有较强的适用性和灵活性。同时不限定使用近似带宽或信道。可利用简单的功率公式来计算有用信号和干扰路径及所有类型干扰的功率。

当使用 A_{MI} 时，需要定义接收机滤波特性。发射频谱掩模可从标准文件中获得，但接收频谱掩模无法通过这种方法获取。已经有人提出，未来的标准化文件中应包含接收机特性特别是接收频谱掩模，但目前这个提法还存在较大争议。

可采用以下几种方法构建接收频谱掩模。

● 构建的理想接收机掩模满足带内 $M_{rx}(f) = 0\text{dB}$，带外 $M_{rx}(f) = -999\text{dB}$（假设）。

● 构建的接收机掩模满足带内 $M_{rx}(f) = 0\text{dB}$，并利用 5.3.5 节中例 5.8 描述的邻信道选择性（ACS）比率确定带外 $M_{rx}(f)$。

● 以发射频谱掩模为参照，构建与之特性相似的接收频谱掩模。

- 基于测量数据建立频谱掩模，例如，按照 C/I 限值随频率的变化特性构建接收频谱掩模。
- 按照例 5.9 和 3.4.7 节中介绍的巴特沃斯（Butterworth）或奈奎斯特（Nyquist）滤波器构建理论接收频谱掩模。
- 按照发射频谱掩模参数和 ETSI TR 101 854（ETSI，2005）所使用的理论滤波器模型的组合构建接收频谱掩模。

实际中，可以通过假设和应用研究等方式，促使相关系统运营商接受频谱掩模或提出替代方案。通常系统运营商不愿提供接收机滤波器指标，因为这些指标可能会暴露其网络的敏感信息。因此需要采用其他指标，详见 5.3.4 节内容。

此外，还需要考虑 A_{MI} 随发射机和接收机频率（假设两者中心频率相同）的变化特性。频率抑制因子的计算式为

$$F_{FR} = A_{MI}(0) - A_{MI}(\Delta f) \tag{5.64}$$

注意，例 7.20 描述了计算地面链路和卫星地球站（ES）之间的 I/N 的过程，并分析了分别采用 A_{BW} 和 A_{MI} 时所得结果的区别。

例 5.8

ITU-R JTG 4-5-6-7 开展了 700MHz IMT 和 DTT（数字地面电视）系统频谱共用课题的研究（ITU-R JTG 4-5-6-7，2014）。相关发射和接收频谱模板由 LTE 标准的邻信道泄漏功率比（ACLR）和邻信道选择性参数确定（两者定义见 5.3.5 节），如表 5.5 和图 5.13 所示。

这里需要注意掩模延伸至 250% 带宽截止频率以外的情况，即从带外域延伸进入杂散域的情况。根据这两个频谱掩模，可计算不同频率偏移所对应的掩模积分调整因子 A_{MI}，如图 5.14 所示。

为改善计算性能，可将得到的 A_{MI} 随频率变化特性以表格形式存储。

表 5.5　IMT LTE 发射和 DTT 接收特性

系统	IMT LTE 发射	DTT 接收
信号带宽	10MHz	7.6MHz
信道带宽	10MHz	8MHz
ACLR/ACS 第一信道	$ACLR_1=45dB$	$ACS_1=45dB$
ACLR/ACS 第二信道	$ACLR_2=45dB$	$ACS_2=50dB$
杂散域	54dB	55dB

例 5.9

假设例 5.4 中某数字电视系统发射的有用信号的占用带宽为 8MHz，载波频率为 706MHz，干扰源 LTE 系统的载波频率为 700MHz，占用带宽为 10MHz，计算得出的带宽调整因子 A_{BW} 为 −5.2dB。假设采用例 5.6 中给出的 LTE 发射频谱掩模，并通过满足 $n = \{2,3,4,5\}$ 的巴特沃斯滤波器构建 DVB 接收机模型，则 A_{MI} 应为多少？

3.4.7 节给出了巴特沃斯滤波器的计算公式，相应的 A_{MI} 的计算结果如表 5.6 所示，其中当 $n = 4$ 时的发射和接收频谱掩模如图 5.15 所示。由于 A_{MI} 包含干扰系统功率，因此相比采用简单带宽重叠方法计算得到的 A_{BW} 高 0.5dB。

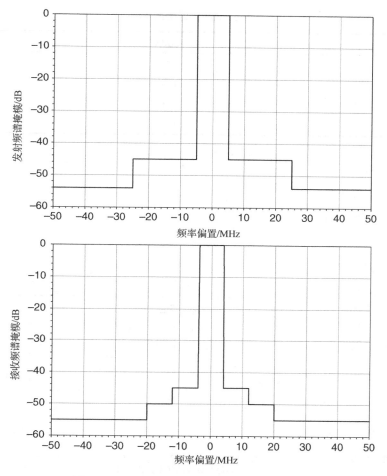

图 5.13　IMT LTE 发射和 DTT 接收频谱掩模

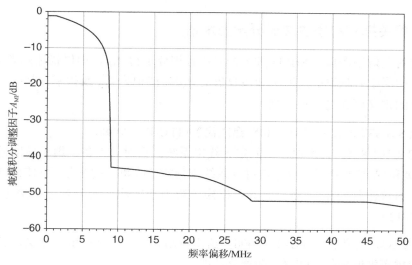

图 5.14　利用 LTE ACLR 和 DTT ACS 值得到的频谱掩模表示 A_{MI} 随频率偏移变化曲线

表 5.6 A_{MI} 计算结果案例

DVB 滤波器阶数	A_{MI}/dB
$n = 2$	−4.72
$n = 3$	−4.99
$n = 4$	−5.11
$n = 5$	−5.17

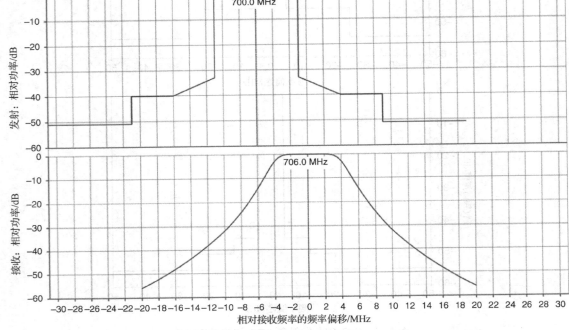

图 5.15   采用 4 阶巴特沃斯滤波器产生的 LTE 发射频谱掩模和接收频谱掩模

5.3.4   频率相关抑制和净滤波器分辨力术语

前节通过对发射频谱掩模和接收频谱掩模进行积分求得 A_{MI}，用以描述两者的综合效应。通常将工作在相同中心频率的发射机和接收机的 A_{MI} 差值记为 F_{FR} 或频率抑制因子。

相关术语的定义可参见下列文献。

● ITU-R SM.337 建议书《频率和距离隔离》（ITU-R，2008b）。

● ETSI TR 101 854：技术报告；固定无线电系统；点对点设备；用于导出适用于不同设备等级和/或容量的固定业务点对点系统规划的接收机干扰参数（ETSI，2005）。

● HCM 协议附件 3B，"固定业务中掩模分辨力和净滤波器分辨力的确定"（HCM 管理，2013）。

ITU-R SM.337 建议书（ITU-R，2008）给出频率相关抑制（FDR）定义，其包括调谐抑制（OTR）和频率失谐抑制（OFR）两部分，即

$$\text{FDR}\,(\Delta f) = \text{OTR} + \text{OFR}\,(\Delta f) \tag{5.65}$$

等式右侧两项可定义为（采用 5.3.3 节给出的公式）

$$\text{OTR} = 10\lg\left[\frac{\int_{f=0}^{f=\infty} m_{\text{tx}}(f)\mathrm{d}f}{\int_{f=0}^{f=\infty} m_{\text{tx}}(f)m_{\text{rx}}(f)\mathrm{d}f}\right] \tag{5.66}$$

$$\text{OFR}(\Delta f) = 10\lg\left[\frac{\int_{f=0}^{f=\infty} m_{\text{tx}}(f)m_{\text{rx}}(f)\mathrm{d}f}{\int_{f=0}^{f=\infty} m_{\text{tx}}(f)m_{\text{rx}}(f+\Delta f)\mathrm{d}f}\right] \tag{5.67}$$

因此，有

$$\text{FDR}(\Delta f) = \text{OTR} + \text{OFR}(\Delta f) \tag{5.68}$$

$$\text{FDR}(\Delta f) = 10\lg\left[\frac{\int_{f=0}^{f=\infty} m_{\text{tx}}(f)m_{\text{rx}}(f)\mathrm{d}f}{\int_{f=0}^{f=\infty} m_{\text{tx}}(f)m_{\text{rx}}(f+\Delta f)\mathrm{d}f} \cdot \frac{\int_{f=0}^{f=\infty} m_{\text{tx}}(f)\mathrm{d}f}{\int_{f=0}^{f=\infty} m_{\text{tx}}(f)m_{\text{rx}}(f)\mathrm{d}f}\right] \tag{5.69}$$

$$\text{FDR}(\Delta f) = 10\lg\left[\frac{\int_{f=0}^{f=\infty} m_{\text{tx}}(f)\mathrm{d}f}{\int_{f=0}^{f=\infty} m_{\text{tx}}(f)m_{\text{rx}}(f+\Delta f)\mathrm{d}f}\right] \tag{5.70}$$

$$\text{FDR} = -A_{\text{MI}} \tag{5.71}$$

ETSI TR 101 854 和 HCM 协议均使用掩模分辨力（MD）和净滤波器分辨力（NFD），其中，有

$$\text{MD} = \text{OTR} \tag{5.72}$$

$$\text{NFD} = \text{OFR}(\Delta f) \tag{5.73}$$

需要指出，当采用 $\text{FDR} = -A_{\text{MI}}$ 的表述方式时，则无须再采用 OTR 和 OFR 这两个参量。同时，NFD 的字面表述不清晰，因为根据 NED 的字面表述，该参量是对发射频谱掩模和接收频谱掩模求归一化积分，以计算由滤波器产生的净分辨力，而非对发射频谱掩模的归一化。如果能采用与定义 FDR 或掩模积分调整因子 A_{MI} 相类似的方法，来给出 NFD 的定义，则有助于增强相关概念的一致性。实际上，在许多国际会议的课题研究中已经尝试这样做了。

因此，本书在术语选择上，分别使用 A_{BW} 和 A_{MI} 来表征同频干扰和非同频干扰情形下的功率公式，不使用 OTR/MD 或 OFR/NFR 等术语，以避免增加不必要的复杂性或概念歧义。

5.3.5 邻信道泄漏功率比、邻信道选择性和邻信道干扰抑制比

工作在相邻信道的无线电系统之间的干扰是非同频干扰的重要样式。这里所说的相邻信道既可能直接相邻，也可能间隔若干信道。相邻信道干扰主要存在两种途径（如图 5.16 所示）。

● 途径 1：干扰发射机指配信道（assigned channel）的发射信号被受扰接收机的邻信道接收。

● 途径 2：干扰发射机的邻信道发射信号被受扰接收机主信道接收。

注意由途径 1 所造成的有害干扰也称为阻塞干扰（blocking）。

根据上述两种干扰途径可定义两个参数，使用这两个参数可求 A_{MI} 近似值。

- 对于途径 1，定义邻信道选择性（ACS）。
- 对于途径 2，定义邻信道泄漏功率比（Adjacent Channel Leakage Ratio，ACLR）。

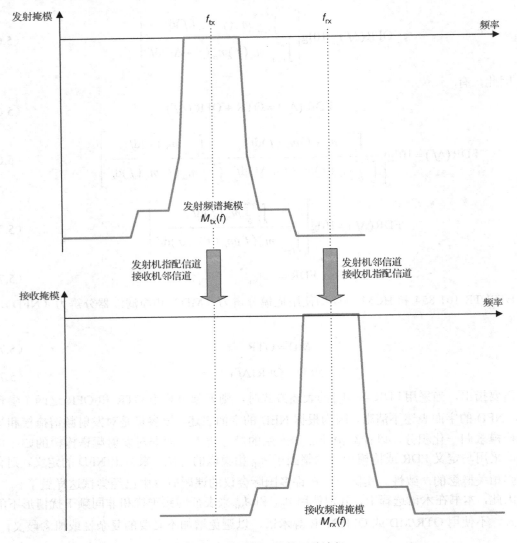

图 5.16　非同频干扰的两种途径

其中，邻信道选择性定义为

$$\mathrm{acs} = \frac{\text{接收机指配信道接收到的特定发射源信号功率}}{\text{接收机邻信道接收到的特定发射源信号功率}} \qquad (5.74)$$

邻信道泄漏功率比定义为

$$\mathrm{aclr} = \frac{\text{指配信道平均发射功率}}{\text{邻信道平均发射功率}} \qquad (5.75)$$

两者通常表示为分贝数且均为正值：

$$\mathrm{ACS} = 10\lg \mathrm{acs} \tag{5.76}$$

$$\mathrm{ACLR} = 10\lg \mathrm{aclr} \tag{5.77}$$

例 5.10

依据 3GPP TS 36.101（ETSI/3GPP，2010）/ETSI TS 136 101，10MHz LTE 用户设备（UE）的邻信道选择性为

$$\mathrm{ACS} = 33\mathrm{dB}$$

依据 3GPP TS 36 141（ETSI/3GPP，2011）/ETSI TS 136 141，10MHz LTE 基站（BS）的邻信道泄漏功率比为

$$\mathrm{ACLR} = 44.2\mathrm{dB}$$

利用上述两个参数，对接收机通过两种干扰途径接收到的功率求和，可计算出 A_{MI} 的近似值。注意接收功率必须取绝对值。在不考虑链路其他组成部分的条件下，可得到

$$p_1 = \frac{p_{\mathrm{tx}}}{\mathrm{acs}} \tag{5.78}$$

$$p_2 = \frac{p_{\mathrm{tx}}}{\mathrm{aclr}} \tag{5.79}$$

$$p = p_1 + p_2 = \frac{p_{\mathrm{tx}}}{\mathrm{acs}} + \frac{p_{\mathrm{tx}}}{\mathrm{aclr}} = \frac{p_{\mathrm{tx}}}{\mathrm{acir}} \tag{5.80}$$

这里定义邻信道干扰抑制比（ACIR）为相邻信道的总干扰与指配信道接收功率之比，即

$$\mathrm{acir} = \frac{1}{\dfrac{1}{\mathrm{aclr}} + \dfrac{1}{\mathrm{acs}}} \tag{5.81}$$

例 5.11

与例 5.10 中取值相同，即 ACS=33dB，ACLR =44.2dB，则邻信道干扰抑制比为

$$\mathrm{ACIR} = 32.7\mathrm{dB}$$

通常 ACIR 为正值，且由 ACS 和 ACLR 中较小值决定。

当发射系统和接收系统均采用相互隔离的信道时，掩模积分调整因子可近似等于

$$A_{\mathrm{MI}} \sim -\mathrm{ACIR} \tag{5.82}$$

在干扰分析中，若采用上式方法，则只需两个输入参数即可求得掩模积分调整因子，简单易行，且相关标准文件一般会给出这两个参数的数值，特别是与接收频谱掩模 $M_{\mathrm{rx}}(f)$ 相比，邻信道选择性数据更易获取。但这种方法并非一种通用方法，其计算结果的准确度相对降低，而且需要掌握由信道规划所定义的频率偏置数据。

5.3.6　杂散发射和 dBc

前面各节主要讨论与带内域相邻的带外域频率，在该频率范围内的发射主要由调制方式决定，且可利用 $M_{\mathrm{tx}}(f)$ 来建模。除此之外，带外域还存在杂散发射，其通常出现在图 5.2 所

示的杂散域。

《无线电规则》将杂散发射定义为：

1.145 杂散发射：必要带宽之外的一个或多个频率的发射，可（采取手段）降低其发射电平而不致影响相应信息的传输。杂散发射包括谐波发射、寄生发射、互调产物及变频产物，但带外发射除外。

《无线电规则》附录 3 "杂散域无用发射的最高允许功率电平"给出了杂散发射电平，其通常表示为 dBc 形式：

当表示为与平均功率的关系时，杂散域发射至少比总平均功率 P 低 x dB，如 $-x$ dBc。

对于地面业务（雷达除外）杂散发射计算，根据系统工作的中心频率，可取如表 5.7 中的基准带宽。空间业务杂散发射计算的基准带宽通常取 4kHz。

表 5.7　用于地面业务杂散发射计算的基准带宽

频率范围	基准带宽
9kHz 至 150kHz	1kHz
150kHz 至 30MHz	10kHz
30MHz 至 1GHz	100kHz
1GHz 以上	1MHz

基准带宽所对应的杂散发射限值为

$$P_{\mathrm{S}} = P - X_{\mathrm{dBc}} \tag{5.83}$$

《无线电规则》附录 3 有关表格给出了计算 X_{dBc} 的方法和有关数值。例如，对于陆地移动业务，有

$$X_{\mathrm{dBc}} = \min(70, 43 + 10\lg p_{\mathrm{tx}}) \tag{5.84}$$

ITU-R SM.329 建议书（ITU-R，2012a）给出了《无线电规则》所定义的 A 类杂散发射限值，同时还给出了适用特定国家和业务的杂散发射限值（如用于欧洲的 B 类限值，用于美国和加拿大的 C 类限值），后者的规定更为严格。一些区域组织和标准化机构也给出了杂散发射电平，如 ETSI 标准和 ERC 建议书 74-01（CEPT，2011c）。

例 5.12

例 4.1 中某专用移动无线电（PMR）系统工作频率 f =420MHz，发射功率 P_{tx} =12dB，基准带宽为 100kHz，则可求得 X_{dBc} 为

$$X_{\mathrm{dBc}} = \min(70, 43 + 12) = 55$$

因而，杂散发射限值为

$$P_{\mathrm{s}} = 12 - 55 = -43\mathrm{dBW}/100\mathrm{kHz}$$

尽管杂散发射限值可能并非特别严格，但却要求几乎整个杂散域的发射都应显著低于该限值。通常杂散域内个别频率上的功率峰值可能接近该限值，例如在发射频率的谐波上可能存在较大的发射信号。有时可能需要对频率划分做出调整，以避免杂散发射对其他频段的敏感业务造成干扰。

例 5.13

在 1997 年世界无线电通信大会（WRC-97）上，将如下脚注增补到《无线电规则》中。

5.291A 附加划分：在德国、奥地利、丹麦、爱沙尼亚、芬兰、列支敦士登、挪威、荷兰、捷克和瑞士，470～494MHz 频段也以次要地位划分给无线电定位业务。根据 217 决议，该划分频率仅限于风廓线雷达使用。

上述脚注中将频段上限设为 494MHz 的原因之一，是为了避免大功率风廓线雷达谐波进入工作在 1 980～2 010MHz 频段的卫星移动业务（MSS）上行链路的灵敏接收机。

5.3.7 互调

当多个信号同时进入放大器时，由于电路存在非线性特性，往往会产生互调。通常互调产物是与输入的多个信号相关的新频率成分或杂散信号。在频谱管理工程活动，如专用移动无线电系统选频过程中通常需考虑互调问题，而行政管理性质的课题研究对互调问题的关注较少。许多工作带宽相对较窄的无线电系统，如卫星业务系统通常需要考虑互调问题。

假设存在频率集 $\{f_1, f_2, \cdots, f_n\}$，则其互调产物的频率可能为

$$f = k_1 f_1 + k_2 f_2 + \cdots + k_n f_n \tag{5.85}$$

这里 k_i 为非零整数，从而满足 $f > 0$。互调阶数 O 由输入频率的数量决定，且满足

$$O = |k_1| + |k_2| + \cdots + |k_n| \tag{5.86}$$

例 5.14

由两个频率 $f_1 = 165.1\text{MHz}$ 和 $f_2 = 165.2\text{MHz}$ 产生的 3 阶互调产物为

$$f = \{2f_1 + f_2, 2f_1 - f_2, f_1 + 2f_2, -f_1 + 2f_2\}$$

$$= \{495.4\text{MHz}, 165.1\text{MHz}, 494.5\text{MHz}, 165.3\text{MHz}\}$$

这两个频率的主要互调产物如图 5.17 所示。

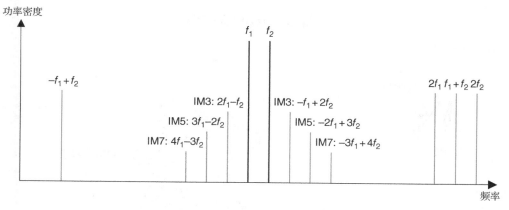

图 5.17 两个频率的主要互调产物

互调通常存在两种表现形式。

- 发射频率附近存在很多互调产物，且难以被滤波器滤除。
- 存在包括谐波在内的多个发射频率。

其中发射频率附近的互调产物主要是频差 $\Delta f = f_2 - f_1$ 的不同组合，特别是奇数阶分量，

如 3 次、5 次和 7 次谐波，如图 5.17 所示。

根据 ITU-R M.739 报告（ITU-R，1986），互调产物可通过 3 种方式导致无线电业务工作性能降级。

（1）在发射机中产生无用发射。

（2）在发射机外部组件中产生无用发射。

（3）在接收机射频组件中产生无用发射。

在发射机外部组件中产生的无用发射有时也被称为无源互调或"生锈的螺栓"。这主要是因为发射台站可能包含由多个发射机构成的组件，由这些发射机产生的二次辐射信号（reradiate signal）形成互调效应。无源互调属于台站管理和测量问题，而非干扰分析的范畴。

大多数无线电发射系统的末级有源组件为功放，若其输入为多个频率信号（既可能由有用信号系统的多个信道产生，也可能来自附近其他无线电系统），就可能产生发射机互调。

发射机互调的影响可通过下面两个参数来表征。

（1）A_C：两个信号之间的耦合损耗，即在某发射机输出端测量到的其他系统（无用信号系统）发射信号功率的减小量。

（2）A_I：互调转换损耗，无用信号电平与互调产物（如 3 阶互调）电平的比率。

互调产物信号功率的计算公式为

$$P_{IM} = P_{TX} - A_C - A_I \qquad (5.87)$$

例 5.15

假设两个专用移动无线电系统部署于同一站址，如图 5.18 所示。其中两个系统的工作频率分别为 165.1MHz 和 165.2MHz，发射功率均为 5W（7dBW），两个系统之间的耦合损耗 A_C=30dB，互调转换损耗 A_I=10dB。因此，与这两个工作频率最接近的 3 阶互调产物为

$$f = \{165.0\text{MHz}, 165.3\text{MHz}\}$$

$$P_{IM} = 7 - 30 - 10 = -33\text{dBW}$$

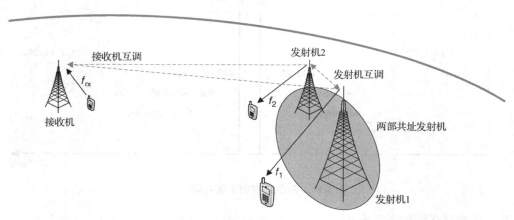

图 5.18　发射机和接收机互调

与发射机互调相对的是接收机互调，后者是由于（两个或多个）频率(f_1, f_2)的干扰信号在接收机内产生的杂散发射。根据 ITU-R SM.1134 建议书（ITU-R，2007），两个信号 3 阶互调干扰信号功率可通过下式计算。

$$P_{\text{INO}} = 2(P_1 - \beta_1) + (P_2 - \beta_2) - A_1 \tag{5.88}$$

其中， P_{INO} ——接收机内频率为 $f = 2f_1 - f_2$ 的 3 阶互调产物功率；

P_1 和 P_2 ——频率分别为 f_1 和 f_2 的干扰信号功率；

β_1 和 β_2 ——频率偏移 Δf_1 和 Δf_2 的频率选择性；

A_1 ——互调转换损耗，即无用信号电平与互调产物电平之比。

上式中 $(P_i - \beta_i)$ 对应于式（5.63）中的 I：

$$I = P'_{\text{tx}} + G'_{\text{tx}} - L'_p + G'_{\text{rx}} - L_f + A_{\text{MI}}(\text{tx}_I, \text{rx}_W)$$

因此，有

$$P_{\text{INO}} = 2I_1 + I_2 - A_1 \tag{5.89}$$

下面这份文献给出了类似公式，也可用于计算接收机互调影响。

● 澳大利亚通信和媒体管理局（ACMA）：无线电通信指配和许可说明（RALI）：用于陆地移动业务 LM 8（ACMA，2000）的频率指配要求。

该文献给出的两个频率的 A_1 分别为：

3 阶 A_1=9dB

5 阶 A_1=28dB

需要指出，ACMA LM 8 和 ITU-R SM.1134 建议书给出的频率相关抑制参数均可用于计算互调产物。例如，ITU-R SM.1134 建议书给出如下公式。

$$\beta(\Delta f) = 60 \lg \left[1 + \left(\frac{2\Delta f}{B_{\text{RF}}} \right)^2 \right] \tag{5.90}$$

5.3.8　块边沿掩模和保护频带

发射频谱掩模规范了发射信号的频域特征，可为开展非同频干扰分析提供有效工具。但是，发射频谱掩模对接收机的影响仍与频域有关，因为对于给定的发射频谱掩模，其与接收系统的频率间隔越大，所允许的发射功率也越大。

块边沿掩模（BEM）是用于规范频率块之间频率范围内最大允许发射功率的管理工具，有利于更灵活地选择发射功率。块边沿掩模通常以图表的形式给出，具体掩模值由与频率（MHz）偏移相对应的等效全向辐射功率（EIRP）密度（dBW）数据点所构成的直线表示。

例 5.16

位于英国的某工作在 28GHz 频段的地面业务系统通过拍卖获取频率执照，该系统的块边沿掩模如图 5.19 所示（英国通信办公室，2007）。注意图中点对点系统和单点对多点系统块边沿掩模的区别，前者所定义的天线半功率波束宽度较后者小 5°。图中负频率偏移表示位于频率块之内，正频率偏移表示位于频率块之外。

块边沿掩模的概念源于干扰分析中对系统使用频率上下频段特性的通用假设。若系统使用频率上下频段用于相同无线电业务，则其块边沿掩模满足互易性；若其上下频段用于不同的无线电业务，则所对应的块边沿掩模也会不同。

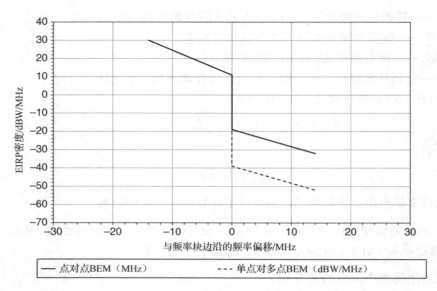

图 5.19　块边沿掩模案例

由于频率块边沿掩模既能为无线电系统提供干扰防护，同时具有较强的灵活性，因而是一种非常有用的管理工具。只要发射机满足频率块边沿掩模要求，运营商即可开展部署应用，而无须再履行用频审批手续。利用块边沿掩模可直接计算允许功率值，并在必要时通过测量来验证发射的符合性。同时，运营商可根据与频率块边沿的频差对发射机功率进行相应调整，从而赋予发射机设计很大灵活性。

通过将块边沿掩模作为电台执照的一项重要指标，即可规范与发射有关的权利和义务，也可避免执照中规定具体的技术标准，从而保证技术的中立性。例如，某基站初始部署时采用 WCDMA 体制，只要该基站满足相关执照规定的块边沿掩模指标，运营商便可自主将系统升级为 LTE 体制，而无须再提交行政审批申请。

例 5.17

两条固定链路工作频段为 28GHz，均采用例 5.16 给出的块边沿掩模，其发射频谱掩模如图 5.7 所示。表 5.8 给出了距频率块边沿的频率偏移及其对应的最大等效全向辐射功率密度。注意两条链路的频差符合信道规划所规定的 28MHz。

假设固定业务系统发射掩模随功率线性变化，即增大发射功率将使得系统所有使用频率的掩模增加相同量值。因此不同频率偏移所对应的等效全向辐射功率密度为

$$\text{EIRP}_{\text{density}}(\Delta f) = \text{EIRP}_{\text{density}}(\text{peak}) + M_{\text{tx}}(\Delta f) \tag{5.91}$$

通过分析或图示方式，可对这两条链路的等效全向辐射功率密度掩模与其块边沿掩模进行对比，如图 5.20 所示。

- 链路 A：该链路 EIRP 掩模超过了块边沿掩模，不符合运营商所应遵守的指标要求。
- 链路 B：该链路 EIRP 掩模均位于块边沿掩模以下，可以接受。

表 5.8 点对点链路参数案例

链路	A	B
距频率块边沿的频率偏移/MHz	−14	−42
最大 EIRP 密度/dBW/MHz	−10	15

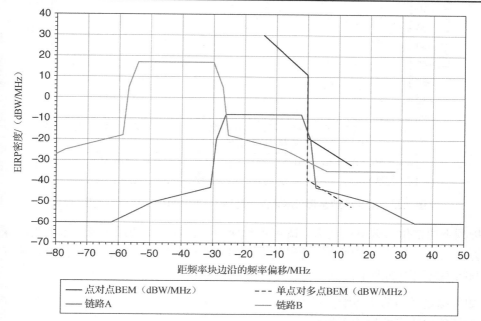

图 5.20 两条固定链路的 EIRP 掩模与块边沿掩模对比

一般来讲，即使无线电系统在相邻频率块的发射低于限值要求，监管机构也不会允许运营商在相邻频率块一侧发射信号。

由于块边沿掩模的限制，通常很难使发射机在块边沿频率附近工作。这块区域被称为保护频带，用于将发射频率和接收频率隔离开来，如图 5.21 所示。通常不允许任何发射机在保护频带工作。

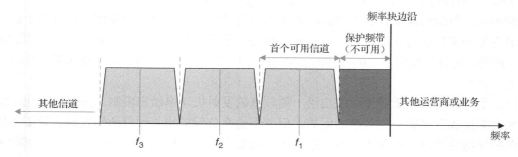

图 5.21 包含保护频带的信道规划

例 5.18

例 5.17 中，若在固定链路信道规划中增加 2MHz 保护频带，相应地增加两条链路与块边沿的频率间隔，则两条链路的等效全向辐射功率掩模均满足规定的块边沿掩模要求，如图 5.22 所示。

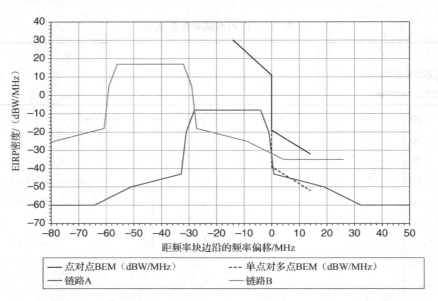

图 5.22　增加保护频带后两条固定链路的 EIRP 掩模与块边沿掩模对比

　　保护频带通常位于频率块边沿，既可单独使用，也可与块边沿掩模一起使用。保护频带可作为管理工具，对发生在频率块边沿的系统间干扰进行管理。由此，干扰分析研究的关键任务可归结为解决下面两个问题。

- 如何确定适当的块边沿掩模？
- 如何确定适当的保护频带？

　　CEPT ECC 报告 131《确定工作在 2.6GHz 频段（2 500～2 690MHz）终端站块边沿掩模的方法》（CEPT，2009）给出了确定适当的块边沿掩模的分析案例。该方法首先计算最小耦合损耗（将在 6.6 节中介绍），然后开展更详细的蒙特卡洛分析（将在 6.9 节中介绍）。CEPT 已在包括 UMTS 和 LTE 在内的多项业务研究中规定了块边沿掩模。

　　若对块边沿掩模的规定过于严格，或规定的保护频带太宽（如远大于例 5.18 中的 2MHz保护频带），虽然有利于干扰保护，但也会形成较多空闲频谱。

　　若相关业务运营商能够达成协议，允许系统发射功率超过块边沿掩模，则有助于提高该块边沿附近空闲频谱的利用效率。但这要求相关运营商都有达成协议的意愿，且会增加系统成本。此外，允许次要用户（secondary system）（不产生干扰）以超小功率使用闲置频段也是一种解决方案。

　　块边沿掩模主要用于对使用块边沿一侧频率的发射机功率做出限制，并对使用块边沿另一侧频率的接收机提供一定程度的保护，但并不能充分保护相邻频段的接收机。若要求能够充分保护使用块边沿一侧频率的所有接收机，则要求块边沿掩模对使用块边沿另一侧频率的发射机功率做出非常严格的限制。

　　另外，块边沿掩模也会影响发射机部署密度。块边沿掩模本身并未对发射机部署模型做出限制。在块边沿掩模的概念刚被提出时，假设发射台站位置满足广域部署模型，即发射台站之间间隔数十千米。如果发射台站之间的实际部署距离小于 1km，则可能发生有害干扰的区域面积将会大于基于块边沿掩模的预测面积。

如果某频段需要改变用途（CoU），如更改技术体制或业务类型，则台站部署密度也可能面临调整。例如，纳克斯泰尔（Nextel）公司曾购买了美国 800MHz 频段使用权，将其用于车队调度频率（fleet dispatch frequencies）。后来，由于该频段业务类型需调整为公共移动无线网络，导致相邻频段的商用和公共安全无线电系统遭受干扰。最后，经美国联邦通信委员会（FCC）重新对该频段进行规划，问题才得以解决。

还有一种方法可用于解决台站部署密度问题，如某项研究课题中提出的基于技术中立的频谱使用权方法（Aegis Systems 公司、Transfinite Systems 公司和 Indepen 公司，2006）。该方法提出一种基于区域功率通量密度（PFD）限值的指标，并将其定义为：

X%区域内的台站在 Y%时间内无法超过的总场强。

该方法没有明确定义怎样开展 X%区域内的测试，因此目前尚未推广使用。

5.4　极化

前面各节主要介绍了无线电波的频率和功率特性，以及如何表示功率在频率上的分布情况。实际上无线电波还有另一个重要属性，即极化。

根据麦克斯韦方程组，无线电波由变化的电场和磁场构成。电磁的变化特性决定了极化的方式，主要包括：

● 线极化：正弦或余弦电波沿特定平面传播。根据平面的不同样式，可分为水平线（LH）极化和垂直线（LV）极化，如图 5.23 所示。

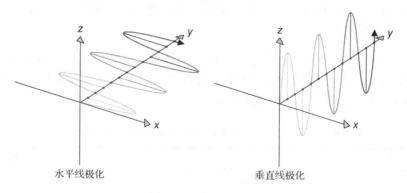

水平线极化　　　　　　　　　　垂直线极化

图 5.23　线极化示例

● 圆极化：电波平面沿着传播方向不断旋转。包括右旋圆极化（RHC）和左旋圆极化（LHC）两种，如图 5.24 所示。

《无线电规则》中给出的右旋圆极化和左旋圆极化的定义为：

1.154　右旋（顺时针）极化波：在任何一个垂直于传播方向的固定平面上，顺着传播方向看去，其电场向量随时间向右或顺时针方向旋转的椭圆极化波或圆极化波。

1.155　左旋（逆时针）极化波：在任何一个垂直于传播方向的固定平面上，顺着传播方向看去，其电场向量随时间向左或逆时针方向旋转的椭圆极化波或圆极化波。

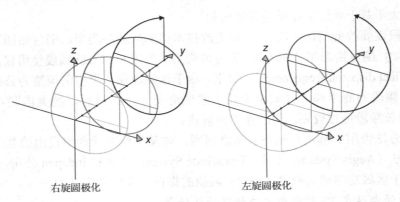

右旋圆极化　　　　　　　　　左旋圆极化

图 5.24　圆极化示例

有一个区分这两种极化方向的便捷方法，具体做法是：将左手或右手的拇指伸直，四指弯曲，拇指指向电波传播方向，则四指弯曲方向指向电场的旋转方向。

此外，还存在一种介于线极化和圆极化之间的极化方式，称为椭圆极化。这种极化方式中某种圆极化方向性强于另一种圆极化方向性，并在极端情况下可转化为线极化。

极化对干扰计算的影响表现在：

● 极化可影响传播损耗，如 4.1 节所述。

● 极化可随传播环境的变化而变化，这一点在 4.1 节中也有介绍。

● 发射和接收天线的增益方向图受极化影响很大，这一点将在后面论述。

● 接收天线会对与有用信号极化方式不同的干扰信号产生一定抑制作用。

● 单系统可同时采用两种极化方式，这样既可以使链路容量增大一倍，也可通过叠加两个有用信号从而提高 $C/(N+1)$。

构建极化效应模型较为困难，其中一个原因是线极化波的角度在天线主瓣之外会发生变化，同时圆极化载波会趋于椭圆极化。因此，很难通过极化获取较大收益。《无线电规则》附录 8 给出了极化损耗 L_{pol} 建议，如表 5.9 所示。

表 5.9　《无线电规则》附录 8 给出的极化损耗（单位为 dB）

极化	LH	LV	RHC	LHC
LH	0.0	0.0	1.46	1.46
LV	0.0	0.0	1.46	1.46
RHC	1.46	1.46	0.0	6.02
LHC	146	1.46	6.02	0.0

将极化损耗从干扰信号中去除，得到

$$I = P'_{tx} + G'_{tx} - L'_p - L_{pol} + G'_{rx} - L_f \tag{5.92}$$

通常天线和接收机用于转换和接收有用极化信号，因此对于有用信号，其链路预算公式可认为保持不变。

对于线极化波，如果几何结构选择适当，则可使干扰信号显著减小。特别是当几何结构不发生变化时，例如点对点固定链路，甚至可以基于此几何结构设计无线电系统。

例 5.19

为获得欧洲型号认证（type approval），工作频段为 24～30GHz 的固定业务 class 4 天线*增益方向图必须符合 ETSI EN 302 217-4-2（ETSI，2010）所规定的辐射包络图（RPE）。该天线辐射包络图包括同极化和交叉极化两种样式，如图 5.25 所示。由图可知，两者最主要的区别在于主瓣附近增益，随着偏离主轴角度的增加，两者的差值减小。

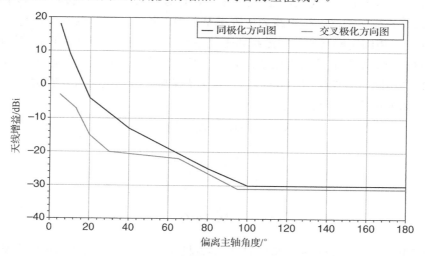

图 5.25　class 4 天线辐射包络图（24～30GHz）案例

在干扰计算过程中，可根据有用信号系统和干扰信号系统使用的天线极化方式，来选择对应的天线增益方向图。例如，对于图 5.26 所示的应用场景，存在两种情况。

（1）干扰电台发射天线基于同极化增益方向图辐射水平线极化波，受扰电台接收天线基于交叉极化增益方向图接收垂直线极化波。

（2）干扰电台发射天线基于交叉极化增益方向图辐射垂直线极化波，受扰电台接收天线基于同极化增益方向图接收水平线极化波。

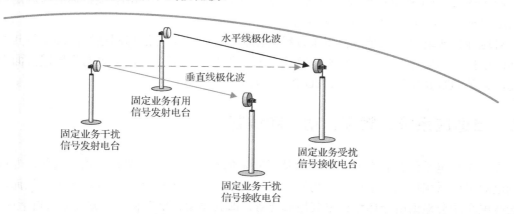

图 5.26　固定链路线极化波干扰场景

---

* ETSI 针对点对点天线辐射包络图高低制定的天线分类标准，其中 class 4 天线具备更高的前后比和方向图包络要求。——译者注

上述两种干扰场景可视为两个干扰信号，但由于两条链路预算的其他部分均相同，因此可依据 ITU-R F.699 建议书（ITU-R，2006b），将两个天线增益的绝对值求和（因为需要对两个功率进行叠加），然后合并为一条链路预算公式来计算。

$$G_t(\varphi_t) + G_r(\varphi_r) = 10\lg\left[10^{\frac{G_{tH}(\varphi_t) + G_{rV}(\varphi_r)}{10}} + 10^{\frac{G_{tV}(\varphi_t) + G_{rH}(\varphi_r)}{10}}\right] \quad (5.93)$$

其中，H 表示水平线极化；V 表示垂直线极化；(t,r) 分别表示发射和接收天线增益/角度。

当有用系统天线和干扰系统天线的位置满足直视条件时，极化效应的优势可以发挥至最大。例如，对于采用固定链路的期望系统和干扰系统，两条链路的几何结构（发射/接收台站）和信道均相同，一个发射水平线极化波，另一个发射垂直线极化波。这时由于两条链路的几何和传播损耗均相同（假设使用相同天线），则 C/I 仅与天线的极化方式有关。

有用信号和干扰信号可通过下式计算。

$$C = P_{tx} + G'_{tx} - L_p + G_{rx} - L_f$$

$$I = P_{tx} + G'_{tx} - L_p + G'_{rx} - L_f$$

则

$$\frac{C}{I} = (G_{tx} - G'_{tx}) + (G_{rx} - G'_{rx})$$

ITU-R F.746 建议书（ITU-R，2012b）将接收机在两种极化方式（同极化和交叉极化）下接收功率的差值定义为交叉极化分辨力（XPD）：

$$XPD_{H(V)} = \frac{垂直线极化发射、垂直线极化接收的功率}{垂直线极化发射、水平线极化接收的功率} \quad (5.94)$$

因此

$$\frac{C}{I} = XPD \quad (5.95)$$

例 5.19 中，ETSI 标准所要求的 XPD 为 27dB，相应的 C/I=27dB，该指标能够满足大多数同信道双极化（CCDP）系统的运行需求。

对地静止轨道卫星系统可使用垂直线极化和水平线极化方法抑制系统内部或与其他系统之间的干扰。但要注意，垂直和水平极化平面可能在对地静止轨道卫星的广域覆盖面内发生变化，详见 ITU-R S.736 建议书（ITU-R，1997b）。

5.5　自适应系统：频率、功率和调制

许多无线电系统在其全寿命周期内使用固定的频率、功率和调制方式。例如，专用移动无线电对讲机系统投入使用后，其初始设置参数很可能在 5～10 年内保持不变。然而，另一些无线电系统会根据所处环境调整其用频参数，即其频率、功率和调制方式能够自适应调整。本节重点讨论这类自适应系统。

需要指出的是，有些无线电系统还采用了自适应增益方向图和地理数据库等更高级的自适应技术（这方面内容将在 7.10 节有关白色空间技术中介绍）。

5.5.1 动态选频

采用动态选频（DFS）技术的系统能够在发射信号前感知无线电环境信息，若探测到某信道已被其他无线电系统占用，则不会使用该信道。

例如，EN 301 893（ETSI，2014a）描述了一种工作在部分 5GHz 频段的无线局域网（RLAN），该网络利用动态选频：

- 探测来自雷达系统的干扰，以避免与雷达系统使用相同信道。
- 探测其他无线电局域网信号，以避开已占用信道，并提供近似一致的频谱负载。

动态选频需要无线电行为感知模式的支持，该模式能够感知其他无线局域网或雷达的工作信道，并规定了可用来判断信道占用或空闲状态的限值。

动态选频能够为新用户选择工作频段，同时保护现有用户不受干扰，而且相关决策由设备自动做出，无需额外硬件或人为干预，因而成本相对较低。

但是，动态选频的正常运行同时需要满足诸多条件，这也影响到其适用性。例如：

- 载波探测：要实现动态选频，上述无线电局域网接收机必须能够测得需要保护的无线电业务信号。若该无线电业务用户功率较大（如雷达）或位置较近（如另一个无线局域网），上述条件容易满足。但是，若该无线电业务用户发射位置较远且使用高增益天线放大微弱信号，则很难探测到其信号。例如，由于卫星业务信号功率非常小，使用低增益接收机无法探测到卫星信号，有时测量设备会显示某段频谱"空闲"，于是测量人员会认为这段频谱未被占用，但实际上这段频谱有可能被使用抛物面天线的卫星接收机经常使用。
- 隐藏节点：动态选频系统在选用某信道工作时，附近有另一个系统的接收机正在工作，但该系统的发射机相对于动态选频系统是隐藏的或被遮挡的，若动态选频系统认为该信道空闲且利用其发射信号，则会对邻近系统的接收机构成干扰。图 3.22 给出了这方面案例。在该案例中，动态选频系统与 Wi-Fi 网络的发射频率冲突。
- 延迟：无线局域网可以周期性（通常为 1～10 分钟）开展信道可用性检测（CAC），但在检测间隔期内，仍有可能对其系统造成短时有害干扰。

由于受诸多条件限制，目前动态选频技术的应用通常仅限于小功率设备等特定业务，如 5GHz 频段无线局域网与大功率雷达系统的频谱共用等。

例 5.20

ITU-R M.1652 建议书（ITU-R，2011b）给出了 5GHz 无线局域网设备的触发门限电平，例如，当采用动态选频技术时，无线局域网设备的探测门限为：

- 对于等效全向辐射功率为 200mW 的设备，探测门限为-62dBm。
- 对于 1μs 内平均等效全向辐射功率为 200mW～1W 的设备，探测门限为-64dBm。

5.5.2 自动功率控制

无线电系统的设计通常基于特定有用信号场强或接收机灵敏度电平（RSL），这些值主要和系统带宽、调制、裕量和噪声系统有关，有关内容将在 5.8 节中详细介绍。依据链路预算公

式，无线电系统接收信号电平可表示为

$$C = P_{tx} + G_{tx} - L_p + G_{rx} - L_f$$

上式中某些项会随时间变化，例如：

- 发射增益：若接收台站处于移动状态，则指向接收台站方向的天线增益可能会变化。例如，蜂窝移动通信小区内基站指向手机方向的天线增益会随手机位置的变化而变化。
- 传播损耗：即使发射和接收台站位置不变，由于存在大气效应，将会导致传播损耗发生较大变化。若发射或接收台站处于移动状态，则地形、地物或多径等因素也会导致传播损耗变化。
- 接收增益：与发射增益类似，若发射或接收台站处于移动状态，则接收增益会发生变化。

上述因素导致接收有用信号电平随时间变化。若发射功率固定，为了满足接收机灵敏度电平要求，链路传输功率一般须大于最低所需的接收信号电平。对于包含两条通信链路的系统，可以通过构建反馈回路来调整发射功率，使其正好满足接收机灵敏度电平要求。

例 5.21

某陆地移动系统采用固定发射功率工作。大多数时间内，接收信号电平远高于所需接收机灵敏度电平。但是，当衰落深度为 26dB 时，接收信号无法满足要求。如图 5.27 所示。

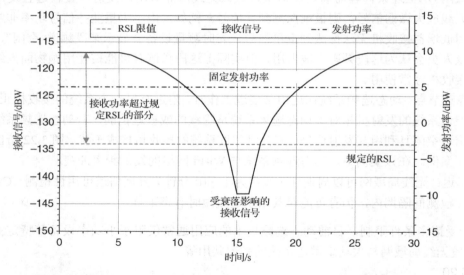

图 5.27　发射功率固定和衰落条件下接收信号电平与接收机灵敏度电平关系

若采用功率控制机制，在信号衰落时增大发射功率，则可确保接收信号电平始终稍高于接收机灵敏度电平。要实现功率控制机制，发射机最大允许发射功率需满足特定要求。首先利用额定功率 P_{tx} 计算对应的接收信号电平 C：

$$C = P_{tx} + G_{tx} - L_p + G_{rx} - L_f$$

令接收信号电平等于规定的接收机灵敏度电平，其所对应的发射功率即为最大允许发射功率 P'_{tx}：

$$\text{RSL} = P'_{tx} + G_{tx} - L_p + G_{rx} - L_f$$

则

$$P'_{tx} = P_{tx} - (C - \text{RSL}) \tag{5.96}$$

此外，还存在另一种计算最大允许发射功率的方法。首先计算链路总损耗：

$$L_{total} = G_{tx} - L_p + G_{rx} - L_f \tag{5.97}$$

同时需满足发射功率不大于 $P_{tx,max}$，则

$$P'_{tx} = \min(P_{tx,max}, \text{RSL} - L_{total}) \tag{5.98}$$

自动功率控制（APC）有许多优点，例如：

● 提高频谱效率，原因在于采用自动功率控制既能满足业务所需信号电平要求，又能尽可能减小干扰。

● 提高功率效率，原因在于采用自动功率控制能够减小系统对环境的影响，延长设备电池寿命，使功率受限系统的容量最大化（如卫星）。

● 能够自动调整发射功率，克服电波衰落影响，避免业务中断。

许多业务允许功率在短时内大于规定电平，以补偿电波传播损耗。在干扰信号同样存在传播损耗的情况下（包括降雨损耗，并非一定为多径损耗），这样做并不会带来更多干扰。

CDMA 移动网络通常需要采用自动功率控制，并作为其系统内干扰管理机制的一部分，以确保手机至基站的上行链路具有大致相等的接收功率电平。

自动功率控制也称为自适应发射功率控制（ATPC），或简称为功率控制。

由于功率控制回路在响应传播损耗（见 5.8 节）时存在延迟，因而通常要求经自动功率控制后的接收信号电平稍高于接收机灵敏度电平。自动功率控制系统可能设置若干功率调节步进，如每个步进增加 0.1dB。同时，自动功率控制回路的参考指标可以为误码率（BER）、误包率（PER）或 $C/(N+I)$，而非一定是接收机灵敏度电平，尽管前者实现的难度更大。此外，若将自动功率控制回路的参考指标设为干扰电平，则可能导致多个系统均通过增大发射功率来减小干扰影响，从而使其他系统面临更强的干扰。

在干扰分析过程中，功率控制是构建系统模型时需要考虑的一个重要特征。某些情况下，可以先建立初始仿真模型，并确定平均发射功率或发射功率概率分布是否与预期一致。

例 5.22

对于例 5.21 中的陆地移动系统，假设其采用自动功率控制，经调节后的接收信号电平为高于接收机灵敏度电平（-133dBW）1dB，功率 P_{tx} 控制范围为[-15dBW，+10dBW]。则接收信号电平及其对应的发射功率如图 5.28 所示。由图可知：

● 在大多数时间内，发射功率小于例 5.21 中的发射功率。

● 当信号开始衰落时，发射功率增大而接收信号电平保持不变。

● 在信号衰落最严重时段，由于发射信号功率不足，导致接收信号电平降至接收机灵敏度电平以下。

● 与例 5.21 相比，当发生信号衰落时，接收信号电平低于规定接收机灵敏度电平的持续时间减短。

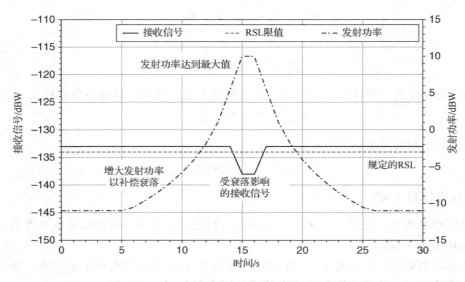

图 5.28 采用自动功率控制后接收信号改善情况

5.5.3 自适应编码和调制

例 5.21 中，由于系统采用固定发射功率，使得在信号发生深度衰落以外的时段，接收信号电平相对规定的接收机灵敏度电平拥有较大裕量。系统可以利用该裕量并通过增加调制阶数来提高数据速率。在给定误码率指标下，调制阶数越高，则所需的 S/N 越高，具体原因见3.4.5 节。此外，根据式（3.30）所给出的香农（Shannon）信道编码理论，信道的最大容量随 S/N 的升高而增大。

在改变信号调制类型的同时，也可以通过增加或减少附加比特来调整信道编码方式。这样做将使满足特定误码率所需的 S/N 发生变化，还可能减小用户通话容量。

例如，Wi-Fi 标准 IEEE 802.11n（IEEE，2009a）采用下列调制类型和编码方式。

- 调制类型：{BPSK, QPSK, 16-QAM, 64-QAM}。
- 码率：{1/2, 2/3, 3/4, 5/6}。

另外，用于移动网络回程的点对点链路可通过改变其调制类型，使网络在既有传播环境下达到最大数据承载容量。

从干扰分析的角度看，采用自适应编码和调制将提高干扰分析的复杂度，例如：

- 需要针对每种调制类型和编码样式设置不同限值。
- 需要为每种调制类型设置发射频谱掩模。

因此有必要采取措施简化分析过程，例如：

- 当自适应调制系统为干扰源时，选择其最宽的频谱掩模。
- 当自适应调制系统为受扰对象时，采用其最低的灵敏度门限。

干扰分析中，若将多种场景均假设为最严重情形，难免会带来风险。即使系统能够调整其调制方式，干扰也有可能使系统容量减小。由于系统被动选用低阶调制方式，导致负载数据速率降低。不过，这是为了实现业务之间频谱共用所必须付出的代价。

5.6　端到端性能

通常情况下，干扰分析仅考虑发射电台至接收电台这一单个无线电链路。但是当该链路仅为端到端通信链路的一部分时，则需要考虑多条链路。

以卫星系统为例，为满足地面用户需求，卫星系统通常包含上行链路和下行链路，卫星接收到上行链路信号后，需要通过改换天线和中心频率，将上行链路信号进行转发，并作为下行链路传输至地面。

作为整个传输路由的节点，卫星可采用以下两项技术。

- 弯管中继器（bent pipe repeater），即节点（如卫星）将接收信号进行放大，改变其工作频率，并将信号送至所对应的天线。
- 再生器，即节点将接收数据转化为比特流，重新进行编码并发射出去。

地面数字系统通常采用再生器技术，因为该技术可为系统增加多路复用等其他功能，从而允许多个用户共享回程传输等资源。

卫星系统通常采用弯管中继器技术，因为该技术较为简单，同时较少（如果不是全部的话）受到链路协议的影响。特别是考虑到卫星设备难以接近，且其使用寿命可能达 10～20 年，如此长时间可能会超过空中接口标准的有效期。

采用弯管中继器技术也可能带来消极影响，如上行链路所携带的噪声会被下行链路放大并再次发送，从而导致链路总噪声升高。卫星链路包括两条链路（上行和下行），其端到端性能可在计算每条链路性能的基础上再叠加噪声加成效应（thermal addition）获得。

如图 5.29 所示对地静止轨道卫星链路，其链路参数的绝对值由表 5.10 定义。

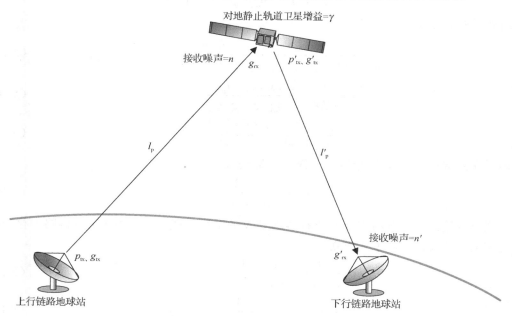

图 5.29　端到端卫星链路

表 5.10   图 5.29 中符号定义

方向	上行链路	下行链路
发射功率	p_{tx}	p'_{tx}
发射增益	g_{tx}	g'_{tx}
路径损耗	l_p	l'_p
接收增益	g_{rx}	g'_{rx}
接收噪声	n	n'

上行链路 C/N 的绝对值可通过下式计算。

$$\frac{c}{n} = \frac{p_{tx} g_{tx} g_{rx}}{l_p n} \tag{5.99}$$

同理，下行链路 C'/N' 的绝对值为

$$\frac{c'}{n'} = \frac{p'_{tx} g'_{tx} g'_{rx}}{l'_p n'} \tag{5.100}$$

下行链路发射功率等于上行链路接收功率乘以卫星放大器增益 γ：

$$p'_{tx} = \gamma c = \gamma \frac{p_{tx} g_{tx} g_{rx}}{l_p} \tag{5.101}$$

端到端（e2e）链路总噪声等于经卫星放大后的上行链路噪声与下行链路有用信号相乘，再与下行链路噪声相加之和：

$$n_{e2e} = n\gamma \frac{g'_{tx} g'_{rx}}{l'_p} + n' \tag{5.102}$$

则有

$$\frac{1}{c/n} + \frac{1}{c'/n'} = \frac{l_p n}{p_{tx} g_{tx} g_{rx}} + \frac{l'_p n'}{p'_{tx} g'_{tx} g'_{rx}} \tag{5.103}$$

将式（5.101）代入上式得

$$\frac{1}{c/n} + \frac{1}{c'/n'} = \frac{l_p n}{p_{tx} g_{tx} g_{rx}} + \frac{l_p l'_p n'}{p_{tx} g_{tx} g_{rx} \gamma g'_{tx} g'_{rx}} \tag{5.104}$$

$$\frac{1}{c/n} + \frac{1}{c'/n'} = \frac{l_p n \gamma g'_{tx} g'_{rx} + l_p l'_p n'}{p_{tx} g_{tx} g_{rx} \gamma g'_{tx} g'_{rx}} \tag{5.105}$$

$$\frac{1}{c/n} + \frac{1}{c'/n'} = \frac{n\gamma g'_{tx} g'_{rx} / l'_p + n'}{c'} \tag{5.106}$$

由于端到端 $c_{e2e} = c'$，则全链路 C/N 的计算公式为

$$\frac{1}{c_{e2e}/n_{e2e}} = \frac{1}{c/n} + \frac{1}{c'/n'} \tag{5.107}$$

上式可表述为上行链路 C/N 和下行链路 C/N 的噪声加成效应。由于上行链路中存在的干扰也会被卫星放大，因此下式成立。

$$\frac{1}{c_{e2e}/i_{e2e}} = \frac{1}{c/i} + \frac{1}{c'/i'} \tag{5.108}$$

$$\frac{1}{c_{e2e}/(n_{e2e} + i_{e2e})} = \frac{1}{c/(n+i)} + \frac{1}{c'/(n'+i')} \tag{5.109}$$

例 5.23

若卫星系统上行链路 C/N=19dB，下行链路 C/N=14dB，则整个端到端路径的 C/N=12.8dB。

对于采用再生器技术的链路，其端到端性能主要取决于每条链路的误码率。当误码率较低且链路之间相互独立时，链路总误码率等于每条链路误码率之和。许多情况下，端到端链路的误码率主要由性能最差链路的误码率决定，即

$$\mathrm{BER}_{total} \sim \max\{\mathrm{BER}_1, \mathrm{BER}_2, \mathrm{BER}_3 \cdots\} \tag{5.110}$$

在特定调制方式下，误码率与 $C/(N+I)$ 之间存在确定的关系（见图 3.14），对于数字系统，满足

$$\mathrm{CtoN\ I}_{total} \sim \min\{\mathrm{CtoNI}_1, \mathrm{CtoNI}_2, \mathrm{CtoNI}_3 \cdots\} \tag{5.111}$$

5.7 构建部署模型和流量模型

许多无线电系统产生的干扰电平取决于用户的行为，特别是网络的业务类型及其位置。为此，干扰分析中通常需要建立以下模型。

- 部署模型（deployment model）：定义发射台站和接收台站的位置。
- 流量模型（traffic model）：定义业务类型，确定以何种频度和时长来增加所需链路指标（如 E_b/N_0）。

本节将描述如何建立上述模型。

5.7.1 部署范围

集总干扰（aggregate interference）研究中，首先需要确定台站部署区域范围。从理论上讲，该区域应涵盖能够对结果产生影响的所有用频台站，但在实际仿真中，计算资源对模型数量有一定限制。

在确定部署范围时，应针对同频和非同频等不同场景，综合考虑频率和地理空间等多个维度。此外，频率复用度也是一个重要考虑因素。频率复用度主要取决于频谱接入方法，详见第 3 章有关内容。

在确定集总干扰计算所需频率和地理范围时，应考虑如下因素。

- 需要持续增加干扰源的数量，直到所增加的干扰源对结果的影响可以忽略。这里所说的"可以忽略"与具体场景有关，但一般表示对结果的影响不超过 $0.1\sim1.0\mathrm{dB}$。
- 物理、资源和自干扰限值对干扰源数量的需求。例如，如果建立密集城市地区基站部署模型，则会受到城市区域面积的限制。同时系统内干扰也会限制发射源的最大数量。

对具体场景进行分析有助于确定集总规则（aggregation rules）。例如，当干扰源仅在城市地区部署时，可能存在以下两种场景。

- 若受扰系统位于城区中心地带，则仅需考虑受扰系统周边的市区即可。
- 若受扰系统位于城区以外区域，则应利用 5.7.5 节给出的技术，综合考虑城区的总干扰。

5.7.1.1　同频分析

同频分析对象应包括与受扰接收机同频的所有干扰发射机，并考虑受扰接收机带宽与干扰源带宽之间的关系，具体包括：

（1）受扰接收机带宽大于干扰源信道带宽，可能会涉及多干扰信道的集总问题，但受到系统条件（如资源管理）的约束，对干扰信道数量有一定限制。当受扰接收机带宽与干扰源信道带宽的比率为非整数时，需要利用带宽调整因子 A_{BW} 处理部分信道重叠问题。

例 5.24

假设受扰接收机为卫星地球站设备，其接收带宽为 30MHz，干扰源为 LTE 系统，信道带宽为 10MHz。因此，干扰分析中至少需要考虑 3 个 LTE 系统发射带宽。当然实际中可能假设基站的最大带宽为 20MHz。

若干扰源带宽远小于受扰接收机带宽，则需要考虑的干扰源数量更多。为减少计算开销，可以针对参考带宽进行分析，或针对单个干扰信道进行分析，然后扩展到全部受扰带宽。

（2）受扰接收机带宽小于干扰信道带宽。这时可针对单个干扰信道并利用带宽调整因子 A_{BW} 开展干扰分析。

5.7.1.2　非同频干扰

这种干扰场景下，同样需要考虑大量干扰源情形，直到干扰源的增加对干扰分析结果的影响可以忽略。同时频率和距离需满足：

- 频率：至少为相邻信道或相隔多个信道。
- 距离：通常需要考虑的区域范围小于同频干扰的相应范围，但每个信道应包括多个干扰源。

例 5.25

图 5.30 描述了移动网络基站对 DTT 固定接收机的集总干扰分析场景。表 5.11 和表 5.12 给出了有关参数。10MHz LTE 基站的峰值功率通常为 46dBm，考虑到所有基站不可能同时工作在峰值功率模式，本例将其功率减小 3dB，且设其平均功率为峰值功率的一半。

图中共部署了 7 行 IMT LTE 基站，每行 6 或 7 个站点。同时采用 ITU-R P.452 建议书计算每个地面数字电视接收机 I/N，且满足时间百分比 P =20% 内第{1,2,3,4,5,6,7}行上的 LTE 基站完全相关。

图 5.31 给出了当基站行数从 1 增加至 7 时总 I/N 的变化情况。由图可知，部署在基站附近的 DTT 接收机的 I/N 最大，随着基站行数的增加，部署在基站附近的 DTT 接收机 I/N 增量稍小于（2.5dB）距基站 100m 的 DTT 接收机 I/N 增量。这是因为对部署在基站附近的 DTT 接收机而言，第 n 行基站与第 1 行基站之间的距离相对更大些。

对于 DTT 接收机部署在基站附近或距基站 100m 两种情况，基站行数从 6 行变为 7 行时所对应的 I/N 增量分别为 0.02dB 和 0.53dB。由于这两个增量都已经足够小，因此没有必要再考虑更多行基站。

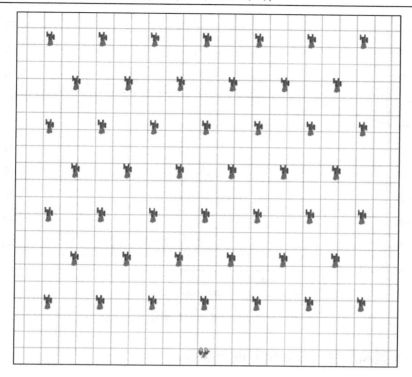

图 5.30　IMT LTE 基站网格和首个受扰 DTT 接收机

表 5.11　IMT LTE 基站参数

高度	30m
扇区	3
最大增益	15dBi
增益方向图	抛物面天线水平方向 −10dBi
波束宽度（方位角×仰角）	120°×5°
天线倾斜度	3°
发射功率	43dBm
带宽	10MHz
基站间隔	3km

表 5.12　DTT 固定接收机参数

高度	10m
增益方向图	ITU-R BT.419 建议书
最大增益	9.15dBi
指向	远离基站
接收机噪声系数	7dB
带宽	8MHz
距最近基站距离	{3km, 103km}[a]

注：a 指与 IMT LTE 基站覆盖边缘相距 0～100km 的范围。

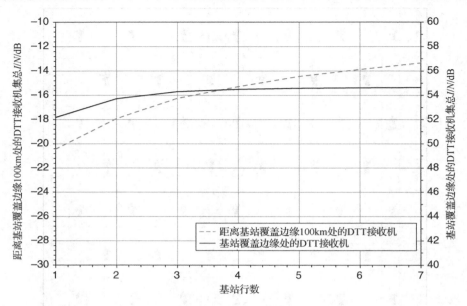

图 5.31　总 I/N 随基站行数增加的变化量

5.7.2　活动模型和厄兰（Erlang）流量模型

用于描述用户活动状态概率的简单流量模型 P（活动）也被称为活动因子（AF）或占空比。每次仿真采样会生成一个随机数，若该随机数小于 P（活动），则视用户为活动状态，即表示用户正在发射信号。活动因子与业务类型有关，如语音业务和数据业务的活动因子存在显著差异。

例 5.26

英国通信办公室曾开展过有关专用移动无线电系统语音和数据业务测量的研究（Ofcom，2014），测量结果表明语音业务的活动因子 AF 约为 0.02，数据业务的活动因子满足 0.1<AF<0.8，具体取值与业务类型有关，如对 GPS 数据的调用频度等。

用户活动因子可扩展为一组独立的概率序列，概率值与用户在每次仿真采样期间的活动或空闲状态相对应，主要包括用户活动或空闲的状态概率及这两种状态之间的转换概率。有时还将用户的初始活动状态视为第三个概率。由此得到的状态机如图 5.32 所示。利用该模型及本节给出的其他技术，可用来分析多种场景下的用户活动状态。

更详细的模型中还要考虑呼叫持续时间，这时输入参数为：

平均呼叫持续时间：H（单位时间内）。

平均呼叫次数：λ（单位时间内）。

这两个参数可作为厄兰 B 和厄兰 C（Rappaport，1996）流量模型的基本输入。用厄兰流量模型表示的单个用户流量密度为

$$A_{\mathrm{u}} = \lambda H \tag{5.112}$$

·用厄兰流量模型表示 U_{n} 个用户总流量密度为

$$A_{\mathrm{t}} = U_{\mathrm{n}} A_{\mathrm{u}} = U_{\mathrm{n}} \lambda H \tag{5.113}$$

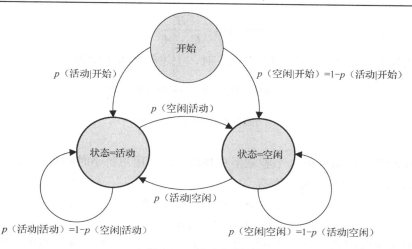

图 5.32 活动状态图

若 U_n 个用户可接入 C_n 个信道，则每个信道的平均流量密度为

$$A_{tc} = \frac{U_n A_u}{C_n} \tag{5.114}$$

需要指出的是，上式仅表示流量需求而非承载流量，后者可能会由于信道堵塞而减小。若假设所有用户独立，则所有用户可能以较小概率同时接入同一信道。若 $C_n < U_n$，则有些用户将无法接入该信道，这种情况也被称为阻塞（blocked）。

这里所使用的"阻塞"一词与流量堵塞有关，而并非由非同频干扰引起。

阻塞概率的计算分两种情况。

（1）厄兰 B：该模型不涉及排队，即如果某次呼叫被阻塞，则认为通话失败。

（2）厄兰 C：该模型基于排队理论，即如果某次呼叫被阻塞，则该呼叫会一直等待，直到信道空闲为止；但如果没有呼叫结束，这样做会导致更高的阻塞概率。

对于厄兰 B 流量模型，阻塞概率的计算式为

$$p[\text{blocking}] = \frac{\dfrac{A_t^{C_n}}{C_n!}}{\displaystyle\sum_{k=0}^{C_n} \dfrac{A_t^k}{k!}} \tag{5.115}$$

对于厄兰 C 流量模型，当呼叫延迟大于 0 时（如存在一定程度的阻塞），阻塞概率可表示为

$$p[\text{delay} > 0] = \frac{A_t^{C_n}}{A_t^{C_n} + C_n! \left(1 - \dfrac{A_t}{C_n}\right) \displaystyle\sum_{k=0}^{C_n-1} \dfrac{A_t^k}{k!}} \tag{5.116}$$

厄兰 C 流量模型中延迟时长概率可以表示为

$$p[\text{delay} > t] = p[\text{delay} > 0]\mathrm{e}^{-(C_n - A_t)t/H} \tag{5.117}$$

某队列系统所有呼叫的平均延迟 D 为

$$D[\text{all}] = p[\text{delay} > 0] \frac{H}{C_n - A_t} \tag{5.118}$$

若仅考虑延迟呼叫，则平均等待时间为

$$D[\text{queued}] = \frac{H}{C_{\text{n}} - A_{\text{t}}} \tag{5.119}$$

注意，当仅有一个共用信道（如 C_{n} =1）时，上述概率可表示为

$$\text{厄兰 B：} \quad p[\text{blocking}] = \frac{A_{\text{t}}}{1 + A_{\text{t}}} \tag{5.120}$$

$$\text{厄兰 C：} \quad p[\text{delay} > 0] = A_{\text{t}} \tag{5.121}$$

例 5.27

某专用移动无线电信道由 6 个独立用户共用。每个用户每小时呼叫 4 次，平均呼叫时间为 18 秒，即活动因子 AF=0.02，则有

$$\text{厄兰 B：} \quad p \, [\text{blocking}]=0.107$$

$$\text{厄兰 C：} \quad p \, [\text{delay}>0]=0.12$$

上述计算方法既可应用于通信网络设计，以确保其拥有足够资源；也可应用于干扰分析，以确保所用参数的连续性。在 7.2 节所述的专用移动无线电系统规划算法中，将信道阻塞视为一种干扰。

5.7.3　流量类型

根据不同的划分方式，流量可分为不同的种类，例如：

- 模拟和数字流量。
- 语音和数据流量。
- 数据类型：网络浏览、电子邮件、视频、文件传输和 GPS 调用流量等。

各类流量在不同应用中占据不同比重。模拟系统的发射频谱掩模和限值与数字系统相比有很大不同，但前者的应用范围越来越小。

语音和数据业务之间、以及不同数据业务的发射功率、带宽、活动因子、流量密度等存在很大区别，例如：

- 语音呼叫：数据速率低但要求延迟时间短。
- 视频呼叫：数据速率高且要求延迟时间短。
- 消息：数据速率低且可以接受较长延迟。
- 文件下载或上传：数据速率尽可能高且可以接受较长延迟。
- GPS 调用：取决于调用数据周期。
- 网络浏览：根据网站不同区别较大。

由于建立全部网络模型较为困难，因而有必要对其进行简化。为此，可基于业务类型对用户进行分类，并将其映射为下列关键参数。

- 单个用户发射功率，可根据 ITU-R M.1654 建议书（ITU-R，2003c），采用表 3.7 所列的规定接收机灵敏度电平或 E_{b}/N_0 等间接参数。
- 单个扇区用户密度或单位载波带宽对应的蜂窝数量（cell per carrier bandwidth）。
- 室内用户数与室外用户数之比（该参数对传播模型有重要影响）。

要保证上述参数的合理性，需要了解网络所采用的多址接入方法（如 3.5 节所述）及其对

用户和基站功率的影响。同时用户数量的确定还要考虑 LTE"资源块"（resource blocks）等其他限制因素。

最好是能够综合考虑资源、协议和自适应特征（如功率、调制和天线）等因素，建立一个独立的网络级仿真模型，并生成可用于干扰分析的精简参数集。

例 5.28

ITU-R M.2292 报告（ITU-R，2013r）给出的用户设备（UE）特性参数如表 5.13 所示。其中所采用的方法主要用于确定用户密度和平均功率，而非建立详细的流量模型。

用户数量每天都会发生变化，也就是所谓的日变化。例如，流量可能仅在傍晚 17:00～18:00 时段达到峰值。由于不同类型流量或用户的忙时分布不一致，因而从整体上降低了集总干扰。在陆地系统对卫星系统的干扰中，由于卫星可能覆盖几个时区范围，每个时区的流量都有各自的繁忙时段，因此集总干扰将随时间而变化。

表 5.13　ITU-R M.2292 报告给出的用户设备特性参数

室内用户终端使用情况	农村宏小区为 50%
	城市/郊区宏小区为 70%
室内用户终端平均穿透损耗	农村宏小区为 15dB
	城市/郊区宏小区为 20dB
共用分析中用户终端在活动模式下的密度	农村宏小区为 0.17/5MHz/km^2
	城市/郊区宏小区为 2.16/5MHz/km^2
用户终端最大发射功率	23dBm
用户终端平均发射功率	农村宏小区为 2dBm
	城市/郊区宏小区为 −9dBm

例 5.29

ITU-R M.1184 建议书（ITU-R，2003a）中，LEO-F 的非对地静止轨道卫星移动业务（MSS）在满载波束（fully loaded beam）情况下的等效全向辐射功率为 49dBW/MHz，如 6.2.2 节所述。假设该业务的主要流量业务类型为语音，活动因子为 0.4。若每波束 1MHz 载波的语音呼叫次数大于 100 次，则可利用语音活动因子计算平均等效全向辐射功率，即

$$EIRP = 49 + 10\lg 0.4 = 45dBW/MHz$$

5.7.4　部署模型

台站的部署需要考虑两种情况。

（1）固定部署，即在给定场景下发射塔或对地静止轨道卫星可视为处于固定位置。

（2）移动部署，即在给定场景下手机、飞机和舰船等用户可以（或可能）改变位置。

这两种部署类型分别代表两种不同的部署"空间"，应仔细考虑两者的共存和混合运用问题。考虑到电波传播损耗等时域可变性，当采用蒙特卡洛方法或动态分析方法开展干扰分析时，通常仅考虑移动部署情形。若采用 5.7.5 节所描述的集总等效全向辐射功率（AEIRP）方法，则需要对实际中大量固定台站进行平均处理，这时可以考虑固定部署情形。在移动部署情形下，还应考虑传播模型的位置可变性。

　　一般而言，固定部署时仿真模型的输入为确定的而非变化的，但在敏感性分析时需要考虑多种固定部署情形。当然也有例外，如 6.10 节将要介绍的两阶段蒙特卡洛方法，其中第一阶段开展固定台站部署的空间分析，第二阶段开展包括移动部署和传播可变性在内的时域分析。

　　通常假设移动部署位置等概率分布在圆形、方形或六边形区域。实际中移动部署位置在蜂窝小区内也存在变化，但很少构建反映这种变化的模型，目的是促使分析结果更具有一般性。此类详细的流量模型可能成为运营商独家所有的高价值信息。

　　图 5.33 给出了由基站网格组成的移动网络标准部署图，基站网格可划分若干小区和扇区。给定数量的用户随机分布在每个六边形扇区内，用户位置服从常密度均匀分布。

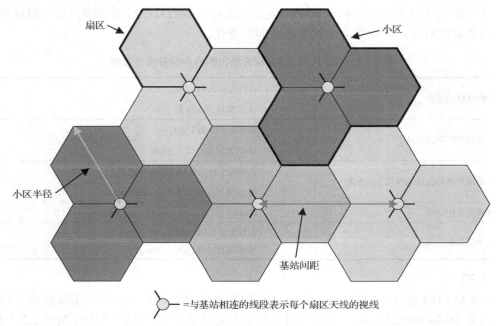

图 5.33　包含基站、扇区和小区的移动网络部署图

5.7.5　集总技术

　　当开展涉及大量台站的干扰分析时，需要分别对每个台站进行建模并消耗大量计算资源。因此，需要综合采用多种技术，降低建模和计算的复杂度，生成可控的分析场景。

5.7.5.1　采用已调整峰值功率

　　例如，当建立移动网络下行链路的基站发射模型时，可以仅建立基站模型，而无须建立各个小区所有用户模型。假设干扰为最严重情形时，需要建立工作在最大发射功率（如 46dBm，带宽为 10MHz）模式下的基站模型。当基站数量较多时，由于所有基站同时工作在最大发射功率状态的可能性非常小，因此可取比峰值功率约小 3dB 的平均功率，如例 5.25 给出的10MHz 基站平均功率为 43dBm。

5.7.5.2　N 个发射机的集总功率

干扰分析有时会涉及数量庞大的同类发射源。例如，ITU-R M.1454 建议书（ITU-R，2000a）描述了 5GHz RLAN 系统对非对地静止轨道卫星移动业务反馈链路的干扰情形。其中非对地静止轨道卫星处于欧洲和北美地区的视距范围，可覆盖数以百万计的 RLAN 设备。这时可先建立一个发射源模型，再通过调节其发射功率的方式构建大量实际台站的干扰模型。

若模型中每个台站表示 N 个实际台站，则发射功率可按下式进行调整。

$$P'_{tx} = P_{tx} + 10 \lg N \tag{5.122}$$

若需要考虑活动因子 AF 或活动率，则活动台站数量（非台站总数）可通过下式计算。

$$N_{active} = AF \times N_{stations} \tag{5.123}$$

所以，有

$$P'_{tx} = P_{tx} + 10 \lg N_{active} \tag{5.124}$$

若取发射源的等效全向辐射功率，则采用相同方法可得到

$$EIRP'_{tx} = EIRP_{tx} + 10 \lg N_{active} \tag{5.125}$$

5.7.5.3　集总等效全向辐射功率（AEIRP）的计算

另一种方法是确定一定区域（如单个基站服务区域）视界内的 AEIRP。若该区域的半径远小于发射源与受扰台站间的距离，则区域内发射信号的路径损耗近似相等，这时可采用集总技术计算等效全向辐射功率。等效全向辐射功率既可以是某个固定数值，也可能呈现特定概率分布，还可作为蒙特卡洛分析的输入。

下面两份 ITU-R 建议书给出了上述方法的例子。

（1）ITU-R F.1766 建议书：为避免遭受来自 43GHz 附近频段固定业务的单点对多点高密度应用的干扰，根据计算得出的隔离区域确定射电天文电台遭受干扰概率的方法（ITU-R，2006d）。

（2）ITU-R F.1760 建议书：确定 30 GHz 以上频段固定业务的单点对多点高密度应用的集总等效全向辐射功率（a.e.i.r.p.）分布的计算方法（ITU-R，2006c）。

具体方法是，首先确定部署在被称为构件块（building block）的既定区域内的所有台站（包括基站和用户终端）的 AEIRP 分布，重点考虑下列因素。

- 发射机和接收机高度的变化。
- 台站位置和间距的变化。
- 天线方位角及对应增益的变化。
- 发射功率控制的变化。

分析的目的是建立基于累积分布函数（CDF）AEIRP(p) 的小区全部潜在干扰模型，并将其作为集总干扰计算的输入。

该方法首先考虑台站部署的概率分布，然后考虑其时域可变性，即：

（1）AEIRP 分布反映出由固定台站部署变化所引起的 AEIRP 的可变性。

（2）该分布可作为蒙特卡洛分析的输入，同时可反映 AEIRP 随电波传播和受扰接收机天

线指向的变化情况。

上述方法是 6.10 节介绍的两阶段方法的第一步，适用于计算大量台站部署情形下的 AEIRP 分布。

5.8 链路设计和裕量

干扰分析中需要确定的一个关键参数是用来区分可接受干扰和有害干扰的门限值（简称限值）。该门限值与所涉及系统特别是期望业务的规划方法有关。期望业务规划主要包括发射功率和/或业务覆盖范围的计算。

为理解或计算干扰门限值，有必要了解期望业务规划特别是干扰裕量规划方法。目前已存在多种链路设计和干扰分配方法（将在 5.9 节和 5.10 节中讨论），本节给出一种最常用的方法。另外一种用于广播覆盖预测的方法将在 7.3 节中讨论。

该方法的基本概念如图 5.34 所示，图中采用功率线图（power line diagram）表示接收机的功率电平，越往上电平越高。

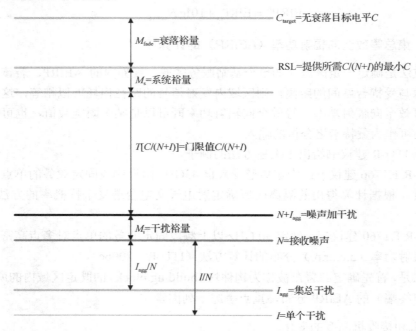

图 5.34 链路计算和干扰裕量

链路设计基于如下参数。

N —— 接收噪声（通过温度或噪声系数确定）；

M_i —— 干扰裕量；

$T[C/(N+I)]$ —— 有用信号与噪声和干扰的比率，用于提供期望服务质量（QoS）；

M_s —— 系统裕量（可以为 0）；

M_{fade} —— 衰落裕量（可以为 0）。

链路设计的目标是计算所需 RSL[①]，用于提供所需服务质量，则

$$\mathrm{RSL} = N + M_{\mathrm{s}} + M_{\mathrm{i}} + T\left(\frac{C}{N+I}\right) \tag{5.126}$$

系统裕量用于预防系统设计失配等问题，例如天线指向偏差（de-pointing）或偏离卫星天线波束的轴线。理想条件下系统裕量等于零。

许多情况下，链路设计需要考虑由多径或降雨衰落引起的传播衰变（variation）。传播衰变可纳入接收机灵敏度的计算过程，但由于衰变范围通常随台站部署（如传播路径长度或降雨区域）发生变化，因而应分别计算衰落和无衰落有用信号的目标电平，即 RSL 和 C_{target}。

通过自动功率控制（见 5.5.2 节）可克服衰落效应，也可通过固定功率与一定衰落裕量的级联的来弥补衰落影响。无衰落有用信号的目标电平为

$$C_{\mathrm{target}} = \mathrm{RSL} + M_{\mathrm{fade}} \tag{5.127}$$

通过计算出的包含衰落裕量的有用信号目标电平，可以计算出确保链路闭合（close the link）所需的发射功率（如满足既定时间百分比的 RSL 目标值），即

$$C_{\mathrm{target}} = P_{\mathrm{tx}} + G_{\mathrm{tx}} - L_{\mathrm{p}}' + G_{\mathrm{rx}} - L_{\mathrm{f}} \tag{5.128}$$

这里 L_{p}' 为未衰落传播损耗。对应的发射功率为

$$P_{\mathrm{tx}} = C_{\mathrm{target}} - (G_{\mathrm{tx}} - L_{\mathrm{p}}' + G_{\mathrm{rx}} - L_{\mathrm{f}}) \tag{5.129}$$

例 5.30

某固定链路系统的带宽为 28MHz，接收噪声系数为 7dB，采用 16-QAM 调制方式，系统裕量和干扰裕量均为 1dB，衰落裕量为 30dB。接收机灵敏度电平的计算过程如下。

$$N = 10\lg 290 + 7 + 10\lg 28 + 60 - 228.6 = -122.5\mathrm{dBW}$$

由表 3.6 可知 16-QAM 的干扰门限值为 20.5dB，因此

$$\mathrm{RSL} = -122.5 + 1 + 1 + 20.5 = -100\mathrm{dBW}$$

无衰落有用信号的目标电平值为

$$C_{\mathrm{target}} = -100 + 30 = -70\mathrm{dBW}$$

例 5.31

假设例 5.30 中固定链路系统的天线增益为 30dBi，馈线损耗为 1dB，链路传输距离为 8km，工作频率为 28GHz。若采用式（3.13）给出的自由空间传播模型，假设大气衰减为 1dB，则所需发射功率为

$$L_{\mathrm{fs}} = 32.45 + 20\lg 8 + 20\lg 28\,000 = -139.5\mathrm{dB}$$

因而

$$L_{\mathrm{p}}' = L_{\mathrm{fs}} + L_{\mathrm{attenuation}} = 140.5\mathrm{dB}$$

根据式（5.129）可得

$$P_{\mathrm{tx}} = -70 - 30 + 140.5 - 30 + 1 = 11.5\mathrm{dBW}$$

[①] 有些文献用 RSL 表示接收信号电平。但本书用 C 和 I 分别表示接收有用信号电平和接收干扰信号电平，而用 RSL 表示接收机灵敏度电平。

对固定链路来说，当 EIRP 为 41.5dBW 时，表示链路具有较大发射功率。同时，由于 28GHz 频段的传播损耗特别是降雨衰落损耗较大，因此通常将工作在该频段的固定链路的传输距离限制在 10km 以内。在必要情况下可减小调制阶数或带宽，但这样做会导致闭合链路的数据速率降低。有关固定链路频率规划和频率指配的更多信息，可见 7.1 节。

衰落裕量与所采用的传播模型和可用度目标有关。例如，固定链路可能采用下列传播模型。

- ITU-R P.525 建议书：自由空间路径损耗。
- ITU-R P.676 建议书：大气衰减。
- ITU-R P.530 建议书：多径和降雨衰落。

空地链路可能会采用另一组传播模型，例如：

- ITU-R P.525 建议书：自由空间路径损耗。
- ITU-R P.676 建议书：大气衰减。
- ITU-R P.618 建议书：降雨衰落。

有时计算所需裕量时需要考虑可用度。例如，ITU-R P.530 建议书和 ITU-R P.618 建议书中的传播模型均包含相关时间百分比，详见第 4 章。

此外，生命安全系统需要额外裕量来增大链路可用度。

前述公式基于衰落裕量和 RSL 来计算有用信号功率，通过引入总传播损耗，可将这些公式简化为

$$\mathrm{RSL} = N + M_i + M_s + T\left(\frac{C}{N+I}\right) \tag{5.130}$$

$$P_{tx} = \mathrm{RSL} - G_{tx} + L_p(\%) - G_{rx} + L_f \tag{5.131}$$

其中，$p\%$时间百分比的总传播损耗表示为 $L_p(\%)$。

有些情况下发射功率固定（或已知），变化量（或未知量）为接收功率的变化区间。例如，若移动通信网络基站的发射功率不变，当有用信号达到 RSL 时，可通过下式计算传播损耗的时间变化量。

$$L_p(\%) = P_{tx} - \mathrm{RSL} + G_{tx} + G_{rx} - L_f \tag{5.132}$$

设衰落裕量固定，则可将总传播损耗拆分为衰落裕量和正常传播损耗，即

$$L_p' = P_{tx} - \mathrm{RSL} + G_{tx} + G_{rx} - L_f - M_f \tag{5.133}$$

在 P.530 等许多传播模型中，衰落深度取决于传播路径，这时采用式（5.132）更为方便。

例 5.32

某移动通信网络链路参数如表 5.14 所示。若采用针对城市环境的 Hata/COST 231 传播模型，则网络覆盖范围和小区半径为多少？

由式（3.60）得

$$N=5+10\lg 290 - 228.6 + 10\lg 5 + 60 = -131\mathrm{dBW}$$

由式（5.130）并将 dBW 转化为与发射功率一致的 dBm，则

$$RSL = -131 + (1) + (0) + (-1) = -131dBW = -101dBm$$

由式（5.133），总传播损耗（不包括衰落裕量）为

$$L'_p = 43 - (-101) + (15-2.5) + 0 - 1 - (4+7) = 144.5dB$$

因此，若采用城市环境下的 Hata/COST 231 传播模型，该损耗对应的距离为 1.9km。

表 5.14　移动通信网络链路参数

频率	800MHz
带宽	5MHz
噪声系数	6dB
干扰裕量	1dB
$C/(N+I)$门限	−1dB
快衰落裕量	4dB
位置可变性裕量	7dB
发射功率	43dBm
发射峰值增益	15dBi
发射相对增益	−2.5dBi
接收增益	0dBi
人体损耗	1dB
基站天线高度	10m
移动接收天线高度	1.5m

本例计算中并未考虑系统裕量和接收馈线损耗，但考虑了人体损耗的影响。正如上文所述，链路预算计算过程中可用或使用的参数存在较大不确定性，相应地会导致接收功率线图发生改变。此外，有用信号的计算还需考虑其他因素。

5.9　干扰分配和限值

5.9.1　干扰裕量

前面各节从噪声系数和干扰裕量出发，采用"向上"（worked 'up'）方法，首先计算接收机灵敏度电平和有用信号，然后求得发射功率及其变化范围。与之相对应，也可以从噪声与干扰裕量出发，采用"向下"（worked 'down'）方法，首先计算集总干扰和单个干扰范围，然后求得可用于干扰分析的门限值。

由图 5.34 可得

$$(N+I) = N + M_i \tag{5.134}$$

上式中取功率绝对值之和，可将集总干扰表示为

$$n + i_{agg} = 10^{(N+M_i)/10} \tag{5.135}$$

即

$$i_{\text{agg}} = 10^{(N+M_i)/10} - 10^{N/10} \tag{5.136}$$

或者

$$I_{\text{agg}} = 10\lg[10^{(N+M_i)/10} - 10^{N/10}] \tag{5.137}$$

实际中经常使用的集总干扰噪声比可由干扰裕量表示为

$$\frac{I_{\text{agg}}}{N} = 10\lg(10^{M_i/10} - 1) \tag{5.138}$$

反之，也可将给定的 I/N 转换为链路损耗裕量，即

$$M_i = 10\lg[1 + 10^{(I_{\text{agg}}/N)/10}] \tag{5.139}$$

表 5.15 给出了允许集总干扰噪声比（或限值）和 DT/T 随干扰裕量变化示例。图 5.35 给出了集总干扰噪声比变化曲线。链路损耗裕量也称为接收机减敏（receiver desensitisation）。

表 5.15　集总 I/N 和 DT/T 随干扰裕量变化示例

干扰裕量/dB	0.5	1.0	2.0	3.0
I_{agg}/N 门限值/dB	−9.1	5.9	−2.3	0.0
DT/T 门限值/%	12.2	25.9	58.5	99.5

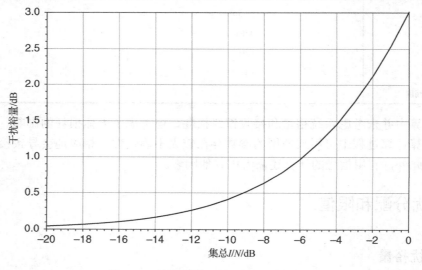

图 5.35　给定集总 I/N 对应的干扰裕量

3dB 干扰裕量通常作为区分噪声受限场景和干扰受限场景的临界值（Flood 和 Bacon，2006）。

尽管干扰裕量可以取任意值，但其工业标准值为 1dB，相应的 I_{agg}/N 限值［本书用 $T()$ 表示］约为

$$T\left(\frac{I_{\text{agg}}}{N}\right) = -6\text{dB} \tag{5.140}$$

与之相对应的 DT/T 限值为

$$T\left(\frac{\text{DT}}{T}\right) = 25\% \tag{5.141}$$

上面计算结果作为集总干扰与接收机噪声比率的限值，需要考虑所有发射源，包括：

- 系统内干扰（如来自网络内部的干扰）。
- 来自同一业务的所有干扰源产生的系统间干扰。
- 来自不同业务的所有干扰源产生的系统间干扰。

干扰裕量的计算必须考虑所有同频和非同频干扰源，包括主要或次要业务和来自其他频段的无用发射。

实际中干扰裕量需要根据具体情况进行调整。例如，生命安全业务（见《无线电规则》第 4.10 款）需要 6dB 的额外保护裕量，或 ITU-R M.2235 建议书所指出的安全裕量（ITU-R，2011c）。此外，用于支持现场事件的广播辅助业务（SAB）和决策辅助业务（SAP）也具有较高优先级，因为在诸如奥运会等重要事件的关键时段，若出现业务中断会令人难以接受。

有时也会设定其他干扰裕量，以提高系统的干扰防护能力。例如，英国在规划固定链路时，在大多数频段使用 1dB 干扰裕量，而在部分 6GHz 频段和 26GHz 频段使用 2dB 干扰裕量（Ofcom，2013）。

若设定较大的干扰裕量，则需要增大发射功率，可能导致对其他系统产生更多干扰。但总体上看，干扰裕量的增大有助于增强系统抗干扰能力，能够促进频谱共用。

例 5.33

某场景存在 4 个干扰源，干扰裕量初值为 1dB。随着干扰裕量从 1dB 逐步增至 8dB，需要同步增大发射功率来使各个系统链路实现闭合，同时在满足集总干扰限值条件下允许更多输入干扰，如图 5.36 所示。由图可知，随着干扰裕量的不断增大，所能获得的频谱共用收益呈下降趋势。

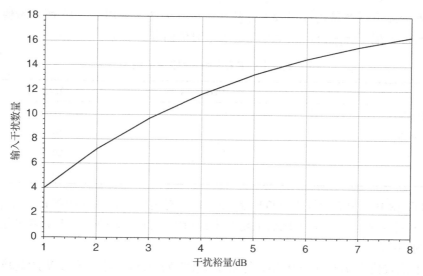

图 5.36　增大干扰裕量对频谱共用的影响案例

在 6.9.5 节关于 IMT LTE 链路预算的例子中，干扰裕量取 3dB。这是由于来自其他小区和扇区用户的系统内干扰较为严重，且主要业务之间的典型 $T(I/N)$ 值为 -6～-10dB。

无线电系统通过增大发射功率来增大干扰裕量的能力受到诸多因素限制，包括：

- 相关法规对系统等效全向辐射功率的限制，如《无线电规则》第 21.3 款规定固定和移动台站的发射功率限值为 55dBW。
- 相关法规对偏离天线主轴方向上等效全向辐射功率的限制，如 7.5.4 节所述。
- 相关法规对（边境或区域）功率通量密度和国家间谅解备忘录（MoU）所定义的场强的限制，如 5.10.9 节所述。
- 块边沿掩模，如 5.3.8 节所述。
- 包括卫星功率限值在内的设备参数限制。
- 能耗限制。
- 人体射频暴露限值，如 5.10.9 节后文本框所述。
- 由于系统已部署或受到其他因素的限制，无法再增大干扰裕量。

此外，若增大具有固定发射功率的系统的干扰裕量，则会导致其最大覆盖范围减小。

无线电频谱管理的基本原则是使业务正常运行所需功率尽可能小（见 2.4.3.1 节所引《无线电规则》第 0.2 款），并尽量减小系统的干扰裕量。通常情况下，特别是在系统间和业务间频谱共用分析中，将集总干扰裕量设为 1dB。

5.9.2　干扰分配

为对干扰实施管理，可将集总干扰裕量分配（apportion）至各个干扰源，并确定适用于特定共用场景的单个干扰限值。例如，可将集总干扰设为 n 个等量单个干扰之和，即

$$T\left(\frac{I}{N}\right) = T\left(\frac{I_{\mathrm{agg}}}{N}\right) - 10\lg n \qquad (5.142)$$

关于如何分配干扰裕量仍存在较大分歧和争论，但通常使用表 5.16 所示量值。注意，当涉及功率值时，分配（apportionment）应基于绝对值而非分贝数。

表 5.16　DT/T 和 I/N 限值示例

限值	$T(DT/T)$/%	$T(I/N)$/dB
卫星业务的协调触发值	6	−12.2
地面业务的通用限值	10	−10
同频次要业务	1	−20
非同频业务	1	−20

例如，ITU-R BT.1895 建议书（ITU-R，2011a）对地面广播系统防护提出如下建议。

3. 接收机前端来自具有同等地位主要业务的所有无线电发射的总干扰不应超过接收系统总噪声功率的 10%。

单输入干扰限值为 $T(I/N) = -10$dB，等价于 $T(DT/T) = 10\%$，对应于 C/N 裕量减小 0.414dB。有时将该限值进一步分配给多个业务，例如（假设两个业务）：

- 针对另一个业务的干扰限值应为 $T(I/N) = -13$dB，等价于 $T(DT/T) = 5\%$。

同时还需要区分不同层面的集总干扰，例如：

- 针对所有业务、系统和发射源的集总干扰。

- 针对某一项业务的所有系统和发射源的集总干扰。
- 针对某一项业务的某一个系统的所有发射源的集总干扰。

例如，$T(I/N)$= −13dB 可能表示针对某一项业务的限值，也可能是针对多个发射源的限值。针对单个干扰电台的限值应该更为严格。

例 5.34

C 频段卫星地球站需与其他卫星网络和固定链路等业务共用频谱，且相关业务均为划分的主要业务。JTG 4-5-6-7 指出应将共用标准 $T(I/N)$= −10dB 进行分配，以使新加入的 IMT LTE 基站的允许 $T(I/N)$= −13dB。在 5.7.1 节部署场景中，需考虑所有发射源的集总干扰。

干扰分配方法的一个关键输入是构成集总干扰的单输入系统数量。该值与具体场景有关，且需要开展初步分析，以确定与例 5.25 类似的干扰集总方法。通常集总干扰数量与预期的发射源密度有关。例如，英国通信办公室在低密度点对点固定链路的频率指配中，通常取 N=4 （Ofcom，2013）。

此外，还有另一种适用于标准 1dB 干扰裕量管理的方法，即将集总干扰纳入先到先受益 （first-come first-served，FCFS）的许可机制。因此

- 第一个申请执照的用户由于无须考虑受扰用户，因而没有干扰限制。
- 第二个申请执照的用户必须保护第一个授权用户，并全部采用 1dB 干扰裕量。
- 第三个申请执照的用户必须保护前两个授权用户，且只能使用未被授权用户 2 使用的授权用户 1 的干扰裕量。
- 以此类推。

这种机制使得新用户的准入门槛越来越高。目前大多数频率许可机制都致力于更好地平衡现有频谱用户与新用户的权益。即使采用干扰分配机制，现有用户仍将获得最大收益，因为他们保持拥有受新用户保护的权利。

例 5.35

ITU-R S.1432 建议书（ITU-R，2006h）给出了卫星系统反馈链路干扰分配和干扰裕量的定义，即

由低于 30GHz 频率的干扰所引起的差错性能降级，应将集总干扰预算的 32%或卫星系统晴天噪声的 27%按照下列方式进行分配：

25%分配给其他卫星固定业务中不采用频率复用的受扰系统。

20%分配给其他卫星固定业务中采用频率复用的受扰系统。

6%分配给具有同等主要地位的其他系统。

1%分配给所有其他干扰源。

上述分配方案等价于将采用频率复用系统的干扰裕量设为 1dB，而将不采用频率复用的系统干扰裕量设为 1.2dB。

5.9.3 短期限值和长期限值

衰落可视为一种干扰，而且只要这种干扰值不超过衰落裕量，则在存在干扰的全部或大部分时间内，系统仍能正常工作。许多系统的衰落裕量仅针对非常短暂的时段，如超过 0.01%

或 0.001%的时间。尽管出现如此短暂衰落的可能性很小，但只要衰落是短期的，系统就可以容忍处于短期限值以上的干扰。

若有用信号未产生衰落，则 $N+I$ 值可增加至如图 5.37 水平。即

$$\frac{I_{agg}(st)}{N}=10\lg[10^{(M_i+M_{fade})/10}-1] \tag{5.143}$$

若信号衰落较大，则可允许干扰的增量可通过下式估计。

$$\frac{I_{agg}(st)}{N}\approx\frac{I_{agg}}{N}+M_{fade} \tag{5.144}$$

$$\frac{I(st)}{N}=\frac{I}{N}+M_{fade} \tag{5.145}$$

这种具有较高电平的干扰仅允许短期存在，且用(st)表示。

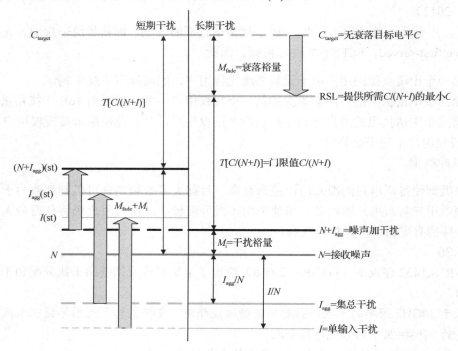

图 5.37　短期干扰与长期干扰

短期限值通常用相关时间百分比表示，例如

$$在不超过\ Z\%的时间内满足\ \frac{I}{N}>Y\ dB \tag{5.146}$$

该式表示若干扰大于上述限值，将可能引起系统性能降级，导致业务不可用程度加深。

注意，当 N 为固定值时，上式 I/N 限值可表示为

$$在不超过\ Z\%的时间内满足\ I>Y+N\ dB \tag{5.147}$$

当需要保护特定区域内的业务时，可在干扰限值时间百分比的基础上再增加位置百分比，即

$$在不超过\ Z\%时间和\ W\%位置条件下满足\ I>Y+N\ dB \tag{5.148}$$

7.9 节所述的通用无线电建模工具（GRMT）频谱质量基准（SQB）将讨论这方面的例子。

本书采用下列方式表征限值及相关百分比。

$T(X)$——链路指标 X 的限值；

$P_T(X)$——链路指标 X 的相关时间百分比；

$T[X,P(X)]$——链路指标 X 的相关时间百分比限值。

许多情况下采用两种方式来定义干扰限值（引自 ITU-R SM.1448 建议书）。

- 短期：出现时间少于 1% 的干扰。

- 长期：出现时间为 20%～50% 的干扰。

对于存在多个独立干扰源的短期限值，由于干扰事件的增加是不相关的，因此更适于采用时间分配的方法（见 4.8 节）。

《无线电规则》附录 7（ITU，2012a）在定义卫星地球站和地面业务共存的允许短期干扰和相关时间百分比时，给出了基于 I/N 的干扰分配的例子，其中

$$P_r(p) = 10\lg(kT_rB) + N_L + 10\lg(10^{M_f/10} - 1) - W \tag{5.149}$$

$$p(\%) = p_0(\%) / n_2 \tag{5.150}$$

例 5.36

某地球发射站工作频段为 17.7～18.4GHz，系统参数如表 5.17 所示，则数字地面固定链路的保护限值为

$$P_r(p) = -113\text{dBW}（带宽为 1\text{MHz}）$$

$$p(\%) = 0.002\,05\%$$

表 5.17 《无线电规则》附录 7 中有关参数

参数	参数符号	参数值
集总时间百分比	$P_0(\%)$	0.005%
短期干扰数量	n_2	2
链路噪声增量	N_L	0dB
链路性能裕量	M_f	25dB
模拟系统调整因子	W	0dB
接收噪声温度	T_r	1 100K
带宽	B	1MHz

ITU-R SF.1006 建议书（ITU-R，1993）采用与《无线电规则》附录 7 同样的方法计算短期干扰限值，同时给出了长期干扰限值计算方法。

$$P_r(p) = 10\lg(kT_eB) + J - W \tag{5.151}$$

$$p(\%) = 20\% \tag{5.152}$$

其中，

$$J = 10\lg\left(\sqrt{1 + \frac{3}{n_1}} - 1\right) \tag{5.153}$$

ITU-R SF.1006 建议书还给出了短期干扰源数量与长期干扰源数量的关系。

例 5.37

某地球发射站工作频段为 17.7～18.4GHz，系统参数如表 5.17 所示，短期干扰源数量 $n_1=5$，则保护固定业务的长期干扰限值为

$$P_r(p) = -144\text{dBW}（带宽为 1\text{MHz}）$$

$$p(\%)=20\%$$

例 5.38

某接收机噪声为 NdBW，链路预算中的干扰裕量约为 1dB，$p\%$ 时间百分比的链路不可用度的衰落裕量为 M_f dB。要使系统与 n 个其他系统共存，则典型长期干扰限值和短期干扰限值如表 5.18 所示。

表 5.18 典型干扰限值举例

限值	长期	短期
单个干扰 $T(I)$/dBW	$N–6–10\lg n$	$N–6+M_f$
相关时间百分比 $p_T(I)$/%	20	p/n

5.9.4 限值和带宽

若干扰系统发射频谱占受扰系统一半的带宽（或两者部分重叠），会对相关限值带来何种影响呢？考虑图 5.38 中两种场景。在基本场景中，假设 4 个干扰源与受扰接收机带宽相同，且这些干扰源采用表 5.18 中的典型干扰限值，干扰裕量为 1dB，则长期干扰限值为

$$T\left(\frac{I}{N}\right) = -6 - 10\lg 4 = -12\text{dB} \tag{5.154}$$

若 4 个干扰源的限值相同，且不存在后一种场景中用 $f_{I\text{-}4b}$ 表示的半带宽重叠情况，则允许的功率密度值可增大一倍。

若干扰源与受扰接收机带宽不一致或部分重叠，则应增大带宽调整因子（如 5.2 节所示）来修正干扰限值。

$$T\left(\frac{I}{N}\right) = -6 - 10\lg n + A_{\text{BW}} \tag{5.155}$$

当采用期望带宽或干扰带宽不一致情形下的 I/N 限值时，只要干扰带宽大于有用信号带宽或干扰载波覆盖整个接收机带宽，则可通过计算（C, I, N）对参考带宽（如 1MHz）的相对值，甚至计算对 1Hz 参考带宽的相对值（即 I_0/N_0）使问题得到简化。

调整发射功率或带宽（相应地调整功率谱密度）有助于消除干扰，如 5.11.1 节所述。

例 5.39

例 5.34 所述 C 频段卫星地球站与 IMT LTE 基站频谱共用分析中，计算得到的集总 $T(I/N)$= -13dB。若卫星地球站带宽为 30MHz，IMT LTE 基站发射载波带宽为 10MHz，则应在两个维度上进行集总，如图 5.39 所示。

- 地理集总，即包括在特定 10MHz 信道上发射的多个基站。
- 频率集总，即考虑进入地球站 30MHz 接收带宽内的多个 10MHz 信道。

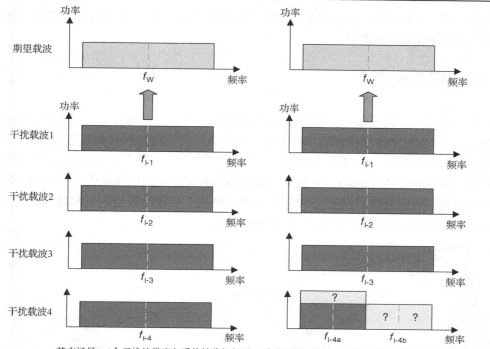

基本场景：4个干扰的带宽与受扰接收机相同　变化场景：某个干扰的带宽为受扰接收机带宽的一半

图 5.38 短期干扰与长期干扰

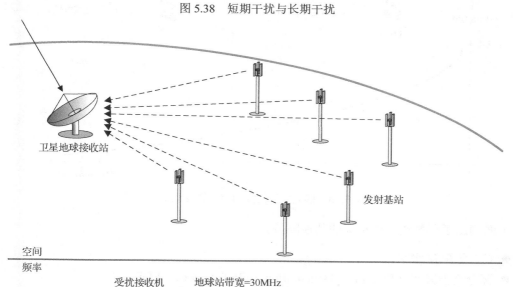

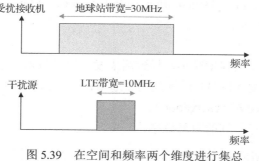

图 5.39 在空间和频率两个维度进行集总

本例中，若 IMT LTE 运营商使用全部 30MHz 信道带宽，则可将集总发射功率增大 10lg3=5dB 或将限值做类似调整。

5.10   干扰限值的类型

前面各节介绍的干扰限值主要基于接收机前端 I/N 或 I 且与时间百分比相关的短期和长期限值。由于采用 I/N 或 I 指标存在诸多局限性，实际中还会采用多种其他限值或指标。

考虑如图 5.40 所示场景。图中主要业务为授权 DTT 发射机及固定接收机，该接收机可能会遭受附近白色空间设备（WSD）的干扰。DTT 接收机 1 的有用信号场强高于 DTT 接收机 2 的有用信号场强，因此前者可接受的 WSD1 干扰电平高于后者可接受的 WSD2 干扰电平。但是，若采用 $T(I)$ 或 $T(I/N)$ 指标，则无法分辨这种区别。

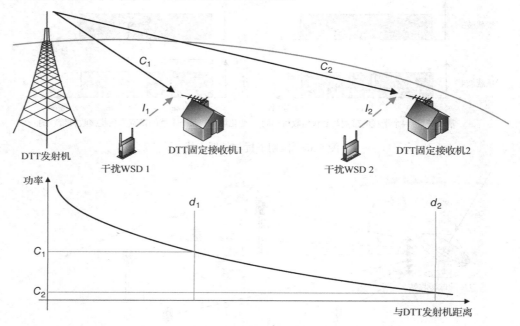

图 5.40   接受干扰的能力随距离变化情况

下面列出了可替代上述指标的其他限值。

- C/I 或 W/U 比率。
- 部分性能降级（Fractional Degradation in Performance，FDP）。
- $C/(N+I)$ 和 BER 或 PER。
- 不可用度增大。
- 覆盖范围、作用距离或容量减小，导致所需发射机数量增加或服务人口数量减少。
- 场强、功率通量密度（PFD）或等效功率通量密度（EPFD）。
- 观测概率（likelihood of observation）。
- 信道共用比率和计算得到的阻塞概率。

依据有关法规对某限值的具体要求，可判断是否超出某项指标。例如：

- 硬界限（hard limit），如《无线电规则》第 21 条和第 22 条规定了卫星系统必须满足的 PFD 或 EPFD，但已达成管理协议的情况除外。
- 协调触发值（coordination trigger），如根据《无线电规则》附录 7 中的卫星地球站和地面业务相关算法，若达到相关限值，则触发进一步分析，以确定是否允许某个系统工作。
- 共用准则：通常共用准则应得到满足，以确保频谱兼容性。但若能说明违背共用准则的情形极少发生（如受到地理条件限制或发生的时间百分比极小），则频谱政策制定者可考虑接受此种共用场景。

5.10.1 *C/I* 和 *W/U* 比率

5.8 节和 5.9 节论述了如何利用（干扰和衰落）裕量和所需 $C/(N+I)$，由噪声自下向上得到接收机灵敏度电平和有用信号电平，以及自上向下得到集总干扰和单输入干扰电平。综合运用这两种方法可计算载波（有用）与干扰（无用）比率的限值，即 *C/I* 或 *W/U*。

当采用绝对值时满足

$$\frac{i}{n} = \frac{i}{c} \cdot \frac{c}{n} \tag{5.156}$$

将其转化为 dB 形式有

$$\frac{C}{I} = \frac{C}{N} - \frac{I}{N} \tag{5.157}$$

ITU-R S.741 建议书（ITU-R，1994c）给出了将 *I/N* 转化为 *C/I* 的例子，其中基于 *C/I* 的卫星固定业务数字载波限值为

$$T\left(\frac{C}{I}\right) = T\left(\frac{C}{N}\right) + 12.2\text{dB} \tag{5.158}$$

上式中用来表示 *I/N* 的-12.2dB 源于协调触发值 DT/T=6%。$T(C/N)$ 可包括链路裕量，有关内容将在 7.5.3 节中讨论。

将 *I/N* 转化为包含有用信号场强的 *C/I* 可带来诸多益处，如适用于卫星系统接收信号随地球表面变化情形。在卫星覆盖区域边缘地带，*C/N* 可能达到最小值；而在覆盖区域内，特别是沿波束瞄准线方向的 *C* 值相对较大。因此采用 *C/I* 指标将使干扰被接受的可能性增大，较适用于开展卫星网络之间的详细协调，详见 7.5 节。此外，*C/I* 指标也可用于计算《无线电规则》附录 30、30A 和 30B（ITU，2012a）所描述的"规划频段"。

例 5.40

某对地静止轨道卫星网络的接收机噪声为-133.8dBW，由 DT/T=6% 所决定的 *I/N*=-12.2dB，因而干扰限值为-146dBW。若期望 *C/N*=12.9dB，则卫星覆盖区域边缘（-4dB 等高线）有用信号 *C*=-120.9dBW。卫星覆盖区域中心的有用信号 *C*=-116.9dBW。当满足 $T(C/I)$=12.9+12.2=25.1dB 时，意味着卫星覆盖区域中心的最大允许干扰为-142dBW，该值比采用 *I/N* 或 DT/T 指标时高 4dB。

C/I 比率有时也被称为有用信号与无用信号比率或 *W/U* 比率，后者被 ETSI TR 101 854（ETSI，2005）用于点对点固定链路。对固定链路系统而言，从概念上讲，采用 *C/I* 与采用 *I/N* 或单一 *I* 限值没有显著区别。由图 5.34 可以看出，有用信号和干扰信号可通过多个裕量直接

关联，整个覆盖区域内的有用信号没有变化。通过干扰裕量、衰落裕量和期望 $C/(N+I)$，可将 W/U 转化为 I/N。

在英国通信办公室频率指配技术准则 OfW 446（Ofcom，2013）所给出的频率规划方法中，W/U 随载波类型和频率偏移而变化，这主要是考虑到不同 $T[C/(N+I)]$ 和 A_{MI} 的影响，并不表示新的含义，也不表示可接受干扰概率升高。因此，采用 I 或 I/N 通常更便于理解，因为它们与干扰分配条件和干扰计算直接相关。

在专用移动无线电等点对面系统或基于恒定发射功率（非功率控制）的广播业务的干扰分析中，采用 C/I 指标可带来诸多益处。其中的关键问题是如何规划点对面系统，并重点关注下列情形。

- 覆盖范围规划中包含干扰裕量，如 5.8 节和 5.9 节所述，则可基于式（5.161）计算 $T(C/I)$。
- 覆盖范围规划中不包含干扰裕量，因此一旦出现干扰，将导致覆盖范围减小。该方法将在 5.10.5 节中讨论。

例 5.41

某专用移动无线电系统发射功率为 10dBW，信道宽度为 12.5kHz，工作频率为 420MHz。假设接收机噪声系数为 7dB，传播损耗值可等效为斜率为 37.2dB、截距为 110.5dB 的直线，可得到信号场强随距离变化量。当 $C/(N+I)$ 限值为 20dB、干扰裕量为 1dB 时，覆盖范围约为 8.5km，可通过下式计算 $T(C/I)$。

$$T\left(\frac{C}{N}\right) = T\left(\frac{C}{N+I}\right) + 1 = 21\text{dB} \tag{5.159}$$

$$T\left(\frac{I}{N}\right) = 10\lg(10^{M_i/10} - 1) = -6\text{dB} \tag{5.160}$$

$$T\left(\frac{C}{I}\right) = T\left(\frac{C}{N}\right) - T\left(\frac{I}{N}\right) = 27\text{dB} \tag{5.161}$$

通过计算得到的允许干扰随距离变化如图 5.41 所示。由图可知，系统越向覆盖区域中心移动，允许干扰越大。

例 5.42

在未考虑干扰裕量情形下，例 5.41 规划专用移动无线电系统的最大覆盖区域半径增大至 9km，系统可接受的干扰大小取决于有用信号场强，其可通过下式计算。

$$M_i = \frac{C}{N} - T\left(\frac{C}{N+I}\right) \tag{5.162}$$

$$I = N \cdot \frac{I}{N} = N \cdot 10\lg(10^{M_i/10} - 1) \tag{5.163}$$

依据 $T[C/(N+I)]$ 指标所决定的系统最大允许干扰如图 5.42 所示，图中同时给出了有用信号和白噪声的变化曲线。由图可知，$T(C/I)$ 随距离的变化而变化，当距离较小时，$T[C/(N+I)]$ 保持相似的变化特性。但随着有用信号逐渐接近噪底，系统能够容忍的干扰越来越小，直至从 $C/N=T[C/(N+I)]$ 中被剔除，此时 $T(C/I)$ 变为无限大。

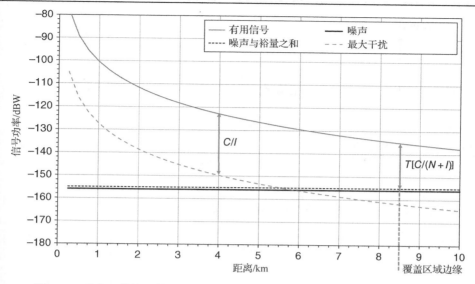

图 5.41　考虑干扰裕量情形下 PMR 有用信号和最大干扰随规划距离变化曲线

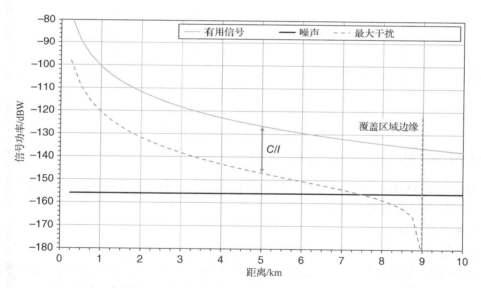

图 5.42　未考虑干扰裕量时 PMR 有用信号和最大干扰随规划距离变化曲线

在发射机邻近区域或 C/N 满足 $T[C/(N+I)]$ 区域内，通常需通过实际测试来确定保护率（PR）。

（1）保护率 PR(C/I) 或 PR(W/U) 的测量主要适用于参考有用信号 C 显著大于最小限值 C_{min} ［有关案例可见（DTG 测试，2014）］的情形。这时由于类噪声干扰信号 I 和 $(N+I)$ 近似相等，通常选择测量 $T[C/(N+I)]$。该比率适用于干扰主导 $(N+I)$ 的场景或干扰受限场景。

（2）保护率 PR(C/N) 的测量主要适用于确认接收噪声 N 和最小信号场强 C_{min} 的比率是否满足所需性能。这时测量的参数仍为 $T[C/(N+I)]$，当干扰不存在时，即为噪声受限场景。

上述测量中，有些情况下满足 PR(C/I)=PR(C/N)=$T[C/(N+I)]$ ［有关案例见 Tech 3348(EBU，2014)］，如图 5.43 所示。这些比率仅在特定区域内有效，并不适用于与发射机相距任意距离的区域。

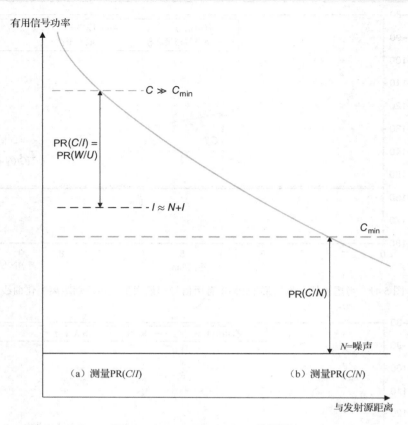

图 5.43　PR(C/I)和 PR(C/N)的测量

使用 $T(C/I)$过程中存在一些局限性，包括：

- 与使用 $T(I/N)$相比，使用 $T(C/I)$时既要建立有用系统模型，还要建立干扰源模型，这使得干扰分析变得更为复杂。
- 分配干扰更加复杂。
- 由于许多系统采用功率控制机制，因此服务区域内的接收信号会保持不变。
- 若系统 $C/(N+I)$小于所需的最小值，即使 C/I满足要求，系统仍不能提供正常服务。例如，即使满足 $C/I=+30$dB，但如果 $C/N=-10$dB 且 $I/N=-40$dB，网络实际上仍无法正常工作。
- 同频干扰分析一般针对台站覆盖边缘区域，这些区域的 C 通常已达到最小值，因此使用 C/I 或 W/U 并不会比使用 I/N 带来额外好处。

5.10.2　部分性能降级（FDP）

5.9 节讨论了两个特定时间百分比的干扰情形，即短期干扰和长期干扰，但没有考虑时间百分比为中间值时干扰电平大小。

图 5.44 给出了由系统 A 和 B 产生的干扰 I 大于一定时间百分比的累积分布函数。当考虑短期限值和长期限值时，两个系统产生的干扰几乎相等，但在时间百分比的中间区域，两个系统产生的干扰存在很大区别。由图可知，系统 A 在中间区域产生的干扰远大于系统 B，而

若仅考虑短期限值和长期限值，就无法得出这个结果。

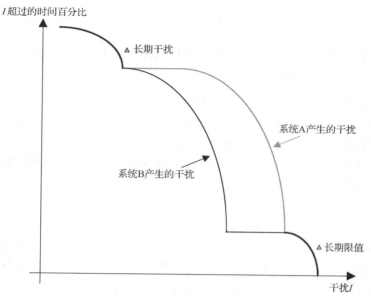

图 5.44　系统 A 和系统 B 产生干扰的累积分布函数随时间百分比变化

因此，需要建立干扰分析的新机制，其中包括时间平均 I/N 或 FDP。该指标适用于有用信号以 $\lg$（时间百分比）形式线性衰减的情形。这方面的例子见 ITU-R P.530 建议书（第 4.3.3 节），该建议书给出的多径衰落模型中，衰落深度 A 与 $10\lg p$ 呈线性关系。具体关系为

$$a = \frac{k}{p} \tag{5.164}$$

其中，k 为常数且

$$a = 10^{A/10} \tag{5.165}$$

对于固定链路等系统，接收信号 c 的绝对值的计算公式为

$$c = \frac{p_{\text{tx}} g_{\text{tx}} g_{\text{rx}}}{l_{\text{fs}} a} \tag{5.166}$$

当 c/n 等于限值 $t(c/n)$ 时，链路将在时间百分比 p 内正常工作，即满足

$$\frac{p_{\text{tx}} g_{\text{tx}} g_{\text{rx}}}{l_{\text{fs}} n} \frac{p}{k} = t\left(\frac{c}{n}\right) \tag{5.167}$$

或者满足

$$p = qn \tag{5.168}$$

其中，q 是代表其他各项的一个常数。

干扰将基于下式使链路的不可用度逐步增大（或减小可用度）。

$$\Delta p = q(n+i) - qn = qi \tag{5.169}$$

无干扰的链路不可用度步进为

$$\frac{\Delta p}{p} = \frac{i}{n} \tag{5.170}$$

当干扰随时间变化时，对上式进行积分后得到 FDP 为

$$FDP = \frac{i_{average}}{n} \tag{5.171}$$

注意，时间平均必须取绝对值而非 dB，且该指标仅限于性能与 $\lg p$ 呈线性关系的场景。下列文献进一步描述了 FDP 及其应用。

- 《无线电规则》附录 5 附件 1：《共用同一频段的 MSS（空对地）与地面业务之间、共用同一频段的非对地静止轨道卫星 MSS 馈线链路（空对地）与地面业务及共用同一频段的 RDSS（空对地）与地面业务之间的协调门限值》（ITU，2012a）。
- ITU-R F.1108 建议书：《确定固定业务接收机免受工作在共用频段的非对地静止轨道空间站发射的干扰保护准则》（ITU-R，2015a）。
- ITU-R M.1143 建议书：《工作于卫星移动业务的非对地静止轨道空间站（空对地）与固定业务协调的系统专用方法》（ITU-R，2005c）。

ITU-R M.1143 建议书将 FDP 作为开展协调的触发值，该触发值与非对地静止轨道卫星移动业务产生的干扰有关，该卫星移动业务与固定业务共用频段，如图 5.45 所示。共用频段确定后，ITU-R M.1143 建议书给出了用于确定数字固定链路的触发值的方法，相关触发值由 ITU-R M.1141 建议书（ITU-R，2005b）给出

$$T(FDP) = 25\% \tag{5.172}$$

上式基于 1dB 干扰裕量。

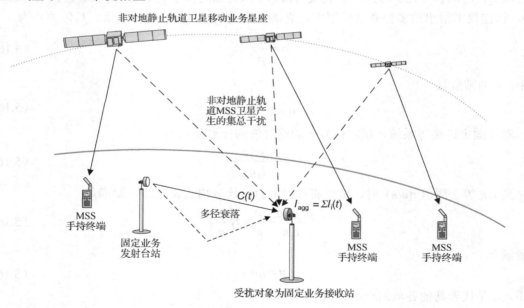

图 5.45　非对地静止轨道 MSS 干扰进入点对点固定链路的共用场景

例 5.43

某非对地静止轨道 MSS 系统申请与固定业务共用频段，各系统的参数见 6.2.2 节。假设采用表 5.18 的通用方法，将集总干扰限值平均分配给 4 个系统，结果如表 5.19 所示。

通过分析，得到系统 I/N 超过特定时间百分比的累积分布函数如图 5.46 所示，可以看出

该分布曲线高于短期干扰限值和长期干扰限值。

但通过计算得到的 FDP 值为 14.9%，小于协调门限值。

上述结果看似相互矛盾，原因是 FDP 为集总限值，而 I/N 限值针对单输入干扰。I/N 的累积分布函数与集总 I/N 限值相对应。因此，应将 FDP 进行分配，使每个系统仅允许增大总体不可用度的一部分。

需要指出，极短时间百分比的 I/N 累积分布函数曲线呈抛物线状，主要取决于受扰固定业务接收天线主瓣增益方向图。同时，当时间百分比小于 0.001%后，该曲线变得平滑，表明为获取精确结果所需的样本量足够多，且时间步进足够小。有关内容将在 6.8 节中讨论。

表 5.19　固定业务短期和长期单输入 I/N 限值

限值	长期	短期
时间百分比	20%	0.01%
I/N	−12dB	+10dB

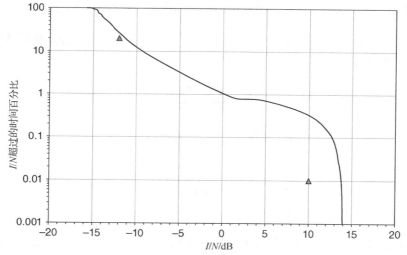

图 5.46　非对地静止轨道 MSS 系统对固定业务链路干扰中 I/N 的累积分布函数

5.10.3　$C/(N+I)$和 BER

前面讨论了通过计算平均 I/N 或 FDP 来反映干扰时变性的一种方法。本节将介绍一种利用 $C/(N+I)$ 从整体上表示干扰和有用信号时变性的方法。采用该指标的优点在于 $C/(N+I)$ 与实际服务质量（QoS）有关，特别是对数字系统而言，$C/(N+I)$ 与误码率（BER）直接关联。因此，通过采用 E_b/N_0，可将基于 BER 限值的 QoS 指标转化为 $C/(N+I)$ 限值。例如，式（3.27）可用于 BPSK 调制。

例 5.44

在例 5.43 场景中，非对地静止轨道 MSS 系统为干扰源，固定业务为受扰对象，其所对应的 C/N、C/I 和 $C/(N+I)$ 的累积分布函数如图 5.47 所示。由图可知，在 C/I 的影响下，C/N 曲线左移后形成 $C/(N+I)$ 曲线。又由于存在衰落效应，在长期和短期时间百分比区域内，$C/(N+I)$ 主要由 C/N 决定，在中间区域内，$C/(N+I)$ 主要由 C/I 决定。本例中 $C/(N+I)$ 刚好满足要求，对

应的干扰概率 p=0.009 29%。

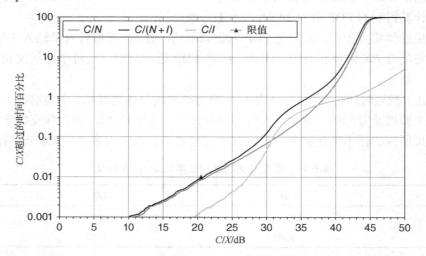

图 5.47 非对地静止轨道 MSS 系统对固定业务链路干扰中 C/X 的累积分布函数

ITU-R M.1319 建议书（ITU-R，2010a）给出了计算所有非对地静止轨道 MSS 卫星波束产生的集总 I_{agg} 的方法，即

$$I_{\text{agg}} = 10\lg\left(\sum_{i=\text{satellites}} \sum_{j=\text{beams}} 10^{I_{ij}/10}\right) \tag{5.173}$$

$$I_{ij} = P'_{\text{tx},ij} + G'_{\text{tx},ij} - L'_{\text{p},ij} + G'_{\text{rx},ij} - L_{\text{f}} + A_{\text{BW},ij} \tag{5.174}$$

同时

$$C = P_{\text{tx}} + G_{\text{tx}} - L_{\text{fs}} - L_{530}(p\%) + G_{\text{rx}} - L_{\text{f}} \tag{5.175}$$

$$N = F_{\text{N}} + 10\lg T_0 - 228.6 + 10\lg B \tag{5.176}$$

根据上式可计算出动态仿真（将在 6.8 节中介绍）中每步所对应的 $\{C/I_{\text{agg}}, C/N, C/(N+I_{\text{agg}})\}$，进而计算包括累积分布函数在内的统计量。

需要指出，尽管受扰接收机具有 1dB 的干扰裕量就足够了，但其仅能达到 0.01% 的不可用度要求。实际中采用 $C/(N+I)$ 指标也存在不足，主要是需要考虑所有干扰源，从而增大了仿真的工作量和复杂性。基于 $C/(N+I)$ 的仿真适用于系统设计研究，这类研究中的外部干扰已经确定，主要目标是优化网络性能。

另一种综合考虑干扰分布 $I(t)$ 和有用信号分布 $C(t)$ 的方法是 5.10.4 节讨论的不可用度分配方法。

由 $C/(N+I)$ 分布产生的 BER 统计量可用于产生与网络相关的其他统计量。例如，由给定的 BER 和数据包数量可生成近似 PER。在提交给英国通信办公室的"免执照业务频谱占用度评估"研究（Aegis Systems Ltd 和 Transfinite System Ltd，2004）中，采用以下由 BER 估算 PER 的方法。

$$\text{PER} \cong N_{\text{packet}} \cdot 8 \cdot \text{BER} \tag{5.177}$$

其中，N_{packet} 为数据包的数量，且假设 BER 非常小。由 PER 也可导出所需 BER 和 $T[C/(N+I)]$。其对应的限值为

$$\frac{C}{N+I} > T\left(\frac{C}{N+I}\right)\quad(\text{对于 } Z\%\text{时间百分比和 } W\%\text{位置百分比})\tag{5.178}$$

5.10.4　不可用度

尽管干扰分析主要基于无线电信号功率，但支持业务运行的重要指标是误码率和可用度。为对干扰实施管理，可将不可用度（unavailability）裕量分配至多个干扰源。例如，ITU-R F.1094 建议书（ITU-R，2007a）对固定链路不可用度的分配情况如表 5.20 所示。

表 5.20　ITU-R F.1094 建议书（ITU-R，2007a）对固定链路不可用度的分配情况

百分比	成分	内容
89	X	固定业务部分（业务内共用），包括由于设备失配引起的性能降级
10	Y	基于主要业务（业务间共用）的频率共用
1	Z	所有其他干扰

干扰分析中常将可用度的减小量（或不可用度的增大量）作为典型指标，例如：

相对于无干扰情形下系统的不可用度，存在干扰时仅使系统的不可用度增大了 10%。

当给定时变有用信号分布 $C(t)$ 和 N 时，将存在无穷多个干扰分布 $I(t)$，导致 $\{C(t), N, I(t)\}$ 完全卷积的不可用度增大，因此该方法仅适用于检验如 7.6 节描述的等效功率通量密度等 $I(t)$ 分布的正确性。

若 $C(t)$ 和 $I(t)$ 分布相互独立且均存在较小的不可用度，则可利用有用信号衰落和超出短期干扰限值所导致的不可用度之和来估计总不可用度 U，即

$$U(\text{total}) \cong U(\text{Fade} > M_{\text{fade}}) + U[I > T_{\text{st}}(I)]\tag{5.179}$$

由干扰所导致的不可用度占总不可用度的比率为

$$\Delta U = \frac{U[I > T_{\text{st}}(I)]}{U(\text{total})}\tag{5.180}$$

ITU-R S.1323 建议书（ITU-R，2002c）包含上式，并限定了卫星网络不可用度的增量，同时建议干扰应满足下列条件。

5.1　至多导致有用网络的短期性能指标所规定的 BER（或 C/N 值）时间裕量达到 10%，该裕量与最短时间百分比（最小 C/N 值）有关。

采用不可用度进行干扰分析的好处是其与服务质量紧密相关，但也增大了仿真和度量的复杂性。有时利用不可用度来获取 I/N 限值，后者在干扰分析中更为常用。

例 5.45

例 5.44 中的不可用度统计结果如表 5.21 所示。由表可知，不可用度的 10% 由干扰引起，如前所述，该值为集总数值而非单输入数值。

表 5.21　不可用度统计结果案例

期望总不可用度	0.01%
针对干扰的不可用度裕量	10%
由干扰引起的不可用度限值的增量	0.001%

包含衰落的不可用度	0.008 37%
由干扰和衰落引起的不可用度	0.009 29%
由干扰引起的不可用度的增量	0.000 92%

5.10.5　覆盖范围、作用距离和容量

干扰可能会导致用于某种业务的无线电系统的覆盖范围减小，因此覆盖范围也可作为一种干扰限值。考虑如图 5.48 所示的 IMT WCDMA 部署的受扰场景，其中干扰导致 IMT WCDMA 基站的噪声升高。

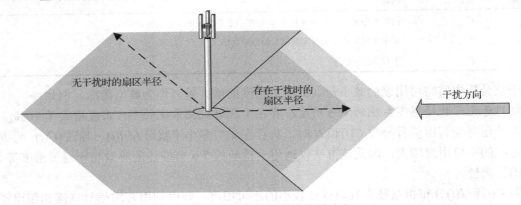

图 5.48　干扰导致覆盖范围减小

城市地区蜂窝网络为噪声受限系统，而乡村地区蜂窝网络为覆盖范围受限系统，$N+I$ 的增大很容易导致基站作用距离减小。这时，只能通过增加基站数量来满足所需覆盖范围要求。因此，基站数量的允许增加量也可作为评估干扰的一种指标。

例 5.46

在 ITU-R M.1654 建议书（ITU-R，2003c）中，要求广播卫星业务（BSS）（声音）系统的干扰不应使基站数量增加 10%，可将其转化为 $T(I/N)$。首先需利用下式确定干扰所导致的链路裕量的减小量。

$$\Delta L = 10 \lg[1 + 10^{(I/N_{tot})/10}] \tag{5.181}$$

上行链路噪声包括系统噪声和热噪声 N。WCDMA 上行链路噪声的增量可利用 3.5.5 节给出 N_R 来表示，即

$$\frac{I}{N_{total}} = \frac{I}{N}\frac{N}{N_{total}} = \frac{I}{N}\frac{1}{N_R} \tag{5.182}$$

因此，有

$$\Delta L = 10 \lg\left[1 + 10^{\left(\frac{I}{N} - N_R\right)/10}\right] \tag{5.183}$$

链路裕量的减小将导致链路作用距离减小。假设采用 Hata/COST 231 模型来计算链路作用距离，则根据式（4.19），得

$$L_{50} \sim (44.9 - 6.55 \lg h_{tx}) \lg d_{km} \tag{5.184}$$

当基站发射天线高度为 30m（乡村地区典型值）时，上式可将简化为

$$L_{50} \sim 35.22 \lg d_{km} \sim 10 \lg d_{km}^{3.522} \tag{5.185}$$

覆盖区域的变化量由距离平方决定，即

$$\Delta A = \left[1 + 10^{\left(\frac{I}{N} - N_R \right)/10} \right]^{-2/3.522} \tag{5.186}$$

对于乡村地区，噪声增量可取 $N_R = 1 dB$，因此基站数量增加 10%对应于

$$T\left(\frac{I}{N} \right) = -6.4 dB \tag{5.187}$$

$$T\left(\frac{DT}{T} \right) = 23\% \tag{5.188}$$

采用上述方法的好处在于可将链路干扰与其经济支出（如增加设备和部署费用）联系起来。实际上，与频谱管理中基于市场方式获取频谱资源收入不同，经济支出本身也可作为衡量干扰大小的一项指标。

城市地区蜂窝移动通信系统链路性能受限于噪声增量。同时干扰也会减小蜂窝网络容量。如例 3.10 所述，噪声增加 1dB 可能带来 5 次语音呼叫的容量损失。

需要指出，在许多情形下，针对 IMT 受扰的系统间干扰限值 $I/N = -10 dB$。

与上述方法类似，ITU-R M.1739 建议书（ITU-R，2006f）给出了一种适用于 5GHz 频段 RLAN 系统的干扰限值计算方法，该方法将链路作用距离减小 5%转化为 $T(I/N) = -6 dB$。此外，7.7 节将基于 ITU-R M.1644 建议书（ITU-R，2003b）有关方法，讨论如何将雷达作用距离减小 6%转化为 $T(I/N) = -6 dB$。

无干扰环境有利于无线电业务保持良好工作状态，而业务间频谱共用可能会带来干扰，并导致无线电系统裕量、容量或作用距离减小。问题在于，何种降级程度能够被接受。这个问题与经济成本和政策目标等其他因素也有关联。为保证公平，主管部门通常将无线电业务间集总干扰裕量设为 1dB。

另一个将容量作为干扰度量指标的例子见 ITU-R BT.2265 报告（ITU-R，2012i），该报告附件 2 描述了一种针对下列问题的解决方法。

相对于其他业务/应用的干扰台站（单站或多站）未部署（"事前"）时 DTTB 接收位置概率（ΔRLP），当其他业务/应用的干扰台站（单站或多站）部署后（"事后"），如何确定 DTTB 接收位置概率（ΔRLP）的降级程度。

该方法采用蒙特卡洛方法，考虑不同传播模型带来的位置可变性，并最终评估由干扰所导致的广播网络覆盖范围的减小量。覆盖范围的减小量也可用接收位置概率的减小程度表示。

采用该方法评估干扰的难点在于确定合适的限值。采用任意的系统规划算法均有一个前提条件，即系统不可能工作于无干扰环境中。问题在于，可接受的系统覆盖范围的减小量为多少，以及如何将该指标纳入系统规划过程之中。

覆盖范围分析可扩展至建立人口覆盖率模型，这需要各地区（如地图方格内）人口数据库支持。根据具体需求和服务，人口统计可采用常住人口或白天人口等多种方式。相应地，干扰影响可利用特定业务人口覆盖率的减小量来评估。由于人口数据与位置相关，这种方法不太适用于通用场景，后者采用平均密度来表示区域覆盖和人口数量间的直接关系。

对于采用自适应调制的系统，可采用总携载业务量（total traffic carried）这一指标，该指标通过对参考时间段内可获取数据速率（achievable data rate）进行积分得到。可获取数据速率由 $C/(N+I)$ 导出，因此干扰可能导致系统容量减小。

5.10.6　观测持续时间和位置

ITU-R RA.769 建议书（ITU-R，2003d）给出了用接收机端干扰或各频段功率通量密度表示的射电天文业务（RAS）限值，并包含如下观测类型。

- 连续介质（continuum）。
- 谱线。
- 甚长基线干涉仪（VLBI）。

与其他限值不同，上述限值均为 2 000s 时段的积分值，即对该时段内的（近似）增益或功率求平均。

遥感应用的限值体现在对测量位置的限制。例如，ITU-R RS.2017 建议书（ITU-R，2012h）对可用度做出限制，要求地球表面 2 000 000km² 范围内的测量数据的可用度达到 99.99%。

例 5.47

2009 年 11 月，欧洲航天局（ESA）发射了土壤湿度和海水盐度（SMOS）卫星。该卫星携带的载荷为微波合成孔径成像辐射计（MIRAS），工作在 1 400～1 427MHz 频段，用于卫星地球探测无源业务（EESS）。该卫星遭受到相邻频段业务，如无线摄像机监测系统、电视无线电链路和雷达等的有害干扰。

5.10.7　雷达和航空业务限值

雷达系统可应用于空中交通管理等关键生命安全业务。雷达系统的工作性能指标包括检测概率和虚警率等（Skolnik，2001）。但对大多数干扰分析来讲，这些指标的计算太过烦琐。如同移动网络建模中避免涉及详细和复杂的协议一样，雷达限值通常基于 I/N。例如，ITU-R M.1460 建议书（ITU-R，2006a）给出的 2 900～3 100MHz 频段无线电定位雷达限值为

$$T\left(\frac{I}{N}\right) = -6\text{dB} \tag{5.189}$$

该建议书同时给出如下说明。

上式表示雷达可容忍的多干扰集总效应；针对单个干扰的可容忍 I/N 取决于干扰源数量及其几何分布，且需要对具体场景进行评估。

上述情形与 5.9 节类似。但需要指出，雷达限值要求在各个方位均得到满足，而非针对整个工作区域的平均值。许多航空应用（如空中交通控制的通信业务）需要立体保护区，如由中心点、半径和高度确定的柱体区域。

有关雷达系统建模的更多信息见 7.7 节中雷达方程的推导过程。

5.10.8　信道共用率

7.2 节描述的专用移动无线电系统的频率规划方法基于两个指标，即干扰电平和信道共用率。其中第二个指标适用于多个系统在同一位置使用同一信道的情形，如图 5.49 所示。

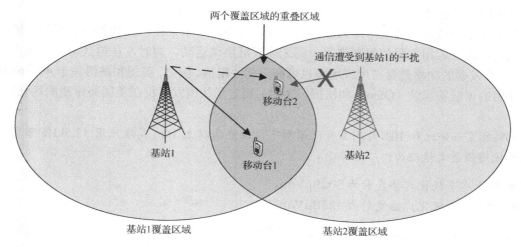

图 5.49 专用移动无线电系统覆盖区域及重叠区域

图 5.49 中两个专用移动无线电系统使用相同频率或信道，且覆盖区域发生重叠。在覆盖重叠区域，系统 1 的基站或移动台会对系统 2 的通信链路造成干扰。重叠区域越大，信道受到干扰的概率越大。

上述覆盖重叠区域可能不止一个，而通过相关指标可描述各系统覆盖区域信道平均共用率。所允许的信道共用率取决于流量水平或活动因子及系统执照中规定的业务目标等级（target grade of service）。通过信道受扰概率还可确定语音完全接通概率。

有关信道共用率计算的更多信息见 7.2 节。

5.10.9 场强、功率通量密度和等效功率通量密度

干扰分析所需的无线电信号功率取决于电场强度。有用信号和干扰信号强度通常由功率通量密度（PFD）表示，3.11 节给出了电场强度与功率通量密度之间的转换关系。

上述指标的优点在于其能够独立反映接收机特性，特别是可进一步定义功率电平，并根据是否达到或超过功率电平来触发管理行为。如果相关组织、运营商或监管部门对规定功率电平的符合性产生怀疑，则可通过测量来对实际功率进行核查。

因此，有关法规文件和许多频谱共用场景通常对场强和功率通量密度做出规定。例如，《无线电规则》第 21 条对卫星系统的功率通量密度做出如下规定，以防止其对地面业务造成有害干扰。

21.16 §61）包括发射卫星在内的空间电台发射在地球表面产生的功率通量密度，在任何条件下及无论采取何种调制方式，均不应超过表 21-4 给出的限值。

对于未达到上述功率通量密度限值要求的卫星系统，国际电联无线电通信局将不会批准其注册申请。

功率通量密度限值可通过各种脚注出现在频率划分表中。例如，《无线电规则》脚注 5.430A（ITU，2012a）规定的 20%时间百分比情形下在地面 3m 以上高度测得的功率通量密度限值为 $-154.5\text{dBW/m}^2/4\ \text{kHz}$。该限值已经作为允许 IMT 移动业务工作在指定国家卫星地球站使用频段的规定指标。只要部署在某个国家的 IMT 系统的功率通量密度满足该限值要求，就可以防

止其邻国的卫星业务受到干扰。该限值的计算过程将在例 5.48 中介绍。

功率通量密度或场强还可作为边境地区频率协调的约束条件，并载入两国间的谅解备忘录或双边协议。若相关限值得到满足，则无须开展协调活动。同时，在得到另一方允许的条件下，一方发射的功率通量密度或场强也可高于相关限值。例如，英国和法国关于 46～68MHz 频率使用的谅解备忘录（Ofcom 和法国，2004）规定了法国发射机在英国海岸线的场强限值，即

50%位置百分比和 10%时间百分比情形下，在地面以上 10m 高度采用 12.5kHz 带宽所测量的干扰场强最大值应为：

- 对于水平极化广播发射为 30dBμV/m。
- 对于垂直极化广播发射为 12dBμV/m。

针对场强或功率通量密度的限值既适用于单个发射源干扰，也适用于多个发射源的集总干扰。双方开展频率协调时，既可以使用相同的场强或功率通量密度限值，也可通过商议，同意一方享有在某些频率上的优先权。这些优先频率（preferential frequencies）权限体现在：

（1）在边境线上方可使用更大的功率通量密度或场强。

（2）允许距邻国边境线的一定距离 d 上的功率通量密度超过限值。

图 5.50 给出了核查专用移动无线电系统协调限值中采用次要边境线（secondary line）说明优先频率的例子。这种方法在双边频率协调和 HCM 协议（HCM 主管部门，2013）中得到广泛采用。

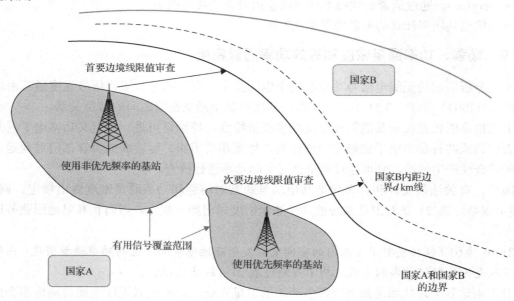

图 5.50　用于优先频率核查的次要边境线

在无线电业务规划中涉及干扰分析时，也可采用场强作为限值，例如：

- 广播业务，详见 ITU-R BT.1368 建议书（ITU-R，2014d）和 BT.2036 建议书（ITU-R，2013b）。

● 个人陆地移动业务,详见英国通信办公室频率指配技术准则(TFAC)OFW 164(Ofcom,2008b)。

ITU-R BT.1368 建议书含有场强计算和接收信号电平转换公式(见附录 2 的附件 1)。

相对于使用接收机前端的信号强度(C 或 I),使用场强可能存在如下 3 个问题。

(1)与频率相关。例如,英国通信办公室 OFW 164 包含 20 多个不同的阻塞场强限值,但仅提供了一个等效信号电平(−116dBm)。

(2)无方向性。场强通常不包括接收天线增益。许多情况下,天线方向性增益可大于 50dB。即便对于固定广播接收机,其天线方向性增益也可达 16dB。

(3)由于天线在不同方向的接收增益不同,将各方向接收的干扰信号进行叠加较为复杂。实际中需要将场强转换为接收机前端的信号功率,然后将信号功率进行叠加后再转换为场强。

基于上述原因,在进行干扰分析时,最好采用信号功率而非场强或功率通量密度。由例 5.48 可知,当已知天线增益时,这几个量值可以互相转换。

《无线电规则》(ITU,2012a)第 22 条定义了一种对天线增益和多个干扰信号进行管理的方法,称为等效功率通量密度(EPFD)。

$$epfd = 10\lg\left[\sum_{i=1}^{N_a} 10^{P_i/10} \frac{g_{tx}(\theta_i)}{4\pi d_i^2} \frac{g_{rx}(\varphi_i)}{g_{rx,max}}\right] \qquad (5.190)$$

上式表示功率通量密度和接收相对增益的乘积,可作为保护对地静止轨道卫星免受非对地静止轨道卫星干扰的硬界限(hard limit)指标,详见 7.6 节。该指标与接收机前端干扰非常类似,且包含与天线峰值增益和频率有关的固定偏移量。

ITU-R M.1583 建议书(ITU-R,2007b)也采用类似指标处理非对地静止轨道卫星星座和射电天文台之间的非同频干扰问题。同时根据具体情况还需增加其他参量如 A_{MI} 来表示发射频谱掩模的影响。

例 5.48

在 2007 年世界无线电通信大会上,《无线电规则》(见表 2.1)增加了脚注 5.430A,规定了边境线上方 3m 高度的功率通量密度限值为−154.5dBW/m²/4kHz。各国边境地带的 IMT 网络必须满足该限值要求,以防止卫星地球接收站遭受干扰。该限值由表 5.22 中参数和下式得出。

$$T(\text{PFD}, 20\%) = T\left(\frac{I}{N}, 20\%\right) + 10\lg(kT_{rx}B) - G(10°) - A_{e,i} = -154.5\text{dBW/m}^2/4\text{kHz} \qquad (5.191)$$

表 5.22　脚注 5.430A 中用于计算功率通量密度限值的参数

参数	参数符号	参数值
频率	f_{MHz}	3 400MHz
接收机温度	T_{rx}	100K
参考带宽	B	4kHz
时间百分比	P	20%
$p\%$时间的 I/N 限值	$T(I/N,p)$	−10dB
仰角	θ	10°
增益方向图	$G(\theta)$	ITU-R S.580 建议书

上式最后一项来自式（3.227），ITU-R S.580 建议中（ITU-R，2003e）给出的天线增益方向图可表示为

$$G(\theta) = 29 - 25\lg\theta \tag{5.192}$$

在 2015 年世界无线电通信大会上，该功率通量密度限值被增加到涉及 3 400～3 700MHz 频段的多个脚注中。

人体暴露限值

有关功率通量密度限值的一个特例是保护人体免受电磁辐射效应的潜在危害。国际非电离辐射保护委员会（ICNIRP）将人体暴露限值分为两类。

- 普通公众。
- 因职业原因而暴露的专业人员，这类人群会接受采取相关预防措施的训练，而且能够意识到所有潜在风险。

表 5.23   列出了 10MHz～300GHz 频段以 W/m² 为单位的功率通量密度限值

频率范围	普通公众暴露	职业暴露
10MHz≤f_{MHz}≤400MHz	2	10
400MHz≤f_{MHz}≤2GHz	$f_{MHz}/200$	$f_{MHz}/40$
2GHz≤f_{MHz}≤300GHz	10	50

表中限值是指在 6 分钟内的平均值，且短期内允许高于该限值 1 000 倍（如+30dB）。更多信息可参考国际非电离辐射保护委员会《时变电场、磁场和电磁场暴露限制指南（300GHz 以下）》（ICNIRP，1998）。

5.10.10 限值裕量

链路属性（link attribute）（与指标无关）与其限值之间的差值称为限值裕量。当限值裕量为正值时，表明系统的性能优于限值水平，反之则低于限值水平。有些指标值越大（如 C/N）意味着系统性能越好，有些则恰恰相反（如 I/N）。因此，限值裕量公式存在两种情况。

对于第一种情况，限值裕量计算公式包括

$$M(C) = C - T(C) \tag{5.193}$$

$$M\left(\frac{C}{N}\right) = \frac{C}{N} - T\left(\frac{C}{N}\right) \tag{5.194}$$

$$M\left(\frac{C}{N+I}\right) = \frac{C}{N+I} - T\left(\frac{C}{N+I}\right) \tag{5.195}$$

$$M\left(\frac{C}{I}\right) = \frac{C}{I} - T\left(\frac{C}{I}\right) \tag{5.196}$$

对于第二种情况，限值裕量计算公式为

$$M(I) = T(I) - I \tag{5.197}$$

$$M\left(\frac{I}{N}\right) = T\left(\frac{I}{N}\right) - \frac{I}{N} \tag{5.198}$$

若限值裕量表示为功率通量密度形式，则根据测量值是有用信号还是干扰信号分为两种情况：

$$M(\text{PFD}_\text{W}) = \text{PFD}_\text{W} - T(\text{PFD}_\text{W}) \tag{5.199}$$

$$M(\text{PFD}_\text{I}) = T(\text{PFD}_\text{I}) - \text{PFD}_\text{I} \tag{5.120}$$

通常情况下，特别是针对两种系统或业务干扰分析中，需要满足指标 X 的限值裕量为正值，即

$$M(X) \geqslant 0 \tag{5.201}$$

若该限值裕量为负值，则应考虑采取干扰消除措施。

此外，还有考虑一个问题，即上式应该取">"还是"≥"？通常来说，干扰限值表示不应超过的值，因此取限值本身是可以接受的，尽管这种情况发生的可能性很小。

例如，《无线电规则》第 22 条给出了多个表述为"不应超过该限值"的 PFD 或 EPFD。对于工作在 10.7～11.7GHz 频段的卫星固定业务的非对地静止轨道卫星系统，在任一 40kHz 频段等效功率通量密度等于-160dBW/m^2 的时间不超过 0.003%。与之类似，《无线电规则》附录 5 中对地静止轨道卫星的协调限值为 DT/T "超过" 6%。因此，若计算值满足上述要求，则无须进行协调。同样地，ITU-R SF.1006 建议书（ITU-R，1993）给出的"最大允许干扰"限值也是可接受限值。

在许多干扰分析中，干扰限值还需要考虑时间因素。图 5.51 给出了 I/N 的累积分布函数，以及限值 $T(I/N)$ 和百分比函数 $p_\text{T}(I/N)$。

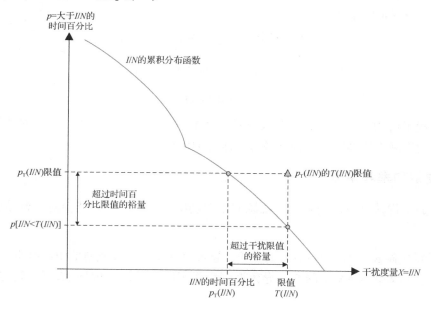

图 5.51 干扰和时间限值裕量

这两种限值裕量分别为

$$M\left(\frac{I}{N}\right) = T\left(\frac{I}{N}\right) - \frac{I}{N}\bigg|_{p = p_\text{T}(I/N)} \tag{5.202}$$

$$M_p\left(\frac{I}{N}\right) = p_T\left(\frac{I}{N}\right) - p\left[\frac{I}{N} \leqslant T\left(\frac{I}{N}\right)\right] \qquad (5.203)$$

这两种限值裕量均不应为负值，即满足

$$M(X) \geqslant 0 \qquad (5.204)$$

$$M_p(X) \geqslant 0 \qquad (5.205)$$

注意，若上式中有一个成立，则另一个必然成立。

干扰限值裕量通常不难理解，因为它明确表达了所要计算信号（期望或干扰）的变化信息。但在如 6.9 节所描述的蒙特卡洛方法等其他场景中，还包含时间百分比或时间概率。这时在描述输出统计量的干扰限值时，有必要采用时间限值裕量。

5.11　干扰消除

若经过分析表明，某系统所产生的干扰高于设定的门限值，则应停止发射或采取措施消除干扰。至于具体应采取何种措施，取决于所开展的分析是针对一般场景的还是针对特定位置和台站的。

实际上，很难找出可适用于所有场景的干扰消除方法，所以干扰消除措施往往是一种综合解决方案，需要考虑采取这种方案后所带来的收益（如干扰减小量）及需要付出的代价（如对服务质量、覆盖范围、预算支出的影响等）。通常可先考虑如何通过改变有用信号和干扰信号链路预算的方式消除干扰。

$$C = P_{tx} + G_{tx} - L_p + G_{rx} - L_f + A_{MI} \qquad (5.206)$$

$$I = P'_{tx} + G'_{tx} - L'_p + G'_{rx} - L_f + A_{MI} - L_{pol} \qquad (5.207)$$

$$N = 10\lg(kTB) \qquad (5.208)$$

有些干扰限值的确定需要经过深入分析，甚至需要开展协调工作。采用本节给出的干扰消除方法有助于减少协调需求，推动各方达成协调协议。

5.11.1　发射功率和带宽

最简单的干扰减小方法是减小干扰源的发射功率，但这样做可能会对该台站业务带来影响，例如：

- 由于特定距离上对应的 $C/(N+I)$ 降低，导致台站覆盖范围或通信距离减小。
- 由于接收端的 $C/(N+I)$ 降低，导致调制质量下降或编码长度增加，使得台站通信容量减小。
- 导致系统额定误码率降低。
- 导致系统可用度减小，因为衰落裕量可为系统提供低时间百分比干扰保护。

当接收端 $C/(N+I)$ 降低时，为确保系统作用距离和调制质量不变，可采用 3.5.5 节所描述的扩频方法。但这种方法也会减小系统总容量，当系统所采用的频率与其他系统存在较多重叠时，这种影响尤为明显。

若上述重叠带宽仅占干扰系统总带宽的一部分，则可通过增大重叠带宽之外信号的功率来补偿带内所受影响。

若系统未采用自动功率控制，则可通过降低平均功率水平来达到上述要求。即使存在若干功率峰值也是可以接受的。例如，卫星地球站可通过增大发射功率来补偿所处位置上行链路衰落，但正如 4.4.2 节所述，该衰落也会减小邻近卫星所受干扰。

通常，若存在多个可用频段和多个发射台站，则有利于系统保持正常工作。例如，LTE 网络运营商可使用 800MHz、1 800MHz 或 2 600MHz 等多个频段，以及多种发射台站，例如：

● 覆盖大片乡村地区的大功率宏基站。
● 工作电平低于密集市区环境杂波电平（the clutter level）的小功率小蜂窝基站。

运营商可根据传播环境和干扰状况为发射台站选择合适频段。相比乡村地区的大功率基站，市区的小功率小型蜂窝基站更容易与其他业务共用频谱。

有些系统可采用不同功率和带宽提供多种服务。例如，卫星固定业务的对地静止轨道卫星既可服务直接入户（direct to home）电视，也可服务甚小（天线）孔径终端（VSAT）。通过制定各类业务频谱使用规划，有助于简化频率协调过程。相对而言，开展相同业务之间的频谱共用分析较为容易，例如：

● 与同样提供电视业务的相邻卫星开展电视业务协调。
● 与同样提供 VSAT 业务的相邻卫星开展 VSAT 业务协调。

5.11.2　天线增益方向图

另一种减小干扰的方法是调整天线增益方向图。对于具有较高增益的大型天线，采用这种方法可获取如下好处。

● 减小链路所需发射功率。
● 使对其他系统的干扰限定在较小的地理范围内。
● 使来自其他系统的干扰限定在较小的地理范围内。

当然，采用调整天线方向图的方法也有不足。主要是大型天线（阵）往往价格昂贵且需要占据较大空间，有些情况下还会面临无法增大天线尺寸的问题。例如，由于物理条件限制，移动手持式终端无法使用强方向性抛物面天线。

除增大天线尺寸外，还可考虑如下替代性方法。

● 对于无法采用抛物面天线的小型设备，可考虑使用多个小天线或天线阵列构成电控天线。
● 基于多输入/多输出（MIMO）技术，采用多个天线满足收发台站之间多信道传输需求。
● 采用自适应天线，在干扰方向产生陷波。
● 利用多个天线消除衰落效应。例如，依据 ITU-R F.1108 建议书（ITU-R，2005a），采用分集技术的固定台站可减小多径效应影响。
● 多天线也可消除干扰影响。例如对多个有用信号进行叠加，由于两条路径上信号的相位不同，求平均后可使干扰减小。ITU-R F.1108 建议书将相位差为 ϕ（可用随机数模拟）的有用信号和干扰信号的绝对值转化为以下两式。

$$c \to 2c \tag{5.209}$$

$$i \to 2i\cos^2\left(\frac{\phi}{2}\right) \tag{5.210}$$

- 通过降低指向敏感区域的天线副瓣增益来减小干扰。如 3.7.5 节所述，天线设计人员可对波束或孔径效率进行优化设计，既可选择降低远端副瓣，也可选择降低第一副瓣。例如，对于对地静止轨道卫星系统，优先选用满足 ITU-R S.580 建议书（ITU-R，2003e）的卫星地球站天线，而不选用 ITU-R S.465 建议书（ITU-R，2010b）天线，因为前者可带来 3dB 偏轴增益（off-axis performance）。

- 对于对地静止轨道卫星频谱共用等特殊情形，应按照 3.7.6 节所述，优先采用沿卫星轨道切线方向的增益，而非垂直于卫星轨道的增益。

功率和天线增益方向图的乘积通常受到偏轴 EIRP 密度的限制。例如，卫星地球站应满足 ITU-R S.524 建议书（ITU-R，2006g）中的偏轴 EIRP 限值，如表 5.24 所示。此外，如 7.5.4 节所述，满足卫星和地球站偏轴 EIRP 限值通常是开展卫星协调工作的必要条件。

表 5.24 ITU-R S.524 建议书针对 27.5～30GHz 频段的偏轴 EIRP 限值

GSO 弧线 3° 以内的偏轴角	最大 EIRP
$2° \leqslant \varphi \leqslant 7°$	$(19 \sim 25)\lg\varphi$dBW/40kHz
$7° < \varphi \leqslant 9.2°$	-2dBW/40kHz
$9.2° < \varphi \leqslant 48°$	$(22 \sim 25)\lg\varphi$dBW/40kHz
$48° < \varphi \leqslant 180°$	-10dBW/40kHz

5.11.3 天线指向

限制天线指向是促进频谱共用的有效机制。干扰源发射天线和受扰接收机天线之间的隔离度越大，干扰越小。

图 5.52 给出了通过限制天线指向实现卫星地球站与 IMT LTE 网络基站频谱共用的例子。图中基站仅使用背离卫星地球站天线方向的扇面，也简化了频谱共用方式。同时，基站天线指向具有一定下倾角（典型为 3°～5°），这样能够减小水平方向的 EIRP，进而减小潜在干扰。

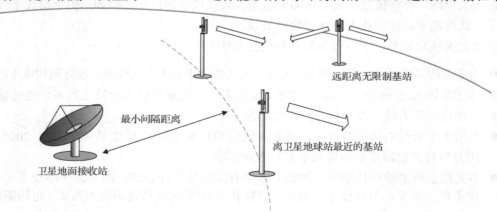

图 5.52 为保护卫星地面接收站而对基站天线指向的限制

　　为消除干扰，可综合采用天线指向隔离和天线增益方向图调整措施。例如，可使用相控阵天线替代固定扇区的基站天线，从而产生指向终端设备的定向波束。

　　20 世纪 90 年代，SkyBridge 公司的 NGSO 卫星固定业务曾采用了另一种干扰消除方法。这种方法能够确保所使用波束不与 GSO 卫星及其地球站处于同一条直线上，如图 5.53 所示。7.6 节还将讨论本例所涉及的 α 角和等效功率通量密度（EPFD）指标。

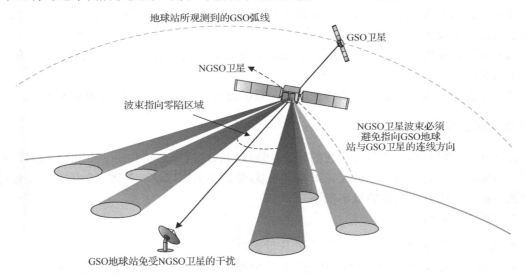

图 5.53　NGSO 卫星避免将其波束指向 GSO 地球站与 GSO 卫星的连线方向

　　包括地面业务在内的多种业务均将天线水平方向的增益作为一个关键指标。通过采用下倾角（如基站）等措施，可以减小对其他系统的干扰。

　　需要指出，采用本节所述的天线指向方法往往需要付出一定代价，例如：

- 图 5.52 中的移动网络需要增加基站数量，同时在地球站周围设立保护区域。
- 图 5.53 中的 NGSO 卫星网络需要增加卫星数量，以提供连续覆盖。

　　然而，有些因素在网络设计阶段就应考虑，以降低网络成本，提高服务质量。在对地静止轨道卫星协调中，决定服务质量的关键因素往往是与其他对地静止轨道卫星网络之间的协调，而非卫星技术和商业许可。干扰分析可能成为商业规划中的一个关键因素，决定着数十亿美元企业的命运。

5.11.4　位置、区域和间距

　　距离隔离是一种通用、有效的干扰消除方法，可适用于同频共用和非同频共用两种情形，但这种方法同时也可能减小服务区范围。

　　例如，在图 5.52 中，卫星地球站和最邻近基站需要保持最小间距。该图也描述了如何采用天线指向等其他方法来减小干扰源与受扰基站的间隔距离。

　　同理，距离隔离也适用于卫星协调。例如，当多个对地静止轨道卫星的轨位相距很近时，很难同时无干扰工作。

　　需要指出，距离隔离通常涉及 3 类区域。

（1）禁区：该区域内不能部署任何发射系统。

（2）协调区域：该区域内部署的发射系统已履行相关协调程序。

（3）干扰区域：该区域内部署的发射系统会产生有害干扰。

通过采取干扰消除措施，应将干扰区域转变为禁区或协调区域，这一过程受到如下因素制约。

（1）干扰消除方法的可用度：固定链路产生的干扰与天线指向角高度相关，在干扰协调中必须考虑到天线指向角影响。

（2）部署台站的可控性：免执照设备通常很难管控，这使得将这些设备隔离在外的方法变得不切实际。

（3）干扰协调成本：如果需要考虑的潜在系统过多，则会导致干扰协调成本太高。

5.11.5　部署位置

台站部署位置是另一个需要关注的问题。最极端的情形是台站共线（in-line）或接近共线配置。例如，某固定业务台站天线正好指向干扰/受扰卫星地球站。若固定链路和卫星地球站的配置不相关，则共线配置的概率很小。

这里需要注意两点。

● 采用真实位置和天线指向数据来确认受影响系统。

● 通过分析实际数据链路来确定天线方位角和仰角的分布，并计算干扰概率。

通常认为由台站部署因素产生干扰的可能性较低。当受扰用户向管理部门提出部署新台站可能带来干扰时，管理部门应对新台站带来的效益和干扰风险进行综合评估。

例如，若移动平台地球站（ESOMP）使用 28GHz 部分频段，则可能对陆地固定业务台站产生有害干扰。当点对点链路位于主要空中航线区域时，可能产生较为严重干扰。尽管存在干扰风险，但经欧洲有关会议讨论认定，这种干扰仅会对小部分链路造成影响。

5.11.6　噪声、馈线损耗和干扰裕量

增大或减小接收机噪声均有助于消除干扰，例如：

● 接收机噪声温度越高，则对于给定干扰电平 I，I/N 越低。这使得发射机必须增大功率，但这样做又会对其他系统造成更大干扰。同时这种方法不适用于功率受限系统。

● 接收机噪声温度越低，则满足链路预算要求所需发射功率越小，对其他系统的干扰也越小。但对于特定干扰电平 I，I/N 相对较高，从而使系统更易受扰。

例如，若增大干扰裕量 1～2dB，则如前所述，需要同步增大发射功率，进而产生干扰隐患。同理，若增大馈线损耗，虽然可以减小接收机前端的干扰功率，但同时也需增大发射功率以满足链路预算要求。

根据工程实践要求和《无线电规则》有关条款，无线电系统应使用能够满足业务要求的最小功率，以尽可能减小噪声、馈线损耗和干扰裕量。

5.11.7　接收机处理

　　某些情况下，通过对接收机前端信号进行处理有助于消除干扰。例如，若干扰源为雷达系统，则无线电系统可以利用雷达脉冲间隔（及雷达扫描间隔）进行通信，或者对其他信号进行监听定位等。这种处理机制要求无线电系统能够在远小于 1s 时段完成对共享环境感知，并能够对短时隙的可用度进行管理（有可能导致容量、性能或精确度下降）。由于雷达系统本身易受干扰，因此上述处理机制很难应用于大功率雷达系统。通常对脉冲无线电信号的影响进行模拟分析并非易事，需要开展相关模型性能验证，而不仅仅限于仿真分析。

5.11.8　时间和流量

　　许多无线电系统仅在一天当中的特定时段工作，如在凌晨 3 点左右，无线电业务的繁忙程度会显著降低。这说明在特定时段可能存在更多可用频谱，而且使用这些频谱并不会引起有害干扰。但也应看到，大多数无线电系统用户并不希望凌晨 3 点为其业务的繁忙时段。

　　尽管频谱管理机构迫切希望提高频谱效率，但往往仅能在其职权范围内采用时域共用技术消除干扰。例如，在频谱非常拥挤的集群移动通信频段，主管部门针对下列用户采取时域共用措施。

- 出租车调度公司，这类用户通常在凌晨时段很少使用频率。
- 跨夜股票升级系统，该系统会在凌晨时段工作。

　　频谱管理中通常采用时间分析方法确定干扰的时域变化，并将其与短期和长期限值进行比较。有时尽管干扰电平非常高，但只要这种情形仅占非常短的时段，也是可以接受的。但是，若干扰电平过高，则会导致接收机产生严重降级，导致系统无法同步或停止正常工作等，因此对短暂受扰情形也应设定限值。

　　此外，还可采用时域方法分析 Wi-Fi 和某些集群移动通信频段的共用问题。通过缩短某项传输占用时间，有助于提高这些频段的频谱效率。如果 Wi-Fi 采用最高阶调制方式，则有助于缩短传输给定数据量所需时间，从而为其他用户提供更多可用时段。对于集群通信系统，若用户活动因子较低，即偶尔进行语音通话，而非持续调用车载 GPS 位置信息（见 7.2 节），则有助于提高信道共用程度。

　　通过采用流量分级分析方法，可避免对集总效应做出过高估计。该方法不使用发射机的最大功率参数，而是根据用户流量分布来确定实际发射功率等级，因为许多业务（如移动电话）的实际发射功率可能远小于最大功率值。

5.11.9　采用极化

　　另一种减小干扰的方法是使干扰源采用与受扰对象相反的极化方式，如两者分别采用如下极化方式。

- 受扰对象采用水平线极化，干扰源采用垂直线极化（反之亦然）。
- 受扰对象采用左旋圆极化，干扰源采用右旋圆极化（反之亦然）。

　　也可采用另一对极化方式，即

- 受扰对象采用线极化，干扰源采用圆极化（反之亦然）。

如 5.4 节所述，由于受到去极化效应（de-polarisation effect）影响，采用极化方式消除干扰也会面临挑战。同时许多系统有时通过采用两种极化方式来增大其通信容量，这时若有用系统或干扰系统仅采用一种极化方式，则会限制通信容量的有效利用。

某些情况下，特别是干扰方向邻近天线主瓣方向时，采用极化方法可起到重要作用，如

- 固定业务台站，如 5.19 节所述。
- 卫星固定业务台站，其中干扰方向与卫星轨道上有用系统的天线主瓣方向邻近，因此需要保持较大的天线方向隔离度。

有些系统无法同时同地采用多种极化。例如，对地静止轨道卫星系统可采用如下方式管理系统内干扰。

- 北向波束：采用水平线极化。
- 南向波束：采用垂直线极化。

因此，当运营商开展卫星协调时，可以建议其他运营商的卫星采用上述极化方式。

当不存在主波束直射路径时，也可采用交叉极化方式，即线极化对应圆极化。这种方式尤其适用于存在多个干扰源情形。每条干扰路径可以在极化上偏离特定角度，平均去极化效应约为 1.5dB。

5.11.10　天线高度

对于许多地面无线电系统，可通过降低天线高度方式减小干扰。因为降低天线高度可以减小覆盖范围，同时也能减小受扰概率。特别是当天线高度降至周围地物高度以下时，将会对干扰产生额外绕射损耗。

但是，降低天线高度也会导致台站服务范围减小。对于一些服务范围较小的台站，如 IMT LTE 市区小型基站、Wi-Fi 热点等，可通过降低天线高度提高频率复用率。

天线高度还会对频率划分产生间接影响，当涉及航空业务频率划分时，这种影响尤为显著。许多移动业务频率划分中都包含限制航空业务的注释，因为在空中飞行高度上发射会增大干扰范围。

5.11.11　室内工作

某些业务在室内工作时会带来诸多益处。例如，部分 5GHz 频段分配给无线局域网使用，但该频段也被分配给非对地静止轨道卫星固定业务馈线链路等业务使用。为消除两者间干扰，可使无线局域网仅工作在室内环境。对于某些在室外违规使用的无线局域网，或者虽然在室内但在靠近门窗附近工作，其网络性能有可能受到集总干扰而下降。

由于有些建筑物表面具有频率选择性，当系统在室内工作时，建筑物会对特定频率上信号产生额外衰减。

5.11.12　改善滤波和保护频带

除了非同频共用之外，还可在频域上采用其他有助于消除干扰的技术，例如：

- 发射频谱掩模：若该指标设定较为严格，就会减小进入系统邻近工作频段的干扰。
- 接收滤波器掩模：通过增加额外滤波器，能够减小来自工作在邻近频率的系统干扰。

这两种方法均存在不足，要么需要增加设备成本，要么导致有用信号减小。其中后一个问题会对小功率接收系统，如某些接收远距离（或小型）运动目标反射信号的雷达，造成影响。这时需要在以下两个方面采取折中措施。

- 通过（尽可能）减小滤波来增大信号。
- 通过使用高效滤波器减小干扰。

另一个问题时，掩模积分调整因子由发射和接收掩模的最低效能决定，如例 5.11 所示。因此，通过增加额外滤波的方法所能带来的收益是有限的。

若采用滤波方法后仍然存在有害干扰，则应设法增大频率隔离度。这就需要采用 5.3.8 节所述的保护频带。

需要注意是，频率隔离度（frequency separation）存在两种定义。

- 有用信号载波与干扰信号载波之间的差值。
- 有用信号载波与干扰信号载波边沿的差值。

上述两种隔离度定义如图 5.54 所示。只要给出明确定义，采用上述任何一种隔离度均可。

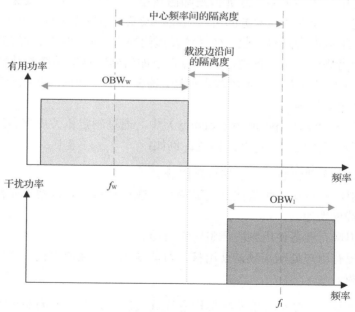

图 5.54 频率隔离度定义

5.11.13 现场屏蔽

通过在特定场所加装发射或接收天线的屏蔽体，可使台站免受附近系统影响，例如，例 4.9 中计算得出的屏蔽效果为 18dB。现场屏蔽要求台站周围留有充足的空间，尽管需要承担一定经济成本，但也会带来很大收益。

现场屏蔽可保护特定、敏感台站免受干扰，典型应用为射电天文望远镜或深空通信接收机等。

现场屏蔽也可用于保护主要用户免受次要用户干扰，相关费用通常由获得相关频谱效率收益的用户支付。

5.11.14　频谱感知和地理数据库

干扰分析中，许多问题的解决有赖于相关假设条件。通常可用信息越多，越能准确地确定系统何时、何地、以何种方式工作，且不会引起有害干扰。许多技术可支持系统做出决策，以确定是否应该发射，甚至使用哪些频率和功率发射，例如：

- 频谱感知或发送前侦听（listen before transmit）系统，如 5.5.1 节所述。
- 地理数据库，如 7.10 节所述白色空间设备（WSD）所用数据库。
- 信标，即每个接收台站的发射信号，目的是识别其位置和关注信道。

这里采用"信标"的概念是为了避免发送前侦听系统存在"隐藏节点"问题。由于引入信标时需要占用额外频谱来发送信标信号，因此现阶段主要采用地理数据库支持白色空间设备。

5.11.15　有用系统改造

干扰消除分析中，大多需要考虑如何消除由新用户产生的干扰，以保护既有用户。目前被广泛接受的规则是，新系统或业务的引入应能确保既有系统无干扰工作。

但上述规则也不能作为阻碍新业务或系统发展的理由。对于目前已经部署的系统或业务，在其规划阶段应该考虑干扰限值问题。其难点在于如何确定这些系统与其他系统或业务之间的干扰限值指标，这可能涉及频谱使用政策问题，需要频谱管理部门在综合考虑多种因素（如社会包容性、环境等）后确定。

在广义频谱经济（wider spectrum economy）中，通过制定相关规则和经济处理办法，来解决新台站与既有用户之间的频谱共用问题。例如：

- 新用户为既有重要接收台站建造屏蔽设施。
- 新用户承担现有台站接收滤波器改造费用，或承担将既有台站天线替换为更大、方向性更强天线的费用。
- 新用户承担现有业务使用频段调整所需费用。
- 新用户从现有用户处购买频谱使用权，可能是频谱单独使用权，也可能是次要用户的频谱使用权。

有些台站改造可能需要对有用系统架构进行重大调整。例如，为减少雷达带宽需求，可将雷达站的发射机或接收机部署在多个位置。

5.11.16　建模方法

在干扰仿真建模过程中，有些干扰问题是由假设条件导致的。在坚持严谨慎重这个大原则前提下，应尽可能将复杂场景进行简化处理。不能总是考虑最坏情况，因为有些假设未必符合现实。

表 5.25 列出了一些简单建模和详细建模的例子。

表 5.25　简单建模和详细建模的例子

简单建模	详细建模
基于 DT/T 的 GSO 干扰协调	基于 C/I 指标的详细协调
最坏几何关系（干扰源对准受扰对象）下的等值线协调	基于地形数据库和实际指向角的详细评估
平面地球模型	球面地球模型
平滑地球模型	基于 Hata（通用）或 P.452（特定位置）模型和地形数据的传播损耗快速滚降
低分辨率地形数据	地形数据+地物或高分辨率表面数据库
所有干扰源取最大功率	发射功率与流量等级有关
静态几何条件下的最坏情况或最小耦合损耗（MCL）	基于变化几何的区域、动态或蒙特卡洛建模
非同频带宽调整的静态项	发射和接收掩模的积分
假设干扰源和受扰对象采用相同极化方式	基于实际极化使用情况
采用 ITU-R 建议书等推荐的掩模增益方向图	采用实测增益方向图

第 6 章将更详细地阐述干扰建模方法，包括简单的静态参数设置方法和蒙特卡洛仿真方法等。

5.12　延伸阅读和后续内容

本章在第 3 章所述基本链路公式和第 4 章所述传播模型基础上，介绍了干扰计算有关内容，这里再强调以下可能影响干扰信号的因素。

- 同频干扰场景下的带宽。
- 非同频干扰场景下的发射频谱掩模、接收频谱掩模或邻信道泄漏功率比。
- 包括互调产物在内的杂散发射。
- 极化效应。
- 自适应系统的频率、功率和调制。
- 端到端性能。
- 台站部署和业务流量。

在计算出干扰信号大小后，关键问题是采用哪种干扰限值。本章在链路设计特别是干扰限值有关内容中，对 I、I/N、PFD、EPFD、C/I 和 $C/(N+I)$ 等各种限值指标进行了讨论，并指出了干扰分配的重要性。

本章最后讨论了干扰消除技术。第 6 章将结合本章所述干扰计算方法和限值，进一步讨论各种干扰分析方法。

第 6 章　干扰分析方法

第 5 章介绍了干扰计算的背景知识和基本理论，论述了包括 I、C/I、$C/(N+I)$、DT/T、I/N、PFD、EPFD 和 $E_{\mu v}$ 等在内的多个干扰相关指标的计算方法。为了确定干扰电平是否可接受，有必要考虑如何推导出干扰限值，特别是在设计有用链路预算时需要考虑干扰裕量。第 5 章在介绍不同带宽和极化特性的基础上，给出了通过求解发射和接收频谱掩模的积分来计算干扰的方法。

前几章还介绍了干扰计算相关基本概念，例如：

- 位置、距离和角度计算的几何原理。
- 用于计算发射台站和接收台站天线增益的模型。
- 用于计算有用信号限值的载波模型。
- 用于计算台站间路径损耗的传播模型。

本章主要介绍各种干扰计算方法及其适用场景。6.1 节概要介绍各种干扰计算方法，包括静态分析法、最小耦合损耗（MCL）分析法、输入变量分析法、解析法、区域分析法、动态分析法和蒙特卡洛分析法等。

结合相关案例，将上述方法应用于以下地面业务和卫星业务之间的兼容分析场景。

（1）IMT 基站对 C 频段卫星地球站的干扰。

（2）非对地静止卫星轨道（NGSO）卫星移动业务（MSS）网络对 S 频段地面点对点固定链路的干扰。

6.2 节介绍与上述两个场景有关的法规背景信息。6.12 节介绍选择干扰分析方法需要遵循的基本原则。6.13 节给出开展实际干扰分析工作的若干指导意见，同时讨论在共享场景下如何综合采用多种方法以更好地处理干扰问题。

读者还可参考如下资料。

资料 6.1　电子表格 "Chapter 6 Examples.xlsx" 含有静态分析法和最小耦合损耗分析法的例子，同时给出采用动态分析法计算 IMT 链路预算和时间步进的例子。

本章后续内容还将介绍更多干扰仿真案例。

6.1　方法和研究案例

为什么会存在多种干扰分析方法？其原因正如第 2 章所述，干扰分析往往受到多个因素驱动，需要解决多方面问题。例如，2.11 节列出如下干扰分析的类型。

- 面向系统的干扰分析：目的是确保相关系统对自身及其他业务的干扰最小化，为执照申请和法规修改提供支持。
- 面向法规的干扰分析：目的是修改《无线电规则》或指定的新建议书和报告。
- 面向频率指配的干扰分析：目的是满足频率指配和执照许可需求。

- 面向用频协调的干扰分析：通过与其他组织共同协商，目的是避免不同组织所使用的无线电系统产生有害干扰。

实际中需要针对具体场景采用不同干扰分析方法。例如，当需要确认是否应开展新卫星地球站协调时，应采用《无线电规则》附录 7 给出的方法，详见 7.4 节；当开展 GSO 卫星间的干扰分析时，应采用《无线电规则》附录 8 给出的方法，详见 7.5 节。

除上述场景之外，多数情况下特别是涉及两个或多个系统或业务间的共存问题时，并没有固定的干扰分析方法可循。不同的问题不仅带来不一样的需求，还可能涉及相关商业、法规和政策问题。例如，开展某些干扰分析的目的是为了回应公众的关切。

因此，干扰分析不仅仅是计算干扰信号链路预算，还需要回答如下问题。

- 发射台站 A 对受扰台站 B 造成多大干扰？
- 发射台站 A 和受扰台站 B 之间应达到何种程度的（频率和/或距离）隔离，才能避免有害干扰？
- 干扰强度随距离如何变化？
- 假定的干扰强度电平变化的敏感性如何？
- 是否无须仿真就能直接计算出干扰指标？
- 干扰随地理条件如何变化？
- 干扰随台站的移动如何变化？
- 如何表示干扰发生概率？
- 如何表示干扰对蜂窝网络容量造成的损失？

回答上述问题需要采用不同的干扰分析方法，详见表 6.1 和本章后续有关内容。这些方法可分为两类：一类考虑干扰随时间变化，另一类仅考虑某一特定事件（single instance）产生的干扰。

此外还可考虑采用其他干扰分析方法，如蒙特卡洛区域分析法和两阶段蒙特卡洛分析法，详见 6.10 节。

以上仅列出了通用的干扰分析方法，实际中每种方法都有其特定的应用版本。例如，固定链路规划需要采用多个高度集成的静态分析法。通过学习本章介绍的各种干扰分析方法，有助于深入理解第 7 章中的各种专用算法。

表 6.1　干扰分析问题和方法

问题	干扰分析方法	是否包含时间变量	详细介绍的章节
发射台站A对受扰台站B造成多大干扰？	静态分析法	否	6.3 节
干扰强度随距离如何变化？	输入变量分析法	否	6.4 节
假定的干扰强度电平变化的敏感性如何？			
干扰随特定区域地理条件如何变化？	区域分析法	否	6.5 节
发射台站A和受扰台站B之间应达到何种程度的（频率和/或距离）隔离，才能避免有害干扰？	输入变量分析法	非通用或间接	6.4 节
	最小耦合损耗分析法		6.6 节
是否无须仿真就能直接计算出干扰指标？	解析法	非通用	6.7 节
干扰随时间和台站的移动如何变化？	动态分析法	是	6.8 节

续表

问题	干扰分析方法	是否包含时间变量	详细介绍的章节
如何表示干扰发生概率？	动态分析法	是	6.8 节
	蒙特卡洛分析法		6.9 节
	概率分析法		6.11 节
如何表示干扰对蜂窝网络容量造成的损失？	蒙特卡洛分析法	是	6.9 节

6.2 案例分析

下面结合两个案例对上述干扰分析方法进一步说明。

（1）IMT 系统对卫星地球站（ES）接收机的干扰分析。

（2）NGSO 卫星移动业务（MSS）下行链路对固定链路的干扰分析。

之所以选取这两个案例，主要考虑到它们均包含地面和卫星业务，同时分别涉及地面传播和空地路径损耗计算，具有较强的代表性。

6.2.1 IMT 系统与卫星地球站共存分析

6.2.1.1 管理背景

近年来宽带移动通信的数据量正经历迅速增长，随之带来 IMT 系统与卫星地球站共存分析需求。频谱管理行业不仅要响应这种变化，而且要具有一定预见性，从而确保频谱分配和管理法规能够适应并促进行业发展。ITU-R M.2290 报告（ITU-R，2013q）曾经预测，2020年前 IMT 系统的频谱需求量将达到 1 340～1 960MHz。该报告同时指出，频谱需求量随国家和环境的变化而变化，其中密集市区的频谱需求量最大。

由于预测频谱需求量远超 ITU-R M.2290 报告出台时可用频谱的供给量，因此 WRC 2012为后续会议确定了以下议题。

1. 根据第 233 号决议（WRC-12），审议为作为主要业务的移动业务做出附加频谱划分，并确定国际移动通信的附加频段及相关规则条款，以促进地面移动宽带应用的发展。

该议题重点考虑 6GHz 以下频段，因此需要开展与该频段内多种无线电业务的频谱共用研究。由于这些无线电业务归属于多个 ITU-R 研究组（如 2.4.5 节所述），因此 ITU-R 决定组建联合任务组（JTG）（即 JTG 4-5-6-7）开展专项研究。JTG 4-5-6-7 同时还开展了 1.2 议题研究，主要涉及国际电联 1 区除航空移动外的移动业务使用频段 694～790MHz。

JTG 4-5-6-7 共召开 6 次会议，主要成果是主席报告——JTG 4-5-6-7/715 文件（ITU-R，2014a）。该报告包括 36 个附件，主要描述了工作完成情况、使用参数，以及大会筹备会议报告、报告草稿等输出文件。

本章所采用的卫星地球站和 IMT 网络参数源自 JTG 4-5-6-7 主席报告附件 17（ITU-R，2014b）。

- ITU-R 新报告草稿[FSS-IMT C 频段下行链路]《面向 WRC-15 研究周期的国际移动通信先进系统和卫星固定业务对地静止轨道卫星网络在 3 400～4 200MHz 和 4 500～4 800MHz 频段的共存研究》。

WRC-15 召开前与 3 400～4 200MHz 频段相关的频率划分表如表 2.1 所示。在 WRC-15 大会上,与会代表经过深入磋商,同意增加移动业务划分和关于 IMT 的说明,并且在部分 L 频段和 C 频段划分中以脚注方式进行说明。

注意,尽管国际电联采用 IMT-Advanced 这一通用术语,但鉴于许多研究均采用长期演进(LTE)标准,因此本节及全书将其统一表述为 IMT LTE。

6.2.1.2　卫星地球站参数

本案例中卫星地球站参数如表 6.2 所示。

表 6.2　卫星地球站参数

参数	典型值
工作频段	3 400～4 200MHz、4 500～4 800MHz
天线直径/m	1.2、1.8、2.4、3.0、4.5、8、16、32
天线参考方向图	参考 ITU-R S.465 建议书
发射带宽范围	40kHz～72MHz
接收系统噪声温度	小型天线(直径为 1.2～3m)为 100K;大型天线(直径为 4.5m 以上)为 70K
地球站位置	所有区域,包括乡村、郊区和市区等

需注意以下两点。

- 小型天线(直径为 1.8～3.8m)通常架设在市区、郊区或乡村地区地面或屋顶上,而大型天线通常架设在郊区或乡村地区地面上。
- 一般取天线最小仰角为 5°。

卫星地球站频域响应参数如表 6.3 所示。

表 6.3　卫星地球站频域响应参数

参数	参数值
带宽	30MHz
第一信道 ACLR/ACS	45dB
第二信道 ACLR/ACS	50dB
杂散发射	55dB

干扰指标采用 I/N,干扰指标限值主要源于 ITU-R S.1432 建议书(ITU-R,2006a)。

长期干扰指标:

- 带内共存研究:最坏月份 100%时间百分比的集总干扰 $T(I/N)=-12.2$dB,对应任意月份 20%时间百分比的集总干扰 $T(I/N)=-10$dB。注意,该集总干扰来自所有其他业务,若来自某特定业务,则干扰值应降低 3dB,即 $T(I/N)=-13$dB。
- 相邻频段共存研究:对于 100%时间百分比的来自其他所有发射源的集总干扰,$T(I/N)=-20$dB。

短期干扰指标:

- 带内共存研究:超过 $T(I/N)=-1.3$dB 的时间百分比为 $p=0.001\ 667$%(单个业务)。

6.2.1.3　IMT LTE 参数

本案例中 IMT LTE 基站和蜂窝网络参数如表 6.4 所示。

表 6.4　IMT LTE 基站和蜂窝网络参数

基站特性/蜂窝结构	郊区宏蜂窝	市区宏蜂窝	室外小蜂窝	室内小蜂窝
蜂窝半径/部署密度	0.3~2km（共存研究中典型值为 0.6km）	0.15~0.6km（共存研究中典型值为 0.3km）	每个市区宏蜂窝包括 1~3 个 每个郊区宏蜂窝小于等于 1 个	取决于室内覆盖范围/容量需求
天线高度	25m	20m	6m	3m
扇区	3 个扇区	3 个扇区	单个扇区	单个扇区
下倾角	6°	10°	—	—
频率复用	1	1	1	1
天线方向图	见 ITU-R F.1336 建议书	见 ITU-R F.1336 建议书	见 ITU-R F.1336 建议书	见 ITU-R F.1336 建议书
水平 3dB 波束宽度	65°	65°	全向	全向
天线极化	线性	线性	线性	线性
室内基站穿透损耗	—	—	—	20dB（3~5dB）

此外，还应注意以下两点。

- 为增大本地通信容量，室外小蜂窝基站通常部署在严重受限区域。在该区域内，由于存在宏蜂窝网络覆盖，使得室外小蜂窝基站无须提供连续覆盖。
- 若 IMT-Advanced 网络包含 3 层蜂窝覆盖——宏蜂窝、室外小蜂窝和室内小蜂窝，则这些系统不能使用相同载波。其中两层蜂窝可以使用相同载波，但是在相同或不同频段中使用单独的载波也是可以的。

IMT LTE 基站链路参数如表 6.5 所示，其频域响应参数如表 6.6 所示。

表 6.5　IMT LTE 基站链路参数

基站特性/蜂窝结构	郊区宏蜂窝	市区宏蜂窝	室外小蜂窝	室内小蜂窝
低于屋顶的基站天线密度	0%	50%	100%	—
馈线损耗	3dB	3dB	—	—
基站最大输出功率（5/10/20MHz）	43/46/46dBm	43/46/46dBm	24dBm	24dBm
基站天线峰值增益	18dBi	18dBi	5dBi	0dBi
基站最大输出 EIRP/扇区	58/61/61dBm	58/61/61dBm	29dBm	24dBm
基站平均活跃度	50%	50%	50%	50%
基于活跃度的基站平均输出 EIRP/扇区	55/58/58dBm	55/58/58dBm	26dBm	21dBm

表 6.6　IMT LTE 基站频域响应参数

参数	参数值
带宽	10MHz
第一信道 ACLR/ACS	45dB
第二信道 ACLR/ACS	45dB
杂散发射	55dB

为简化起见，本案例仅考虑基站发射设备，未考虑用户设备（UE）发射情况。

注意，不同无线电运营商可能采用不同功率单位。例如，本例中 IMT LTE 移动系统的功率单位为 dBm，而卫星运营商采用 dBW 作为功率单位。为便于识记，以及与功率通量密度（PFD）限值保持一致，本章采用 dBW 作为唯一的功率单位。这样做也避免了与单位面积 dB（即 dBm^2）相混淆。

6.2.2 NGSO MSS 与固定业务共存分析

6.2.2.1 法规背景

20 世纪 90 年代早期，许多 NGSO MSS 系统相继投入使用。为减小卫星与移动地球站（MES）之间的信号传输时延和路径损耗，这些系统大多采用近地轨道（LEO）星座而不是 GSO 星座。LEO 通常分为"小 LEO"和"大 LEO"，前者主要提供短信服务，后者主要提供语音服务。由于"大 LEO"运营商提出新的 1～3GHz 频段分配需求，所以通常需要开展与该频段内作为主要业务的固定业务（FS）的共存分析，例如：

- 2 170～2 200MHz，ICO 全球通信公司申请将该频段用于卫星移动业务（卫星至手持终端）下行链路，ITU-R 用 LEO-F 表示该业务。
- 2 483.5～2 500MHz，Globalstar 公司申请将该频段用于卫星移动业务下行链路，ITU-R 用 LEO-D 表示该业务。

对于 GSO 卫星网络，由于卫星几何位置固定不变，因此可通过《无线电规则》第 21 条所规定的功率通量密度（PFD）掩模来保护地面业务。而对于 NGSO 星座，需要采用其他方法来防止固定业务数据链路受到干扰。

由于协调频段被很多国家地面业务使用，很难针对各个国家分别进行协调，因此国际电联建立了如下方法。

- 采用 5.10.2 节所述部分性能降级（FDP）作为协调触发值，该值可通过 ITU-R M.1143 建议书（ITU-R，2005c）中标准计算程序（SCP）计算得到。
- 若需开展进一步协调，可采用 ITU-R M.1319 建议书（ITU-R，2010a）中 $C/(N+I)$ 方法，详见例 5.44。

6.2.2.2 卫星参数

NGSO MSS 系统参数来源于 ITU-R M.1184 建议书中参考 LEO-F 网络，如表 6.7 所示。其中需要开展与固定业务共存分析的是系统下行链路，该链路工作频段为 2 170～2 200MHz，天线采用 121 个点波束，形成六边形方向图，如图 6.1 所示。对于 NGSO 系统，也可采用 ITU-R S.1528 建议书（ITU-R，2001d）给出的天线方向图，由于该建议书的批准时间为 2001 年，因此在 20 世纪 90 年代，NGSO 系统采用 ITU-R S.672 建议书中的天线方向图，该方向图与 ITU-R S.1528 建议书中方向图类似。

有关卫星参数内容还可参考：

- 6.8 节中关于轨道高度内容及其调整建议。
- 例 5.29 中关于流量水平和集总 EIRP 内容。

表 6.7　NGSO MSS 参考参数

参数	参数值
轨道类型	圆形
轨道高度	10 355km
轨道倾角	45°
卫星轨道平面数	2
卫星/轨道平面数量	5
卫星链路波束数量	121
波束峰值增益	32.1dBi
波束方向图	六边形
波束宽度	4.4°
波束间隔	4.0°
增益方向图	ITU-R S.672-4 建议书　副瓣增益为−25dBi
波束 EIRP/MHz	49dBW/MHz
极化方式	圆极化
语音活跃度	0.4
两个外侧环形波束流量负荷	中心波束流量负荷的 50%
频率复用	7 选 1
流量/中心波束	1MHz

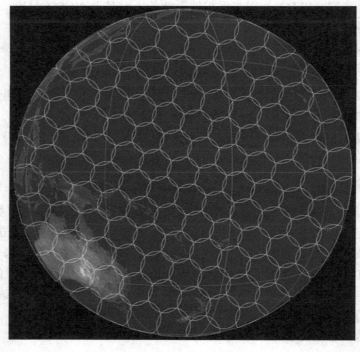

图 6.1　基于卫星视角的 NGSO MSS 波束方向图（图片来源：Visualyse Professional 软件。
数据来源：NASA Visible Earth 网站）

6.2.2.3　固定业务参考参数

尽管本案例协调频段内存在多种固定业务系统，但参与共存分析的系统参数如表 6.8 所示。

在许多情形下，有关固定业务干扰分析通常采用 ITU-R F.699 建议书（ITU-R，2006b）给出的天线方向图，详见 7.1 节。该方向图适用于仅包含少量甚至单个干扰源的静态分析法。静态分析法假设干扰源在某个偏离天线主瓣的方向上持续存在，因此可采用 ITU-R F.699 建议书中固定角度上的天线副瓣增益。但是，本案例中存在多个处于移动状态的干扰源，因此干扰源方向上的天线增益时而升高，时而降低，应该从统计学角度建立能够表达干扰源方向上平均增益性能的天线副瓣方向图模型。本案例采用 ITU-R F.1245 建议书（ITU-R，2012c）中的天线方向图，如图 6.2 所示。图中将 ITU-R F.1245 建议书中天线方向图与 ITU-R F.699 建议书中天线方向图进行了对比，其中天线峰值增益为 30dBi，波束宽度为 5°。

表 6.8　固定业务参考参数

参数	参数值
纬度	51°N
方位角	90°
高度	20m
长度	21km
天线峰值增益	30dBi
天线波束宽度	5°
天线馈线损耗	2dB
天线增益方向图	ITU-R F.1245-1 建议书
频率	2GHz
带宽	7MHz
极化方式	线性
噪声系数	7dB
干扰裕量	1dB
衰落裕量	22dB
$C/(N+I)$ 限值	20.5dB
不可用指标	0.01%

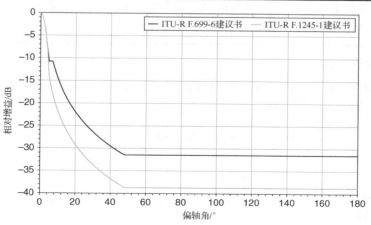

图 6.2　ITU-R F.699 和 ITU-R F.1245 建议书中天线方向图对比

6.3 静态分析法

静态分析法往往是大多数干扰分析首选的方法。该方法需要首先确定和选择能够导出所需指标的所有必要参数，然后配置相应的仿真工具，整个计算流程甚至可简化为电子表格程序。

为形象化描述干扰分析的空间和频率特征，可通过绘制图表列出所有参数，例如：

- 位置：相关台站的位置在哪？应采用何种几何结构？（详见 3.8 节。）
- 天线：各个台站都装载哪些天线？这些天线的增益是多少？指向什么方向？（详见 3.7 节。）
- 链路：完成链路预算所需的参数，如频率、带宽、发射功率和接收机噪声温度等，是多少？（详见 3.11 节。）
- 传播模型：应采用何种传播模型计算有用信号和干扰信号传输衰减？（详见第 4 章。）
- 限值：应计算哪些指标？应选用哪些限值较为合适？（详见 5.10 节。）

通过掌握上述参数，可建立有用信号和/或干扰信号链路预算，进而计算 I/N、C/I、PFD 等指标。

对于一些干扰分析问题，特别是基于静态分析法的干扰分析而言，完成上述过程已经能够满足要求。即使对于那些采用更为复杂方法的干扰分析，将静态分析法作为首选方法亦能获得较多益处，主要原因在于：

（1）所有参数得到识别就能确保完成仿真。

（2）支持对计算过程进行"完整性检查"，因为简化仿真更便于发现问题，从而为后续仿真建立已知和可信的基础。

（3）有助于了解所涉及问题的数量级。例如，若裕量超过 30dB，则意味着系统共存可能存在严重问题；若裕量仅为 1dB 或 2dB，则意味着实现共存的可能性很大。

（4）便于与其他方法进行对比。随着干扰分析方法复杂性的提高，特别是采用多种软件工具时，很难对各种方法的计算结果进行对比分析。通过构建一个公认的简单场景，可以基于该实例来识别各种假设或算法的潜在区别，有时即使微小（而有效）的区别也会带来显著差异（见下文"对相关标准的检验"）。

对相关标准的检验

曾偶然碰到一个难题，即对比分析 ITU-R S.1428 建议书（ITU-R，2001c）中两个天线增益方向图（含副瓣）：

$$G(\theta) = 29 - 25\lg(\theta) \quad 95\frac{\lambda}{D} < \theta \leqslant 33.1° \tag{6.1}$$

$$G(\theta) = -9 \quad 33.1° < \theta \leqslant 80° \tag{6.2}$$

我们注意到这两个方向图仅存在微小差异，且相关差异可追溯至式（6.1）和式（6.2）的分割点，即满足

$$\theta = 10^{(29+9)/25} = 33.113° \tag{6.3}$$

因此，该建议书规定的分割点的角度约为 33.1°。其中一个方向图可取该分割角度的凑整值，而另一个方向图可取该分割角度的相对精确值。若这两种方式都被视为"无误"，则哪种方式正确呢？

本例中，尽管相关差异仅为微小的 0.004dB，但却足以说明复杂算法的不同实现方式所带来的计算结果差异，以及每种方式的支持论据。建立一个参数齐全的良好场景和易于理解的计算公式，有利于为后续进一步讨论建立基础共识。

例 6.1

静态分析法的首要步骤是从可用选项中定义一个完整参数集，本例的分析场景为图 6.3 所示的空间+频率图。

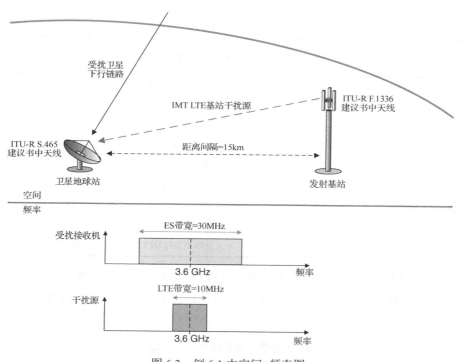

图 6.3　例 6.1 中空间+频率图

根据图 6.3 和 6.2 节所述内容，选出表 6.9、表 6.10 和表 6.11 所列参数。

表 6.9　卫星地球站参数

参数	静态分析法取值
接收频率	3 600MHz
带宽	30MHz
天线增益方向图	ITU-R S.465 建议书
天线直径	2.4m
天线效率	0.6
天线高度	5m
天线仰角	10°
接收系统噪声温度	100K
接收馈线损耗	0dB

表 6.10　IMT LTE 基站参数

参数	静态分析法取值
发射频率	3 600MHz
带宽	10MHz
天线增益方向图	ITU-R F.1336-4 建议书 3.1.2 节
天线峰值增益	18dBi
天线水平波束宽度	65°
天线高度	25m
天线下倾角	6°
天线前端的发射功率	13dBW

表 6.11　干扰场景参数

参数	静态分析法取值
几何结构	球面
地球模型	光滑
传播模型	ITU-R P.452 建议书
时间百分比	20%
ΔN	45N 单位/km
海平面折射率 N_0	325
间隔距离	15km
台站配置几何关系	地球站指向 IMT LTE 基站；IMT LTE 基站指向地球站

　　为保证参数的清晰性和完整性，表中将馈线损耗等取值为 0 的参数也一并列出。

　　采用这些表中所列参数可计算干扰链路预算，详见表 6.12 和各个计算步骤。本例可参考如下资料。

表 6.12　由静态分析法得出的干扰链路预算

参数	符号	取值	计算
频率	f_{GHz}	3.6GHz	—
受扰带宽	B_v	30MHz	—
干扰带宽	B_I	10MHz	—
干扰功率	P_{tx}	13dBW	—
干扰峰值增益	$G_{max}(tx)$	18dBi	—
干扰相对增益	$G_{rel}(tx)$	-18.4dB	采用 ITU-R F.1336-4 建议书
传播模型	—	ITU-R P.452 建议书	—
间隔距离	d	15.0km	—
时间百分比	p	20%	根据 ITU-R S.1432 建议书
p%时间百分比传播损耗	$L_p(p)$	127.5dB	采用 ITU-R P.452 建议书
接收峰值增益	$G_{max}(rx)$	36.9dBi	采用式（3.78）

续表

参数	符号	取值	计算
接收相对增益	$G_{rel}(rx)$	−29.9dB	采用 ITU-R S.465 建议书
接收馈线损耗	L_f	0dB	—
带宽调整因子	A_{BW}	0dB	采用式（5.5）
干扰强度	I	−107.9dBW	采用式（5.6）
接收机温度	T	100K	—
受扰带宽内噪声	N	−133.8dBW	采用式（3.43）
I/N	I/N	25.9dB	$I−N$
I/N 限值	$T(I/N)$	−13dB	—
裕量	$M(I/N)$	−38.9dB	$T(I/N)$ −I/N

资料 6.2　Visualyse Professional 软件仿真文件"Static analysis example.sim"可用于生成本节中链路预算。

根据表 6.12 中的计算结果，I/N 大大高于限值要求且裕量达−38.9dB，这表明例 6.1 中卫星地球站与基站很难实现共存（实际上，对该问题的研究已经持续了几个 WRC 周期）。

同时有必要考虑集总干扰问题，原因在于：

● 虽然 IMT LTE 载波带宽为 10MHz，但卫星地球站带宽为 30MHz，因此存在 3 倍（即+4.8dB）载波集总因子。

● 本例仅考虑单个 IMT LTE 基站扇区，实际中干扰也可能来自其他扇区（尽管不直接指向卫星地球站方向）。

● 本例仅考虑单个 IMT LTE 基站的受扰情况，实际中卫星地球站周围可能存在多个基站。

采用静态分析法处理集总干扰问题时，需要在仿真起始阶段建立多个干扰源模型，同时可通过增加同频干扰场景（改变频率偏置）和地形数据增强模型的逼真度。

例 6.2

某 IMT LTE 基站采用例 6.1 所述参数，距离边境线 15km。根据频率划分表的脚注 5.430A（见例 5.48），该基站的功率通量密度（PFD）保护限值等于−154.5dBW/m²/4kHz，其与边界线上卫星地球站之间的路径剖面如图 6.4 所示，该基站的功率通量密度是否满足或超出限值要求？

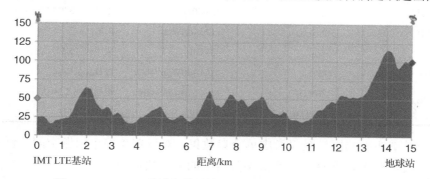

图 6.4　IMT LTE 基站与边界线上卫星地球站之间的路径剖面

本例需要在采用基本静态分析法的基础上，做出如下调整。

（1）增添地形数据［本例采用航天飞机雷达地形测量任务（SRTM）数据］。

（2）根据脚注 5.430A 调整地球站天线高度（如 3m）。

（3）计算进入所需参考带宽（4kHz）的干扰功率。

（4）将各向同性天线接收的干扰信号转换为功率通量密度。

计算结果如表 6.13 所示。由表可知，PFD 裕量尽管为负值，但非常接近于 0，表明结果基本满足相关指标。虽然还可能存在增大 PFD 的其他因素（特别是例 6.1 所述集总干扰），但可采取下列措施消除干扰影响，包括：

● 功率：可通过将发射功率减小 0.1dB 以满足 PFD 限值要求。

● 天线指向：可将天线指向错开卫星地球站方向，或通过增大天线下倾角以减小指向地平线方向的增益。

● 天线高度：通过降低天线高度减小干扰。

● 杂波损耗：本例采用地形数据，但并未考虑杂波损耗。

● 天线增益方向图：如例 5.48 所述，本例中 PFD 限值由 ITU-R S.580 建议书（而非 ITU-R S.465 建议书）中地球站天线增益方向图导出，使得干扰减小 3dB。

表 6.13　功率通量密度计算

参数	符号	取值	计算
频率	f_{GHz}	3.6GHz	—
参考带宽	B_v	4kHz	—
干扰带宽	B_I	10MHz	—
干扰功率	P_{tx}	13dBW	—
干扰峰值增益	$G_{max}(tx)$	18dBi	—
干扰相对增益	$G_{rel}(tx)$	−18.6dB	采用 ITU-R F.1336-4 建议书
传播模型	—	ITU-R P.452 建议书	—
间隔距离	d	15.0km	—
时间百分比	P	20%	根据脚注 5.430A
p%时间百分比传播损耗	$L_p(p)$	165.4dB	采用 ITU-R P.452 建议书
各向同性接收天线信号功率	S	−153.0dBW	采用式（3.204）
各向同性天线面积	$A_{e,i}$	32.6dBm^2	采用式（3.227）
10MHz 带宽 PFD	PFD_{10MHz}	−120.4dBW/m^2	$S-A_{e,i}$
带宽调整因子	A_{BW}	−34.0dB	采用式（5.5）
参考带宽内 PFD	PFD	−154.4dBW/m^2/4kHz	$PFD_{10MHz}+A_{BW}$
PFD 限值	$T(PFD)$	−154.5dBw/m^2/4kHz	根据脚注 5.340A
裕量	$M(PFD)$	−0.08dB	$T(PFD)-PFD$

静态分析法的主要局限性是仅考虑单个参数集，难以覆盖整个问题空间。例如，对于 n 个变量，每个变量有 N_i 种可能性，则静态分析法的组合数量为

$$N_{total} = N_1 N_2 N_3 \cdots N_n \tag{6.4}$$

例如，若有 20 个输入参数，每个参数存在 5 种可能取值，则总共有 $5^{20} \approx 9.536\,74 \times 10^{13}$ 种

排列组合。显然，很难对数量如此庞大的组合进行计算处理，但可通过如下方法对其复杂性进行控制。

- 可视化：例如，通过图表来描述输出如何随一个或多个输入发生变化，详见 6.4 节和 6.5 节。
- 派生指标：例如，通过确定达到某限值的距离和频率隔离度来减少问题维度个数，详见 6.6 节。
- 多输入变量卷积：首先指定每个输入变量概率，然后采用蒙特卡洛分析法生成各种输出变量的概率，详见 6.9 节。
- 场景定义：通过参数集定义一个或多个特定系统部署场景。
- 采用领域知识：如基于不同视角排除一个或多个参数（如市场、法规或技术限制等）。

为实现对上述复杂问题的管理，通常先开展输入变量分析，详见 6.4 节内容。

此外，静态分析法无法体现干扰的可变性，例如：

- 地理可变性：如哪些区域可能存在干扰？
- 台站动态：如飞机、船舶和卫星的移动可能使干扰超出限值，则干扰时间的持续时长为多少？
- 一般可变性：如用户的移动、流量和传播的变化会对干扰发生概率产生哪些影响？

要回答此类问题，有必要采用区域分析法（AA）、动态仿真和蒙特卡洛建模等更先进方法，详见本章后续内容。

注意，例 3.33 也采用了静态分析法。

6.4　输入变量分析法

输入变量分析法也称敏感度分析法，是一种非常重要和常用的干扰分析方法。该方法主要通过对输入变量进行调整，观察选定输出指标（如 I、C/I、I/N、PFD 等）所受影响，从而在静态分析的基础上，进一步回答如下问题。

- 干扰如何随距离间隔发生变化？
- 干扰如何随频率间隔发生变化？
- 干扰如何随天线尺寸发生变化？
- 干扰如何随天线指向角度（包括下倾角）发生变化？
- 干扰如何随天线高度发生变化？

输入变量分析法的优势体现在：

- 能够清晰展现建模场景：模型参数可直接定义、说明和理解。
- 能够清晰展现输出结果：可反映所需指标的结果随参数变化情况。

有些问题无须开展详细分析，如输入功率的变化对接收信号电平产生线性影响。

输入变量分析法还可用于解答其他重要问题，例如：

- 距离间隔达到多少即可满足限值要求？
- 频率间隔达到多少即可满足限值要求？

有关上述问题的分析也可归入最小耦合损耗（MCL）分析，如 6.6 节所述。

当干扰问题包含多个维度时，可重复开展输入变量分析。例如，可针对特定频率集迭代进行干扰-距离关系分析，从而得到干扰随距离、频率间隔变化情况。

开展输入变量分析可利用如下资料。

资料 6.3　Visualyse Professional 软件仿真文件"Static analysis-extend to vary distance.sim"，该文件应用见例 6.3。

资料 6.4　Visualyse Professional 软件仿真文件"Static analysis-extend to vary frequency. sim"，该文件应用见例 6.4。

例 6.3

在例 6.1 中静态分析的基础上，进一步考虑干扰随距离变化情况，图 6.5 所示为空间+频率图。卫星地球站与 IMT LTE 基站距离间隔为 10～100km。图 6.6 描述了同频情形下 I/N 随距离间隔变化关系及长期限值。由图可知，当卫星地球站与基站距离间隔约为 45km 时，可满足干扰限值要求。

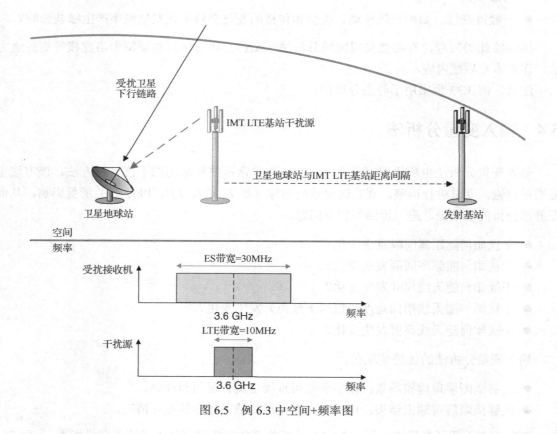

图 6.5　例 6.3 中空间+频率图

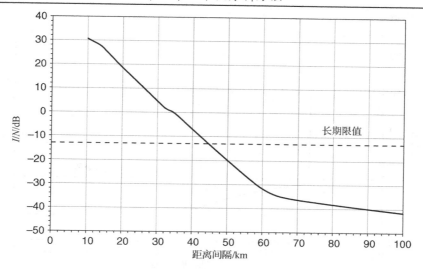

图 6.6　同频情形下 I/N 随距离间隔变化关系及长期限值

例 6.4

在例 6.1 中静态分析的基础上，进一步考虑干扰随频率变化情况，图 6.7 所示为空间+频率图。其中发射频谱掩模和接收频谱掩模均由例 5.8 所述方法及邻信道选择性（ACS）导出，并用于计算 A_{MI}。卫星地球站接收频率和 IMT LTE 基站发射频率的间隔范围为 0～100MHz。距离间隔为 15km 时 I/N 随频率间隔变化关系如图 6.8 所示。由图可知，当两者频率间隔约为 20MHz 时，可满足干扰限值要求。

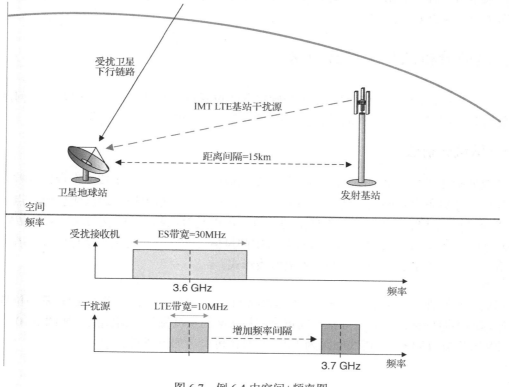

图 6.7　例 6.4 中空间+频率图

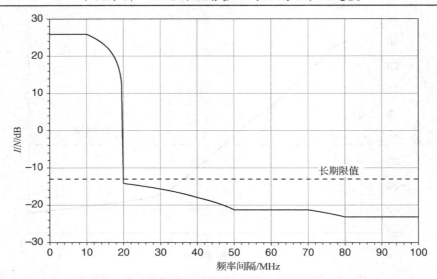

图 6.8　距离间隔为 15km 时 I/N 随频率间隔变化关系

注意，例 7.20 中计算地面链路和卫星地球站之间的 I/N 时，综合采用了带宽调整因子 A_{BW} 和掩模积分调整因子 A_{MI} 并进行对比分析。

上述两个案例表明，输入变量分析法既有助于理解干扰场景，也能提供相关解决方案。在实际应用中，不仅要考虑距离和频率变化情况，还应考虑短期限值等其他因素的影响。

通过输入变量分析法，可生成 I/N 随频率和距离变化等多维曲线。当输入变量为地理参数时，可采用另一种方法来综合考虑相关参数的各种组合，用于分析沿线、区域内或空间中干扰分布情况，详见 6.5 节内容。

6.5　区域分析法和边界分析法

干扰分析中，最为重要的问题之一是确定哪些位置可能受到干扰。要回答这一问题，通常需要对某区域或多边形边界的受扰情况进行审查，具体内容如下文所述。

6.5.1　区域分析法

区域分析法（Area Analysis，AA）涉及某区域内多个位置的一个或多个台站，首先基于静态分析法计算各个台站受扰情况，然后将每个位置的计算结果通过编码颜色像素点（块）或等值线等形式展现出来。其中所显示的参数既可以是链路指标 $X=\{C, I, C/I, C/N, I/N,$ PFD, EPFD 等}，也可以是天线增益或传播损耗等中间量值。通常分析对象为矩形区域，着色像素为网格，也可是以中心点为原点的向外辐射线形式。

例 6.5

将例 6.1 所采用的静态分析法扩展为区域分析法，如图 6.9 所示。IMT LTE 基站位置围绕卫星地球站不断变化，由此可分别绘制每个网格 I/N 的灰度图和等值线图，如图 6.10 所示。其中 I/N 限值取-13dB。网格线间距为 10km，具体可参考如下资料。

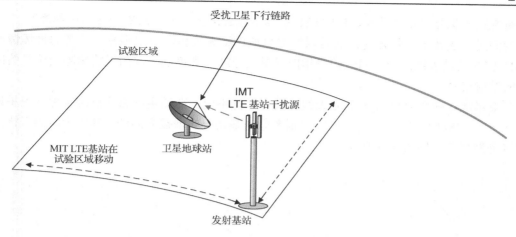

图 6.9 区域分析法案例

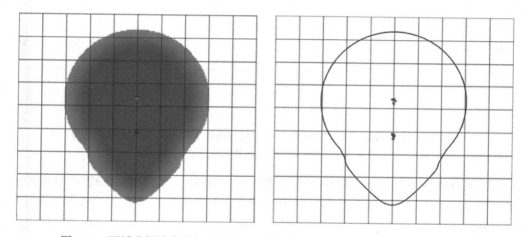

图 6.10 区域分析法案例每个网格 I/N 的灰度图（左侧）和等值线图（右侧）

资料 6.5 Visualyse Professional 软件仿真文件"Static analysis-extend to area analysis.sim"，该文件应用见例 6.5。

本区域分析法案例的结果为经典"锁眼"（keyhole）图，且图形指向南方，与卫星地球站天线指向一致。采用区域分析法时，天线指向方式及其假设条件将对分析结果产生重要影响。例如，本例中可能存在如下场景变化。

● 卫星地球站天线指向固定不变还是随 IMT LTE 基站试验位置发生变化？

● IMT LTE 基站天线指向固定不变还是其有效扇区方位角随试验位置发生变化？

相比天线指向固定不变，天线指向动态变化将会带来更大干扰，因为前者形成天线直视的概率较小，从而减小了干扰影响。

本例中，由于卫星地球站天线与 IMT LTE 基站天线始终直视，因此各网格 I/N 的变化仅取决于台站间距离间隔，从而使区域分析法结果围绕地球站对称，其中干扰随距离变化情况符合图 6.6 所示曲线。

实际中可能更关注如下问题。

为避免干扰超过限值要求，IMT LTE 基站不能在卫星地球站周围哪些区域部署？

为满足上述要求，最好的办法是保持卫星地球站天线指向固定不变。若考虑最坏情况，即 IMT LTE 基站天线的一个扇区始终指向卫星地球站，则可能采取的干扰消除措施是关闭该扇区的发射信号。

若卫星地球站和 IMT LTE 基站天线指向均保持不变，即满足静态分析法条件（卫星地球站指向南方，IMT LTE 基站指向北方），则考虑到基站天线增益方向图，其所形成的干扰区域形状将更为复杂，如图 6.11 所示。

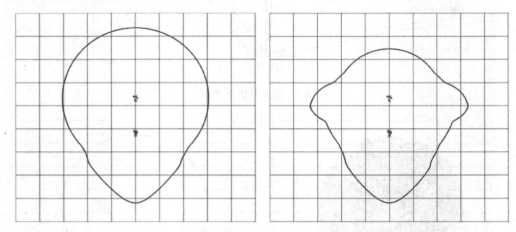

图 6.11   假设 IMT LTE 基站天线指向卫星地球站（左图）或固定指向北方
（右图）时所对应的区域分析法等值线图

采用区域分析法不但有助于发现计算过程中存在的问题，而且能够识别非预期行为。如前所述，通常当干扰台站天线总是指向受扰台站时，干扰信号电平较高，进而形成较大的干扰区域。但在本例中，天线固定指向北方的台站比天线总是指向受扰卫星地球站的台站所造成干扰区域的东-西宽度大。这是因为后者的基站采用具有下倾角的天线，即使基站"直接"指向卫星地球站，实际仍存在 6°的天线指向偏差，从而大大降低了水平方向的天线增益。同时，对于采用下倾角的基站天线，水平面内天线视轴两侧 90°范围内的增益值也会相应降低，但由于水平面内天线波束宽度大于垂直方向波束宽度，因此水平面内天线增益降低量相对较小。

对于本例给出的干扰场景，最好是综合采用区域分析法和静态分析法，同时将参考台站移至关注点，并计算链路预算。另一种较为有效的区域分析法是计算干扰区域面积（如以 km² 为单位）。

本例中，可先移动任意台站再采用区域分析法，两者的分析结果近似且具有对称性。例如，读者可将图 6.11 中左图和图 6.45 中左图进行对比分析。

对于较为复杂的场景，如涉及多个发射台站的集总干扰分析，则调整单个接收台站的位置会使问题得到简化。

另一个重要问题是，区域分析法是否应考虑地形和陆地使用数据，因为这两者会对干扰区域大小和形状产生显著影响，如图 6.12 所示。

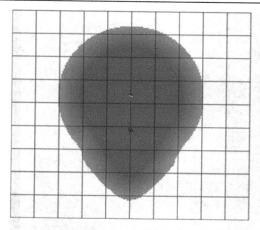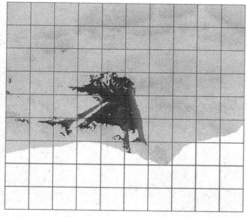

图 6.12　不采用地形数据（左图）和采用地形数据（右图）时区域分析法结果示例
（图片来源：Visualyse Professional 软件。地形数据来源：SRTM）

如果针对实际台站开展干扰分析，则应尽量使用位置相关信息，并将可用地形和陆地使用数据纳入分析过程。如果地形和陆地使用数据均未纳入分析过程，则意味着路径剖面为平滑地表，相应的分析结果应视为最坏情形下的分析结果。在有些通用性研究中，有可能采用这种较为保守的方法，从而使得出的干扰区域面积最大化。对于大多数实际干扰问题，应考虑一个或多个障碍物的影响，特别是邻近发射台站或接收台站的杂波效应。

目前有两种生成区域分析图的标准方法。

（1）网格法：将区域划分为均匀分布的方形网格，并计算网格中心点处的链路指标 X。该方法适用于所研究参数随距离呈非单调变化的情形（如采用地形数据）。此外，有些干扰分析方法和传播模型也会采用网格法来处理位置可变性等问题。但是，网格法需要占用较多计算资源。

（2）辐线法：计算由中心点发出的各条射线上的链路指标 X。由于射线上各点可重复使用该射线路径剖面，因此这种方法具有较高的计算效率。同时，在计算协调等值线干扰分析场景中，需要获取台站发射距离。但是，辐线法很难比较不同射线上链路指标的区别，特别是采用基于矩形网格给出的地形数据时，会影响到计算结果的准确性。

由于网格法具有灵活、通用、准确等优点，而且比辐线法更容易将地形数据嵌入基于网络的传播模型，因此得到了更为广泛的应用。而辐线法更适用于生成干扰协调等值线，并被收录至《无线电规则》附录 7 有关算法中，详见 7.4 节。

利用区域分析法，可在叠加地形数据的 3D 可视化工具上显示所需系统有用信号覆盖情况（如图 6.13 所示），还可从卫星轨道视角显示空间台站相互干扰情况（如图 6.14 所示）。通过开展多轮区域分析，可显示立体空间内不同高度台站覆盖和干扰情况。

6.5.2　边界分析法

边界分析法主要考虑某多边区域边沿地带而非区域内部。对于国家间干扰协调，主要关注边境或海岸线的功率通量密度或场强限值，并通过检验新设台站是否超过该限值，来决定是否需要开展边境协调。为此，有必要确定沿边境线邻近距离分布的测量点，用来反映功率通量密度或场强随边境区域地形的变化情况。

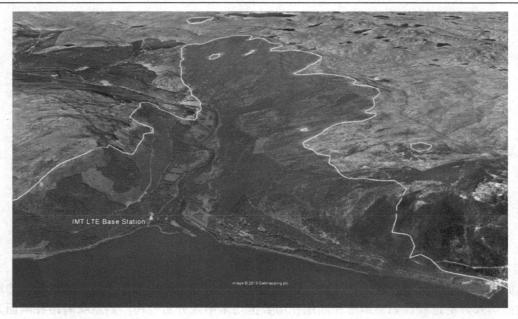

图 6.13   IMT LTE 大型基站 3D 覆盖图［图片来源：Google Earth 图片（c）2015 Getmapping Plc］

图 6.14   卫星轨道高度区域分析法效果（图片来源：Visualyse Professional 软件。
数据来源：NASA Visible Earth 网站）

例 6.6

将例 6.2 中的静态分析法扩展为边界分析法，并沿边界线每 200m 设置一个测试点。首先计算各测试点处 IMT LTE 基站信号的功率通量密度，然后将其与《无线电规则》脚注 5.430A 规定的限值 T（PFD）=-154.5dBW/m²/4kHz 进行比较。图 6.15 给出了多边形边界线及沿该边界线 PFD 变化情况。

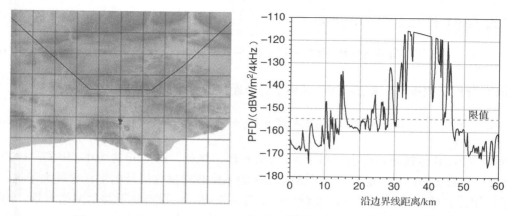

图 6.15 多边形边界线（左图）及沿该边界线 PFD 变化情况（右图）

由图 6.15 可知，由于基站与边界测试点之间路径剖面不断变化，使得测试点功率通量密度呈现很大差异，有些甚至明显超出限值 T（PFD）。在许多情况下，虽然考虑地形因素会减小干扰，但地形因素也可能增大干扰台站发射天线高度，从而加剧干扰问题。

通常若明确离开边界线的保护距离，则可通过边界分析法确定边界保护区域。

通过综合采用边界分析法和区域分析法，可研究更为复杂的台站部署问题，例如：

● 海上和空中航线上的船舶和飞机通信台。
● 道路上的车载通信台。
● 交通热点区域的个人通信终端。

上述台站部署对服务位置提出了更高要求，相关分析结果也更为精确，但其仅适用于所设定的具体场景。

区域分析法还可扩展为针对每个测试点的详细分析，如 6.10 节将要介绍的区域蒙特卡洛分析法。

6.6 最小耦合损耗分析法和所需距离间隔

6.3 节所述静态分析法基于预设位置等一系列输入参数计算出各种链路指标，并与相应的限值进行了对比。6.4 节将静态分析法进行扩展，即通过调整距离或频率间隔等相关参数，来识别其对干扰造成的影响。由于距离或频率间隔可作为衡量两种业务或系统无线电频谱共用的指标，因此上述两种方法均具有很好的应用价值。

为计算链路损耗和特定限值所需距离或频率间隔，最小耦合损耗（MCL）分析法对标准链路预算公式进行逆运算。根据式（5.63），I/N 通用计算公式为

$$\frac{T}{N} = P'_{\text{tx}} + G'_{\text{tx}} - L'_{\text{p}} + G'_{\text{rx}} - L_{\text{f}} + A_{\text{MI}}(\text{tx}_{\text{I}}, \text{rx}_{\text{W}}) - N \tag{6.5}$$

为满足频谱共用要求，需要将 I/N 与特定限值进行比较，即

$$T\left(\frac{I}{N}\right) \geq \frac{I}{N} \tag{6.6}$$

将式（6.6）代入式（6.5），可得

$$T\left(\frac{I}{N}\right) \geq P'_{tx} + G'_{tx} - L'_p + G'_{rx} - L_f + A_{MI}(tx_I, rx_W) - N \tag{6.7}$$

MCL 分析法假设 I/N 限值已知，并用于计算距离或频率间隔，即

$$L'_p - A_{MI}(tx_I, rx_W) \geq (P'_{tx} + G'_{tx} + G'_{rx} - L_f) - N - T\left(\frac{I}{N}\right) \tag{6.8}$$

除 I/N 外，其他链路指标也可用于 MCL 分析法。例如，ERC 报告 101（ERC，1999）给出的 MCL 分析法中，根据高于参考灵敏度 3dB 的系统有用接收信号电平计算最大干扰，且干扰电平被限定在接收机底噪以下，以避免产生有害干扰。该报告基于移动网络场景，同时包含众多假设条件，说明受扰系统链路预算不适用于所有场景。

MCL 分析法主要是计算由干扰发射机和受扰接收机间地理或频率间隔导致的必要总损耗，用于代替计算最大允许干扰电平（可能包括 I、I/N 或 C/I 指标）。该方法通常需要做出若干几何假设，用于计算天线增益，并将其作为 MCL 分析法的输入。

对于同频干扰情形，由于采用带宽调整因子 A_{BW} 而非掩模积分调整因子 A_{MI}，因而可采用式（6.8）的替代公式，仅以所需路径损耗作为输出结果，即

$$L'_p \geq (P'_{tx} + G'_{tx} + G'_{rx} - L_f + A_{BW}) - N - T\left(\frac{I}{N}\right) \tag{6.9}$$

例 6.7

将例 6.1 中静态分析法所用参数作为同频干扰 MCL 分析法计算的输入，相应的输入参数和计算值如表 6.14 所示。

表 6.14 MCL 分析法计算

参数	符号	取值	计算
干扰功率	P_{tx}	13.0dBW	—
干扰峰值增益	$G'_{max}(tx)$	18.0dBi	—
干扰相对增益	$G'_{rel}(tx)$	−18.4dB	采用 ITU-R F.1336-4 建议书
接收峰值增益	$G_{max}(rx)$	36.9dBi	—
接收相对增益	$G_{rel}(rx)$	−29.9dB	采用 ITU-R S.465 建议书
接收馈线损耗	L_f	0dB	—
带宽调整因子	A_{BW}	0dB	采用式（5.5）
接收机温度	T	100.0K	—
受扰带宽	B_v	30MHz	—
受扰带宽内噪声	N	−133.8dBW	采用式（3.43）
I/N 限值	$T(I/N)$	−13dB	—
所需路径损耗	L'_p	166.4dB	采用式（6.9）

MCL 分析法的计算结果是在满足特定限值条件下，干扰发射机和受扰接收机之间的最小损耗。在此基础上，往往可获取更多有用信息，例如：

- 对于同频干扰情形，由所需距离间隔可确定传播模型及其相关参数。
- 对于非同频干扰情形，由特定频率偏移所对应的距离间隔可确定传播模型及其相关参数。
- 对于非同频干扰情形，由特定距离间隔所对应的频率偏移可确定传播模型及其相关参数。

对于有些传播模型，可由路径损耗直接导出传输距离。例如，由自由空间路径损耗计算传输距离的公式为

$$d_{km} = 10^{(L_{fs} - 32.45 - 20\lg f_{MHz})/20} \qquad (6.10)$$

又如，Hata/COST 231 等模型的通用公式为

$$L_p = A + B\lg d_{km} \qquad (6.11)$$

其中，A 和 B 的取值与天线高度、频率和环境（市区、郊区等）有关。相应地，传输距离计算公式为

$$d_{km} = 10^{(L_p - A)/B} \qquad (6.12)$$

此外，对于 P.452、P.1546、P.1812 和 P.2001 等其他传播模型，由于其计算公式过于复杂，很难用解析方法进行求逆运算，因此必须采用替代性方法来反推传输距离。目前较为高效的方法是采用二分搜索（binary search）算法，并将能够估计的近似距离作为初始搜索值。此外，还可如例 6.3 和例 6.4 那样开展输入变量分析。

例 6.8

本例采用掩模积分调整因子 A_{MI}，将例 6.7 中的 MCL 分析法扩展至非同频干扰情形。首先计算一组不同中心频率对应的耦合损耗，而后基于二分搜索算法计算距离间隔，其中传播模型采用光滑地表 P.452 模型，时间百分比为 20%。结果如图 6.16 所示。

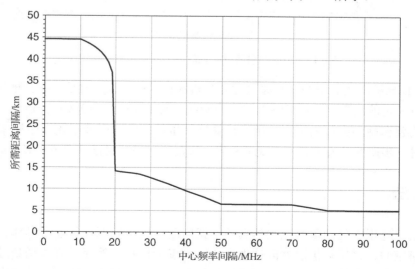

图 6.16　采用 P.452 模型时不同中心频率对应的所需距离间隔

由图可知，当中心频率偏移较多时，所需最小距离间隔仅稍大于 5km。该结果相对实际

情况而言过于保守，主要原因是，在发生偏移的中心频率上，发射和接收频谱掩模由 5.3.6 节给出的杂散域值确定，该杂散域值并非连续取值，而是包含许多偶发尖峰的保守估计值。

上述距离和频率间隔计算可作为频率指配计算的基础或一部分。相关案例可参考 ITU-R SM.337 建议书（ITU-R，2008b）和澳大利亚通信和传媒管理局有关个人陆地移动系统规划文件 LM 8（ACMA，2000）。在第二个案例中，采用了类似本节所述的 MCL 分析法，通过多个步骤剔除不满足（频率、距离）指标要求的频道。

通过采用 6.7 节所介绍的解析法，还可将 MCL 分析法进一步拓展（如 ERC 报告 101 中给出的"增强型 MCL 分析法"）。

由于距离间隔可以在一定程度上反映频谱共用难度和可采取的管理措施，因而较适于作为干扰分析输出结果。同时，还可综合采用输入变量分析法，观察输入参数变化对所需距离间隔的影响。

例 6.9

采用例 6.7 中的 MCL 分析法，可进一步分析计算所需距离间隔随卫星地球站天线仰角变化情况，其中传播模型选用 P.452 模型。结果如图 6.17 所示。

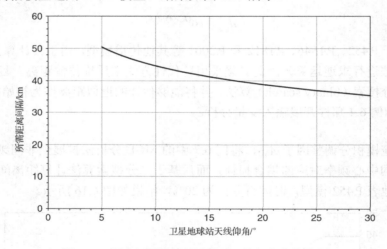

图 6.17　距离间隔随卫星地球站天线仰角变化情况

采用 MCL 分析法能够帮助理解海量静态分析法得到的结果。但是，基于静态分析法的所有方法都具有一定的局限性，包括输入变量分析法、区域分析法和 MCL 分析法。尤其是这些方法均无法构建台站动态行为模型，用于计算诸如事件持续时间或干扰发生概率等指标。因此，有必要进一步研究动态分析法（见 6.8 节）和蒙特卡洛分析法（见 6.9 节）。

6.7　解析法

解析法主要适用于处理那些无须仿真的干扰问题。这类问题往往非常具体且严格受限，但只要存在解空间，采用解析法就能体现出快速准确的优势。然而，有些场景过于复杂而难以通过一组简单公式表征，或者为了寻求解析解将问题过于简化。随着大量先进仿真工具的广泛应用，解析法已经变得不如先前那样流行。但通过与输入预处理或仿真结果后处理等其他方法相结合，解析法依然在干扰分析领域发挥着重要作用。

例 6.10

在例 6.7 中，通过采用 MCL 分析法，得出 IMT LTE 基站和卫星地球站之间的传播损耗需要达到 166.4dB 才能满足 I/N 限值要求。假设采用 Hata/COST 231 模型，且参数 A=100dB，B=35.7dB，则干扰区域面积应为多少？

根据式（6.12），有

$$d_{km}=10^{[166.4-100]/35.7}=72.4km$$

因而，干扰区域面积为

$$A=\pi \cdot 72.4^2 = 16\ 483 km^2$$

该面积计算结果并不正确，原因如下：

- 距离计算值大于推荐给 Hata/COST 231 模型的最大距离（尽管该距离位于 ERC 报告 68 规定范围内）。
- 干扰区域为圆形，但根据 6.5 节，干扰区域应大致为"锁眼"形状。
- 本例中假设几何关系符合平坦地球模型，其计算结果与实际中球形地球存在差异。
- Hata/COST 231 模型给出中值或 50%时间百分比的传播损耗，但卫星地球站干扰限值的时间百分比为 20%。

因此，本例最好采用基于光滑地表和 ITU-R P.452 等实用电波传播模型的区域分析法，如 6.5 节所述。

解析法可能更适用于计算 NGSO 卫星轨道的概率问题。假设某卫星运行在半径为 R、倾角为 i 的圆形轨道上。若卫星轨道周期与地球自转不同步，则卫星地面航迹（如 3.8.4.5 节所述）将逐渐漂移到半径为 R 的截断球（truncated sphere）面上，并覆盖其上所有点，形成所谓的轨道壳（orbit shell）（如图 6.18 所示）。

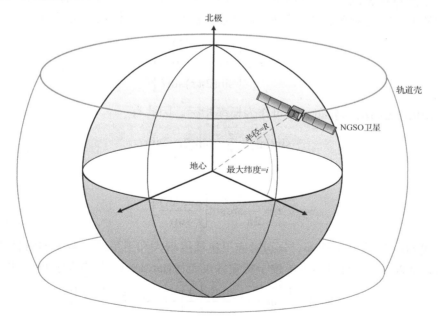

图 6.18　NGSO 卫星轨道壳

该轨道壳采用（纬度，经度）形式表示，同时考虑到地球自转效应，卫星轨道要么固定位于惯性空间（假设存在点质量模型），要么发生缓慢漂移（假设存在其他轨道推力，如 J_2）。轨道壳正是在地球自转影响下这些空间航迹（space tracks）（如图 6.19 所示）逐渐积累叠加形成的。

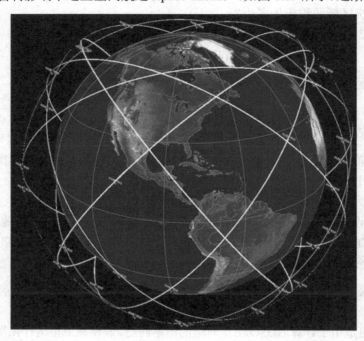

图 6.19　ITU-R M.1184 建议书给出的 LEO-D 网络空间航迹（图片来源：Visualyse Professional 软件。数据来源：NASA Visible Earth 网站）

由于围绕地球极轴的自转具有对称性，所以卫星轨道壳的经度将均匀分布，但卫星处于特定纬度的概率与轨道倾角有关。卫星圆形轨道位置矢量的简化式可表示为

$$r = R \begin{bmatrix} \cos(2\pi\tau) \\ \sin(2\pi\tau)\cos i \\ \sin(2\pi\tau)\sin i \end{bmatrix} \tag{6.13}$$

其中，τ 服从[0,1]上的均匀分布，且可作为概率指标。因此有

$$\sin(\text{lat}) = \frac{z}{R} = \sin(2\pi\tau)\sin i \tag{6.14}$$

即

$$\tau = \frac{1}{2\pi}\arcsin\left[\frac{\sin(\text{lat})}{\sin i}\right] \tag{6.15}$$

注意，式（6.15）存在两个解，分别对应卫星纬度增大和卫星纬度减小的两种情况。因此，将式（6.15）乘以 2，从而得到卫星位于特定纬度范围[lat_1,lat_2]（其中 $\text{lat}_2 < \text{lat}_1$）内的概率为

$$p(\text{lat}_1, \text{lat}_2) = \frac{1}{\pi}\left\{\arcsin\left[\frac{\sin(\text{lat}_2)}{\sin i}\right] - \arcsin\left[\frac{\sin(\text{lat}_1)}{\sin i}\right]\right\} \tag{6.16}$$

例 6.11

某卫星运行在倾角 $i=45°$ 的圆形轨道上，则其位于最大/最小纬度 5° 内的概率比位于赤道 5° 内的概率大多少？

该卫星纬度的概率密度函数（PDF）如图 6.20 所示，其中纬度间隔为 1°。由图可知，该卫星位于 40° N 以上的时间百分比为 13.7%，同时以相同概率位于 50° S 以下。卫星位于赤道 5° 内的时间百分比为 7.9%。因此，卫星位于 40° 以上纬度的概率为位于赤道 5° 内概率的 3.5 倍。

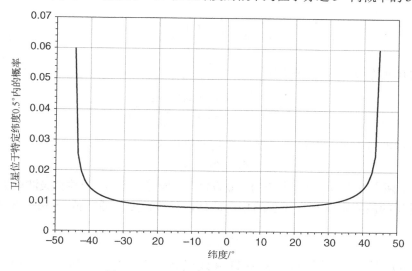

图 6.20　卫星纬度的概率密度函数案例

上述概率分布与人们的直观感受相吻合，即当卫星经过赤道面时，其沿纬度移动速度最快，而当卫星位于最高纬度时，其向东（偶尔向西）移动速度最慢。

ITU-R S.1257 建议书（ITU-R，2002b）基于上述理论方法导出多个有用指标公式，包括：

- 卫星位于其轨道特定位置区间特别是地面或地球站天线主瓣范围内的概率。
- NGSO 卫星穿过地面或地球站天线主瓣所花费的时间。
- 能够使卫星位于地面或地球站天线主瓣范围内的概率达到最大的方位角。

此外，该建议书还包括相关理论、推导过程、案例和仿真比较等内容。

大多数情况下，利用仿真工具可使干扰分析得到简化，同时可更灵活地生成干扰概率和事件持续时长等统计量。实际中，了解最易受扰的方位信息非常有用，特别是针对下列应用。

- 设置最坏场景下的仿真参数。
- 通过分析接收台站（如点对点固定链路频率指配）数据库来确定最易受扰的台站。

为计算最易受扰方位角，通常需要已知卫星纬度和地面台站天线仰角，还要假设 NGSO 卫星星座位于无重叠圆形轨道上。若星座包含多个 NGSO 卫星，则假设这些卫星具有相同的轨道半径和倾角。

输入变量如下。

i=NGSO 卫星轨道倾角

ε=地面台站天线仰角

L_0=地面台站纬度

R=NGSO 卫星轨道半径

R_e=地球半径

首先计算地面台站天线仰角所对应的地球中心角 θ_e，即

$$\alpha = \arcsin \frac{R_e}{R} \sin\left(\varepsilon + \frac{\pi}{2}\right) \tag{6.17}$$

$$\theta_e = \pi - \left(\varepsilon + \frac{\pi}{2}\right) - \alpha \tag{6.18}$$

则最易受扰的真北方位角计算公式为

$$\Lambda_1 = \arccos\left(\frac{\pm \sin i - \cos\theta_\varepsilon \sin L_0}{\sin\theta_\varepsilon \cos L_0}\right) \tag{6.19}$$

由几何对称性可得另一个最易受扰的真北方位角为

$$\Lambda_2 = 2\pi - \Lambda_1 \tag{6.20}$$

注意，以上两个方位角中仅有一个为有效方位角。同时，上述计算中假设波束宽度为 0°。实际中，最易受扰的波束宽度具有较小的角度偏移，且该角度值通常位于 3dB 波束宽度的一半至两倍之间。

例 6.12

设某 NGSO 卫星星座采用 ITU-R M.1184 建议书（ITU-R，2003a）中的 LEO-F 参数，其轨道高度 h=10 335km，轨道半径 R=16 733.1km，轨道倾角 i=45°。该卫星星座下行链路对位于 51°N 纬度的某地面固定链路可能造成干扰，天线仰角为 0° 的地面台站最易受扰的方位角为多少？其中卫星发射已经适当简化，峰值 EIRP 密度为 46.1dBW/MHz，点波束掩模构成的卫星天线增益方向图如图 6.21 所示。

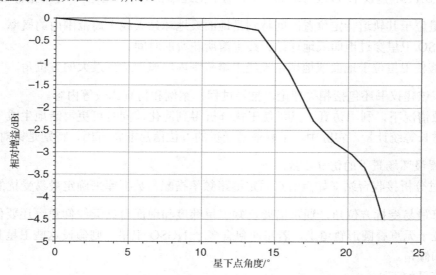

图 6.21　点波束掩模构成的卫星天线增益方向图

根据式（6.17）和式（6.18），并将相关角度转换为弧度，则有

$$\alpha = \arcsin \frac{6\,378.1}{16\,733.1} \sin\left(0 + \frac{\pi}{2}\right) = 0.391 \text{ 弧度}$$

$$\theta_e = \pi - \left(0 + \frac{\pi}{2}\right) - 0.391 = 1.180 \text{ 弧度}$$

因此，有

$$\Lambda_1 = \arccos\left(\frac{\sin 0.785 - \cos 1.180 \sin 0.890}{\sin 1.180 \cos 0.890}\right) = 0.787 \text{ 弧度} = 45.1°\text{N}$$

当固定链路天线波束宽度为 5° 且峰值增益为 30dBi 时，最易受扰方位角会发生微小偏移，如图 6.22 中所示的平均 I/N（FDP）所对应的方位角。该图可通过动态分析法、蒙特卡洛分析法或概率分析法仿真得到，相关方法在本章后续部分详细介绍。

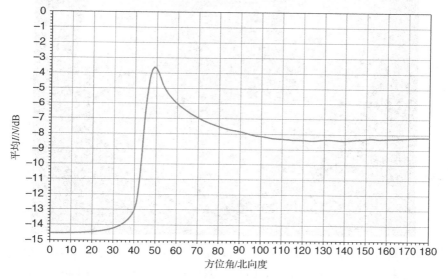

图 6.22　固定业务台站接收天线方位角与平均 I/N 关系

例 6.12 说明如何采用解析法确定受扰对象和几何关系，并开展详细的仿真分析。与此例类似，《无线电规则》第 22 条给出了分析 NGSO FSS 网络的 EPFD 限值的最坏情形几何结构（WCG），具体见 7.6 节。由于后者计算过程较为复杂，有时也被称为算法而非解析法。此外，例 6.12 中对解析法进行了简化，即设天线波束宽度为 0°，实际中若天线波束宽度不为 0°，则相应结果会有所不同。

采用解析法能够确定卫星处于某特定纬度区间的概率，在此基础上还可构建概率模拟器，用于生成面向所有可能状态的干扰统计数据，详见 6.10 节。

6.8　动态分析法

前面介绍了干扰随地理位置变化的情况，但并未讨论干扰随时间变化信息。实际中，受如下因素影响，有用信号和干扰信号会不断发生变化。

- 便携式、车载、船载、机载和星载无线电台随平台移动，如图 6.23 所示。
- 通信流量随无线电业务在低速数据流和视频流之间的切换而变化。
- 传播环境变化（如反射、降雨、雨夹雪、降雪或沙尘）会导致额外的电波传播衰减或增强。

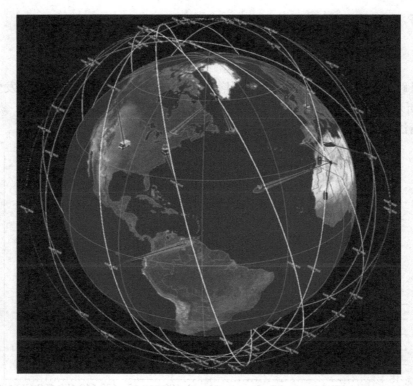

图 6.23 针对便携式、车载、船载、机载和星载等移动平台的动态分析法示例
（图片来源：Visualyse Professional 软件。数据来源：NASA Visible Earth 网站）

上述因素还会带来许多次生效应，如通信流量变化可能引起发射功率变化，台站移动可能改变天线增益，移动和传播效应可能要求进行功率控制，降雨可能导致链路噪声升高等。采用静态分析法不能处理这类时间变化问题，因而有必要采用动态分析法等其他方法来回答如下问题。

- 干扰发生的概率为多少？
- 干扰的累积分布函数是什么？
- 干扰事件多长时间发生一次？
- 能够预测到的最长干扰事件是什么？

动态分析法建立在若干基础方法之上，前者用于确定输入参数随仿真时间变化情况，例如：

- 如 3.8.3.3 节所述，船载或机载电台等地面台站可能沿大圆路径移动。需要基于多个大圆路径合成船舶或飞机移动路线。

- 通过 3.8.4.4 节所述方法，预测 GSO 和 NGSO 卫星位置。
- 传播模型无法确切给出电波损耗随时间变化，有必要采用蒙特卡洛分析法和第 4 章所述随机采样法。

另外，运行动态仿真首先需要定义两个关键参数：时间步长和时间步数（或等效运行时长）。随后仿真基于时间步长持续迭代，并在每次干扰计算前更新传播模型和相关参数，涉及 C、I、C/I、I/N、$C/(N+I)$、PFD、EPFD 等参数。经多步迭代计算，可得出平均值或极值等统计量，或者给出完整的累积分布函数，如图 5.46 和图 5.47 所示。若已给定上述各指标限值，则可计算出干扰数量和持续时长等统计量。注意，运行 N 个步长需要 $N+1$ 个样本。

为确保仿真结果的有效性和准确性，需要精心选择时间步长和时间步数。相关问题及处理方法可参考下列案例，尽管这些案例主要针对卫星系统进行动态分析，但相关方法适用于其他场景。

例 6.13

针对例 6.12 所述 NGSO 卫星星座，当卫星位于地面点对点固定业务链路台站天线主瓣内时，干扰事件具有哪些特点？其中地面台站天线（方位角，仰角）＝（180°N，0°E），（纬度，经度）＝（51°N，0°E），如图 6.24 所示。

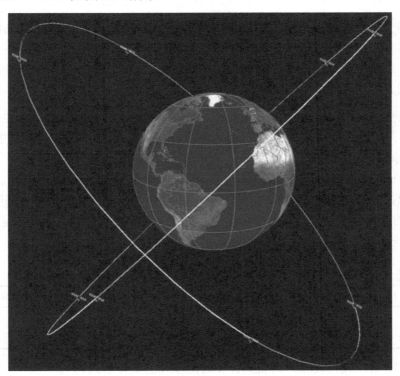

图 6.24　NGSO MSS 卫星星座对固定业务台站接收机干扰案例
（图片来源：Visualyse Professional 软件。数据来源：NASA Visible Earth 网站）

采用动态分析法且仿真时间步长分别设为 10s 和 500s，得到固定业务台站接收机遭受的干扰随时间变化情况如图 6.25 所示。

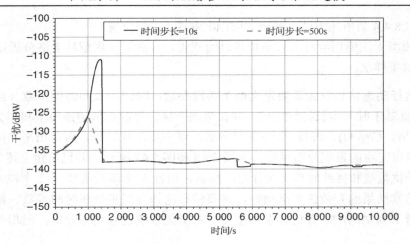

图 6.25　基于两种时间步长得到的干扰随时间变化情况

从图 6.25 可以看出，只有尽量选择较小的时间步长，才能捕捉到干扰电平的显著变化。例如，相比时间步长为 10s，若设定时间步长为 500s，则得到的最大干扰电平会偏低 15dB。此外，时间步长为 10s 的仿真结果反映出该干扰场景的两个特点：

- 遭受最大干扰的时间与受扰台站天线（本例中为抛物面天线）主瓣方向图高度相关。
- 当卫星位于地平线以下即仰角小于 0° 时，地面台站天线仅与卫星天线主瓣的一半保持视距。当受扰台站（如卫星地球站）天线具有较高仰角时，其天线主瓣将全部处于干扰范围。

另外，还要注意不应将时间步长设得过小，以确保仿真运行时间处于可控范围。通常可根据受扰台站天线波束宽度、干扰指向该波束的频次和干扰事件样本数量或发生次数 N_{hit}，来确定合适的时间步长。

当时间步长较小时，有助于提高仿真精度，但也可能导致干扰频次 N_{hit} 升高。ITU-R S.1325 建议书（ITU-R，2003f）给出适用于课题研究的 N_{hit} 参考值为 5，而 ITU-R S.1503 建议书（ITU-R，2003p）给出的适用于主管部门审核分析的 N_{hit} 参考值为 16。上述两种给定 N_{hit} 取值所对应的抛物面天线主波束最大误差如表 6.15 所示。

表 6.15　给定 N_{hit} 取值所对应的最大误差

N_{hit}	中心波束最大误差/dB	3dB 波束边沿最大误差/dB
5	0.12	1.08
16	0.01	0.36

根据图 6.26 所示几何关系，可得到计算时间步长的简化公式为

$$x = 2d \sin \frac{\theta}{2} \tag{6.21}$$

$$t_s = \frac{x}{v N_{hit}} \tag{6.22}$$

对于考虑地球自转等更详细的时间步长计算方法，可参见 ITU-R S.1325 建议书和 ITU-R

S.1503 建议书。

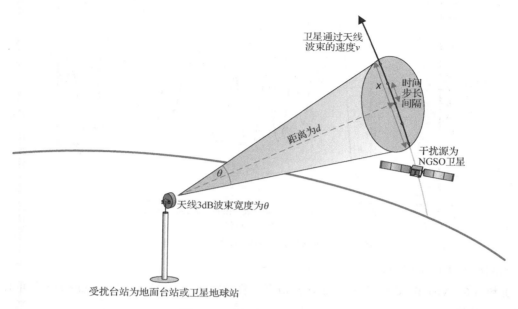

图 6.26　时间步长计算示意图

例 6.14

对于例 6.13，若设 N_{hit} 为 5 或 16，则时间步长应取多少？

采用式（3.147）计算 NGSO 卫星速度，进而计算出时间步长，如表 6.16 所示。

由表 6.16 可以看出，500s 时间步长过大，10s 时间步长即可满足大多数应用需求。

表 6.16　计算例 6.14 时间步长

N_{hit}	d/km	x/km	v/km/s	时间步长/s
5	15 469.9	1 349.6	4.9	55.3
16	15 469.9	1 349.6	4.9	17.3

通过选取适当的时间步长，能够确保模型反映天线主瓣干扰的几何关系。同时，为获得统计所需精度，还需确定仿真模型运行时长和样本数量。

运行时长是动态仿真起止的总持续时间，期间台站位置在每个时间步长更新一次。运行时长通常由台站几何关系及对所有台站一致无偏差采样需求确定。例如，在图 6.26 中，若卫星在地面台站天线主瓣区域运行两次，但在其余轨道只运行一次，则干扰概率计算会存在偏差。通常，动态仿真需确保所有台站在所有可能位置上循环运行一次或多次，但对于许多场景，运行时间可能过长而难以实施，需要采用适当统计量使问题得到简化。

例 6.15

对例 6.12 通过重复采用动态分析法，针对 NGSO MSS 卫星星座至固定业务台站系列方位角计算部分性能降级（FDP）。设置运行时长为 365 天，时间步长为 10s，运行总步数为 3 153 600。通过动态仿真得到的 FDP 随方位角变化曲线与蒙特卡洛仿真结果对比如图 6.27 所示。

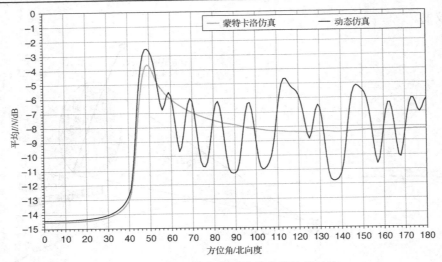

图 6.27　动态仿真与蒙特卡洛仿真结果对比

本例可参考如下资料。

资料 6.6　Visualyse Professional 软件仿真文件"MSS into FS worst azimuth.sim"可用于生成图 6.27 结果。

资料 6.7　Visualyse Professional 软件仿真文件"MSS into FS worst azimuth-new height.sim"可用于验证卫星轨道高度变化带来的影响。

图 6.27 所示两条曲线存在较大差异。动态仿真 FDP 曲线比蒙特卡洛仿真曲线变化范围增大约 3.5dB，这也引出如下问题：是什么因素导致这种差异？哪条曲线结果是正确的呢？

为弄清楚这个问题，可分别采用上述两种方法，描绘 NGSO 星座中某卫星经过 310 万时间步数所形成的（纬度，经度）轨迹，用于识别哪些轨迹点位于图 6.18 描述的轨道壳上，如图 6.28 和图 6.29 所示。

动态仿真采用 3.8.4.4 节所述轨道机制更新卫星位置，而蒙特卡洛仿真采用 6.9 节所述随机方法选择卫星位置，后者可确保轨道壳均匀采样。

动态仿真中，根据质点引力模型和式（3.142），卫星绕轨道运行一圈所需时间为

$$P = 2\pi\sqrt{\frac{16\,733.1^3}{398\,601.2}} = 21\,541.5\text{s} = 5.98\text{h}$$

该式虽然比 J_2 模型等其他轨道模型复杂，但所用参数类似。

在 ECI 坐标系中，卫星绕轨道运行一圈后返回起始位置，期间地球自转角度可用式（3.128）计算得出，即

$$\theta = \omega_e\nabla t = 0.004\,178\,0\,74°/\text{s} \times 21\,541.5\text{s} = 90.002\,2°$$

卫星绕轨道运行 4 圈所对应的地球自转角度为

$$4\theta = 360.008\,8° = 0.008\,8°$$

因此，LEO-F 星座非常接近于与地球保持同步。由于 1 年近似包含 366 个 4 轨道周期，因而该卫星星座年总漂移量为

$$366.4\theta = 366 \times 0.008\,8° = 3.2°$$

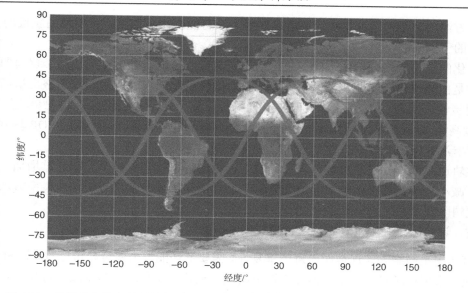

图 6.28　采用动态仿真得到的部分轨道壳分布图（数据来源：NASA Visible Earth 网站）

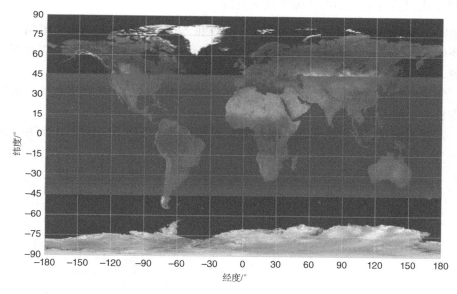

图 6.29　采用蒙特卡洛仿真得到的完整轨道壳分布图（数据来源：NASA Visible Earth 网站）

由此可知，卫星运行轨迹不可能在 1 年内覆盖整个轨道壳，通过图 6.27 可准确预测点对点固定链路 1 年内受扰情况。若需采集卫星在整个轨道壳轨迹数据，则卫星需运行约 28（90°/3.2°）年。

如此长的运行时间将带来海量计算需求，因此 ITU-R M.1319 建议书（ITU-R，2010a）推荐采用人工处理方法，即通过增加卫星轨道处理因子，由特定时间内的卫星运行轨迹构成轨道壳。例如，将每个卫星的升交点经度增加 0.995°/天的模拟处理速率，就可确保卫星星座经 365 天完成一次完整的绕赤道面运行周期。

上述处理方法是将卫星在 28 年内的轨道运行统计量平均化，但大多数干扰限值仍定义为年平均值或最坏月份值。实际中，卫星轨道运行遵循引力定律和大气扰动等效应，不宜采用人工处理方法或蒙特卡洛分析法，原因是这些方法可能会隐藏由具有重复地面航迹的 NGSO 星座导致的干扰问题。

与简化的蒙特卡洛分析法不同，采用动态仿真方法有助于处理此类实际干扰问题。由于这些问题是由地球自转周期和卫星轨道周期基本同步引起的，所以可通过调整卫星高度来破坏这种同步性，从而使卫星轨道漂移在 1 年内覆盖整个轨道壳。例如，将卫星轨道高度由 7.35km 调高至 10 362.3km，就可确保卫星位置概率分布的平滑性，且得到的 FDP 与方位角曲线和蒙特卡洛分析法一致。

上述轨道高度调整方法可被（也已经被）视为一种干扰消除技术，即通过增加卫星轨道漂移量，减小干扰在整个地球表面的变化量。而先前采用蒙特卡洛分析法或概率方法并未发现该干扰消除技术。

目前，许多系统采用重复航迹运行模式，主要原因如下。

- 有些卫星网络为实现地面航迹的重复性，需要消耗能源来保持轨道位置（如 SkyBridge 星座采用资源管理技术，地球勘探卫星运行至特定位置时需与太阳保持相同角度等）。
- 飞机在各机场间起降飞行通常保持相同起飞和着陆点。
- 向指定港口航行的船舶不会偏离既定航线。

除上述既定重复航线外，受扰动、天气、潮汐和飞行员个人取向等因素影响，系统航迹也会发生变化，即航迹不是简单的直线，而是类似条纹（ribbon）的带状，且带状宽度表示航迹偏移范围。

此外，还应确保足够数量的、指向地面台站天线主瓣方向的卫星轨道航迹，同时选择适当的时间步长，如图 6.30 所示。

最后，需要采集足够数量的样本来满足特定时间百分比条件下的统计显著性要求。

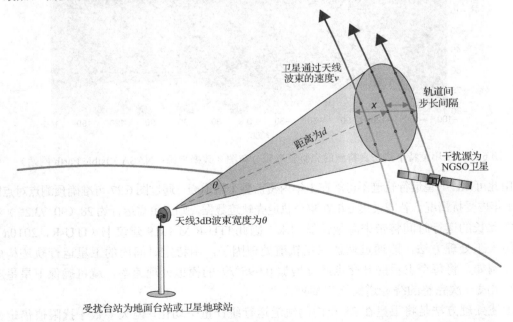

图 6.30　确保轨道间分辨率满足要求

例 6.16

考虑某卫星地球站对某船舶固定通信链路（波束指向与海岸线垂直）的干扰仿真案例。该船舶以 20 海里/小时的速度平行于陆地航行，与海岸线相距 20km。根据式（6.21）和式（6.22）并设 N_{hit}=5，则可根据表 6.17 计算出时间步长。卫星信号经过固定链路接收天线波束的次数 N_{track}=5，仿真区域范围为天线波束中线两侧各 100 海里（共约 200 海里），由此计算出时间步数为 5 305，最小干扰概率为 0.018 85%。

表 6.17　船舶通信链路受扰的时间步长和时间步数计算案例

船舶航迹总长度	200 海里
陆地与船舶航迹距离 d	20km
船舶航行速度	20 海里/小时
$N_{hit}=N_{track}$	5
时间步长	33.9s
时间步数	5 305

上述时间步数尚不足以计算短期干扰统计量。虽然可首选统计显著性检验方法，但经验表明，采样数量应至少为干扰概率限值的 20 倍。因此，当时间百分比为 p_{min} 时，所需最少采样数量为

$$N_{min} = 20\frac{100}{p_{min}} \tag{6.23}$$

根据上式，若 p=0.01%，则时间步数最小值为 200 000。

为产生所需样本数量，可以先确定动态仿真的总运行时间，再调整时间步长。若采用直方图或累积分布函数表示，则可选定适当的间距来描述分布信息。例如，ITU-R S.1503 建议书（ITU-R，2013p）中算法规定的间距分辨率为 0.1dB。

对于移动台站，动态分析法还应考虑传播环境的变化及其影响。ITU-R 建议书所定义的大多数传播模型具有概率特征，通常会给出传播损耗、衰落或增强的概率，而非其时域变化预测值。为建立移动台站传播模型，有必要采用由蒙特卡洛方法（用于建立传播模型）和时间序列方法（用于台站位置建模）构成的混合方法。也可仅采用 6.9 节介绍的蒙特卡洛分析法，但由于其不具备动态仿真方法的优点，以至于无法处理与干扰时长和发生概率相关的问题。

为开展参数化或输入变量分析，可采用多动态分析法识别假设条件变化对输出值或统计量的影响。

动态分析法的一个显著优点是有助于构建描述复杂场景的图像，从而便于与其他人进行交流。因此，该方法适用于且已广泛应用于各种仿真工具，为其提供图像化结果和可视化特征，提高所研究场景的可理解性。通过采用动态分析法，有助于人们理解问题，进而促进问题分析和解决，避免在整个输入参数空间进行穷举搜索。此外，采用动态分析法有助于同一组织内或参会（如 ITU-R 协调会议）人员表达各自观点或展示研究成果，如提供干扰台站在某一时刻直接指向受扰台站天线主瓣的静态分析结果快照等。

6.9 蒙特卡洛分析法

6.9.1 方法原理

在 6.3 节所述静态分析法中，可根据某场景一次事件的输入参数计算出链路或干扰指标，如 $X=\{C, I, C/I, I/N, C/(N+I), PFD, EPFD\}$ 等。这些参数及其取值可分为如下几类。

- 台站位置、天线增益方向图和指向角度。
- 链路预算参数，包括发射功率、带宽、极化方式、频率、发射频谱掩模和增益方向图。
- 接收机特征参数，包括接收频谱掩模、噪声温度和馈线损耗。
- 传播环境条件，包括传播模型及其参数，以及相关时间百分比（若需要）。

上述计算中需要根据台站几何关系确定距离和角度信息，还可能需要获取包括地形和陆地使用数据在内的地理数据库。

计算得出的链路或干扰指标 X 可由输入变量 $V_1, \cdots, V_N$ 参数化表示为

$$X = X(V_1, V_2, \cdots, V_N) \tag{6.24}$$

由于静态分析法仅能给出某一时刻的结果快照，因而无法完整表示上述输入变量，例如：

- 台站随时间移动，如 6.8 节所述。
- 天线指向随时间变化，如雷达天线在方位角上，不断转动或遥感卫星扫描指定目标。
- 通信流量分布在服务区内不同位置，如通信网络覆盖区内的移动用户。
- 用户可能需要采用不同的通信链路及参数，如带宽和目标 RSL 等。
- 用户基于系统多址接入需要而改变工作频率。
- 传播特性随日、年气候的变化而变化。

上述参数变化还可能带来次生效应，例如，当采用自动功率控制（APC）技术时，台站位置变化可能带来发射功率调整。此外，有些参数值仅满足特定精确度或通过概率分布形式表示，因此具有不确定性。

采用静态分析法并重复调整输入参数（如 V_1）取值（设有 m 个不同取值），可得到一组 X 的输出值：

$$X[1, \cdots, m] = X(V_1[1, \cdots, m], V_2, \cdots, V_N) \tag{6.25}$$

将上述方法用于输入变量分析，可计算输出链路指标（如 I/N）随距离变化曲线。基于相关结果还可计算均值、方差和累积分布函数（CDF）等。

若输入变量 $V_i[1, \cdots, m]$ 随机选自某均值分布，则输出变量 $X[1, \cdots, m]$ 也服从相同的概率分布。若输入变量选自实际值的完整区间，则相应的输出将覆盖所有概率区间。根据输出结果分布 $X[1, \cdots, m]$ 可计算出与输出变量 X 有关的统计量及其概率分布。

上述方法称为蒙特卡洛分析法。该方法可包含任意数量参数，考虑相关几何关系、传播环境和链路预算，其输出统计量 $S[X]$ 是所有输入变量分布的卷积。该统计量可表示满足（或超出）限值的概率和输出变量的时间平均概率。

图 6.31 描述了基于静态分析的蒙特卡洛分析法运行过程，其核心是基于完整的输入参数集计算指标 X，每次静态分析称为一次试验（trial）。

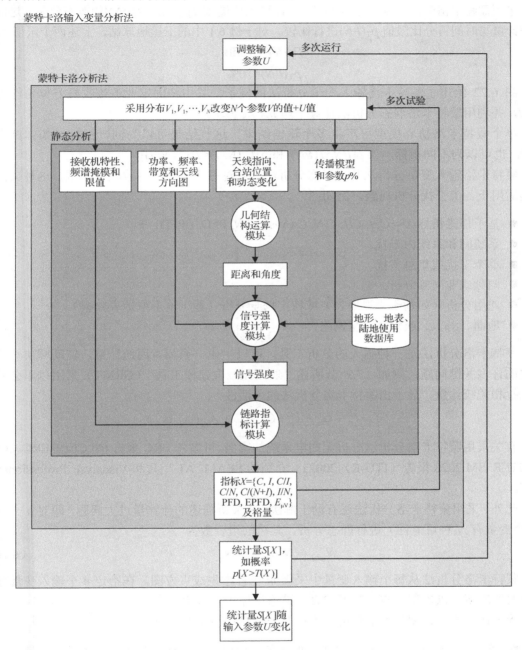

图 6.31　基于静态分析的蒙特卡洛分析法运行过程

若每次试验均随机选择服从特定概率分布函数的输入参数，以确保样本具有同等概率，则输出结果为变量 X 的特定分布，且每个样本具有同等概率。当样本数量足够多时，可得出 X 达到或超出限值 $T(X)$ 的概率 $p(X)$。

通过确定统计量 $S[X]$ 随特定输入参数 U 的变化特性，可将上述方法扩展为蒙特卡洛输入变量分析法。

例 6.17

采用蒙特卡洛分析法及指标 $X=I/N$，可计算统计量 $S[X]=p[I/N>T(I/N)]$ 的概率分布，进而将该统计量与时间百分比限值 $p_T(I/N)$ 进行比较。对于例 6.1 中的卫星地球站，上述两个限值为

$$T(I/N)=-13\text{dB}$$

$$p_T(I/N)=20\%$$

图 6.22 给出了蒙特卡洛输入变量分析法的例子，其中将固定业务接收机方位角作为参数 U，并利用蒙特卡洛静态分析法计算平均 I/N 或 FDP。

单个蒙特卡洛仿真模型可产生多个输出结果，这些结果可以为同一指标，如本例中的 FDP，也可以为不同指标，如 $p[I/N>T(I/N)]$ 和 $p\{C/(N+I)<T[C/(N+I)]\}$。

蒙特卡洛输入变量分析法基于静态分析法，并对每次试验进行检验和测试。这种灵活性使其适用于各类干扰分析问题，例如：

- 基于任意指标 $X=\{C, I, C/I, C/N, C/(N+I), I/N, \text{PFD}, \text{EPFD}\}$ 等。
- 系统间和系统内干扰。
- 单个干扰或集总干扰。
- 同频或非同频分析。
- 通用分析（如基于光滑地表）或特定场景分析（基于地形或地表数据）。
- 地面、海上、航空或卫星网络。

蒙特卡洛分析法是一种强大的分析工具，可以生成一系列有用统计量，辅助解决干扰分析中的许多关键问题。例如，7.9 节所述"通用无线电建模工具"（GRMT）采用以下公式计算干扰相关统计量，显示出蒙特卡洛分析法的灵活性。

$$I = P'_{\text{tx}} + G'_{\text{tx}} - L'_{\text{p}} + G'_{\text{rx}} - L_{\text{f}} + A_{\text{MI}}(\text{tx}_{\text{I}}, \text{rx}_{\text{W}})$$

有关采用蒙特卡洛分析法分析无线电系统的案例，可参考 ERC 报告 68（CEPT ERC，2002）或 ITU-R SM.2028 报告（ITU-R，2002a）介绍的 SEAMCAT 工具和 Visualyse Professional 软件等。

此外，采用蒙特卡洛分析法还有助于解决 6.3 节所描述的计算量过大问题，即对 n 个变量（每个变量有 N_i 种可能性）进行静态分析，其总的组合数为

$$N_{\text{total}} = N_1 N_2 N_3 \cdots N_n \tag{6.26}$$

蒙特卡洛分析法从每个输入变量中采集 m 个样本生成直方图，在给定 n 个输入变量分布函数的情况下，以累积分布函数形式表示链路指标 X 的概率。

除上述优点外，蒙特卡洛分析法也存在一些缺点和局限，例如：

- 需要给定输入变量的概率分布。但在某些情况下，该概率分布并未明确，而是需要给出额外的假设条件，详见 6.9.2 节。
- 必须确定蒙特卡洛试验次数，以确保分析结果具有统计显著性，或者给出一组试验结果的统计显著性，详见 6.9.6 节。
- 为达到统计显著性要求指标，可能需要开展大量试验，同时带来较大计算需求。
- 不能提供动态分析所需的事件持续时长或事件间隔时间。同时，由于缺少状态信息，

无法直接生成包含多个时间步长的语音呼叫统计量。

● 单独采用蒙特卡洛分析法不能表征移动台站的精确同步效果，如例 6.15 所述。

● 输入变量必须具有相同维度，这一点在考虑台站固定部署概率和时变性时必须注意，因为这些变量的维度往往不一致，详见 6.10 节。

● 每个变量的概率分布应覆盖全部概率区间[0,1]，但也要考虑相关限值条件（如传播模型受其适用时间百分比的限制）。

● 必须明确计算结果及其所需统计量，如干扰限值等。

● 必须明确时间尺度，如微秒、秒、天、月或年等（详见后文对雷达的讨论）。

● 变量之间客观存在的相关性可能与不相关性假设存在冲突。

● 蒙特卡洛分析结果可能变得更为复杂，以至于难以理解和解释。

开展蒙特卡洛分析前，最好先明确需要解决的问题（如需要何种输出结果），而不能仅考虑如何调整输入变量。当然，通过调整主要输入变量也有助于明晰所要解决的问题。

蒙特卡洛仿真的基本要求是基于性能良好的伪随机数产生器，生成具有长重复周期、均匀概率密度函数（PDF）和独立样本的随机序列。同时，该随机数产生器应基于特定初值以支持重复运行，且能够对不同输入初值所产生的仿真结果进行对比分析。

6.9.2　输入变量

采用蒙特卡洛分析法的主要目的是研究概率或统计量的时变特性，通常要回答的典型问题是：在给定场景下，C/I 低于限值 $T(C/I)$ 的概率是多少？

因此，应选择随时间变化的参数作为输入变量，如电波传播环境、台站位置、频率、天线指向和活动性等。此外，功率也可直接或间接随台站位置和功率控制算法而变化。

输入参数可通过不同方式进行调整，例如：

● 布尔运算：利用开或关表示链路状态，每种状态用不同概率定义。

● 浮点数：根据 3.10 节所述概率分布选定参数值，如发射功率或天线指向角等。

● 一组等概率分布值：如根据 5.1 节所述信道计划选定的频率。

● 部署位置变化：基于台站类型相关规则确定其在三维空间中的位置。

台站位置与台站的业务类型密切相关。例如，移动台站位置服从圆形或六边形区域内的均匀分布，如图 6.32 所示。

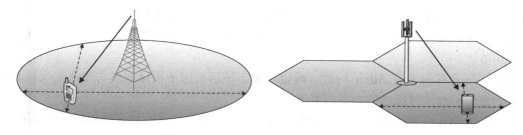

图 6.32　给定区域内移动台站位置变化

专用移动无线电系统的覆盖范围通常为以基站为中心的圆形，要获取更详细的覆盖范围信息，还需考虑有用信号强度是否高于限值，具体见 7.2 节。通常基于六边形覆盖来配置 IMT

LTE 系统基站。手机的位置覆盖模型最为简单，当开展通用研究或无精确流量数据时，假设手机分布在小区内任意位置。若掌握特定台站信息，则可建立移动热点或特定街区的覆盖模型。此外，还可建立多个重叠的覆盖模型，如首先建立某区域流量负荷模型，在此基础上建立该区域内特定位置上的热点流量模型。

上述手机位置模型适用于有用系统和干扰系统。当开展系统干扰分析时，手机位置统计量存在下述两种情形。

● 每次试验手机位置随机分布。
● 所有试验手机位置固定，如位于基站覆盖边缘区域。

后文将进一步讨论手机位置统计量的影响问题。

建立飞机或船舶位置模型时，既可选用其等概率活动区域，也可选用其航线路径，其中航线宽度取决于飞机或船舶通过航线时位置变化情况。

对于地面航迹不固定的 NGSO 卫星，可随机选取升交点（ascending node）经度和平近点角（mean anomaly）进行蒙特卡洛仿真，即

$$\Omega = \Omega[0, 2\pi] \tag{6.27}$$

$$M = M[0, 2\pi] \tag{6.28}$$

对于具有圆形轨道的卫星系统，其平近点角可由真近点角（true anomaly）v 代替。对于重复卫星星座，可随机选择轨道模型，并考虑航迹偏离误差的影响。

若卫星为某星座的一部分，则可由 (Ω, M) 随机确定位置，并确保与其他卫星保持必要的相对位置。

有些系统天线指向随时间不断变化，如雷达天线能够以固定仰角沿方位面扫描，其中方位角的选择与雷达是干扰源还是受扰对象有关。

● 雷达为干扰源：雷达天线方位角可在特定角度范围内（如在[000°,360°]范围内）等概率随机选择。
● 雷达为受扰对象：在所选择的方位角上必须满足干扰限值（如 I/N）要求，可采用若干固定方位角，并计算每个方向上的统计特性。

另一个需要考虑的问题与时域仿真和雷达信号脉冲特征有关。若干扰源为雷达且其天线在方位面内旋转，则干扰信号将随雷达天线指向角变化（相对较慢）和脉冲变化（非常快）而变化，这两个因素将对相关统计量产生重要影响，这时可采用下述方法。

（1）采用在脉冲间隔时间内平均化的雷达发射功率，相应的统计量为 I/N，其中 I 为按时帧的平均值。

（2）采用具有相关活动因子的雷达峰值功率，该活动因子根据雷达占空比定义，相应的统计量为更短的脉冲持续时间内平均 I/N。

（3）采用没有相关活动因子的雷达峰值功率，相应的统计量为特定时帧内峰值 I/N，该统计量远大于脉冲均值 I/N。

此外，还要考虑电波传播特性的短期和长期变化。

注意，蒙特卡洛仿真分析中，信号强度的时间平均分辨率通常远小于其时变尺度。

　　NGSO 卫星地球站跟踪天线指向角与卫星动态变化和运行规则有关，如卫星轨道最小倾角或特定方向回避（其他卫星或 GSO 弧段）的要求。GSO 卫星地球站天线方位角和仰角仅在卫星发生微小倾斜或偏心（eccentricity）时才会做出调整。

　　信号在时域内变化的重要体现是电波传播损耗。如 4.3.7 节所述，ITU-R P.2001 模型可用于蒙特卡洛分析，原因是该模型允许输入时间百分比在[0,100%]范围内随机变化。其他传播模型要么将时间百分比限定在特定区间内，如 P.452 模型的时间百分比区间为 $0.001\% \leqslant p \leqslant 50\%$；要么仅针对特定时间百分比，如有些模型给出 $p=50\%$ 的均值损耗。这两种情况均不适用于蒙特卡洛分析。例如，前一类传播模型未包含干扰信号衰减情形，后一类模型无法预测电波传播随时间变化情况，从而导致计算结果产生偏差。

　　对于近距离电波传播（如市区环境中的移动通信链路），由于不存在对流层散射等效应引起的传播损耗变化，所以主要考虑移动条件下的多径和杂波损耗。另外，还可增加基于概率分布和标准差的中值损耗，详见 4.3.5 节。

　　根据所要求的输出统计量不同，传播模型可包含针对最坏月份或年平均的统计量，具体由相关限值确定。当生成特定时段内的统计量时，有必要检查其他变量是否应将这些时段考虑在内，特别是计算发射功率或流量/活动性因子的日平均值而非小时平均值时。若采用繁忙时段流量水平，虽然也可接受（在给定输入数据条件下也是必要的），但应视其为保守模型估计。

　　由于白天和夜晚的电波传播特性不同，且电波传播与流量密切相关，因此昼夜流量水平也存在差异。实际中若相关信息较为缺乏，也可假设两者不相关。

6.9.3　输出统计量和 U 参数变化

　　基于蒙特卡洛分析法生成的链路或干扰指标为 $X=\{C, I, C/I, C/N, C/(N+I), I/N, PFD、EPFD, E_{\mu v}\}$ 等，其对应的统计量 $S[X]$ 包括：

- 满足或超过限值 $T(X)$ 的概率。
- 满足所需概率限值 $p_T(X)$ 的 X 值。
- X 的均值和标准差。

除以上链路和干扰指标外，蒙特卡洛分析法还可用于分析任意导出值，例如：

- 发射功率：包括集总功率，例如，可采用某 IMT LTE 蜂窝流量的完整蒙特卡洛模拟器计算平均发射功率，该模拟器也可用于其他仿真分析。
- 天线指向角：如计算 NGSO 地球站指向特定方向的概率。
- 天线增益：特别是指向地平线方向增益，例如，基于蒙特卡洛分析法计算 NGSO 地球站指向地平线方向的平均增益，为其他仿真提供支持。
- 传播损耗：例如，基于蒙特卡洛分析法和高分辨地表数据库，计算城市地区平均绕射损耗，并与基于 Hata/COST 模型和位置可变性得出的传播损耗进行对比分析。

通常基于蒙特卡洛分析法得出的统计量与概率有关，例如：

- $T(I/N)$ 被超出的概率是多少？
- $T(C/I)$ 被超出的概率是多少？
- $T[C/(N+I)]$ 被超出的概率是多少？

也可能是上述统计量的逆运算，例如：

- 给定时间百分比条件下的 I/N 值为多少？

要计算该指标，需要根据累积分布函数确定与给定时间百分比最接近的分布区间，即输出指标准确度受限于分布区间的分辨率。I/N 值可用来表示为满足限值要求所需的干扰减少量（单位为 dB）。

一般情况下，输入变量 V 和输出变量 X 之间存在非线性关系，但下列情况除外。

- 干扰源发射功率变化直接导致 I 和 I/N 等干扰指标发生相应变化。
- 干扰链路活动因子变化直接导致特定时间百分比条件下 I 或 I/N 发生相应变化。

通过开展更为复杂的分析，可统计得出通信容量等指标，进而确定由干扰造成的通信容量减小量。

通过选择和修改输入参数 U，可获取更多信息。例如，选定与基站距离 $d=\{d_1, d_2, \cdots, d_m\}$ 的移动测试点集，可掌握基站覆盖范围（定义为给定时间百分比条件下满足 $T[C/(N+I)]$ 的区域面积）受干扰影响而缩小的情况。

CEPT ERC 报告 101（CEPT ERC，1999）指出，当上述方法应用于多个用户群时，有可能引起统计量理解偏差。例如，对于小区内随机分布的手机用户，若其通信可用度为 95%，则可理解为：

- 在 5%的位置上遭受干扰的概率为 100%。
- 在 100%的位置上遭受干扰的概率为 5%。
- 位置与时间概率的若干组合。

当手机用户位置在采样点之间随机分布时，无法根据输出概率确定采样点和时间之间的确定关系。然而这种情况并非不可接受，因为移动通信运营商更关注集总概率。此外，也可综合采用蒙特卡洛分析法和区域分析法，详见 6.10 节。

通常参数 U 用于计算下列参数，以消除干扰进而实现频谱共用，例如：

- 功率：满足 $p[X \leqslant T(X)] \leqslant p_T(X)$ 的最大允许传输功率是多少？
- 距离：满足 $p[X \leqslant T(X)] \leqslant p_T(X)$ 的最大隔离距离是多少？
- 频率：满足 $p[X \leqslant T(X)] \leqslant p_T(X)$ 的频率偏移是多少或保护频带是什么？
- 频谱掩模：满足 $p[X \leqslant T(X)] \leqslant p_T(X)$ 的发射或接收频谱掩模是多少？
- 为满足 $p[X \leqslant T(X)] \leqslant p_T(X)$，应综合采取哪些干扰消除方法（如减小功率、调整天线下倾角等）？

6.9.4　蒙特卡洛分析法案例

例 6.18

通过建立基于各条链路而非天线集总功率的基站传输模型，可将例 6.1 中的静态分析法拓展为蒙特卡洛分析法。其中每个基站扇区服务 10 个移动用户，接收载波数据速率为 2Mbps。本例可参考如下资料。

资料 6.8　Visualyse Professional 软件仿真文件"Monte Carlo analysis example.sim"。

在运行蒙特卡洛仿真时，需要更新如下参数。

（1）位置：各基站扇区内手机位置服从均匀分布。

（2）工作时段：根据工作时间流量模型随机选择。

（3）链路活动性：需考虑流量突变情况。

（4）移动用户位置：区分室内或室外，室内环境需考虑额外路径损耗。

（5）位置可变性：需考虑多径和杂波损耗。

（6）时间百分比：可根据干扰信号传播模型（如 P.2001 模型）具体设定。

本例干扰场景如图 6.33 所示，其中 IMT LTE 系统链路预算由 6.9.5 节给出。

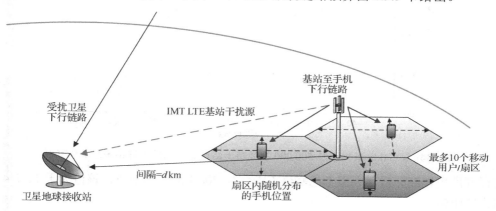

图 6.33　IMT LTE 下行链路蒙特卡洛分析法案例

图 6.33 中各下行链路均采用自动功率控制技术，目标 RSL=-131.4dBW=-101.4dBm。每次仿真试验中，卫星地球站接收到的总干扰与在用链路数量和链路所需功率有关。假设有用信号传播路径均不相关，而干扰信号传播路径均相关（所有发射和接收均针对同一台站）。

U 参数的变量为距离，d 的初始变化范围为 30～35km，关键输出统计量 $S[X]$ 的概率 $p(I/N \leqslant -13\text{dB})$，其结果如表 6.18 所示。表中同时给出了基于静态分析法和 20% 时间百分比的 I/N 值。

表 6.18　蒙特卡洛分析法与静态分析法对比

d 的取值	方法和指标	
	蒙特卡洛分析法	静态分析法
	$p(I/N \leqslant -13\text{dB})$	$p=20\%$ 对应的 I/N
d=30km	41.2%	9.9dB
d=31km	34.2%	8.5dB
d=32km	27.5%	7.2dB
d=33km	21.8%	6.3dB
d=34km	17.0%	5.8dB
d=35km	13.0%	4.8dB

通过采用静态分析法，将例 6.3 中方法拓展为针对 3 个基站扇区的集总干扰，同时包括地球站接收机全部 30MHz 带宽，相应的集总因子为 5.3dB。

从表 6.18 可知，为满足地球站干扰限值要求，由蒙特卡洛分析法得出的台站距离间隔为

33～34km。d=34km 条件下经 500 000 次蒙特卡洛试验得出的地球站集总 I/N CDF 如图 6.34 所示。采用二分搜索法（Binary search）可计算更精确的距离间隔，详见 6.9.6 节。由于移动通信链路平均可用度指标为 99.5%，由静态分析法可计算出对应的 I/N 限值约为 19dB。

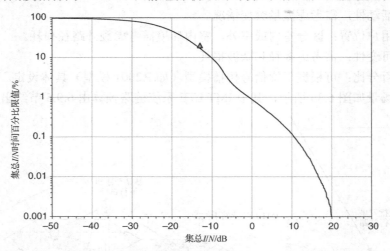

图 6.34　d=34km 条件下经 500 000 次蒙特卡洛试验得出的地球站集总 I/N CDF

若需开展更详细分析，则需考虑峰值 I/N 约为+20dB 的短期限值，该值大于 JTG 4-5-6-7 研究得出的限值。

6.9.5　LTE 系统下行链路预算

为举例说明前述蒙特卡洛分析过程，设计某 IMT LTE 下行链路预算。表 6.4 列出了城市郊区宏基站网络参数，其扇区半径为 600m，且可随干扰限值和数据速率在较大范围内变化。面向室内应用的网络速率为 2Mbps，该指标与 Ofcom 4G 网络覆盖指标类似（Ofcom，2012b）。

设信道带宽为 10MHz，数据速率为 2Mbps，根据表 6.19 可得出分配给用户的资源块（resource block）带宽为 180kHz。

表 6.19　城市郊区宏基站网络参数

参数	参数值
数据速率	2Mbps
信道带宽	10MHz
资源块数	50
资源块带宽	180kHz
总占用带宽	9MHz
调制方式	16QAM
数据速率/带宽	4b/Hz
码率	0.8
信令开销	25%
可用数据速率/资源块	432kbps
资源块数/Mbps	4.63
凑整（rounded）资源块数/Mbps	4.70
用户总数	10

表 6.20 列出了网络覆盖边缘地带用户的链路预算信息，相关假设条件如下。

- 用户位于室内，且室内损耗可通过对 Ofcom 提供的曲线进行插值得到。
- 采用 Hata/COST 模型计算传输损耗，取位置可变性标准差为 5.5dB。
- 快衰落裕量取 3dB。
- 干扰裕量取 3dB（主要来自其他小区和扇区的系统内干扰）。

表 6.20 包含两种情形。

（1）均值情形：主要基于平均位置可变性和平均功率。

（2）峰值情形：基于 95%位置可变性计算链路所需功率。

表 6.20　LTE 系统链路预算示例

典型链路预算	平均功率和位置	峰值功率和位置	备注
数据速率/Mbs	2	2	参考值 [b]
频率/MHz	3 600	3 600	场景给定
基站总功率/dBW	13	13	46dBm 减去 3dB 线缆损耗
信道开销/dB	1	1	参考值 [a]
用户数量	10	10	根据表 6.19
单个用户功率/dBW	2.0	9.1	计算值
带宽/MHz	9	9	根据表 6.19
峰值增益/dBi	18	18	参考值 [c]
覆盖边缘相对增益/dB	−5	−5	最坏情形估计
EIRP/dBW	15.0	22.1	计算值
蜂窝半径/km	0.6	0.6	参考值 [c]
环境	郊区	郊区	参考值 [c]
Hata/COST 231 路径损耗/dB	121.8	121.8	计算值
位置可变性/dB	5.5	5.5	参考值 [c]
位置百分比/%	50	95	均值或可变
位置可变性损耗/dB	0.0	9.0	计算值
室内-室外损耗/dB	19.7	19.7	参考值 [b]
快衰落裕量/dB	3	3	参考值 [a]
总路径损耗/dB	144.5	153.5	计算值
接收增益/dB	0	0	参考值 [a]
接收信号功率/dBW	−129.5	−131.4	计算值
接收噪声系数/dB	7	7	参考值 [a]
接收噪声功率/dBW	−127.4	−127.4	计算值
C/N/dB	−2.0	−4.0	计算值
干扰裕量/dB	3	3	参考值 [a]
可用 SINR/dB	−5.0	−7.0	计算值
SINR 限值/dB	−7.0	−7.0	基于参考值 [a] 和数据速率
目标 RSL/dBW	−131.4	−131.4	计算值
裕量/dB	2.0	0.0	计算值

注：a 面向 WCDMA 的 UMTS-HSPA 演进和 LTE（Holam 和 Toskala，2010）。

　　b 4G 覆盖合规性校验方法：LTE（Ofcom，2012b）。

　　c ITU-R《FSS-IMT C 频段下行链路》新报告草案（ITU-R，2014b）。

上述两种情形下链路均可实现闭环（即达到或超出目标 RSL），表明所建立的链路预算能够满足网络运行要求，并由此导出表 6.21 所示仿真参数。

表 6.21 仿真参数

参数	参数值
发射频率	3 600MHz
发射带宽	9MHz
用户/扇区数量	10
最大功率/用户	3dBW
功率控制范围	40dB
目标 RSL	−131.4dBW
接收噪声温度	1 453.4K
有用信号传播模型	Hata/COST
有用信号传输路径相关性	无
环境	郊区
位置可变性	5.5dB
室内用户百分比	50%
遭受最大室内损耗用户百分比	10%
最大室内损耗	20dB
日流量分布	见图 6.35
流量突发性	50%
干扰路径传输模型	ITU-R P.2001 建议书
干扰路径之间相关性	完全相关

由表 6.20 可知，系统链路预算并不充足，因此需要对室内或室外用户数量做出限定。同时还要考虑链路活动的可变性，主要原因是：

- 流量的突变性：即使在忙时和流量峰值时段，基站也不可能始终（100%时间）处于发射状态。
- 流量的日变化：根据"维持无线网络运行需要多少能量"（Auer 等，2012）给出的相关数据，图 6.35 描述了日流量变化情况。

图 6.35 中日流量数据采样基于蒙特卡洛分析法，其中小时取值为[0,23]范围内随机数，并采用各次仿真试验中所有链路的流量数据。

需要指出，若设定日平均用户活动性（约为 59%），则会引起流量模型发生变化。原因是在繁忙时段且考虑流量突变性影响下，所有单个用户的活跃概率为 0.5，由此可得出某扇区内所有 10 个用户同时活跃的概率 $p=9.77\times10^{-4}$。但是，若用户活动性保持在平均水平 $0.59\times0.5=0.297$，则所有 10 个用户同时活跃的概率将降至 $p=5.4\times10^{-6}$。通过开展 50 000 次仿真试验，得出 3 个扇区内（用户总数为 30 个）用户同时活跃的概率分布如图 6.36 所示。

由图 6.36 可知，若增加蒙特卡洛仿真的输入变量（如考虑日流量变化）数量，则会增加输出变量的极值范围，如本例中活跃用户数量从 1～20 变为 0～24。

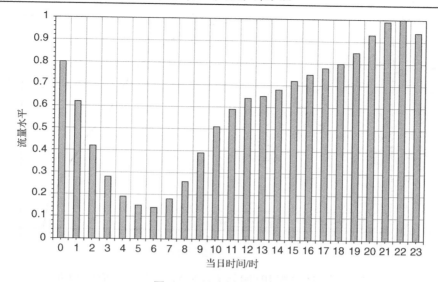

图 6.35　日流量分布示例

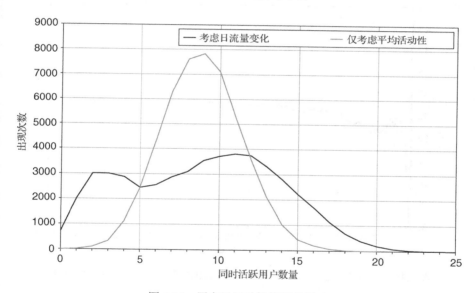

图 6.36　用户日活动性模型的影响

6.9.6　统计显著性

蒙特卡洛分析法固有的随机特征可能导致输出结果的不确定性，因而有必要开展输出结果的统计显著性检验。

首先观察图 6.37 中的两个累积分布函数（CDF），它们表示例 6.22 中 d=30km、采样数分别为 9 000 和 10 000 时的仿真结果。这两条 CDF 曲线非常接近，且经 Kolmogorov-Smirnov 两样本检验，拒绝两分布存在差异的假设。

但由图 6.38 可知，经数千次试验后，上述两个分布满足特定限值的百分比统计量 $S[X]=p[X<T(X)]$ 仍存在显著区别，这说明即使经过 10 000 次试验，采用不同随机数种子所得到的 $p[X<T(X)]$ 仍存在差异。

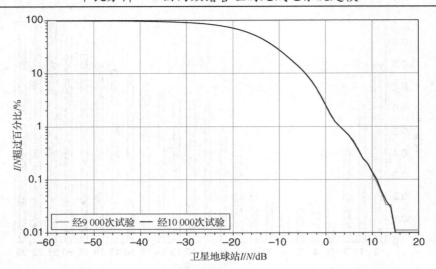

图 6.37　经 9 000 和 10 000 次蒙特卡洛试验后所得 I/N 的 CDF

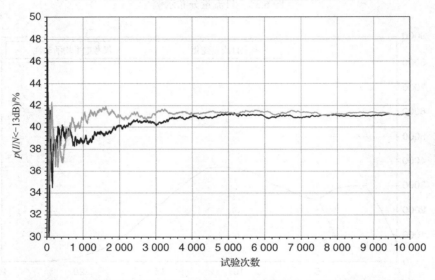

图 6.38　不同随机数种子对应的 $p(I/N<-13\mathrm{dB})$ 随蒙特卡洛试验次数的变化

　　若仿真中采用强随机数（strong random generator）发生器，则基于不同随机数种子进行 K 次包含 N 步骤的仿真，与运行包含 $N{\cdot}K$ 步骤和 K 个子集的仿真所得结果具有相同统计特性，且该 K 个子集能够产生可作为显著性检验基础的统计量。

　　例 6.19

　　采用蒙特卡洛分析法运行例 6.18 中仿真模型 3 500 000 次，其中距离间隔 d=30km。整个仿真试验被分为 3 500 组，每组包含 1 000 次试验，求得 3 500 组试验所对应 $p(I/N<13\mathrm{dB})$ 的直方图分布如图 6.39 所示。同时，利用计算出的组均值和标准差绘制正态分布。由图可见，该正态分布曲线与直方图分布保持一致。

　　上述仿真结果可认为是中心极限定理（central limit theorem）的一个应用案例，即如果样本数据足够大，则样本均值近似服从正态分布。所谓样本数量足够大，对本例来讲，意味着需要运行至少 350 万次仿真试验。

正态分布的标准差与用于计算输出统计量 $S[X]$ 的试验次数有关：样本数量越多，标准差越小，其标准差的减少量与样本数量的平方根有关。

如 3.10 节所述，可利用正态分布的均值、标准差及其置信区间来计算得出$[X_{\min}, X_{\max}]$。

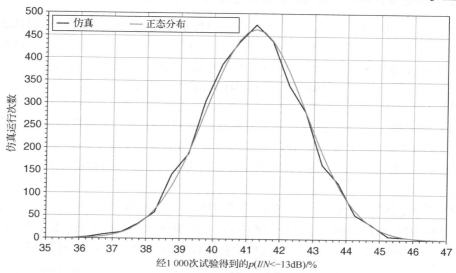

图 6.39　运行 3 500 组 1 000 次试验得到的平均 $p(I/N<-13\mathrm{dB})$ 直方图与正态分布图对比

例 6.20

采用蒙特卡洛分析法运行例 6.18 中仿真模型 5000 000 次，其中距离间隔 d=30km。每 10 000 次试验（如经过 N={10 000,20 000,30 000,…,500 000}试验）后，结果被分为 10 组，每组试验次数为 $N/10$。对于每组统计量 $S[X]$ =$p(I/N<-13\mathrm{dB})$，计算得出全部分组的均值和标准差，并由此生成 95% 置信区间，如图 6.40 所示。

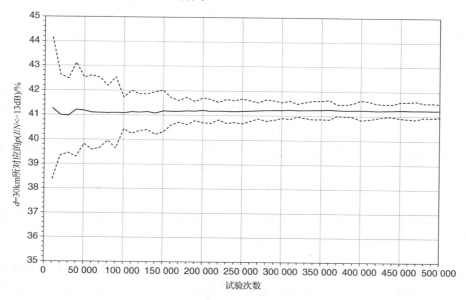

图 6.40　蒙特卡洛仿真中统计量收敛特性（convergence）案例

本例给出的方法可用于：

● 确定经 N 次蒙特卡洛仿真试验后所得结果的置信度。
● 确定是否需要开展更多仿真试验以满足特定置信度水平。

例 6.19 中，经 500 000 次试验且满足 95% 置信度水平的 $p(I/N<-13\text{dB})=41.24\pm0.28\%$。

例 6.18 中，通过调整距离间隔 $d=[30,35]$ 确定 $p(I/N<-13\text{dB})$，以满足限值 $p_\text{T}(I/N)=20\%$。为此，需要获取充足样本来满足假设检验要求，或基于足够置信度接受假设：

$$H0: p(I/N<-13\text{dB}) \leqslant p_\text{T}(I/N)=20\%$$

例 6.21

例 6.18 中蒙特卡洛分析表明，满足卫星地球站干扰限值要求的最小距离间隔为 33～34km。通过采用二分搜索算法并设置起始搜索距离 $d=(33+34)/2=33.5\text{km}$，可获得较高距离分辨率。在 95% 置信度条件下，为确认 $d=33.5\text{km}$ 是否大于或小于限值指标，需要开展多少次蒙特卡洛试验？

图 6.41 描述了统计量 $p(I/N<-13\text{dB})$ 随蒙特卡洛试验次数的收敛特性变化，其中距离间隔 $d=30\text{km}$，干扰限值 $p_\text{T}(I/N)=20\%$。由图 6.41 可知，经 100 000 次试验后，统计量可满足 95% 置信度要求。若采用二分搜索算法，则选取的初始评估距离为 $d=(33+33.5)/2=33.25\text{km}$。

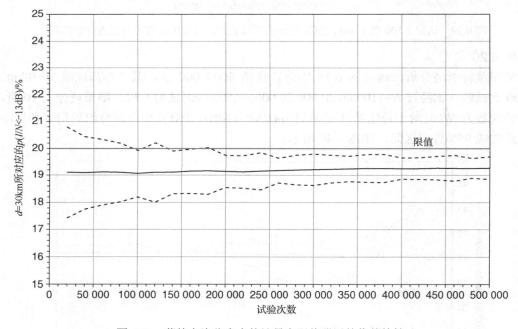

图 6.41 蒙特卡洛仿真中统计量在限值附近的收敛特性

为使统计量在限值附近满足特定置信度要求，需要不断增加样本数量。当开展限值 $p_\text{T}(I/N)$ 假设检验时，需要对蒙特卡洛分析结果的显著性进行检验，目的是确保：

● 当统计量明显满足限值要求时，使所需试验次数相对较少，以避免计算开销过大。
● 当统计量接近满足限值要求时，通过开展足够数量的试验，使结果符合置信度要求。

6.9.7　台站部署分析

蒙特卡洛分析的对象通常为时变随机（非时序）事件及其发生概率，相应的输入参数通常为固定台站位置信息。若涉及台站部署位置变化，就需要考虑与干扰有关的台站几何分布概率。

主管部门评估和审批新设台站时，需要掌握台站部署信息。即使已经部署的用频台站，也可能发生严重干扰事件。问题是出现这种情况的可能性有多大？

例如，对于已经部署的点对点固定链路，台站位置和天线指向不可能像手机用户那样随意改变。也就是说，这类链路的台站部署概率 $p=1$，因此也就没有必要再分析台站位置的时变特性。

由于目前尚未建立允许台站受扰的可接受位置的百分比限值，在实际台站分析过程中，大多不会考虑这一限值要求，即要求现有业务必须在所有位置和所有天线指向角上受到保护。例如，《无线电规则》第 22 条在明确 GSO 卫星系统对 NGSO FSS 系统的 EPFD 限值保护要求时，指出这一要求适用于"基于对地静止卫星轨道视角的地球表面所有位置"和"指向对地静止卫星轨道的所有方向"（ITU，2012a）。

对高定向天线而言，由于它们与其他天线指向重合的可能性非常低，从而为实现频谱共用创造了条件。

实际中由于台站位置和天线指向并非随机分布，使得针对台站部署开展蒙特卡洛分析面临一定困难。例如，适用于点对点固定链路的通信容量通常由需求最大的关键传输通道决定，除由大城市节点构成的主干通道之外，台站分布一般较为稀疏。

许多情况下，可根据已部署台站数据建立某种概率分布，进而通过对其采样生成蒙特卡洛仿真试验所需的天线指向角。当然由于受相关传输通道影响，这些天线指向角的概率分布将随地理区域的变化而变化。此外，也可从现有通信链路数据库中随机选择台站位置和天线指向角，以满足蒙特卡洛仿真试验需求。

对于存在多个干扰源的情形，应慎重设定台站部署条件，详见例 6.22。

例 6.22

按照表 6.22 对例 6.1 中台站部署参数进行调整，并采用蒙特卡洛分析法代替静态分析法，得到 I/N 的累积分布函数如图 6.42 所示。由图可知，对于绝大多数台站部署情形（98.8%），采用蒙特卡洛分析法得到的 I/N 小于采用静态分析法得到的 I/N，且 I/N 大于限值 $T(I/N)=-13\text{dB}$ 的概率为 100%。

表 6.22　基于蒙特卡洛分析法的台站部署参数案例

输入参数	例 6.1 中参数值	蒙特卡洛分析法参数分布
地球站天线仰角	10°	[10°，−20°]均值分布
地球站相对基站的方位角	0°	[0°，−10°]均值分布
IMT 基站天线下倾角	6°	[3°，−9°]均值分布
IMT 基站相对地球站的方位角	0°	[0°，−360°]均值分布

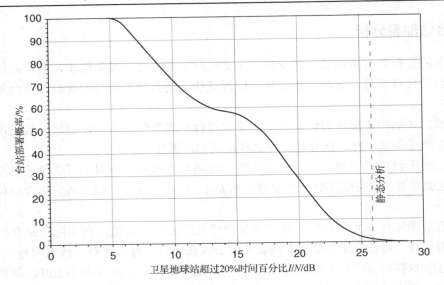

图 6.42　蒙特卡洛仿真分析结果

　　为开展蒙特卡洛仿真分析，通常需要输入随机参数，但没有必要将所有输入参数都随机化。例如，例 6.22 中，虽然卫星地球站方位角可从直接指向干扰 IMT LTE 基站方向偏转 10°，但由于两者间距为 15km，10° 偏转角对应距离偏移 2.6km，在该距离范围内可能还存在其他基站，因此可认为卫星地球站天线仍指向 IMT LTE 基站，如图 6.43 所示。

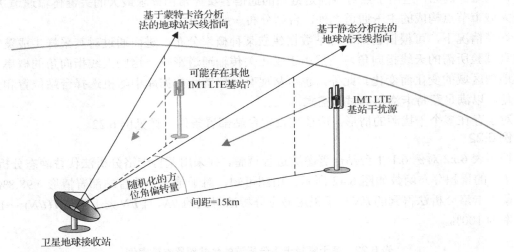

图 6.43　IMT LTE 基站部署对地球站方位角随机化的影响

　　当所分析的台站部署参数存在时变分量时，可采用两阶段蒙特卡洛分析法，详见 6.10 节。

　　当存在大量固定发射台站时，可采用统计方法构建其部署模型，将台站部署分布作为基于时间的蒙特卡洛分析的输入变量，同时针对不同台站的随机部署分布进行比较分析。

　　在台站部署的蒙特卡洛模型中，有一种特殊形式的模型——N 系统算法，这种方法要求不断增加某区域内随机部署发射台站的数量，直到达到干扰受限最大密度，详见 7.8 节。

6.9.8　结论

蒙特卡洛分析法可用于各类干扰问题的详细分析，提供较为精确的干扰分析结果，进而减少台站频谱使用限制，促进频谱资源共用。通过规定输入参数的变化区间，蒙特卡洛分析法避免了静态分析法或最小耦合损耗分析法可能带来的悲观集总假设（the aggregation of pessimistic assumptions）问题（见 5.3.8 节所述 2.6GHz 块边沿掩模内容）。

许多干扰场景涉及台站几何关系变化、链路和干扰指标的概率分布等问题。例如，某区域内随机分布的非同频系统间干扰分析。对于这类问题，采用蒙特卡洛分析法能够得到比静态分析法等更为详细和精确的结果。同时，蒙特卡洛分析法还可用于计算平均 EIRP 等参数，为其他仿真计算提供输入参数。

然而，除上述优点以外，蒙特卡洛分析法也存在复杂度高、计算资源要求多及需设定额外建模假设条件等缺点，影响到仿真建模和分析过程的可理解性和可解释性。

由于蒙特卡洛分析法需要采用随机参数，从而使得输出结果存在不确定性，因此必须考虑和评估分析结果的统计显著性。

此外，与大多数干扰分析方法一样，蒙特卡洛分析法也存在作为关键的可用信息受限问题，如建立某区域内均匀分布的移动台位置模型时等。对此，最好的办法是使用能够获取的最精确信息，并详细说明假设条件。

6.10　蒙特卡洛区域分析法和两阶段蒙特卡洛分析法

6.9 节介绍了干扰分析中如何利用蒙特卡洛法得出统计量 $S[X]$，说明了如何基于给定概率分布将静态分析的输入变量随机化，进而开展多次蒙特卡洛仿真试验。大多数干扰分析主要处理时域干扰问题，某些情况下也需要考虑固定台站部署变化。蒙特卡洛分析法可用来确定统计量 $S[X]$ 如何随 U 参数变化而变化。

如同综合采用静态分析法和区域分析法（见 6.5 节）来研究干扰随区域变化情况一样，也可考虑使用蒙特卡洛区域（Monte Carlo AA）分析法，即首先定义单个位置场景，然后假设台站在某区域内移动。对于每个台站的位置，可通过运行完整的蒙特卡洛仿真计算统计量 $S[X]$，将每个位置的计算结果通过色块或等值线等形式展现出来。

例 6.23

将例 6.18 中卫星地球站位置移至图 6.44 所示测试区域，并采用蒙特卡洛区域分析法代替静态分析法。通过在每个位置运行 50 000 次完整的蒙特卡洛仿真过程，计算出统计量 $p(I/N<-13\text{dB})$ 的等值线图，如图 6.45 所示，其中：

- 对于采用静态分析法所得等值线，存在 20%时间百分比 $I/N=-13\text{dB}$。
- 对于采用蒙特卡洛分析法所得等值线，存在 $p(I/N<-13\text{dB})=20\%$。

注意采用蒙特卡洛区域分析法时，移动台站为卫星地球站而非 IMT 基站，因此与图 6.10 相比，图 6.45 中的等值线图变为北-南朝向。同时，本例中 I/N 为基站所有扇区整个 30MHz 带宽范围内的集总 I/N。图中网格线间距为 10km。

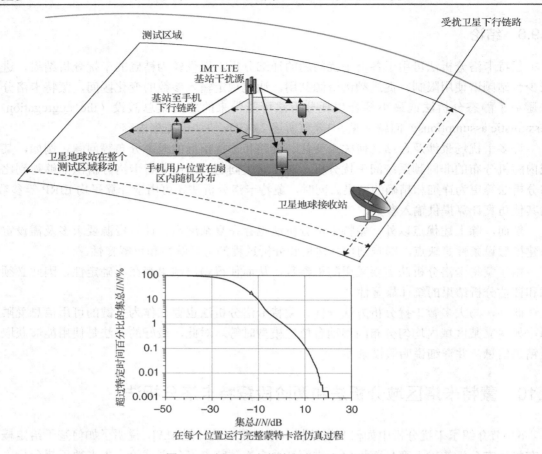

图 6.44　例 6.23 中蒙特卡洛区域分析法

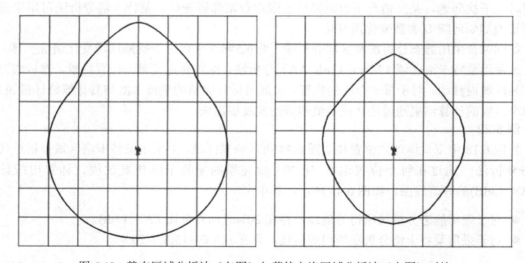

图 6.45　静态区域分析法（左图）与蒙特卡洛区域分析法（右图）对比

　　蒙特卡洛区域分析法不仅能够提供整个区域干扰变化的相关信息，还可像例 6.5 那样与地形数据相结合。但是，相比静态区域分析法，蒙特卡洛区域分析法需要耗费更多计算资源。例如，本例包含如下信息。

- 网格=21×21 个位置=441 个测试点。
- 每个台站位置运行蒙特卡洛仿真试验 50 000 次。
- 总试验次数=2 205 万。

7.3.3 节还将讨论，计算资源需求是采用解析法计算广播台站单个网络覆盖有用信号和干扰信号功率统计量之和的原因之一。

6.9 节曾指出，蒙特卡洛分析法可在位置和时间两个维度分别展开，并建议不应将这两个维度相混叠。通过采用两阶段蒙特卡洛分析法，可分别开展位置和时间维度的可变性分析。

考虑图 6.46 所示干扰场景，其中：

- 受扰对象：卫星地球站接收机。
- 干扰源：固定无线接入（FWA）网络上行链路，即从终端站（TS）至中心站（CS）的传输链路。

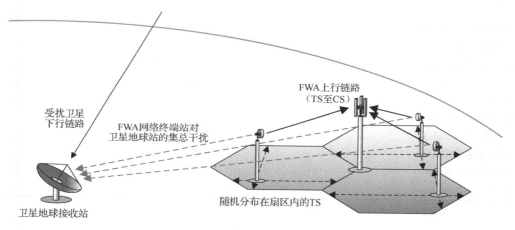

图 6.46 FWA 上行链路对卫星地球站干扰场景

假设 FWA 网络为固定位置（如家庭或办公室）用户提供高速数据业务，则卫星地球站所遭受干扰将取决于网络中与其构成干扰几何关系的用户，特别是能够使 TS 直接指向卫星地球站的用户数量。只要用户接入 FWA 网络并进入工作状态，则 TS 上行链路将成为具有固定位置的持续干扰源，这一点与移动用户不同，后者仅为较小时间百分比内位置确定的干扰源。

根据国家频率执照管理规定和具体使用频段，可采取以下几种方法对上述干扰场景实施管理。

- 终端站个体执照管理：主管部门针对每个注册用户开展干扰审核，以确保特定位置的终端站不会对卫星地球站造成有害干扰。尽管可通过自动化技术或电子执照降低相关成本，但这种管理方法仍然会导致 FWA 运营商的管理成本上升，故其仍有可能不被采纳。
- 确定干扰保护区：通过分析最严重干扰情形，确定卫星地球站有害干扰保护区，防止扇区内所有 TS 均直接指向卫星地球站造成干扰。FWA 运营商可将其 CS 部署于除干扰保护区以外所有区域。该方法是对台站部署的保守估计，因此往往使得干扰保护区面积大于实际需求。

除上述方法外，还可采用两阶段蒙特卡洛分析法，即

- 第 1 步：通过分析台站部署概率，采用 $S[X]=p$（由台站部署导致的 I/N 处于峰值 YdB 内）等指标，确定台站部署所导致的不可接受风险水平。
- 第 2 步：在第 1 步中台站部署基础上，采用蒙特卡洛分析法确定 $p[I/N<T(I/N)]$。

其中第 2 步还可采用蒙特卡洛区域分析法进行进一步的分析。

例 6.24

某 FWA 系统工作参数如表 6.23 所示。该系统内每个 TS 位置在其扇区内随机分布，则其在卫星地球站产生的 I/N 累积分布函数与部署概率之间关系如图 6.47 所示。其中有用信号和干扰信号传播模型所使用的时间百分比均为 20%。由图 6.47 可知，由最严重干扰所导致的 I/N 和与由台站部署所引起的不超过 95%百分比的 I/N 之间相差 6.4dB。

表 6.23　FWA 系统共用场景参数

参数	静态分析取值
地球站参数	参照表 6.9
地球站与 FWA 中心站间隔距离	15km
FWA 中心站参数	参照表 6.10
FWA 中心站天线方向图	见 ITU-R F.1245 建议书
FWA 中心站天线直径	30cm
FWA 带宽	30MHz
FWA 接收机灵敏度电平	−107dBW
FWA 中心站最大发射功率	0dBW
FWA 自动功率控制范围	40dB
FWA 有用信号传播模型	见 ITU-R P.530 建议书
FWA 干扰信号传播模型	见 ITU-R P.2001 建议书

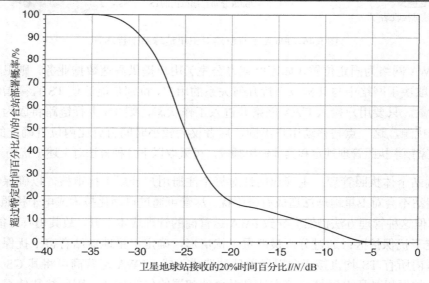

图 6.47　超过 20%时间百分比 I/N 所对应的台站部署概率 CDF

图 6.47 是仅考虑单个 TS/扇区所得结果，若考虑多个 TS 的平均效应，则所得曲线更为平滑。在第 2 阶段中，首先保持台站部署参数不变，然后开展基于时域的蒙特卡洛分析。相关

输入变量包括：

- 流量：每个 FWA 终端站至中心站链路的活动比率为 50%。
- FWA 终端站至中心站链路传播模型：时间百分比随机确定且相互独立。
- FWA 终端站至地球站干扰路径传播模型：时间百分比随机确定且取值相同。

上述两种台站部署参数如图 6.48 所示，其中网格间距为 1km。对于最严重干扰情形，有两个终端站天线直接指向卫星地球站；而对于不超过 95%百分比的情形，仅有一个终端站天线指向卫星地球站且不存在直视路径。

由这两种情形所形成的 I/N 累积分布函数如图 6.49 所示，由图可知，对于所有时间百分比，与台站部署变化对应的不超过 95%百分比 I/N 均小于最严重情形 I/N。

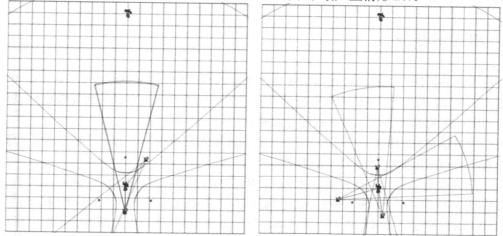

图 6.48　最严重干扰情形台站部署（左图）和不超过 95%百分比台站部署（右图）

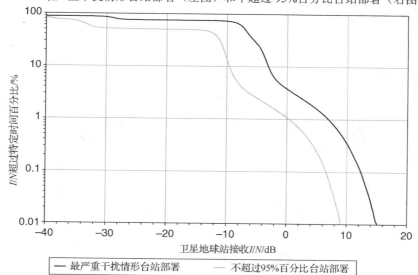

图 6.49　分别选择不超过 95%百分比台站部署和最严重干扰情形台站部署对 I/N CDF 的影响

上述方法可用于评估利用台站实际部署概率代替最严重情形假设所带来的风险，且与《无线电规则》附录 7 给出的辅助等值线概念及生成方法类似，后者详见 4.3.7 节。同时，该方法也可用于量化评估相关曲线，特别适合于包含多个干扰源的复杂场景。

此外，ITU-R F.1760 建议书（ITU-R，2006c）和 F.1766 建议书（ITU-R，2006d）也给出适用于复杂场景分析的两阶段蒙特卡洛法，该方法主要包括如下两个步骤。

（1）建立某个 FWA 网络的详细蒙特卡洛模型，包括该网络所有发射机、台站位置、天线增益和功率控制等，以获取地平线方向最大 EIRP（AEIRP）的累积分布函数。

（2）将 AEIRP 累积分布函数作为输入，运行包含成百上千个 FWA 网络的广域蒙特卡洛仿真，计算出进入射电天文台的集总干扰。

从技术角度看，上述方法实际上是通过使用 AEIRP 累积分布函数，将台站部署分布引入基于时域的蒙特卡洛分析。尽管前文已指出不建议采用这种方法，但当 FWA 网络数量足够多时，台站部署在统计意义上服从 AEIRP 累积分布函数。

6.11　概率分析法

蒙特卡洛分析法经随机抽样生成关键输入变量的概率分布，并通过卷积（convolution）产生输出统计量 $S[X]$。由于蒙特卡洛分析法具有显著的随机特征，容易导致其输出结果具有不确定性，因而需对其进行统计显著性进行检验。

另一种方法被称为概率分析法，即首先确定各输入变量概率分布的采样密度，而后直接依次检查所有可能取值，再导出 $S[X]$ 的准解析表达式。

概率分析法是 ITU-R S.1529 建议书（ITU-R，2001e）给出的基本方法，可用于分析 NGSO FSS 系统和 GSO 或其他 NGSO 系统间的干扰问题。这类干扰问题中的一个基本概念是轨道壳，如图 6.50 所示。通过借鉴 6.8 节中计算时间步长的方法，可将轨道壳分割为若干单元格（cell），每个单元格面积应足够小，以确保单元格内链路或干扰指标 X 不会发生显著变化，并在此基础上计算卫星位于某单元格的概率。

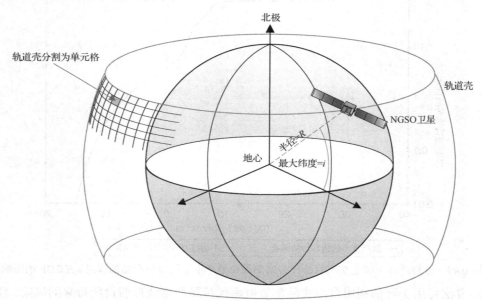

图 6.50　将卫星轨道壳分割为适用于概率分析的单元格

例如，对于非重复圆形轨道，卫星位于某单元格（经度，纬度）内的概率为：

- 纬度的累积分布函数为式（6.16）。
- 经度的累积分布函数为

$$p(\mathrm{long}_1, \mathrm{long}_2) = \frac{1}{2\pi}(\mathrm{long}_2 - \mathrm{long}_1) \tag{6.29}$$

此外，ITU-R S.1529 建议书还针对重复地面航迹系统和椭圆轨道卫星给出了相关公式。

假设卫星位于单元格中心，则基于卫星周围其他星座参数和静态分析法，可计算链路或干扰指标 X 及其相关概率，并通过在所有单元格上迭代计算，得出完整的 $S[X]$ 的累积分布函数。

概率分析法具有诸多优点，如可通过设定单元格大小控制计算精度，输出累积分布函数可涵盖卫星所有轨道位置等，从而避免分析结果的不确定性，为主管部门决策提供支持。

当然，概率分析法也存在一些缺点，例如：

- 不存在中间统计量。在蒙特卡洛分析中，若统计量未达到限值或不具备显著性，则表明无须运行下步试验。但概率分析法要求所有样本必须计算完毕，才能做出相关结论。
- 当样本数量非常大时，运算时间过长。6.3 节曾讨论过这一问题，即输入变量的潜在组合数量有可能达到计算资源无法承受的程度。如前所述，当采用概率分析法时，只有当所有样本计算完毕，才能开展统计量评估。
- 不能提供事件时长或事件时间间隔等信息，也无法直接观察 6.8 节中所述同步效果，这一点与动态分析法不同。
- 针对干扰场景所给出信息的可理解性和可解释性不强，支持软件工具较少。

总体上看，与静态分析法、区域分析法、动态分析法和蒙特卡洛分析法相比，概率分析法的应用仍面临一定限制。

6.12　干扰分析方法的选择

干扰分析方法的选择与具体干扰场景密切相关。通常来讲，可首先采用静态分析法确认链路预算的完整性和输入参数数量，然后再考虑采用其他分析方法。复杂干扰场景可能需要同时采用多种分析方法。表 6.24 列出了各种干扰分析方法的优点和缺点。

表 6.24　各种干扰分析方法的优点和缺点

方法	优点	缺点
静态分析法	使用简单快捷 易于理解和解释 适用于确认干扰场景基本情况	无法对时间或地理区域变化建模 需要考虑大量输入参数组合
输入变量分析法	相对简单明了 通过直接回答问题,有助于了解相关指标随输入变量变化情况	许多输入变量可能变化 对一次仿真中需要改变的输入参数数量存在限制
区域分析法和边界分析法	相对简单 通过图形化方式展现干扰问题,便于理解 可用于制定管理方案,如给出干扰区域和边界等	很难于其他变量组合使用 特别是时间维度趋于固定

方法	优点	缺点
最小耦合损耗分析法	计算简单 输出的系统间所需总损耗值是一个有用指标	建立输入变量的能力不强 采用其他方法可以更透明方式输出相同结果 通常要求保守估计
解析法	直接计算结果	适用场景有限
动态分析法	易于理解和解释 可识别实际系统的微小动态行为 可建立移动台站行为模型 可生成统计量 $S[X]$ 可生成时间持续时间的统计量	可能需要较长运行时间 需正确计算时间步长和运行时间 通常采用统计方法而非时序方法建立电波传播模型，因此需包含蒙特卡洛分量
蒙特卡洛分析法	功能强大：可建立任意数量输入变量模型 可根据重点关注问题生成统计量 $S[X]$	复杂度高，不易理解 需慎重选择输入变量分布 需检验输出统计量显著性 无法分析事件时长统计特性
蒙特卡洛区域分析法	功能强大：可建立输入变量时变模型，生成区域统计量 $S[X]$	可能需要较长运行时间 存在与蒙特卡洛分析法类似缺点
概率分析法	准确、高效	复杂度高 可能需要较长运行时间 需计算单元格大小 无法分析事件时长统计特性

如本章开头所述，找准切入点是干扰分析首先要解决的问题。表 6.1 列出了处理该问题时可选用的分析方法。也可根据管理审查或通用研究需求，首先确定干扰指标或干扰分析类型。

通常选择干扰分析方法需遵循如下基本原则。

（1）所选方法能清楚地回答所关注的问题。

（2）所选方法经过必要的修改或扩展可回答其他问题。

（3）以采用最适当的方法和可用数据为目标，但也能接受相关限制条件。

（4）决定采用哪种方法的重要因素是其可用输入参数和所需输出结果。

（5）输出结果的准确性主要由输入变量的可靠性和分析方法确定，即可靠输出要求具有可靠输入。

（6）所选方法能够在可用时帧内输出所需结果，且与计算资源相适应。

（7）所选方法可被用户和业内人士理解。

（8）所选方法可被其他组织接受。

有些情况下，虽然无须将某种干扰分析方法作为确定专用算法的依据，但有必要说明这种算法是基于上述基本原则开发的，其目的是促进频谱管理目标的实现，具体包括：

- 频率指配应确保系统不会遭受或引起有害干扰（如 7.1 节中固定链路或 7.2 节中专用移动无线电系统案例）。
- 审查所提出的系统是否符合协调程序（如 7.4 节中附录 7 或 7.5 节中附录 8）。
- 审查所提出的系统是否满足不应超出的强制限值要求（如《无线电规则》第 22 条给出

的 EPFD 限值，详见 7.6 节）。

此外，7.9 节介绍的 GRMT 通用干扰分析工具可基于输入参数和台站部署类型，采用基于输入参数（特别是部署类型）的决策树形式，从静态分析法、区域分析法、蒙特卡洛分析法、蒙特卡洛区域分析法中选出最适当的方法。

有时在同一研究课题中采用多种分析方法会带来诸多益处。例如，首先采用静态分析方法；若确认满足链路预算要求，则可进一步采用区域分析法；或者采用蒙特卡洛分析法计算 EIRP 统计量，然后再采用区域分析法。

6.13　研究项目和工作方法

如前所述，若干扰分析用于支持主管部门的审查工作，则需采用专用算法。但若仅限于开展干扰分析研究，则可在分析方法、工具和工作流程上具备更多灵活性。图 6.51 描述了开展项目研究的理想流程。由图 6.51 可知，一个研究项目通常须逐步经历数据收集、分析、报告和收尾等阶段。

实际中，研究项目的流程可能采用比理想流程更为复杂的迭代方式，并包含内外多层反馈。图 6.52 给出了实际研究项目的迭代过程，主要包括如下步骤。

（1）提出问题，这也是首轮循环的起点，如所研究的新系统或业务将会带来哪些影响？

（2）收集数据，包括地形、陆地使用或地表数据库等，为干扰分析提供输入参数。

（3）选择一个或多个软件工具，用来运行本章描述的系列干扰分析方法。

（4）开展干扰分析，当获取新信息或需要识别所需指标如何随输入参数变化时，启动迭代处理程序。迭代处理期间，若某些关键参数缺失，可能需要重新进入数据收集阶段。

（5）依据分析结果撰写研究报告或技术文档。这一阶段应与内部公示（可讨论组织机构相关信息）和外部公示（可采用特定文档模板且不包含特定组织机构详细信息）均有所不同。

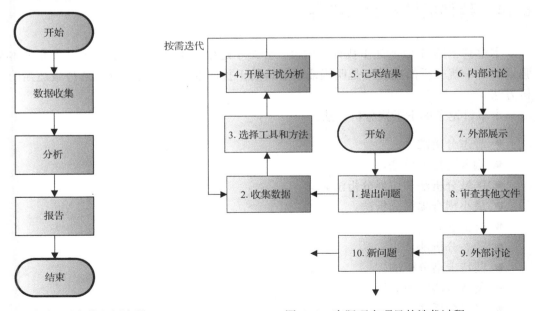

图 6.51　开展项目研究的理想流程　　　　　　　　　图 6.52　实际研究项目的迭代过程

（6）针对分析结果开展内部讨论，可能需要开展进一步研究。

（7）依据特定格式编撰研究报告，并发送至相关外部组织机构，如 ITU-R、国家主管部门、区域主管机构或其他企业，为后续频率协调提供支持。

（8）通常还需审查其他组织所承担的工作，包括所采用的分析方法和相关结果等，重点是评估这些组织采用的假设条件和分析方法是否适当。

（9）参加外部组织机构组织的研究成果讨论。

（10）根据前面各阶段发现的新问题开展新一轮研究工作。

上述迭代过程的关键要素是各方（包括组织内部和外部组织）之间的频繁反馈，从而确保研究项目不会偏离预定方向，始终聚焦核心目标——基于干扰分析处理频谱共用问题。

干扰分析可分两个阶段实施。

（1）计算无线电业务频谱共用的允许规定限值，如例 5.48 中关于边界线 PFD 限值要求。

（2）计算并评估特定系统是否满足规定限值，如例 6.6 中关于边界线 PFD 计算案例。

遵循如下通用规则有利于开展干扰分析。

- 先分析简单场景，对于复杂场景，确认所构建模型的正确性后，再将其引入干扰分析过程。
- 输入数据不可能 100%准确，但只要其具备最好的可用性就可接受。某些情况下仍有必要确认能否获取更准确的数据（如台站位置、传播模型、天线增益方向图或地形数据库等）。
- 通常相似的系统更易共存，因此可尝试减少系统差异（如天线高度、功率、分布密度等）。
- 输入参数或假设条件只要存在一处错误就可能导致输出结果错误，因此应尽可能核实输入参数和中间值。

6.14　延伸阅读和后续内容

本章基于第 5 章所述干扰计算内容，介绍了适用于干扰分析的若干方法。正如本章一再强调的，干扰分析的出发点是明确需要解决的干扰问题，并在此基础上选择最适当的干扰分析方法。

本章讨论了如下干扰分析方法。

- 静态分析法。
- 输入变量分析法。
- 区域分析法和边界分析法。
- 最小耦合损耗分析法。
- 解析法。
- 动态分析法。
- 蒙特卡洛分析法。
- 蒙特卡洛区域分析法。
- 概率分析法。

　　针对上述每种方法，本章均给出系统频谱共用分析相关案例，主要涉及 IMT LTE 基站与卫星地球站共存分析或 NGSO MSS 系统与固定链路共存分析。

　　本章最后介绍了各种干扰分析方法的优缺点，并结合实际研究工作讨论了这些方法的应用情况。需要注意的是，虽然在研究工作中可以较为灵活地选择干扰分析方法，但若将其应用于管理审查工作，则要采用专用算法。第 7 章将重点介绍特定无线电业务和专用算法，这些内容既可作为理解本章所述方法的补充材料，也可为开发新算法提供灵感来源。

第 7 章 特定业务和专用算法

前面各章介绍了台站几何结构和电波传播模型的基本概念，阐述了干扰计算及频谱共用分析的若干方法。其中给出的相关案例虽然面向特性业务和系统，但其概念具有通用性，可广泛适用于各类干扰研究。

本章在前述概念和方法的基础上，主要介绍适用于特定无线电业务的专用干扰分析算法。这些算法被国家和国际频谱管理机构用于分析特定的干扰问题。其中包括：

（1）固定业务链路规划，包括干扰限值、高/低站（high/low site）和频率/信道选择。

（2）专用移动无线电（PMR）系统覆盖范围和频率指配，包括频谱单独使用或共用系统的兼容分析。

（3）广播业务，包括限值计算、覆盖范围预测、功率统计和单频网络等。

（4）卫星地球站协调。

（5）GSO 卫星协调，包括协调触发值（coordination trigger）、详细协调及限制条件。

（6）采用 ITU-R S.1543 建议书中算法分析 NGSO 的等效功率流量密度（EPFD），验证其是否符合《无线电规则》第 22 条规定的限值。

（7）雷达方程。

（8）采用 N 系统方法计算干扰受限条件下台站部署密度及相关比率。

（9）通用无线电建模工具（GRMT）和基于参数的用频许可。

（10）白色空间设备（WSD）算法。

对于上述每种无线电业务及其专用算法，本章主要介绍其背景知识和频谱管理现状，说明其是否涉及协调触发值、协调分析、履行许可程序或硬性限值，同时对相关专用算法进行描述，并说明其是否采用了静态分析法、动态分析法、区域（网格法或射线法）分析法或蒙特卡洛分析法。此外，还要明确相关技术参数，包括限值、指标、台站部署、天线指向、天线方向图和链路预算参数等。最后给出相关案例。

下列资料可供参考。

资料 7.1 电子表格"Chapter 7 Examples.xlsx"含有固定业务链路预算、广播接收机灵敏度（RSL）和 K-LNM 计算、GSO DT/T 和 PFD 计算等。

另外，还有许多包含仿真分析的文件资料可供读者参考，详见后续各节内容。

7.1 固定业务规划

7.1.1 概述

固定业务用于提供广域通信互联，在全球范围内工作在多个频段，应用领域包括固定电话和数据网络的核心中继链路、移动业务回程、多媒体分布、遥测汇集、室外广播的稀路由

（thin route）、本地链路和短期连接等。与光纤通信等有线通信相比，固定业务具有部署快、成本低（CAPEX）等优势，其中后一个优势使其更适用于偏远岛屿等低容量通信需求地区。

固定业务包含多种类型，例如：

- 点对点（PtP）：收发台站之间通过定向天线传输的通信链路。通常收发链路采用不同频率（双工通信），也可为基于时分的单工通信。若点对点双向链路流量具有明显的非对称性，则可采用单工通信以减少所需信道数量，尽管这样做会带来载波接入延迟。
- 单点对多点（PtMP）：中心站（CS）与多个终端站（TS）构成通信链路，类似于图 6.46 所示的固定无线接入（FWA）系统。这类系统可提供视频、多媒体或高速因特网接入等服务。
- 多点对多点（MPtMP）：综合采用 PtP 和 PtMP 构成连接多个固定站的网格（mesh）。典型应用为市区小微基站回程，其中每个基站所装载的多个天线指向（基于物理波束或电扫波束）其他多个基站。

本节主要介绍点对点固定业务链路规划，相关方法也适用于其他固定业务。点对点链路中，每跳或各方向链路包含收发台站及定向天线。在视距条件下，固定链路天线可满足直视要求，但对于远距离海上通信，由于不便于设置转发台，这时可将天线指向共用空间（common volume），利用对流层散射进行通信。

不同频段点对点固定链路具有不同特点及应用领域，例如：

- 低频段（10GHz 以下）可用于较低部署密度的远距离多跳通信，如干线通信或跨水域通信。
- 高频段（18GHz 以上）可用于较高部署密度的近距离多跳通信，如移动基站回程。

对于给定接收特性（特别是噪声系数）的点对点链路，其无线电性能主要取决于如下两个因素。

（1）由衰落导致的有用信号降级。

（2）无用信号或干扰信号。

通过增大发射功率，可减小链路对上述两个因素的敏感性，但这样做不仅会增大进入其他链路的干扰电平，而且需要消耗更多能源。从另一个角度看，当发射功率大于最小所需功率时，实际上限制了其他潜在用户的频谱接入，从而导致频谱效率降低。

为解决上述问题，可基于 5.8 节和 5.9 节所述基本原则开展链路规划设计。

7.1.2　链路规划

链路规划的输入参数包括：

N 为噪声，可采用式（3.60）计算噪声系数和带宽。

$T[C/(N+I)]$=载波限值，可采用制造商数据或表 3.6 中列出的建议值。

G_{tx} 和 G_{rx} 分别为发射天线和接收天线的峰值增益。

M_i 为干扰裕量，典型值为 1dB。

M_s 为系统裕量，该值应尽可能小，直至为 0。

首先计算接收机灵敏度电平（RSL），如式（7.1）所示。

$$RSL = N + M_i + M_s + T\left(\frac{C}{N+I}\right) \tag{7.1}$$

ETSI TR 101 854（ETSI，2005）具体介绍了上述方法，并给出了各频段噪声系数和系统裕量（在该报告中被称为工业裕量（industry margin））的典型值。

例 7.1

某点对点系统工作参数如表 7.1 所示。根据噪声［式（3.60）］和 $T[C/(N+I)]$（见表 3.6）可计算出所需接收机灵敏度电平：

$$N=10\lg290+7+10\lg14+60-228.6\approx -125.5\text{dBW}$$

$$RSL=-125.5+1+1+20.5=-103\text{dBW}$$

其中 RSL 的计算也可参考英国通信办公室频率指配技术指标（TFAC）OfW 446 报告（Ofcom,2013）。

根据 RSL 值，可通过下式进一步计算所需发射功率。

$$P_{tx} = RSL + M_{fade} - G_{tx} + L_p - G_{rx} + L_f \tag{7.2}$$

其中，衰落裕量 M_{fade} 可根据 4.3.3 节所述 ITU-R P.530 传播模型计算得到。固定链路采用式（7.2）计算得到的发射功率，即可达到 1dB 干扰裕量条件下所需的误码率（BER）指标。

表 7.1　某点对点系统工作参数

参数	参数值
噪声系数/dB	7
带宽/MHz	14
干扰裕量/dB	1
系统裕量/dB	1
调制方式	16QAM

例 7.2

若两个点对点系统分别采用表 7.1 和表 7.2 列出的工作参数，则其发射功率分别为多少？

两个系统的衰落裕量均可通过 ITU-R P.530 传播模型（见 4.3.3 节）计算得到，其中不可用率取 0.01%。ITU-R P.530 传播模型包含多径和雨衰两个子模型，根据两个模型的工作频率，雨衰占主导地位。在此基础上，再综合利用自由空间路径损耗、衰落裕量和大气衰减计算所需发射功率，其结果如表 7.3 所示。

表 7.2　链路设计参数

链路设计参数	A	B
频率/GHz	28.1	28.1
可用度/%	99.99	99.99
长度/km	8.4	5.5
发射天线增益/dBi	35	35
接收天线增益/dBi	35	35
接收馈线损耗/dB	1	1

表 7.3　链路发射功率计算

链路设计参数	A	B
RSL/dBW	−103.0	−103.0
衰落裕量/dB	38.1	27.9
RSL+衰落裕量/dB	−64.9	−75.1
自由空间路径损耗/dB	139.9	136.2
大气衰减/dB	1.1	0.7
发射增益/dBi	35.0	35.0
接收增益/dBi	35.0	35.0
馈线损耗/dB	1.0	1.0
总路径损耗/dB	71.9	67.8
所需发射功率/dBW	7.0	−7.2

由于上述两个点对点链路均工作在 28.1GHz 频段，因此有必要确认两者是否存在相互干扰。这项工作主要由国家频谱管理机构通过台站频率执照或频谱块（spectrum block）管理的方式完成。

7.1.3　干扰限值

根据链路设计的 1dB 干扰裕量，可计算集总干扰限值，但很难计算出进入各个接收机的总干扰，原因是：

● 大量干扰源工作在密集拥挤频段，产生过多的计算需求。

● 有必要采用更加适当的模型来处理不同传输路径之间的相关问题。

实际中可采用 5.9 节所述方法，将集总干扰简化分割为一组单输入限值，具体分割数量取决于期望的功率密度水平。在英国通信办公室 OfW 446 报告中，将最坏情形下集总干扰分割为 4 个单输入限值。

例 7.3

例 7.1 所述点对点系统的干扰裕量为 1dB，接收机噪声为−125.5dBW。设集总因子 $n=4$，其长期干扰限值如表 7.4 所示。

表 7.4　长期干扰限值计算

长期干扰限值	计算值
I_{agg}/N/dB	−5.9
n	4.0
N/dBW	−125.5
I/dBW	−137.4

下列两个静态场景可用来计算短期干扰限值和长期干扰限值。

（1）有用信号遭受衰减且干扰信号处于中值（如 50%时间百分比）水平。

（2）有用信号处于中值水平且干扰信号得到增强。

上述两个场景中假设有用信号和干扰信号路径不相关，且当干扰信号显著增强时，有用信号不产生深度衰落，即衰落裕量可克服干扰信号增强的影响，具体关系如图 7.1 所示。

因此，两个干扰限值可由表 7.5 给出。

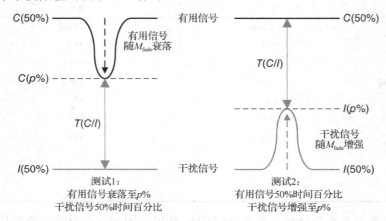

图 7.1　两个固定业务间干扰分析计算案例

表 7.5　点对点固定业务间的干扰限值计算

限值	长期	短期
干扰电平	$T_{lt}(I)$	$T_{lt}(I)+M_{fade}$
时间百分比	50%	$p\%$

干扰限值 $T(X)$ 可采用 $T(I)$、$T(I/N)$ 或 $T(C/I)$ 等形式表示，对静态场景而言，这些参量之间可相互替换。同时这种定义方法也适用于其他业务，如 7.4 节所述卫星地球站干扰分析。

当有用信号采用自由空间传播模型和 ITU-R P.530 模型时，干扰信号的计算可基于 ITU-R P.452 模型和相关地形数据库。点对点固定链路发射天线通常架设在地形高点，以确保其与接收天线保持视距，因此无须采用陆地使用数据库。尽管如此，仍有必要确认传播路径是否存在地形障碍物或是否位于菲涅耳区，详见 4.3.2 节（也可参考 7.1.5 节中的文本框）。对于保守干扰分析，可忽略干扰信号路径上杂波的影响。

例 7.4

例 7.3 所述两个固定业务系统的分布如图 7.2 所示。采用 P.452 模型和 SRTM 地形数据库计算这两个系统双向长期和短期干扰电平，其结果如表 7.6 所示。由表可知，干扰裕量远大于 0。

资料 7.2　可采用 Visualyse Professional 软件仿真文件"FS to FS example.sim"文件生成例 7.4 结果，其中包含地形文件"Resource 7-2 terrain.gen"。

此外，例 7.2 所使用的天线方向图来源于 ITU-R F.699 建议书，该天线方向图是一种用于点对点固定链路建模的通用天线方向图。当存在大量干扰源时（如 6.2.2 节中 FS/MSS 例子），可能导致对集总干扰的过高估计，这时采用 ITU-R F.1245 建议书中给出的天线方向图更为合适。

为提高点对点固定业务链路的配置密度，防止产生有害干扰，可以采用高方向性天线，从而：

- 减小被发射信号"点亮（lit up）"的区域范围。
- 减小干扰源发射天线位置及方位与受扰源接收天线位置及方位之间耦合的可能性。
- 减小实现链路闭环所需的发射功率。

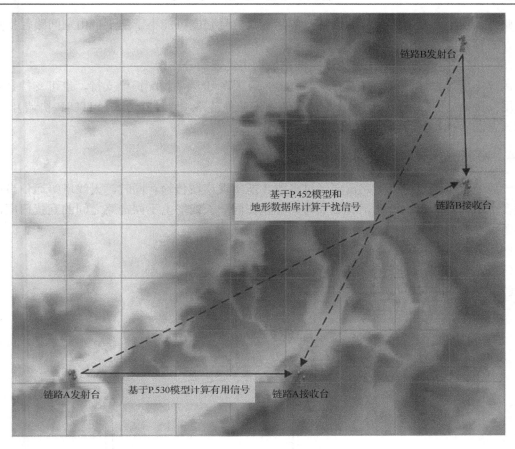

图 7.2　点对点固定业务系统分布（图片来源：Visualyse Professional 软件。地形数据来源：SRTM）

表 7.6　点对点固定业务干扰链路预算

干扰链路预算限值类型	B 对 A		A 对 B	
	长期干扰	短期干扰	长期干扰	短期干扰
发射功率/dBW	−7.2	−7.2	−7.0	−7.0
发射峰值增益/dBi	35.0	35.0	35.0	35.0
发射相对增益/dB	−32.2	−32.2	−32.4	−32.4
传输模型	P.452	P.452	P.452	P.452
时间百分比/%	50.0	0.01	50.0	0.01
路径损耗/dB	188.6	178.7	195.4	187.0
接收峰值增益/dBi	35.0	35.0	35.0	35.0
接收相对增益/dB	−38.7	−38.7	−38.7	−38.7
接收馈线损耗/dB	1.0	1.0	1.0	1.0
干扰/dBW	−197.7	−187.8	−190.5	−182.1
限值 $T(I)$/dBW	−137.4	−99.3	−137.4	−109.5
裕量 $M(I)$/dB	60.3	88.5	53.1	72.7

此外，由于地形遮挡效应的影响，实际干扰信号强度可能小于基于自由空间路径损耗模型得到的预测值。

7.8 节将采用 N 系统方法讨论固定链路最大可实现的分布密度。

例 7.4 所述方法既可为频谱管理部门实施用频许可/频率指配提供支持，也可支持其开展详细用频协调。例如，某个国家计划部署新固定业务链路（通过双边或经 ITU-R 协调），则可采用该方法确认其是否会对邻国通信链路产生干扰。

7.1.4　高/低站问题

一般情况下，点对点链路需要经过多跳才能实现广域传输。同时，天线塔等通信设施可能被多个运营商共用。因此，有必要考虑配置在同一天线塔上不同链路之间的互扰问题，这类问题也被称为高/低站问题（high/low site）。

例如，图 7.3 中存在两条双向链路。

（1）站 A 和站 B 间链路，使用频率为 f_1 和 f_2。

（2）站 B 和站 C 间链路，使用频率为 f_3 和 f_4。

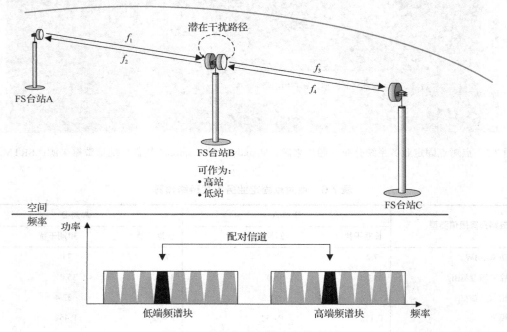

图 7.3　多个点对点链路和高/低站

对于台站 B，由于发射天线和接收天线间隔距离太近，导致下列天线之间可能存在潜在干扰。

（1）发射频率为 f_3 的天线和接收频率为 f_1 的天线。

（2）发射频率为 f_2 的天线和接收频率为 f_4 的天线。

为避免相互干扰，可从图 7.3 下半部分所示信道计划表中选择频率对，其中一个频率位于低端频谱块，另一个频率位于高端频谱块。若两个发射频率分别选自低端频谱块和高端频谱块，而两个接收频率分别选自高端频谱块和低端频谱块，则能够保证频率间隔最大，从而减少潜在干扰。

"高站"是指所有发射频率均选自高端频谱块，而"低站"是指所有发射频率均选自低端频谱块。若有些发射频率选自高端频谱块，剩余发射频率选自低端频谱块，则将这种情形称为"污站（dirty site）"，这时需要精心开展频率规划，以防止产生干扰（如从频谱块的边沿选择频率）。

7.1.5　信道选择

从信道计划表中选择可用信道时，可采用如下方法。

- 从信道计划表的一端开始挑选，直到找出满足干扰限值要求的信道。
- 根据信道调制阶数挑选，这样可使低阶调制信道位于频谱块一端，而高阶调制信道位于频谱块另一端。
- 通过对各个信道进行测试，选择具有最大正裕量（positive margin）的信道。
- 通过对各个信道进行测试，选择具有最小正裕量（positive margin）的信道。

另外，一些学者（Flood，2013）对上述各方法的频谱效率进行研究，并提出了许多信道规划的改进方法，如联合概率模型等（Flood 和 Bacon，2006）。

菲涅耳区和苏格兰威士忌

我曾经在苏格兰艾拉岛上的酒吧与一个当地人聊天，这个人在电信公司工作，并负责本地固定链路。我们一边喝酒一边聊起了菲涅耳区的话题，我询问他如何在考虑电波反射面高度随海水潮汐变化的情况下，分析艾拉岛与大陆之间的传播路径？

他认为，确实有许多算法可用于频率规划，但他选择了一种更为实用的方法。"我们只是顺其自然去做，如果没有达到预期目标，就更换一个更大的天线"。

的确，在英国这个美丽而偏远的小岛上，由于频谱供给远大于固定链路频谱使用需求，因此无须考虑高效使用频谱这一问题。但是，考虑到大西洋风暴侵袭所带来的雨雪影响，特别是艾拉岛与外界之间主要依靠固定链路通信，因此最好在固定链路预算设计上留有一定裕量。

7.2　专用移动无线电

7.2.1　概述

与固定业务链路类似，专用移动无线电（PMR）是一种应用非常广泛的陆地移动业务（LMS），也被称为商用无线电（BR），其应用对象包括：

- 建筑工人。
- 分布式系统。
- 紧急业务，如医疗救助和警察等。
- 安全警戒。
- 出租车。

- 交通系统。
- 其他应用。

传统上 PMR 系统主要用于模拟语音业务，随着数字技术的普及，其应用领域不断扩大，甚至可以利用 GPS 信号追踪车辆位置。提供模拟语音通信的 PMR 系统的信道带宽为 12.5kHz 或 25kHz，采用数字体制后，原 12.5kHz 的信道带宽被分割为两个 6.25kHz 信道带宽。PMR 系统工作在 VHF 和 UHF 频段，英国 PMR 系统的主要工作频段为 55.75～87.5MHz、138～207.5MHz、425～449.5MHz 和 453～466MHz。

PMR 系统的一个重要特征是，用户既可发起呼叫，也可关闭通信链路。因此当区域内存在多个移动用户时，可能发生通信链路冲突。可采用发射前守听（listen before transmit）等多种机制避免这种问题，当探测到较强信号时，既有通信链路将阻止其他用户使用。

图 7.4 描述了三种主要 PMR 系统。

（1）单工系统：一个基站覆盖服务区内的一个或多个移动台，且双向通信链路采用相同频率。

（2）双工系统：一个基站覆盖服务区内的一个或多个移动台，且上行链路（基站发射）和下行链路（移动台发射）采用不同频率。

（3）现场系统：移动台之间使用单频直接通信。

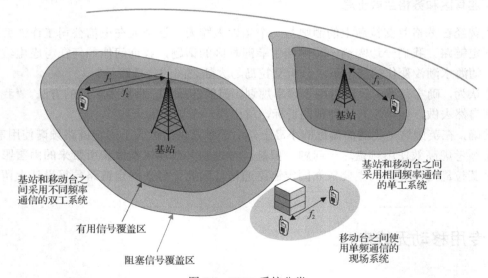

图 7.4　PMR 系统分类

除图 7.4 所示类型外，PMR 系统还存在转发站和填充站（fill-in station）等其他部署方式，但本节主要关注以上所述三种类型。此外，本节还将使用一些专用术语，如澳大利亚通信与媒体管理局（ACMA）使用的 LM 8 单频或双频系统（ACMA，2000）。多个用户采用所谓的"共用基站"来实现服务共享。

7.2.2　覆盖计算

依据基站用频许可或频率指配相关规定，基站工作时发射功率通常保持不变。因此，根据基站位置、发射功率、天线方向图和传播模型，可以采用下列方式预测基站信号 S 的覆盖范围。

- 信号能提供所需服务，即 $S \geq T(C)$。
- 信号不能提供所需服务，但可能阻塞使用相同信道的其他用户，即 $T(C)>S \geq T_{\mathrm{block}}(I)$。
- 信号既不能提供所需服务，也不阻塞其他用户，但可能使其他用户性能降级，即 $T_{\mathrm{block}}(I)>S \geq T(I)$。

例 7.5

某双工 PMR 系统的工作参数如表 7.7 所示。若采用 ITU-R P.1546 传播模型，设时间百分比 $p=50\%$，位置百分比 $q=50\%$，同时利用地形和陆地使用数据库，则计算得到的 PMR 系统覆盖范围如图 7.5 所示。其中网格间距为 10km。

表 7.7　PMR 系统工作参数案例

参数	参数值
基站纬度/°N	51.507 97
基站经度/°N	−0.095 21
基站发射信号频率/MHz	165.05
移动台发射信号频率/MHz	169.85
基站 ERP/W	15
移动台 ERP/W	5
发射天线高度/m	20
接收天线高度/m	1.5
带宽/kHz	12.5
有用信号限值 $T(C)$/dBm	−104
阻塞信号限值 $T_{\mathrm{block}}(I)$/dBm	−116

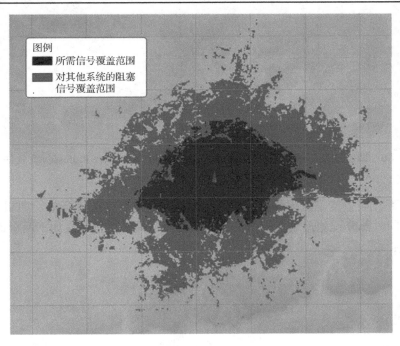

图 7.5　PMR 系统覆盖范围（图片来源：Visualyse Professional 软件。地形和陆地使用数据来源：Ofcom & OS）

在运营商或主管部门确定 PMR 系统功率时，应保证其发射信号能覆盖大部分所需区域，但由于地形和地物损耗影响，很难完全达到覆盖要求。实际中，PMR 系统的功率大小与其支持的业务类型密切相关。例如，出租车用 PMR 系统应满足 50km 范围内的车载通话需求，而吊车司机用 PMR 系统仅需满足 100m 范围内的通话需求即可。如前所述，频谱管理机构通过实施频率执照制度，鼓励无线运营商在满足业务要求的前提下，尽可能使用较小的台站发射功率，若发射功率超出规定范围，还可能受到经济处罚。此外，发射天线高度也会影响台站覆盖范围。相比仅需覆盖特定台站的系统而言，广域系统的天线通常需要架设在更高位置。

通过将台站预测覆盖范围与期望覆盖范围相比较，可评估台站发射功率的适当性。例如，图 7.6 中：

- PMR 运营商要求基站覆盖半径为 10km 左右。
- 台站预测覆盖范围考虑地形和陆地使用数据的影响。

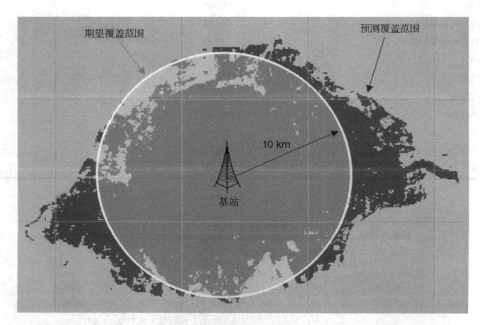

图 7.6　期望覆盖范围和预测覆盖范围（图片来源：Visualyse Professional 软件。
地形和陆地使用数据来源：Ofcom & OS）

理想情况下，期望覆盖范围与预测覆盖范围应完全重合，但实际中，期望覆盖范围内仍会存在缺口，同时部分预测覆盖范围超出了期望覆盖范围。这里定义如下两个比率。

覆盖率 F_c：

$$F_c = \frac{N_{\text{PSA}}}{N_{\text{RSA}}} \tag{7.3}$$

污染率 F_p：

$$F_p = \frac{N_{\text{PCA}}}{N_{\text{PSA}}} \tag{7.4}$$

其中，N_{PSA} 为受保护服务区域（PSA）中的网格数量，其中受保护服务区域是指期望覆盖范围（RSA）和预测覆盖范围（PCA）的重合部分；N_{RSA} 为期望覆盖范围内的网格总数；N_{PCA} 为预测覆盖范围内的网络总数。

当 $F_c=F_p$ 时，即实现理想覆盖，但实际中仅能满足 $F_c \leq 1$，$F_p \geq 1$

覆盖率和污染率越趋近于 1，则认为发射功率取值越合适。

例 7.6

对于例 7.5 所述的 PMR 系统，覆盖率和污染率计算结果分别为

$$F_c=0.855$$

$$F_p=1.211$$

这两个比率均趋近于 1，表明台站发射功率水平较为适当。

此外，还可利用基站天线增益和方向对覆盖率和污染率实施控制。例如，可采用较高增益定向天线指向覆盖率不足的方向，而采用较低增益定向天线指向覆盖范围超出期望范围的方向。3.7.8 节给出了多种适用于 PMR 系统的天线增益信息。

7.2.3　受保护服务区域和上行链路计算

受保护服务区域（PSA）是干扰分析的一个重要指标，处于该区域所有网格内的移动台均能够正常工作。对受保护服务区域的处理可分两步进行。

（1）剔除期望覆盖范围外的网格。

（2）剔除孤立网格，填充覆盖缺口，得到具有连续形状的覆盖范围。

图 7.7 给出上述处理过程示例。

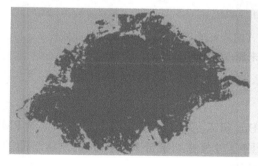

图 7.7　初始覆盖范围（左图）和过滤处理后的覆盖范围（右图）（图片来源：Visualyse Professional 软件。地形和陆地使用数据来源：Ofcom & OS）

除此之外，还可针对特定位置采用更高级的过滤方法进行处理。例如，根据车载用户或步行用户特点，确定重要区域或可剔除区域等。

图 7.7 中的案例采用 P.1546 传播模型，且设信号中值时间百分比为 50%，位置百分比为 50%。这些参数与英国通信办公室 OfW 164 报告（Ofcom，2008b）中关于 PMR 系统的规划方法保持一致，当然也可采用其他传播模型和参数，如 P.1812 模型、P.2001 模型和其他时间或位置百分比等。例如，澳大利亚通信与媒体管理局 LM 8 报告给出了一种基于 90% 位置百分比和 1% 时间百分比的业务模型，用于确定紧急业务是否满足增强的可用度要求。

需要指出的是，对大多数 PMR 业务而言，还应考虑移动台至基站的回程链路要求。为确保该上行链路闭合，移动台特别是手持式移动台的发射功率必须达到一定限值。虽然选用具有低噪声系数的基站接收机有助于减小手持式移动台的发射功率，但也就减小几分贝而已。

例 7.7

某 PMR 系统用于车载移动应用，其基站工作参数如表 7.7 所示。若手持式移动台 ERP=500mW，则上行链路覆盖范围将减小至图 7.8 所示区域。

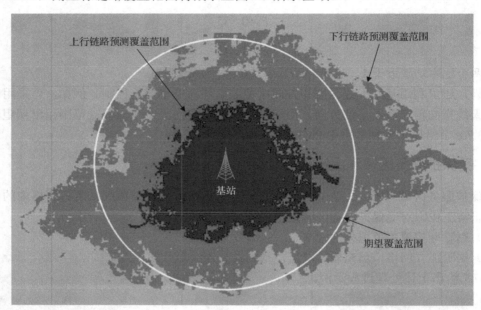

图 7.8   上行链路和下行链路覆盖范围案例（图片来源：Visualyse Professional 软件。
地形和陆地使用数据来源：Ofcom & OS）

7.2.4   限值和传播模型

例 7.5 中，采用 P.1546 模型和 C_{min}=-104dBm 和 I_{block}=-116dBm 两个限值来预测 PMR 系统的覆盖范围。若采用其他传播模型和限值，则会对预测结果带来哪些影响？从下面的案例可以看出，传播模型会对预测覆盖范围产生显著影响。

例 7.8

针对例 7.5 中的 PMR 系统，图 7.9 和图 7.10 分别给出了基于 ITU-R P.1546-5 模型和 ITU-R P.1812-3 模型得到的预测覆盖范围，其中两种情形下均取 p=50%和 q=50%。由图可知，采用上述两个模型所得覆盖范围存在明显区别，相关覆盖率和污染率如表 7.8 所示。

对于上述结果，主管部门通常会提出问题：哪种传播模型的预测结果是正确的？为了回答这个问题，主管部门还可能组织相关实测活动。实际上，每种传播模型仅适用于特定场景，相关测量数据本身也存在误差。同时，随着数据的不断累积，传播模型会持续得到改进。

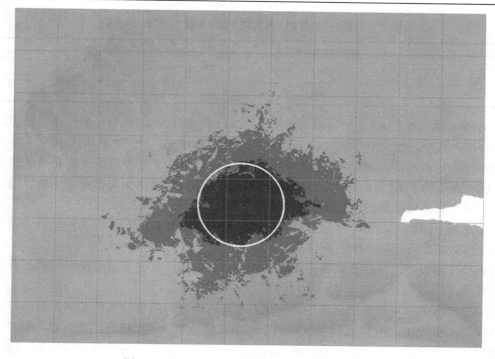

图 7.9 基于 P.1546 模型的 PMR 覆盖范围案例

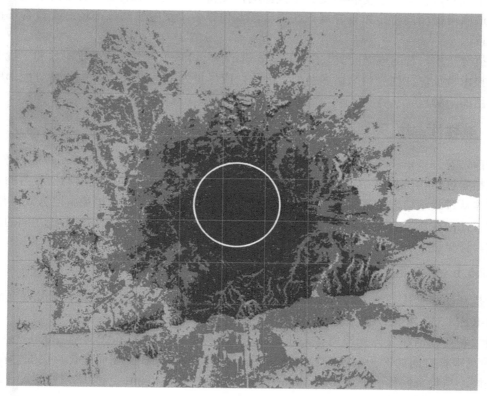

图 7.10 基于 P.1812 模型的 PMR 覆盖范围案例（图片来源：Visualyse Professional 软件。
地形和陆地使用数据来源：Ofcom & OS）

表 7.8　传播模型对例 7.8 所述 PMR 系统 F_c 和 F_p 的影响

传播模型	覆盖率 F_c	污染率 F_p
P.1546	0.855	1.211
P.1812	0.938	4.257

与 P.1546 模型（见 4.3.5 节）相比，基于 P.1812 模型（见 4.3.6 节）的预测数据相对实测数据的标准差较小，因此基于 P.1812 模型所得结果更加准确。此外，P.1812 模型不仅考虑水平仰角和平均地形高度，而且考虑全路径剖面影响，还可基于地表数据库建立市区高分辨率模型（这一点不同于 P.1546 模型）。但是，P.1812 模型的高精度结果对数据采集精度提出了很高要求，因为只有精确掌握位置数据，才能尽量避免预测结果偏差。

除上述两个模型外，还可考虑 ITU-R P.2001 模型（见 4.3.7 节），因为该模型考虑了有用信号的衰落效应，可预测 99% 时间百分比的台站覆盖范围。

若更换传播模型，往往意味着需要重新开展频率规划，从而导致已指配频率不再满足干扰限值要求。

第二个问题是，主管部门所选用的干扰限值是否合适？随着技术的发展，目前接收机已经能够以较低的 RSL 工作，这样不仅有助于减小发射功率，还能提升频谱效率。但是，若特定频段内仍有大量系统基于以往较高的限值工作，就会降低新技术所带来的收益。同时由于新系统干扰限值较低，会更容易受到干扰影响，使得其与既有系统之间的距离不能太近。此外，制造商可能面向特定市场开展系统设计，并使设备干扰限值与该市场既有设备干扰限值保持一致。

干扰分析中，若能遵循同类共用（like to share with like）理念，即受扰对象和干扰源具有相似的技术特征，往往会带来诸多益处。因此，应尽量为具有较低 RSL 的设备分配那些旧系统未使用的新频段。

7.2.5　兼容性审核

目前，有许多审核模型可用于 PMR 系统规划，从而可开展单台站支持用户的技术分析，以及在指定区域内选择基站部署位置等。对于小功率系统特别是提供现场通信服务的系统而言，只需从预设信道表中选择具有最小干扰或阻塞效应的频率，即可以免执照方式工作。

主管部门在颁发台站执照前，有必要在多个层面开展预设台站与 PMR 系统之间的潜在干扰评估，详见以下各节。同时，还应对相关互调产物进行分析审核，详见 5.3.7 节。

7.2.5.1　频率/距离审核

干扰基站和受扰基站之间的频率和距离审核相对简单，可采用最小耦合损耗法（MCL）和 ITU-R SM.337 建议书确定频率偏移条件下的最小所需距离。

澳大利亚通信和媒体管理局有关陆地移动业务频率指配报告（ACMA，2000）中给出了频率/距离审核方面的例子。该报告中台站间隔距离随频率偏移变化而变化，例如，在 VHF 中间频段，当频率偏移小于 1.25kHz 时，台站间隔至少为 140km；当频率偏移超过 1.29MHz 时，台站间隔可减小至 200m。

频率/距离审核需考虑同频和非同频两种情形，下面重点介绍同频干扰分析情形。

7.2.5.2　区域边缘或其内部干扰信号

采用 MCL 法计算频率/距离间隔时，通常不考虑地形和陆地使用数据等特定站址信息。同频站址所需间隔距离与地理环境密切相关，如相对于平地上的基站而言，位于山体上的基站所需间隔距离更小。由于干扰功率是影响无线电系统部署的重要因素，因此应首先分析计算每个受扰台站覆盖区边缘的干扰信号功率，进而确定提高频谱效率的方法。

在英国通信办公室 TFAC OfW 164 报告中，采用面向非共用频率指配的方法计算出的干扰限值为：

干扰限值：$T(I)$=-116dBm=-146dBW，其中频率间隔为 12.5kHz。

时间百分比：p=50%。

该限值既适用于针对台站覆盖区域边缘的许可审核，也适用于针对台站受保护覆盖区域内部的许可审核。

该报告给出的方法可作为台站区域或边缘干扰分析的典型应用。

7.2.5.3　信道占用度审核

对 PMR 用户而言，一旦获得用频许可，他们就可在期望区域内单独使用授权频率，从而确保系统工作信道具有较高可靠性。相对而言，公共移动网络等共享业务的工作信道可能会非常拥挤。一般来讲，造成接收机阻塞的干扰信号强度低于正常信号强度，因此潜在干扰区域范围远大于受保护区域范围。为获取大范围无干扰区域，通常需要排斥其他频谱用户，付出较高代价。因此，在实行频谱定价机制的国家，要想获得频谱使用机会，往往需要支付高额商业成本。

对于某些频率使用高度拥挤的区域，有必要为 PMR 用户提供与其他授权系统共用信道的机会。信道共用虽然可能导致授权系统遭受其他用户干扰，但在下列情形下这种干扰并非不可接受。

- 有些 PMR 用户可接受一定程度的通信延迟，如出租车调度通信或工业区非紧急信息发布等。
- 由干扰所造成的通信延迟较为短暂和/或发生概率较小，如例 5.27 所述 6 个 PMR 用户共用一个信道用于短时语音通信，其阻塞概率 p=0.107。
- 降低频谱使用成本。若 PMR 用户与其他用户共用信道，则两者都只需支付单独占用信道所需执照费用的一半。
- 在某些频率使用高度拥挤的地区，信道共用可能是解决 PMR 业务频率使用问题的唯一途径。

当多个 PMR 系统共用信道时，其覆盖区域可能出现重叠，这时不仅应审核 PMR 系统覆盖区域边缘的功率通量密度（PFD）或覆盖区域内的干扰信号强度，还应该采用信道占用度计算方法，详见 7.2.6 节所述。

7.2.6　信道共用率

若 PMR 系统使用共用信道，则需重点关注其他用户对共用信道造成阻塞的概率，且该指标可由信道共用率 R_{cs} 表示。

考虑图 7.11 所示场景，其中两个 PMR 系统覆盖区域相互重叠，且它们的下行链路使用相同频率。若移动台在受保护区域内均匀分布，则移动台受扰概率即为两个 PMR 系统覆盖重叠区域面积与总受保护区域面积之比，用数学公式可表示为

$$R_{cs} = \frac{\text{PSA}_V \bigcap \text{PCA}_I (I > I_{block})}{\text{PSA}_V} \tag{7.5}$$

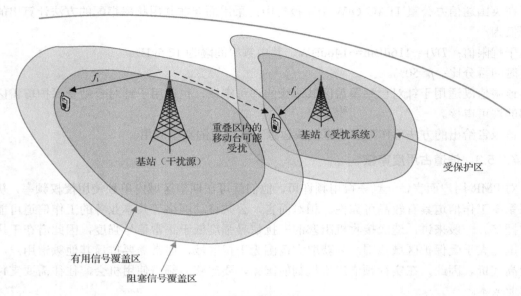

图 7.11　信道共用率计算中的台站覆盖重叠区域

R_{cs} 的具体计算方法与台站位置有关，即区分受扰系统或干扰源是基站或移动台等几种情况，每种情况下的计算公式如表 7.9 所示。

表 7.9　信道共用率计算

干扰源	受扰系统	计算方法	公式
基站	基站	$R_{cs,1} = \begin{cases} 1, 若 I > I_{block} \\ 0, 若 I \leqslant I_{block} \end{cases}$	式（7.6）
基站	移动台	$R_{cs,2} = \dfrac{\text{PSA}_V \cap \text{PCA}_I (I > I_{block})}{\text{PCA}_V}$	式（7.7）
移动台	基站	$R_{cs,3} = \dfrac{\text{PSA}_I \cap \text{PCA}_I (I' > I_{block})}{\text{PCA}_I}$	式（7.8）
移动台	移动台	$R_{cs,4}$=蒙特卡洛分析法	式（7.9）

对于两个基站共用信道的情形，依据干扰计算结果是否高于干扰限值，其信道共用率分别为 1 或 0。

移动台上行链路干扰其他 PMR 基站接收机的情形与基站下行链路互扰基本类似，两者的区别在于，前者需要计算移动台对基站的干扰，而后者需要计算基站对移动台的干扰。这两种干扰的差值可根据预测覆盖范围发射信号功率的差值计算出来，即

$$I' = I + P_{tx,ms} - P_{tx,bs} \tag{7.10}$$

对于移动台与移动台之间的干扰，应采用蒙特卡洛分析法计算满足干扰限值的概率，具

体算法可遵循如下步骤。

（1）启动统计算法，设置总试验次数=0，受扰试验次数=0。

（2）在预测覆盖区域内随机选择受扰移动台位置。

（3）在预测覆盖区域内随机选择干扰移动台位置。

（4）计算干扰移动台对受扰移动台的干扰 I，并考虑地形和陆地使用数据（若可用）的影响。

（5）若 $I>I_{block}$，则受扰试验次数计数递增。

（6）总试验次数计数递增。

（7）检验统计量的显著性。

（8）若需再次试验，则重复第 2 步。

（9）$R_{cs,4}$=[受扰试验次数]/[总试验次数]。

考虑到信道共用率的集总效应，在颁发 PMR 系统执照前，需要计算该系统每个信道与执照数据库中所有既设台站的 $R_{cs,total}$，而非采用分开逐个计算的方法。将 PMR 系统自身所用频率包含在内，则 $R_{cs,total}$ 的计算公式为

$$R_{cs,\,total}\,(\text{Channel}) = 1 + \sum_{i=\,\text{other PMR}} R_{cs,i}(\text{Channel}) \tag{7.11}$$

由此可得到该 PMR 系统所用全部信道的平均信道共用率为

$$R_{cs,\,average} = \frac{1}{\text{Channels}} \sum_{\text{Channels}} R_{cs,\,total}\,(\text{Channel}) \tag{7.12}$$

例 7.9

设某新双工 PMR 系统与例 7.5 中 PMR 系统的工作频率及参数均相同，基站位置为（纬度，经度）=（51.367476°N，−0.104348°E）。对既设 PMR 系统而言，新双工 PMR 系统可能成为潜在干扰源，且其预测覆盖范围与既设 PMR 系统覆盖范围的重叠部分如图 7.12 所示。

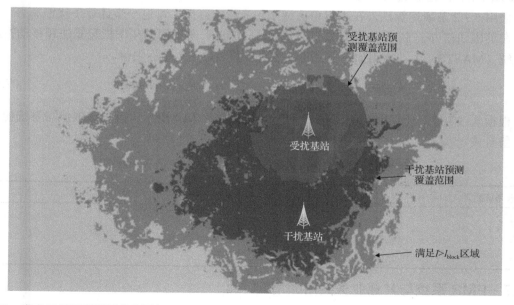

图 7.12　潜在干扰源预测覆盖范围与既设 PMR 系统覆盖范围的重叠部分（图片来源：Visualyse Professional 软件。地形和陆地使用数据来源：Ofcom & OS）

　　经计算，在基站对移动台干扰的情形中，干扰基站与移动台的信道共用率为 $R_{cs,2}(\text{DL})=0.984$，说明在干扰基站预测覆盖范围与受保护覆盖范围的重叠部分中，干扰信号强度几乎均大于 I_{block}。在移动台对基站的干扰情形中，信道共用率降至 $R_{cs,2}[\text{UL}]=0.253$。因此包括基站在内的平均信道共用率 $R_{cs,\text{avg}}=1.619$。

　　那么信道共用率限值设为多大算合适呢？这里可将信道共用率与宽带链路竞争比率（contention ratio）做一类比，后者定义为可接入共用资源的用户数量：

$$CR = \frac{1}{R_{cs}} \tag{7.13}$$

　　此外，也可基于厄兰（Erlang）建模确定信道共用率限值。可接受的 R_{cs} 值取决于每个用户的流量水平，5.7.2 节给出了一种利用活动因子（AF）定量表征流量的方法。因此，PMR系统受保护服务区域单信道平均流量密度可表示为

$$A_{tc,i} = \text{AF} \cdot R_{cs,i} \tag{7.14}$$

　　若仅考虑系统外部某特定 PMR 系统的流量，则式（7.14）为

$$A_{tc} = \frac{1}{\text{Channels}} \sum_{\text{Channels}} \sum_{i=\text{ other PMR}} \text{AF}_i \cdot R_{cs,i}(\text{Channel}) \tag{7.15}$$

　　若再考虑系统自身流量，则式（7.14）为

$$A_{tc} = \frac{1}{\text{Channels}} \sum_{\text{Channels}} \left[\text{AF}_{\text{victim}} + \sum_{i=\text{ other PMR}} \text{AF}_i \cdot R_{cs,i}(\text{Channel}) \right] \tag{7.16}$$

例 7.10

　　假设例 7.9 中两个 PMR 系统的活动因子均为 AF=0.05，则在受扰系统受保护服务区域内单信道平均流量密度 $A_{tc}=0.162$。

　　采用 5.7.2 节所述算法，在求得单信道平均流量密度后，可进一步计算干扰概率。

　　在英国通信办公室 OfW 164 报告（Ofcom，2008b）所采用的频率指配算法和移动指配技术系统（MASTS）中，采用如下公式定义服务质量（QoS）指标限值。

$$\text{QoS} = \sum_{\text{Channels}} \left[\text{AF}_{\text{victim}} + \sum_{i=\text{ other PMR}} \text{AF}_i \cdot R_{cs,i}(\text{Channel}) \right] \tag{7.17}$$

　　根据式（7.17）计算出 PMR 系统的 QoS 限值如表 7.10 所示。可见该限值与系统使用信道数量有关。

表 7.10　英国通信办公室 OfW 164 报告中 PMR 共用限值

PMR 系统类型	QoS 限值
双工	2
单工	1
现场	1

7.2.7　PMR 系统与其他业务共用频谱

　　在开展 PMR 系统与其他业务干扰分析或共用频谱研究中，一般无需前几节所述的详细信息，而应对问题做适当简化，如将 PMR 系统等效为具有圆形服务区域的单基站和单移动台。

由于移动台通常很少产生干扰，因此许多情况下仅需建立基站模型。

在非同频干扰建模中，台站部署密度是一个关键参数，同时该参数与同频基站间距有关。调整台站部署密度可能会对邻频工作的无线电业务产生严重影响，详细信息可参考 5.3.8 节中关于纳克斯泰尔（Nextel）公司将 PMR 业务调整为高密度部署的公共移动无线网络的例子。

7.3　广播业务

作为应用最为广泛的无线电通信业务，语音和电视广播规划的算法相对完善，且均考虑了系统间干扰的影响。进入 21 世纪以来，主管部门面临的一项重要任务是促进电视广播由模拟体制向数字体制演进，通过提高频谱效率以开通更多频道，并积极发展移动通信等新业务，这些都对频谱规划提出更多需求。

广播规划算法的核心是覆盖范围分析方法，同时包含干扰分析和通用无线电建模等内容。后面各节将主要讨论如下问题。

- 如何计算所规划业务的信号场强限值？
- 如何在考虑网格内有用信号和干扰信号可变性的前提下计算台站覆盖范围？
- 如何采用功率统计求和方法计算多个有用信号和/或干扰信号之和？
- 讨论与单频网络（SFN）相关的问题。

本节重点围绕欧洲等大多数国家采用的 DVB 系列标准进行讨论。相关方法也适用于其他电视标准，如美国所采用的基于 8VSB（残留边带调制）的先进电视系统委员会（ATSC）标准。

7.3.1　限值计算

数字广播大多采用 DVB-T 和 DVB-T2 等系列标准，这些标准中的参数需要满足特定要求，例如：

- 接收机包括固定式（如屋顶天线）、便携式（包括室内或室外）、移动式（如背负或车载）或手持式。
- 可采用多种带宽，典型信道带宽约为 8MHz。
- 可采用多种调制方式（如 QPSK、16-QAM、64-QAM、256-QAM 等）。
- 码率包含 2/3 和 3/4。
- OFDM 子载波数量（如 2k、8k、32k 等）。
- 保护间隔（以分数表示，如 1/32，或者以 μS 表示，如 7、28 等）。

开展广播规划时，首先根据上述参数确定所要规划的业务类型。尽管调制方式、码率、保护间隔/时间会对可用数据速率产生影响，但应首先计算有用信号电平。

ITU-R BT.1368 建议书（ITU-R，2014d）给出了计算所需接收信号（这里称其为 RSL）的例子。其中核心输入参数为 F_N=接收机噪声系数和 $T(C/N)$=接收机输入端所需 S/N，且有

$$\text{RSL} = T\left(\frac{C}{N}\right) + F_N + 10\lg(kT_0B) \tag{7.18}$$

那么如何计算 $T(C/N)$ 呢？若给定调制方式和码率，则可计算出满足所需 BER 对应的理论 S/N，如表 3.6 所示。注意，表 3.6 中给出的 BER=10^{-6} 是在没有采用编码技术的条件下取得的。若 DVB 采用编码技术，则能够达到更低的误码率。

实际计算有用信号场强过程中，还需要考虑衰落裕量和接收机参数等其他因素。若接收天线位于屋顶，由于存在主导信号分量，因而衰落模型应采用莱斯分布模型；对于其他信号接收样式，由于存在多个强度大致相当的多径信号，因而适于采用瑞利分布模型（详见 4.2.6 节）。有关其他因素影响可参考如下文献。

- DVB-T2 频率和网络规划（EBU，2014）。
- 技术参数和规划算法（联合频率规划项目，2012）。

例 7.11

表 7.11 给出了广播接收机灵敏度计算案例。

表 7.11　广播接收机灵敏度计算案例

参数	参数值
调制方式	64-QAM
误码率	3/4
$T(C/N)=S/N$ 目标/dB	18.6
系统裕量/dB	3
噪声系数/dB	7
带宽/MHz	7.9
目标 C/N/dB	21.6
接收机噪声/dBW	−128.0
RSL/dBW	−106.4

计算出 RSL 值后，可将其进一步转换为功率通量密度或场强，同时考虑如下两个参数。

- 接收机馈线损耗 L_f。
- 接收机天线增益，这里采用 G_{dBd}，即参考基准为偶极子（dBd）而非全向天线(dBi)。

首先，根据式（3.227），采用各向同性天线面积计算天线等效面积 [单位为 $dB(m^2)$]，即

$$A_e = G_{dBd} + 2.15 + A_{e,i} \tag{7.19}$$

然后，基于 RSL 和馈线损耗计算所需功率通量密度：

$$PFD = RSL - A_e + L_f \tag{7.20}$$

最后，根据式（3.225）求得场强为

$$E_{\mu V} = PFD + 145.8 \tag{7.21}$$

虽然 PFD 和场强均可用于支持主管部门审核和测量，但实际中接收机性能主要由 C、N 和 I 确定，因此后者是本书重点关注的指标。尽管前面介绍了场强和 PFD 的计算方法，但后面各节仍采用 $\{C, I, N\}$ 指标。

式（7.18）中给出的 RSL 计算方法与 5.8 节中的链路设计方法类似，但前者并没有考虑干扰裕量，原因是台站覆盖预测中已经包含了系统间干扰分析内容，这也是无线电系统设计中处理干扰问题的典型方法。该方法将采用 C/N 限值代替 $T[C/(N+I)]$。

在 5.8 节所述 RSL 的计算方法中，明确给出了干扰裕量。该方法适用于 7.1 节中固定业务链路设计，原因是固定链路几何关系能够预先确定且保持不变，从而便于计算所需发射功率。相关方法也适用于 PMR 等具有一定覆盖范围的系统，原因是对于这类系统，可将覆盖范围需求作为链路设计的输入，进而求得所需功率（或者至少使 7.2 节所述 F_c 和 F_p 的大小相当）。上述固定业务和 PMR 系统部署后，均需要为其指配频率，并确定干扰裕量，防止新部署系统产生有害干扰。

相对固定业务和 PMR 系统，广播系统通常采用如下覆盖范围计算方法求得干扰影响下的服务人口数量。之所以存在这种差异，主要是因为广播系统的频谱管理具有以下特点。

- 采用统一的方法规划所有发射台，而非每个系统（如固定业务和 PMR 系统）归不同组织运营。
- 相比固定业务和 PMR 系统，广播系统的发展演进速度较为缓慢，且很少出现如数字切换等基本技术体制的变化。
- 全球范围内广播系统使用频段较为一致，通常仅需考虑与其他广播系统的频谱共用问题。

因此，对广播系统而言，一般无须设定干扰裕量（目的是防止来自其他系统的干扰），主要计算已部署广播发射台产生的集总干扰。这样做既避免引入不切实际的干扰裕量，同时也有助于提高频谱效率。干扰分析中可用信息越多，所得结果往往越趋于保守。对于未知参数，无须设定最坏情形（或近似最坏情形）下的假设条件。

但上述方法很难用于确定业务间频谱共用的干扰限值或可接受的覆盖范围减小程度。5.9 节曾指出，ITU-R BT.1895 建议书给出的由所有主要业务产生的集总干扰限值为

$$T\left(\frac{I_{\text{agg}}}{N}\right) = -10\text{dB} \tag{7.22}$$

这表明链路预算设计应包含干扰裕量，以防止出现干扰，虽然这样做也会导致覆盖范围减小。当白色空间设备（WSD）使用广播业务邻近频段时，需要增大干扰裕量。当开展 DVB-T 参考网络干扰受限规划时，可取 3dB 功率裕量。

7.3.2　覆盖范围的预测

本节举例说明广播业务覆盖范围的预测方法。在日内瓦召开的区域无线电通信会议（RRC）RRC-04 和 RRC-06 上，标准参考规划配置（RPC）被作为向数字业务过渡的组成部分。当广播台站采用固定天线时，可将 RPC 网络记作 RPC1，如表 7.12 所示。

表 7.12　DVB-T 参考网络 RN1 RPC1 参数

参数	参数值
网络	RN1 RPC1
接收机	固定
发射机数量	7
发射机部署方式	六边形
发射机间距/km	70
业务区域直径/km	161

续表

参数	参数值
发射天线高度/m	150
发射天线方向图	非定向
ERP/dBW	39.8
Delta/dB	3
EIRP/dBW	44.95

假设固定接收机天线高度为 10m，采用 ITU-R BT.419 建议书（ITU-R，1992a）给出的天线增益方向图，如图 7.13 所示。移动台通常采用全向天线，位于杂波以下区域或室内。

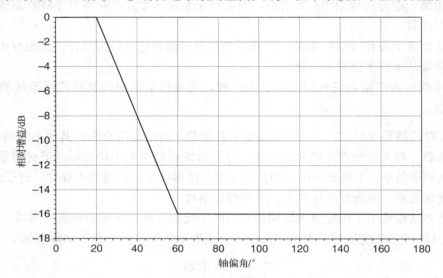

图 7.13　ITU-R BT.419 建议书给出的天线增益方向图

固定接收机天线峰值增益随频率变化而变化，在 ITU-R BT.2036（ITU-R，2013b）给出的频段内，其取值范围为 7～12dBd。类似的取值范围也可参见联合频率规划项目（2012）和切斯特（Chester）协议（CEPT，1997）等文件。若再增加 2.15dB 的调整因子，则固定接收机天线峰值增益取值范围为 9.15～14.15dBi，详见表 3.5。

有些情况下要求接收机峰值增益包含馈线损耗，因此若接收机馈线损耗为 5dB，天线在频段 V 的峰值增益为 14.15dBi（即 12dBd），则总的增益为 9.15dBi，如表 7.13 所示。

表 7.13　ITU-R BT.2036 建议书给出的固定接收机参数

参数	参数值		
频段	III	IV	V
频率/MHz	174～230	470～582	582～862
峰值增益/dBd	7	10	12
峰值增益/dBi	9.15	12.15	14.15
馈线损耗/dB	2	3	5
可用增益/dBi	7.15	9.15	9.15

由于 ITU-R P.1546 模型中包含广播业务特征参数，如参考发射机 ERP 可取 1kW，接收机天线高度可取 10m，因此常将 ITU-R P.1546 模型作为广播业务的标准传播模型，该模型详细信息见 4.3.5 节。某些情况下也可采用其他传播模型，例如：

- ITU-R P.1812 模型为特定频段上的点对面传播模型，且需要采用完整地形路径剖面和高分辨率地表数据（详见 4.3.6 节）。
- ITU-R P.2001 模型与 ITU-R P.1812 模型类似，其涵盖所有时间百分比范围，且包含有用信号传播路径衰落分量（详见 4.3.7 节）。

广播业务覆盖预测通常采用基于网格（pixel-by-pixel）的区域分析法。

例 7.12

某广播发射台站采用 RN1 RPC1 参数，工作频率为 610MHz，DBT-T 载波带宽为 7.9MHz，其覆盖范围如图 7.14 所示。图中网格间隔为 20km，灰度图表示覆盖概率分别为 {95%, 97%, 99%} 的位置。

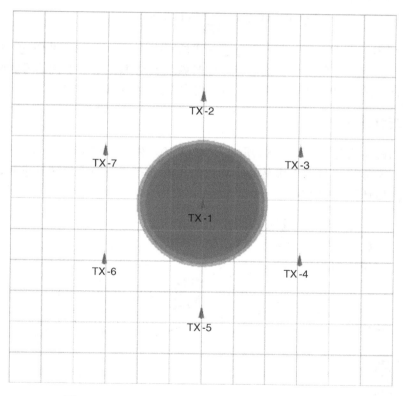

图 7.14 RN1 RPC1 网络中单广播发射台站覆盖范围

当计算有用信号覆盖范围时，通常取时间百分比 $p=50\%$，而取干扰信号相应的时间百分比 $p=1\%$（1% 时间不超过的信号强度），当然也可取其他时间百分比。注意，叠加保护率后的干扰信号被称为有害干扰。

计算每个网格内的有用信号场强时，首先取位置百分比中值 $q_0=50\%$，然后在此基础上假设信号在该网格内服从对数正态分布，则可利用下式计算信号实际位置百分比。

$$z = \frac{\left.\dfrac{C}{N}\right|_{p=50\%,q=50\%} - T\left(\dfrac{C}{N}\right)}{\sigma} = \frac{\left.M\left(\dfrac{C}{N}\right)\right|_{p=50\%,q=50\%}}{\sigma} \qquad (7.23)$$

对于数字广播台站，通常取标准差 $\sigma = 5.5$dB，也可取其他标准差值，详见 ITU-R P.1546 建议书。利用 z 值及 3.10 节所述正态分布，可计算位置百分比 q。

例 7.13

设 $p=50\%$，$q_0=50\%$，某广播台站覆盖网格内 C/N 预测值为 34.4dB，针对限值 $T(C/N)=21.6$dB 的裕量为 12.8dB。若场强的位置变化最大值为 5.5dB，且根据式（7.23）求得 $z=2.3$，则该网格内 99%的位置可被覆盖。

在计算广播台站覆盖范围时，需要设定网格内最小位置百分比。本例中当 $z=1.645$ 时，对应的位置百分比 $T(q)=95\%$，当然也可取 q 为 70%、90%或 99%。

根据某地理网格覆盖范围和相关数据库，可确定该地理网格内人口数量，进而估算广播台站覆盖区域内总人口数量，即

$$\text{Population}_{\text{total}} = \sum_{i=\text{pixel}} \text{Population}_i \cdot q_i\big|_{q_i > T(q)} \qquad (7.24)$$

例 7.13 中采用单个有用信号，且未考虑干扰信号影响。正如 7.3.4 节所述，实际中单频网络可能包括多个有用信号和多个干扰信号，这时就需要考虑在多个干扰信号影响下，如何计算网格内多个有用信号的可用度问题。该问题将在 7.3.3 节讨论。

7.3.3　功率统计求和

接收机端的链路服务质量（QoS）取决于 $C/(N+I)$。如图 7.15 所示，每个网格内的 C 和 I 与位置有关，通常假设信号大小服从特定均值的正态分布。所谓功率统计求和，就是首先计算集总干扰，然后计算 $C/(N+I)$。

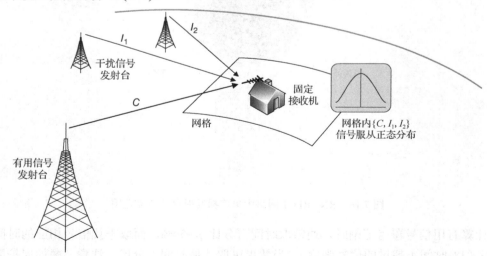

图 7.15　由多个正态分布信号计算 $C/(N+I)$

具体来讲，当存在 m 个干扰时，可采用蒙特卡洛仿真方法计算 $C/(N+I)$。

（1）初始化位置数量 $N_S=0$。

（2）重复试验 $k=1,\cdots,N_T$ 次。

a. 生成随机百分比 $q=q[0,100]$。

b. 利用 q 计算 $C_k(\mu,\sigma)$，其中后者服从正态分布。

c. 初始化$(n+i)$，即

$$(n+i) = 10^{N/10} \qquad (7.25)$$

d. 对于每个干扰源 $j=1,\cdots,m$ 重复下列步骤。

i. 生成随机百分比 $q=q[0,100]$。

ii. 利用 q 计算 $I_{k,j}(\mu_j,\sigma_j)$，其中后者服从正态分布。

iii. 使$(n+i)$随干扰功率增大而递增：

$$(n+i) += 10^{I_{k,j}(\mu_j,\sigma_j)/10} \qquad (7.26)$$

e. 计算噪声加干扰，单位为 dBW。

$$(N+I) = 10\lg(n+i) \qquad (7.27)$$

f. 计算 $C/(N+I)$，单位为 dB。

$$\left(\frac{C}{N+I}\right) = C - (N+I) \qquad (7.28)$$

g. 若 $C/(N+I) > T[C/(N+I)]$，则增加位置数量。

$$N_S += 1 \qquad (7.29)$$

（3）计算网格内可用位置百分比：

$$p = 100 \cdot \frac{N_S}{N_T} \qquad (7.30)$$

例 7.14

采用蒙特卡洛仿真方法分析表 7.14 给出的有用信号和干扰信号，其中接收机参数见例 7.12。经 100 000 次试验后，得到如图 7.16 所示的有用信号和干扰信号分布，相应的 $C/(N+I)$ 分布如图 7.17 所示。

表 7.14 有用信号和干扰信号案例

发射源	μ_i/dBW	σ/dB
有用信号	−88.9	5.5
干扰信号 1	−114.5	5.5
干扰信号 2	−120.7	5.5

图 7.16 中，(C,I) 分布曲线高端和低端均存在峰值，原因是在式（4.18）的限幅（clipping）算法中，随机数取值范围为$[0,100]$，而 ITU-R P.1546 模型中位置可变性百分比范围为 $[1\%,99\%]$。

本例中计算出的位置百分比 $q=62.6\%$。

虽然蒙特卡洛分析法较为灵活且能够生成所需指标，但由于需要针对每个位置进行重复计算，所以当覆盖区域较大（如对于整个国土区域）时，计算量过大。故实际中通常采用快速近似方法，如 Schwartz-Yeh，k-LNM（对数正态法）和 t-LNM 等。

其中，k-LNM 方法的输入为一组均值和方差(μ_i,σ_i)，其中 $i=1,\cdots,n$，并采用下面文献中的方法。

EBU 技术报告 24：D-DAB 和 DVB-T 单频网络频率规划和网络部署（EBU,2005）。

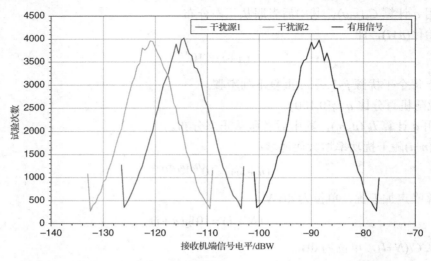

图 7.16　基于蒙特卡洛分析的有用信号和干扰信号分布案例

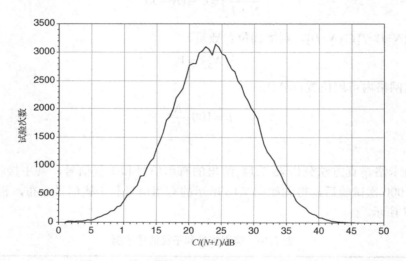

图 7.17　基于蒙特卡洛分析的 $C/(N+I)$ 分布案例

首先，将输入变量转化为奈培量（neper scale）：

$$\mu_i \leftarrow \frac{1}{10 \lg e} \mu_i \tag{7.31}$$

$$\sigma_i \leftarrow \frac{1}{10 \lg e} \sigma_i \tag{7.32}$$

然后，计算功率分布的均值和方差：

$$M_i = e^{\mu_i + \frac{\sigma_i^2}{2}} \tag{7.33}$$

$$S_i^2 = e^{2\mu_i + \sigma_i^2}(e^{\sigma_i^2} - 1) \tag{7.34}$$

对上式求和，得到

$$M = \sum_{i=1}^{i=n} M_i \tag{7.35}$$

$$S^2 = \sum_{i=1}^{i=n} S_i^2 \tag{7.36}$$

根据以上均值和方差，再结合 k 因子，得到集总功率为

$$\sigma^2 = \ln\left(k\frac{S^2}{M^2} + 1 \right) \tag{7.37}$$

$$\mu = \ln M - \sigma^2 \tag{7.38}$$

最后，将所得结果由奈培量转换为原始变量：

$$\mu \leftarrow 10\lg e\mu \tag{7.39}$$

$$\sigma \leftarrow 10\lg e\sigma \tag{7.40}$$

其中，k 为可调参数，具体取值与输入参数的数量、均值和方差有关，当方差为 6～10dB 时，建议 $k=0.5$；若方差较小时，可取 $k=0.7$。

例 7.15

某接收机输入端噪声和干扰值如表 7.15 所示。设 $k=0.7$，噪声与干扰的均值和方差分别为 -112.3dBW、4.4dB。

采用 k-LNM 方法，则 $C/(N+I)$ 的均值和方差的计算式为

$$\mu_{C/(N+I)} = \mu_{\Sigma C} - \mu_{\Sigma N+I} \tag{7.41}$$

$$\sigma_{C/(N+I)} = \sqrt{\sigma_{\Sigma C}^2 + \sigma_{\Sigma N+I}^2} \tag{7.42}$$

然后，根据 z 参数和逆正态分布可计算出位置可变性，其中 z 参数为

$$z = \frac{\mu_{C/(N+I)} - T\left(\dfrac{C}{N}\right)}{\sigma_{C/(N+I)}} \tag{7.43}$$

表 7.15　干扰信号和噪声案例

发射源	μ_i/dBW	σ_i/dB
干扰信号 1	−114.5	5.5
干扰信号 2	−120.7	5.5
噪声	−128.0	0.0

例 7.16

将例 7.14 用于蒙特卡洛仿真的参数代入 k-LNM 方法，得到表 7.16 所示结果。可见，采用 k-LNM 方法得到的结果与蒙特卡洛仿真分析结果非常接近，但前者所需计算资源仅为后者的一小部分。

表 7.16　采用 k-LNM 方法得出的计算结果

特性	特性值
$C/(N+I)$ 均值/dB	23.4
$C/(N+I)$ 标准差/dB	7.1
$M[C/(N+I)]$/dB	1.8
z	0.26
位置可变性 q/%	60.3

　　此外，还应注意上述两种方法的计算结果并非完全一致。根据 ITU-R P.1546 建议书，蒙特卡洛分析法将位置可变性百分比区间限定为[1%,99%]，这一点与解析法有所不同。

7.3.4　单频网络

　　DVB 数字广播标准通常采用 OFDM 技术，不仅能够抵抗多径衰落，而且能够聚集多个发射源信号。如 3.4.4 节所述，OFDM 采用正交频率集，将高速数据流分割为多个低速子载波，由于多径衰落仅能影响部分子载波，因此通过在特定保护间隔内整合多径信号，就可减轻多径衰落影响。虽然增加保护间隔有助于提高多径容限，但也会降低可用负载。利用式（3.173）可计算给定保护间隔内，接收机快速傅里叶变换（FFT）电路能够容忍的最大路径传播误差。

　　接收机整合多信号的能力可用于聚集同时工作在相同频率上的多个有用信号。在单频网络规划过程中，将会对特定保护间隔内所有发射信号进行聚集处理。

　　图 7.18 给出了单频网络在空域、频域和时域上的分布情况，其中：

- 固定接收机位于 3 个发射台站覆盖区域。
- 固定接收机天线主瓣朝向主要用户，同时通过天线副瓣接收其他两个次要用户发射信号。
- 主要用户和次要用户的有用信号均由 2k/8k OFDM 子载波集构成。
- 固定接收机与各发射台站的距离稍有不同，以保证接收码元到达时间稍有偏移。
- 接收码元偏移小于保护间隔，以保证各路信号可通过 FFT 电路进行整合。

　　在单频网络规划过程中，可采用 7.3.3 节所述的干扰信号功率求和方法，对多个有用信号进行整合处理。

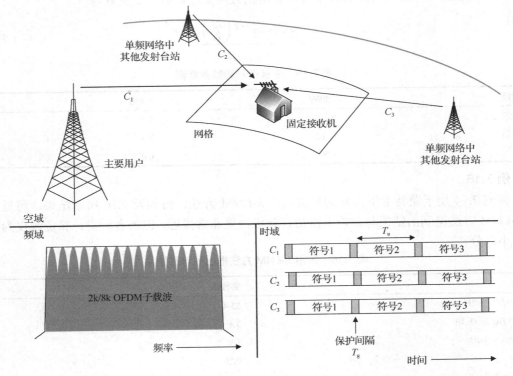

图 7.18　单频网络空域、频域和时域分布

例 7.17

根据前一个例子所述有用信号和两个干扰信号的场景，表 7.17 列出了某单频网络测试点处接收到的 3 个信号参数。采用 7.3.3 节所述 k-LNM 方法且取 $k=0.7$，计算出全部有用信号的均值和标准差分别为-88.2dBW、5dB。

表 7.17　单频网络测试点处有用信号案例

发射源	μ_i /dBW	σ_i /dB
C_1	−114.5	5.5
C_2	−120.7	5.5
C_3	−88.9	5.5

从本例可以看出，构建单频网络既能增大有用信号功率（类似于功率叠加），也有助于减小信号标准差，不过两者的增量并不大。对于单频网络中的固定接收机，信号增强效应并不明显，原因是固定接收机通过天线副瓣接收的次要用户信号比主要用户信号至少低 16dB（见图 7.13 中的方向图）。对于移动用户等低增益接收机，单频网络的增强效应较为显著。

另一个需要权衡的因素是单频网络用户数量和实现网络同步所需保护间隔。较大保护间隔固然有助于增加有用信号发射台站数量，但也会降低有效负载。

根据例 7.17 结果（通过对有用信号进行叠加，标准差降为 5dB），图 7.19 给出了单频网络覆盖范围案例。图中网格线间隔为 20km，灰度区域分别表示位置覆盖概率{95%, 97%, 99%}。

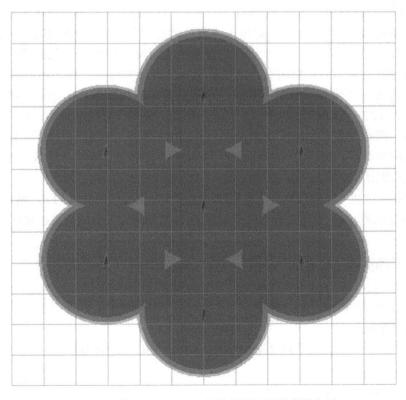

图 7.19　基于 RN1 RPC1 的单频网络覆盖范围案例

7.4　卫星地球站协调

卫星地球站协调是一种适用于国家频率指配的频谱管理方法，其定义见国际电联《无线电规则》附录 7。与固定链路类似，卫星地球站常采用高方向性天线，这样虽然有助于实现频谱共用，但仍有可能引起或遭受有害干扰，因此仍有必要开展卫星地球站干扰分析。为避免对所有同频指配进行逐一检验，通常分两个步骤进行处理。

（1）基于新建卫星地球站实际参数和其他已部署系统的典型参数，确定可能引起或遭受干扰的系统部署区域。

（2）在所确定的区域内，基于这些系统的实际参数对其进行详细分析，确定是否存在有害干扰。

尽管本节主要讨论新建卫星地球站，但当新建地面台站与卫星地球站共用频谱时，也可采用本节所述方法。通常，首先计算地球站周围的协调等值线，然后确定地面台站是否位于等值线内。相关内容参见 7.5.4 节针对 GSO 卫星功率通量密度的讨论和地球站偏轴 EIRP 限值。

当考虑新建卫星地球站时，首先应确定其可能引起或遭受电磁干扰的区域，即确定卫星地球站协调等值线。为此，可采用基于射线的区域分析法（见 6.5.1 节），同时利用 4.3.9 节所述的《无线电规则》附录 7 电波传播模型。计算卫星地球站协调等值线需要以下两组参数。

（1）新建卫星地球站的实际参数。

（2）工作在相同频段的其他系统的参考参数或典型参数，如固定地面业务或其他卫星地球站，其中后者可工作在反向频段（reverse band）（如卫星上行链路和下行链路均在该频段工作）。

根据其他系统的参考参数，可计算出干扰限值 $T(I)$。利用干扰限值、系统参数和传播模型，可生成卫星地球站协调等值线。由于该等值线基于光滑地表假设，因此其通常表示最保守情形，目标是尽可能发现不易识别的有害干扰，适用于后续开展更详细的协调和评估。

类似地，若采用其他系统的参考参数，通常会得出较为极端化的结果。例如，当卫星地球站工作频段为 17.7～18.8GHz 和 19.3～19.7GHz 时，采用《无线电规则》附录 7 传播模型得出的结果表明，固定业务台站的天线增益应为 45dBi，相应的天线尺寸约为 1.2m。由于该频段常用于移动网络回程，其短跳（short hop）通常采用较小尺寸天线，且该天线直接指向卫星地球站的可能性很小。

假设固定业务台站（发射台）与卫星地球站（接收站）之间的距离为 d，两者连线的方位角为 Az，时间百分比为 $p\%$，若采用模式 1 传播模型[*]，则固定业务台站对卫星地球站的干扰为

$$I_{ST} = P_{TX} + G_{FS,\,peak} - L_{App7}(d, p\%) + G_{ES}(Az) \tag{7.44}$$

反之，卫星地球站（发射站）对固定业务台站（接收台）的干扰为

$$I_{ST} = P_{TX} + G_{ES}(Az) - L_{App7}(d, p\%) + G_{FS,\,peak} \tag{7.45}$$

在《无线电规则》附录 7 中，常将式（7.45）进行移项处理，用于计算一定方位角和限值 $T_{st}(I)$ 条件下所需损耗：

$$L_{App7}(p\%) = P_{TX} + G_{FS,\,peak} + G_{ES}(Az) - T_{st}(I, p\%) \tag{7.46}$$

---

[*] 见例 4.17。——译者注

其中，干扰限值 $T_{st}(I)$ 的计算方法参见 5.9 节。

例 7.18

某 GSO 卫星地球站计划部署在英国 Goonhilly Downs 地区，其参数如表 7.18 所示，基于表中参数计算出的卫星地球接收站协调等值线如图 7.20 所示。

表 7.18　卫星地球接收站参数

参数	参数值
业务	卫星固定业务
方向	空-地
频段/GHz	17.7～19.7
纬度/°N	50.047
经度/°E	−5.1803
高度/m	5
GSO 卫星经度/°E	−30
接收系统噪声温度/K	100
天线增益方向图	ITU-R S.580-6 建议书
天线直径/m	2.4
天线效率	0.6

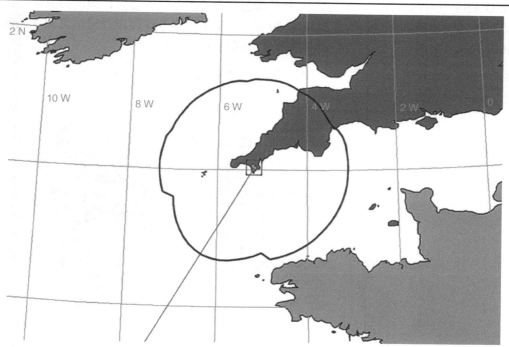

图 7.20　GSO 卫星地球接收站协调等值线（图片来源：Visualyse Professional 软件）

资料 7.3　Visualyse Professional 软件中协调文件 "Goonhilly Ka band.Coord" 可用于生成本例结果。在生成卫星地球站协调等值线基础上，可进一步确定如下内容。

- 需要协调的主管部门（本例中未涉及）。
- 可能产生或遭受干扰的地面固定链路或工作在反向频段的卫星地球站。

在确定可能产生或遭受干扰的地面固定链路或工作在反向频段的卫星地球站的过程中，需要检索频率指配数据库，该数据库通常由国家主管部门管理，不一定面向公众开放。目前澳大利亚（通信与媒体管理局）、加拿大（工业部）和美国（联邦通信委员会）的频率指配数据库已向公众开放。这些数据库重点公开了用于 PMR、固定业务和卫星地球站执照申请的频段使用信息，用户在提交执照申请前，可通过这些数据库了解相关限制条件。

此外，国际电联国际频率信息通报（IFIC）也包含地面业务数据库，其中的台站信息已在国际电联存档且被批准录入国际频率登记总表。在非必要情况下，许多国家主管部门不会主动向 ITU-R 提交其台站信息，主要原因如下。

- 台站协调等值线没有超出国土范围（如例 7.18 中的协调等值线）。
- 与邻国主管部门已经签署了有关双边或多边协议（如 HCM 协议）。
- 相关台站无须对其他国家系统提出保护要求。

例 7.19

利用 IFIC 地面业务数据库，对例 7.18 给出的地球站协调等值线内的频率指配信息进行检索，得到的地面固定链路信息如图 7.21 所示。20 世纪 90 年代，例 7.18 中地球站拟工作频段被 NGSO FSS 卫星网络使用，当时国际上曾兴起一个向国际电联登记该频段的热潮。在实际开展卫星地球站协调过程中，有必要核实 20 世纪 90 年代至今该频段登记信息的变化情况，以确认哪些原有链路已经关闭，以及哪些新建链路已经开通。

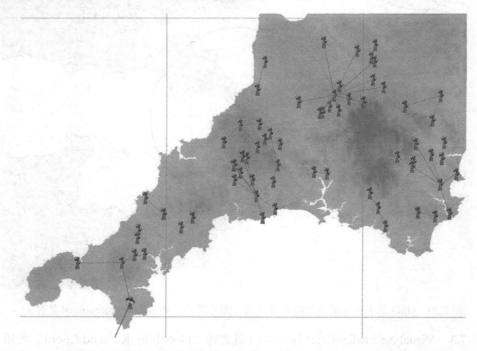

图 7.21　由 IFIC 数据库检索出的地面固定链路信息（图片来源：Visualyse Professional 软件。
地形和陆地使用数据来源：SRTM）

在确认频率指配情况的基础上，可进一步开展具体的卫星地球站协调工作。卫星地球站协调程序没有规定的程序可循，主要由相关参与方共同确定，通常需考虑如下问题。

- 采用干扰源和受扰台站的实际参数。
- 采用地形数据库和考虑地形影响的传播模型，如 ITU-R P.452 模型（ITU-R，2013d）。
- 采用 ITU-R SF.1006 建议书（ITU-R,1993）给出的干扰限值，并考虑短期干扰和长期干扰。
- 考虑站址屏蔽等干扰消除措施［详见 4.3.4 节杂波模型，特别是式（4.15）］。
- 考虑同频和非同频（若适用）频谱共用问题。

上述方法类似于 6.3 节所述的静态分析法。

例 7.20

本例分别采用带宽调整因子 A_{BW}、掩模积分调整因子 A_{MI} 和 ITU-R P.452 电波传播模型，详细分析地面固定链路对卫星地球站的同频和非同频干扰，得到如图 7.22 所示的 17.7～19.7GHz 频段内长期 I/N 变化曲线。其中地面固定链路参数取自例 7.19 所述 IFIC 数据库，卫星地球站参数见例 7.18，受扰带宽为 30MHz。由图可知：

- I/N 曲线可分为两个子曲线，每个子曲线表示与位于 Goonhilly Downs 地区的卫星地球站有关的 6 个带宽为 110MHz 的双向点对点链路对。
- 干扰曲线的中间部分代表固定链路的双工频率间隔。
- 其他固定链路对 I/N 曲线的影响并不显著。
- 对于某些相距较近的干扰源，可采用 A_{MI} 开展非同频干扰分析，以确定所需频率间隔。
- 当分别采用 A_{MI} 和 A_{BW} 进行干扰分析时，对于同频干扰情形，两者的分析结果非常接近；对于非同频干扰情形，两者的分析结果存在较大差异。

如前所述，卫星固定业务（FSS）和固定业务在相同频段被划分为主要业务的原因是这两种业务系统可通过定向天线实现频谱共用。因此，若这两类台站在特定部署位置遭受有害干扰，则其中一个台站需要被移开一定距离，才能确保两者的频谱兼容性。

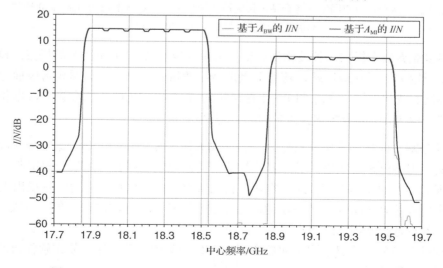

图 7.22　17.7～19.7GHz 频段内同频和非同频干扰的 I/N 变化曲线

例 7.21

假设例 7.20 中卫星地球站在 Goonhilly Downs 地区附近移动，且其接收频率为 19.1GHz。当干扰限值 $T(I/N,20\%)=-10$dB 时，两个点对点固定业务台站之间的干扰区域为图 7.23 中细线围成的区域。通过将卫星地球站移动较短距离，再进一步采取站址屏蔽措施，就足以实现卫星地球站与固定业务台站协调用频。

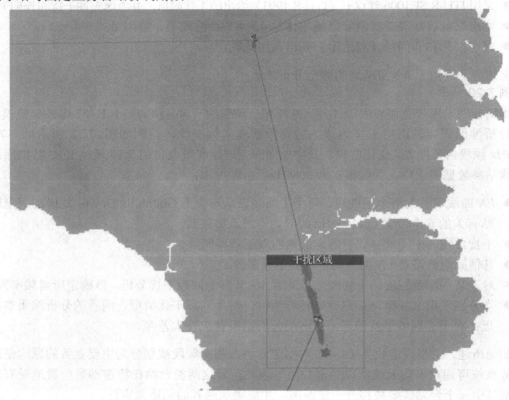

图 7.23　两个点对点固定业务台站干扰区域（图片来源：Visualyse Professional 软件。
地形和陆地使用数据来源：SRTM）

有些卫星业界代表提出一种被称为高密度卫星固定业务（HD-FSS）的提案。设想在一个或多个频段配置大量卫星地球站，随着卫星地球站数量的增加，可能需要考虑前述针对单个台站干扰协调的替代方法。目前 CEPT 正在讨论的方法（如 ECC 关于增强 FSS 非协调卫星地球站在 17.7～19.7GHz 频段频谱接入的报告）包括：

- 频段分割，即将部分频段特别是双工间隔频段分配给 HD-FSS。这部分频段可能并不能满足 HD-FSS 的频谱需求，若让其使用其他频段，则有可能限制固定业务发展。
- 地理分割，即将 HD-FSS 或固定业务台站部署在特定区域，并对两者提出限制条件。
- 动态频率选择（DFS），即卫星地球站通过频谱感知来探测固定业务台站频率的使用情况，然后选择空闲信道。
- 自动频率指配，即建立固定业务和 HD-FSS 频率指配数据库，依靠软件自动分析干扰并提供可用信道。

实际上，自动频率指配方法可视为例 7.19 和例 7.20 中方法的扩展。随着网络服务和相关算法的发展，自动频率指配方法逐步具备了可行性，可将其应用于白色空间设备（见 7.10 节），以促进固定业务和卫星固定业务系统之间的频谱共用。

本节前面几个例子针对 GSO 卫星地球站干扰协调问题，相关程序也适用于 NGSO 卫星地球站，但后者还需考虑卫星地球站在跟踪卫星过程中，其天线指向不断变化的影响。《无线电规则》附录 7 给出了两种方法。

（1）时不变增益（TIG）。这种方法在协调等值线计算时，需要计算和使用每个方位上的最大增益。

（2）时变增益（TVG）。这种方法需要计算每个方位上各个增益的概率和相关传播统计量，同时也可将其视为 6.8 节所述蒙特卡洛动态仿真的应用。

指向地平线方向的最坏增益或统计性增益均取决于 NGSO 卫星地球站的跟踪策略，而跟踪策略又取决于操作需求，例如：

- NGSO 卫星地球站用户可能会一次选择一个卫星，并且在考虑 7.6 节所述 GSO 弧段回避（arc avoidance）的基础上，通常会选择位置最高的卫星。
- NGSO 卫星地球站网关或控制用户可能会跟踪所有可见卫星，搜寻到最低仰角卫星，也可能会考虑 GSO 弧段规避问题。

例 7.22

某 NGSO 卫星地球站位于英国 Goonhilly Downs 地区，其服务的 LEO-F 星座参数见 6.2.2.2 节。假设该卫星地球站分别使用 1 个、2 个或 3 个有源天线跟踪 1 个、2 个或 3 个最高轨道卫星，且地球站天线在各个方位角上指向地平线的最大增益如图 7.24 所示。生成该图的仿真模型运行时间为 1 年，时间步长为 10s，为确保卫星完全覆盖 6.8 节所述轨道壳，将卫星轨道高度调整为 h=10 362.3km。由于卫星星座具有对称性，因此对于 n=1 个卫星的情形，天线最大增益随方位角变化也具有对称性。

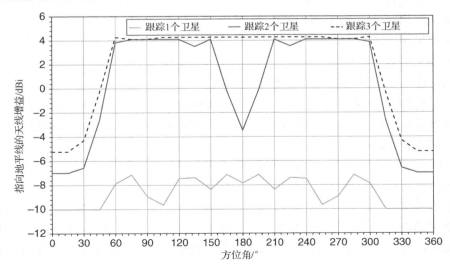

图 7.24　跟踪 LEO-F 星座中 1～3 个卫星时地球站天线在地平线方向的最大增益变化曲线

由图 7.24 可知,天线最大增益超过 4dBi 的时间百分比小于 0.1%,因此若假设该值为 100%(如采用时不变增益方法),则会导致干扰过估计（overestimate）。

7.5 GSO 卫星协调

7.5.1 管理背景

GSO 是指相对地球固定不变的卫星轨道位置，单个 GSO 卫星可为地球表面接近 40% 的区域提供通信服务。GSO 连线构成 GSO 弧段，由 GSO 卫星经度构成轨道位置（简称轨位）。当前，各国对卫星轨位的需求急剧增长。

若卫星之间的距离太近，就有可能产生有害干扰。如例 3.32 中，对于给定天线尺寸的卫星地球站，其对应 GSO 轨位的间隔角度（GSO 卫星经度的差值）需满足一定限值要求。因此，GSO 轨位是一种有限资源，国际无线电规则对 GSO 轨位的使用提出专门要求，以确保其得到高效和公平的使用。

目前有以下两种管理 GSO 的方法。

（1）协调方法：主要适用于未规划频段，每个系统必须与现有或已登记系统开展技术或程序协调。

（2）规划方法：主要适用于已规划频段，如《无线电规则》附录 30、30A 和 30B 所定义，相关轨位或信道已被分配给主管部门。

目前许多卫星服务系统均采用 GSO 卫星，可提供移动通信、广播和固定业务，同时为导航、星间链路或气象等其他业务提供支持。这种情况与地球站常采用定向天线为卫星固定业务（FSS）、卫星广播业务（BSS）或其他业务的控制站提供支持类似。

由于移动地球站（MES）或 BSS（语音）终端常采用低增益天线，对其开展卫星协调较为困难，因此这类系统需要通过地理和/或频率隔离来避免有害干扰，相关位置和频段间隔由系统运营商之间的双边或多边协议确定。

本节主要采用协调方法分析 GSO 卫星业务间的频谱共用问题，这类业务特别是 FSS 和 BSS 地球站均采用强方向性接收天线。频谱共用协调主要基于"先来先服务"（FCFS）原则，即先登记网络比后登记网络具有频谱使用优先权。

《无线电规则》第 9 条和第 11 条给出了卫星协调的时间表，附录 4 规定了需提交的数据。其中关键环节是登记，相关信息可用于开展 GSO 卫星网络干扰评估。在开展卫星协调过程中，数据分 3 个阶段提交。

（1）先期出版信息（API）：这部分数据用于启动 ITU 协调程序，一般仅需提供概要信息。此后两年内还需提交。

（2）协调请求（CR）：这部分数据包含更详细信息，可为后续开展干扰评估提供充足数据。协调请求的接收日期可作为确定优先次序的重要里程碑。在协调过程中，随着所掌握信息的不断增加，可对协调请求数据进行修改、增加或删除。在完成下个阶段 7 年内还需再次提交。

（3）通知（N-notice）：这部分数据描述申请系统的最终状态，目的是将其录入国际频率登记总表（MIFR）。

在最后阶段，需要确保登记信息被实际使用，即确认卫星已运行在所登记的特定频段和 GSO 位置。注意在 WRC-15 会议通过的《最终法案》[Final Acts（ITU，2015）]第 9.1 条中，将 API 修改为采用 CR 的基本特性信息。

图 7.25 给出了《无线电规则》附录 4 中的数据格式和重要数据库表格高层视图，其中 D 表示相关日期。通过深入理解该数据结构，可为开展干扰分析提供基础知识。

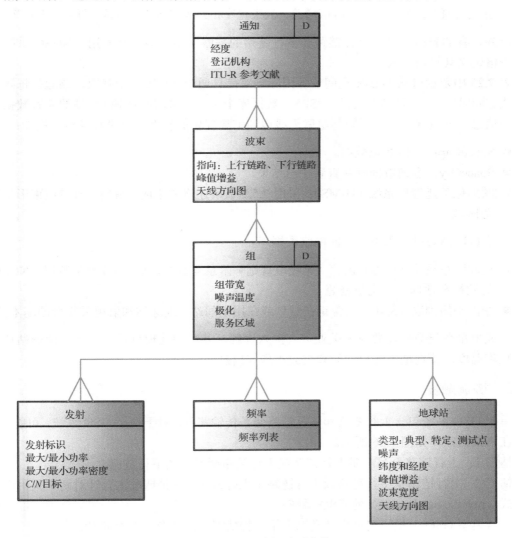

图 7.25　GSO 登记重要表格

图 7.25 主要包含下列重要表格。

● 通知：该表格包含经度、登记机构和各种 ITU-R 参考文献，如通知 ID 和状态等。

● 波束：该表格包含卫星网络发射或接收波束，定义了峰值增益和天线方向图，通常采用 7.5.5 节所述波束形状格式。

● 组：该表格是下面 3 个表格的汇集，同时还包括极化、服务区域和噪声温度等其他信息。可以标明多个组的日期，并作为同一通知中多个登记的一部分。组可与特定卫星转发器关联，并包含其特征参数和限制条件（如带宽、功率等）。

- 发射：该表格包含发射标识（采用 5.1 节所述格式定义带宽）、最大/最小功率、最大/最小功率密度。
- 频率：该表格仅包含频率列表。
- 地球站：该表格包含地球站类型，如典型（可部署于服务区域任何位置）或特定（部署于指定位置）地球站，以及峰值增益、波束宽度和天线方向图等参数，详见 7.5.5 节。

此外，有的表格定义了上行链路和下行链路的关联关系，但并不常用。NGSO 系统采用其他表格定义其轨道参数。

表 7.25 中数据可从 ITU-R 空间业务国际频率信息通告（IFIC）中获取，该通告每两周更新一次。同时空间无线电通信台站（SRS）数据库中包含 GSO 和 NGSO 台站的完整数据及相关登记信息。该数据库可采用国际电联无线电通信局提供的软件工具进行编辑，例如：

- SpaceCap：生成登记数据。
- SpaceQry：查询数据库并查看输出结果。
- 图形化干扰管理系统（GIMS）：采用 7.5.5 节所述格式生成、编辑、查看波束形状和服务区域。

通过 ITU 网站可接入下列空间网络数据库。

- 空间网络系统（SNS）包含《无线电规则》附录 4 数据，如 GSO 登记数据、NGSO 登记数据和地球站登记数据等。
- 空间网络列表（SNL）包含正在规划或在用空间站、地球站和射电天文台的基本信息。

生成卫星登记数据需要对相关业务有深入理解，并掌握地理位置、频段、地球站特征参数（噪声温度，特别是天线尺寸）和载波类型等信息。

7.5.2　协调触发

单个 GSO 系统包含上行链路和下行链路两条传输路径。对于两个 GSO 系统，可能存在 4 条潜在干扰路径，如图 7.26 所示。

情形 1：上行链路至另一条上行链路或下行链路至另一条下行链路。

情形 2：上行链路至下行链路或下行链路至上行链路，这种情况主要针对两个采用逆向频段模式（reverse band mode）的 GSO 系统。

通常典型 GSO 卫星协调过程涉及以上第一种情形，主要分为两个步骤。

（1）协调触发：目的是确定需要进一步分析的内容，如是否存在频率重叠（是否需要开展非同频干扰分析），通常采用两种指标。

a．两个 GSO 系统经度差小于相关频段的协调弧段（coordination arc）。

b．$T(DT/T) > 6\%$。

（2）详细协调：将在 7.5.3 节具体介绍。

协调弧段通常位于 $\pm 7° \sim \pm 16°$ 之间，具体取值与频段有关，详见国际电联《无线电规则》附录 5。许多频段的协调触发通常采用协调弧段方法，除非主管机构明确提出采用 DT/T 计算方法。注意，WRC-15 大会相关决议减小了一些频段内协调弧段的范围，同时增大了特定频段地-空和空-地方向协调弧段外有害干扰的功率通量密度限值。

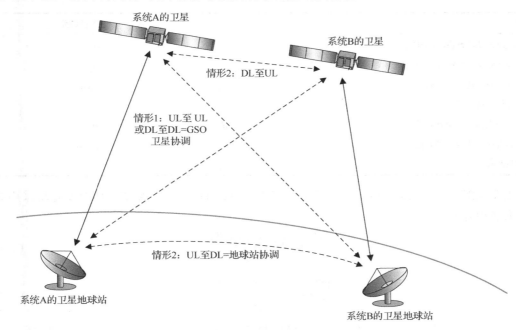

图 7.26 GSO 卫星系统间潜在干扰路径

国际电联《无线电规则》附录 8 和 ITU-R S.738 建议书（ITU-R，1992b）给出了计算 DT/T 的方法，相关变量和参数见图 7.27 和表 7.19。注意，θ_t 为站心角（topocentric angle），表示地球站轴线和相关偏轴方向的夹角；而 θ_g 为地心角（geocentric angle），表示两个卫星与地心连线的夹角。

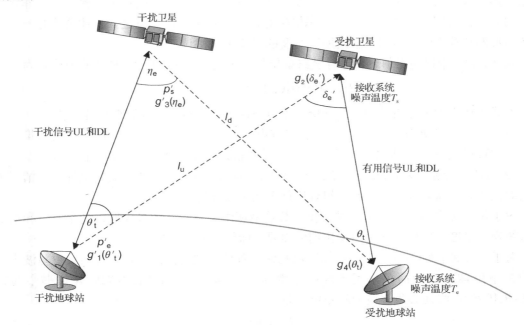

图 7.27 DT/T 计算中的有关参数

表 7.19 图 7.27 中参数的注释

参数	上行链路	下行链路
干扰源发射功率密度/（W/Hz）	p'_e	p'_s
干扰源指向受扰系统方向的偏轴角度	θ_t	η_e
干扰源指向受扰系统方向的天线增益	$g'_1(\theta_t)$	$g'_3(\eta_e)$
干扰源至受扰系统的自由空间路径损耗	l_u	l_d
受扰系统指向干扰源方向的偏轴角度	δ'_e	θ_t
受扰系统在干扰源方向的接收增益	$g_2(\delta_e)$	$g_4(\theta_t)$
接收系统噪声温度/K	T_s	T_e

由图 7.27 和表 7.19 可得卫星上行链路和下行链路 DT/T 的计算式（所有变量均采用绝对值相乘或相除）为

$$\frac{\mathrm{DT}_s}{T_s} = \frac{p'_e g'_1(\theta'_t) g_2(\delta'_e)}{l_u k T_S} \tag{7.47}$$

$$\frac{\mathrm{DT}_e}{T_e} = \frac{p'_s g'_3(\eta_e) g_4(\theta_t)}{l_d k T_e} \tag{7.48}$$

其中，k 为波兹曼常数绝对值。大多数情形下，可分别针对上行链路和下行链路检验 $T(\mathrm{DT}/T) > 6\%$ 是否成立。若已知卫星放大器增益 γ（见 5.6 节端到端计算公式），则端到端 DT/T 计算式为

$$\mathrm{DT} = \gamma \mathrm{DT}_s + \mathrm{DT}_e \tag{7.49}$$

注意，上述公式均以 1Hz 为参考频率，因此无须规定带宽或计算 A_{BW}。尽管实际中卫星链路会遭受大气衰减效应，但这里仍取最简单和保守的自由空间路径损耗模型。除非相关主管部门间协议有明确要求，一般不考虑极化对信号的抵消作用。总之，上述公式是一种针对最坏情形的计算方法，可用于触发所有必要的卫星干扰协调。

式（7.48）中以绝对值表示下行链路单位赫兹干扰 $I_0 = \mathrm{DT}$，其 dB 形式的表达式为

$$I_0 = \mathrm{DT}_e = P'_s + G'_3(\eta_e) - L_d + G_4(\theta_t) \tag{7.50}$$

上式可作为静态分析法的应用案例，但以下两个因素可能使问题变得复杂化。

（1）两个系统所需登记的重要数据集{波束，组，发射，频率，地球站}产生海量排列组合。6.3 节讨论了存在多种输入组合情形下，采用静态分析法生成大量输出的例子。

（2）DT/T 计算值随地球站位置变化而变化，因此详细计算中需要确定最坏干扰情形下地球站的位置。这需要针对各种参数组合进行多次区域分析。

对于第一种影响因素，可通过寻找参数的最坏组合方式，如最大发射功率密度和最低接收系统噪声温度，以排除虽可启动协调但需要立即终止的排列项。

对于第二种影响因素，可采用标准化几何配置使问题得到简化，如可假设卫星波束直接指向星下地球站（因而可采用天线峰值增益），同时基于 ITU-R S.728 建议书中的方法（ITU-R, 1995），将地心角转换为站心角，即

$$\theta_t = 1.1\theta_g \tag{7.51}$$

例 7.23

GSO 操作者 A 登记的卫星轨道经度为 130°E，其点波束天线增益为 43dBi，在 11.1GHz 的平均功率密度为−57.5dBW/Hz。GSO 操作者 B 的卫星轨道经度为 132.2°E，其典型地面站噪声温度为 140K，天线增益由 ITU-R S.465 建议书给定，则当满足下列情形时需要开展卫星协调。

（1）GSO 操作者 A 登记的卫星位于 GSO 操作者 B 登记的卫星协调弧段内。

（2）GSO 操作者 A 下行链路在 GSO 操作者 B 的地球站位置满足 $T(\mathrm{DT}/T)=6\%$，详见表 7.20。

注意，协调触发分析所需参数仅为详细协调所需参数的最小部分。

表 7.20　计算卫星 A 至地球站 B 的 DT/T

量值	符号	取值	计算方法
地心角	θ_{g}	2.2°	经度差
频率	f_{GHz}	11.1GHz	取自登记数据
发射功率密度	P_{tx}	−57.5dBW/Hz	取自登记数据
发射天线增益	G_{tx}	43dBi	取自登记数据
接收系统噪声温度	T	140K	受扰接收机参数
卫星 A 至地球站 B 的距离	d_{km}	35 791.5	几何关系计算
自由空间路径损耗	L_{fs}	204.4dB	利用式（3.13）
站心角	θ_{t}	2.4°	利用式（7.51）
接收天线增益	G_{rx}	22.4dBi	假设为 $32-10\lg\theta_{\mathrm{t}}$
干扰	I_0	−196.5dBW/Hz	利用式（7.50）
噪声	N_0	−207.1dBW/Hz	利用式（3.41）
I_0/N_0	I_0/N_0	10.61dB	I_0-N_0
$\mathrm{DT_e}/T_{\mathrm{e}}$	$\mathrm{DT_e}/T_{\mathrm{e}}$	1 151	利用式（3.219）

7.5.3　详细协调

开展详细协调所采用的方法需要有关各方协商确定，但通常需要首先利用下列公式（符号含义见第 5 章）计算 C/I，详见 ITU-R S.740 建议书（ITU-R,1992c）和 ITU-R S.741 建议书（ITU-R,1994c）。

$$C = P_{\mathrm{tx}} + G_{\mathrm{tx}} - L_{\mathrm{p}} + G_{\mathrm{rx}} \tag{7.52}$$

$$I = P'_{\mathrm{tx}} + G'_{\mathrm{tx}} - L'_{\mathrm{p}} - L_{\mathrm{pol}} + G'_{\mathrm{rx}} + A_{\mathrm{BW}} \tag{7.53}$$

$$\frac{C}{I} = C - I \tag{7.54}$$

$$M\left(\frac{C}{I}\right) = \frac{C}{I} - T\left(\frac{C}{I}\right) \tag{7.55}$$

其中，带宽调整因子的确定需要考虑有用信号和干扰信号带宽的差异，以及多个干扰信号在受扰带宽内是否存在重叠，详见 5.2 节。带宽调整因子的简化计算公式为

$$A_{\mathrm{BW}} = 10\lg\left(\frac{B_{\mathrm{V}}}{B_{\mathrm{I}}}\right) \tag{7.56}$$

详细协调程序由 ITU-R 认可的相关主管机构协商启动，并由相关卫星运营商派员参与具体谈判。大多数协调为涉及两个卫星网络的双边协调，有些卫星网络（如 MSS 系统）则需要

开展多边协调。由于每颗卫星的完整通知和各个组可能包含多个日期，因而需要对每个运营商网络中的多颗卫星进行协调，以生成优先级矩阵。各参与方的谈判筹码取决于相比其他参与方所拥有的卫星登记优先日期数量。

详细协调的输入为各种登记数据和以往协调成果，目标是达成卫星和地球站在相关 EIRP 限值条件下的运行协议。

与协调触发类似，详细协调也面临两个系统数据集{波束、组、发射、频率、地球站}所产生的海量排列组合问题，同时还需考虑系统的多个登记信息和日期优先级，包括静态分析法和区域分析法在内的大多数干扰分析方法需要计算面向特定场景的 C/I，这些场景包括台站位置、地球站类型及由相关业务类型所确定的发射类型等。同时，干扰分析还需考虑其他业务和位置的潜在需求。

此外，卫星协调中还面临另外两个复杂问题。

（1）卫星登记数据与实际使用参数不相符。按照相关规定，提交给主管机构的卫星登记数据应与卫星实际使用参数相一致，但由于主管机构审查过程和卫星制造过程往往同时进行，所以使得两者所拥有的卫星数据存在差异（如卫星天线方向图）。例如，原先已登记的卫星被出售，并引进一个具有完全不同登记数据的卫星。因此，卫星协调早期阶段的一项重要工作是交换网络实际特征参数。

（2）通过卫星登记数据可以确定其全球点波束分布，而无须了解卫星具体指向信息。实际中，为履行与用户的合同要求，卫星运营商通常使卫星在固定位置保持足够长时间，并且希望将这种能力维持尽可能长时间，以服务未来位于其他位置的用户。在数据收集阶段，各参与方可围绕这一问题开展谈判。

5.10.1 节给出了如下计算 $T(C/I)$ 的方法，详见 ITU-R S.741 建议书（ITU-R,1994c）。

$$T\left(\frac{C}{I}\right) = T\left(\frac{C}{N}\right) + 12.2\text{dB} \tag{7.57}$$

注意，式（7.57）虽未明确但却隐含包括干扰裕量，但考虑到图 7.28 描述的等效功率线图。因此，有

$$T\left(\frac{C}{N}\right) = T\left(\frac{C}{N+I}\right) + M_1 \tag{7.58}$$

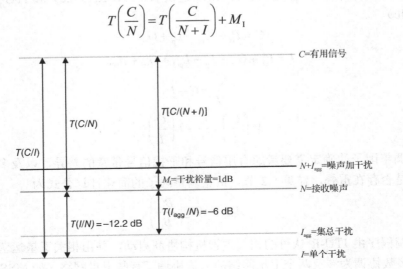

图 7.28　用于计算 GSO $T(C/I)$ 的简化功率线图

例 7.24

假设例 7.23 中卫星系统采用 BPSK 调制，干扰裕量为 1dB，则为达到 BER 要求，需满足 $T[C/(N+I)]$=10.5dB（见表 3.6），下行链路所需 $T(C/I)$ 为

$$T(C/I)=(10.5+1)+12.2=23.7\text{dB}$$

在上述下行链路的 $T(C/I)$ 计算过程中，由于有用信号和干扰信号的传播损耗可得到补偿，因此无须考虑衰落裕量，可采用自由空间传播模型或"净空"环境，详见 4.4.2 节。但在计算有用信号预算时，应考虑大气衰减和降雨衰落。

例 7.25

假设例 7.23 所述 GSO 操作者 A 计划为澳大利亚提供通信服务，其所述采用的地球站天线直径分别为{0.6m,1.2m,1.8m,2.4m,3.6m}。GSO 操作者 B 为印度尼西亚群岛和巴布亚新几内亚群岛提供服务，其波束形状如图 7.29 所示，且 G_{peak}=36.5dBi，则操作者 A 应采用何种方法与操作者 B 协调？

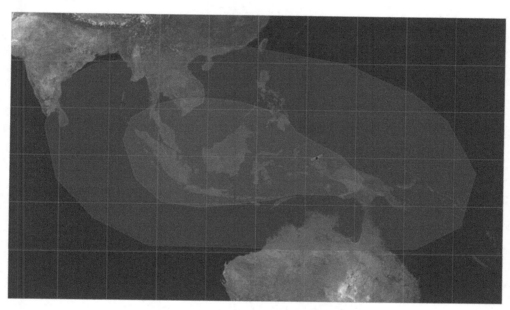

图 7.29　例 7.25 中操作者 B 下行链路天线波束-4dB 和-12dB 等值线图
（图片来源：Visualyse Professional 软件。数据来源：NASA Visible Earth 网站）

如前所述，GSO 卫星协调中面临的最大挑战是如何分析处理卫星参数的海量排列组合问题。目前有多种方法可支持完成卫星协调，具体采用何种方法与卫星业务密切相关。

若参与卫星协调各方能够就减小卫星发射功率达成共识，确保卫星不会对其他网络构成有害干扰，则完成卫星协调并非难事，但实际中各方很难达成共识。实际上，卫星协调的目的包括如下几个方面。

● 确保卫星发射功率足够大，并为尽可能多的用户提供服务。

● 确保其他卫星网络不会产生有害干扰，若减小有用信号的发射功率，则满足 C/I 指标更为困难。

对本例来讲，首先需要确定受保护卫星 B 的具体参数，以及提供服务所需指标要求，然

后研究如何达到这些指标要求。例如，设卫星 B 具有如下参数。

    天线直径=0.9m

    带宽=24MHz

    服务区域=-4dB 等值线

    发射功率=9.1dBW

    接下来将受扰卫星地球站置于-4dB 等值线区域，然后计算 *C/I*。

    操作者 A 的参数选择余地较大，但最好能够基于相似原则，采用与卫星 B 相近的参数，这样更容易实现频谱共用。因此，可设卫星 A 的带宽为 30MHz，发射功率密度为-57.5dBW/Hz，相应的发射功率 P_{tx}=17.3dBW。图 7.30 给出了计算出的 *C/I* 等值线结果，其中操作者 A 采用可调点波束，操作者 B 的地球站尽可能邻近部署。测试点处 *C/I*=13.3dB。用于 *C/I* 样例分析的有用信号和干扰信号链路预算如表 7.21 所示。

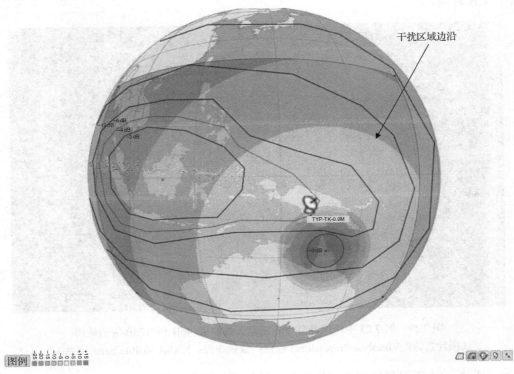

图 7.30　*C/I* 样例分析结果（图片来源：Visualyse GSO）

表 7.21　用于 *C/I* 样例分析的有用信号和干扰信号链路预算

链路预算	*C*	*I*
发射功率/dBW	9.1	17.3
功率谱密度/（dBW/Hz）	−63.9	−56.7
发射天线峰值增益/dBi	36.5	43.0
发射 EIRP/dBW	45.6	60.3
发射天线相对增益/dB	−4.0	−14.5

续表

链路预算	C	I
自由空间路径损耗/dB	204.4	204.5
接收天线峰值增益/dBi	38.2	38.2
接收天线相对增益/dB	0.0	−16.5
带宽调整量/dB	n/a	−1.0
接收信号功率/dBW	−124.6	−137.9

由表 7.21 可求得 C/I=13.3dB，该值比限值 $T(C/I)$=23.7dB 低 10.4dB，因此需要进一步分析需采用何种措施。例如，可修改干扰源参数，如发射功率、波束指向或极化方式等。鉴于表中信号功率和干扰信号功率相差较大（干扰信号功率高出 8.2dB），EIRP 相差更大（14.7dB），因而有必要重新设计干扰源参数。

根据 SRS/IFIC 数据结构，发射表格包含两个功率和两个功率密度参数，即两者的最大值和最小值，因此存在 4 种计算 C/I 的方法。其中最常用的两种方法如下。

（a）有用信号和干扰信号均取功率值。

（b）有用信号采用最小功率值，而干扰信号采用最大功率值，其对应最坏情形下 C/I。

由于下列原因，卫星链路实际发射功率可能小于登记的最大功率。

● 登记卫星发射数据的组包含多个地球站数据，所分析的卫星未使用具有最小增益的链路（该链路需要的发射功率最大，目的是确保链路闭合）。

● 同一个发射标识可能包含多种调制方式或编码方式，对应不同的 $T[C/(N+I)]$ 和发射功率。

● 卫星协调需对卫星最大功率做出限制，防止其产生有害干扰。

● 有些业务采用功率控制技术，其正常发射功率一般小于最大功率。

● 卫星发射功率受到卫星总可用功率的限制。

因此，可将卫星系统 A 的发射功率密度降至卫星系统 B 的水平，同时保持正常业务所需系统裕量，如将系统 A 的发射功率降至 10.9dB，则系统裕量 $M(C/I)$=−4dB。

为使系统裕量变为正值，可采取如下几种方法。

● 调整系统 A 或系统 B 的极化方式（例如，如果系统 B 采用 LH，则调整为 LV，反之亦然）。

● 根据 ITU-R S.580 建议书而非 S.465 建议书构建地球站天线副瓣特性模型，因为后者可能带来 3dB 损失（详见 7.5.5 节）。

● 将系统 A 的可调波束方向错开系统 B 覆盖区域。

通过增加 3dB 极化损耗和 3dB 天线增益，可使干扰等值线降至图 7.31 所示水平。

此外，还可采用其他协调方法，同时有必要考虑对或遭受其他卫星干扰及潜在集总效应。

7.5.4　卫星协调和管理限制条件

只有参与卫星协调双方（或者更准确地说是两个主管机构）能够确定频谱共用条件并达成协议，才算完成一次成功的详细协调。通常可采用如下方法设定频谱共用条件。

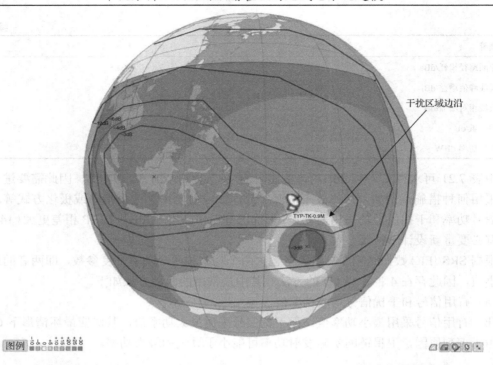

图 7.31 采取干扰抵消措施后的 *C/I* 等值线案例（图片来源：Visualyse GSO）

- 最大 EIRP 限值。
- 偏轴 EIRP 限值。
- 频率分割。
- 地理分割。
- 极化分割。
- 码分割。
- 最低天线副瓣性能。
- 最小天线尺寸。

其中，偏轴 EIRP 限值最常用，可应用于卫星或地球站发射的频谱共用。

例 7.26

根据例 7.25 中卫星详细协调所达成的协议，若操作者 A 卫星参数如表 7.22 所示，则其指向测试点的偏轴 EIRP 不应超过 24.6dBW/MHz，并采用与操作者 B 卫星相反的极化方式。

表 7.22 偏轴 EIRP 限值计算案例

参数	参数值
发射功率/dBW	10.9
发射天线峰值增益/dBi	43.0
指向测试点的相对增益/dB	−14.5
指向测试点的 EIRP/dBW	39.4
带宽/MHz	30.0
指向测试点的 EIRP 密度/（dBW/MHz）	24.6

　　基于该协议，操作者 A 卫星可灵活使用高 EIRP 波束，其天线轴线与测试点保持一定角度，使其指向测试点的增益保持在较低水平。

　　国际电联《无线电规则》对地球站的偏轴方向发射的 EIRP 也做出限制。例如，《无线电规则》第 22.27 款（ITU,2012a）给出工作在 12.75～13.25GHz、13.75～14GHz 和 14～14.5GHz 频段的地球站在任意偏轴角 φ 方向"不应超过"的 EIRP，即

$$3° \leqslant \vartheta \leqslant 7° \qquad 42-25\lg\vartheta \qquad \text{dBW/40KHz} \tag{7.59}$$

$$7° < \vartheta \leqslant 9.2° \qquad 21 \qquad \text{dBW/40kHz} \tag{7.60}$$

$$9.2° < \vartheta \leqslant 48° \qquad 45-25\lg\vartheta \qquad \text{dBW/40KHz} \tag{7.61}$$

$$48° < \vartheta \leqslant 180° \qquad 3 \qquad \text{dBW/40kHz} \tag{7.62}$$

　　上述限值已被写入由 WRC 2000 大会通过的《无线电规则》并付诸实施，目的是为 NGSO FSS 系统提供保护，有关等效功率通量密度（EPFD）的讨论见 7.6 节。

　　与《无线电规则》第 22.27 款类似，ITU-R S.524 建议书（ITU-R，2006g）中也包含 EIRP 限值，但该限值并非针对所有偏轴方向，而是针对"GSO 波束 3° 以内所有方向"，并且沿 GSO 弧段方向的典型值比前者小 3dB（开展 GSO 与 GSO 共用分析时会重点关注）。在其他方向，《无线电规则》第 22.27 款中限值的应用更广（主要用于 GSO 与 NGSO 共用分析）。

　　此外，《无线电规则》第 21 条给出了用于卫星上行链路和固定业务实现频谱共用的 EIRP 限值（见 7.4 节），以及针对卫星下行链路的 T(PFD)，相关案例如表 7.23 所示。该 PFD 限值可通过式（3.222）求得，并且在固定台站天线鉴别度[*]较小的低仰角方向取值减小。

表 7.23　10.7～11.7GHz 频段卫星固定业务 PFD 限值案例

仰角 δ	PFD/（dBW/m²/MHz）
$0° \leqslant \delta \leqslant 5°$	−129
$5° \leqslant \delta \leqslant 25°$	−129+0.75（δ−5）
$25° \leqslant \delta \leqslant 90°$	−114

例 7.27

　　例 7.25 中操作者 A 卫星的点波束在仰角 $\delta=90°$ 处产生的峰值 PFD 为−116.5dBW/m²/MHz，如表 7.24 所示。尽管该峰值小于表 7.23 中的 PFD 限值，但仍有必要对卫星低仰角方向的最大功率做出限制，以确保通过 ITU BR 的审查。

表 7.24　PFD 计算案例

参数	参数值
发射功率/dBW	17.3
发射峰值增益/dBi	43.0
发射 EIRP/dBW	60.3
带宽/MHz	30.0
发射 EIRP 密度/（dBW/MHz）	45.5
距离/km	35 786
扩展损耗（spreading loss）/（dB/m²）	162.1
PFD/（dBW/m²/MHz）	−116.5

---

[*] 通常指接收天线在干扰台站方向和期望接收台站方向的增益差（dB）。——译者注

7.5.5　天线增益方向图

7.5.5.1　卫星天线增益方向图

GSO 卫星的天线增益方向图可由全球波束、可调点波束（如例 7.27 中操作者 A）或赋形波束定义，其中赋形波束可采用下列方式定义覆盖特定区域的天线方向图。

- 最大或峰值增益，单位为 dBi。
- 在一个或多个视轴方向存在增益极大值，并用天线最大增益的相对值表示，其中至少在一个视轴方向的相对增益为 0dB。
- 存在多个相对于峰值增益的等值电平，例如{-2, -4, -6, -8, -12, -20}dB。
- 由等值电平和若干（纬度、经度）坐标点构成一系列闭合或开放等值线，其中闭合是指等值线起始和终止于同一点，开放是指等值线的起点和终点不同。

图 7.29 给出了 GSO 赋形波束的例子。

卫星天线增益方向图数据通常采用".GXT"或"GIMS"格式表示，其中前者为用于交换数据的文本文件格式，后者为用于产生或编辑赋形波束的 ITU 软件工具格式。

另外，基于点波束的天线可采用 ITU-R S.672 建议书（ITU-R,1997a）给出的增益方向图，其中天线视轴可利用基于卫星视角的（方位角，仰角）定义，也可采用地面（纬度，经度）定义，同时还需定义天线峰值增益、带宽和副瓣电平，后者的典型值为{-20dB,-25dB,-30dB}。

7.5.5.2　地球站天线增益方向图

ITU-R 建议书或《无线电规则》定义了许多地球站天线增益方向图，其中 ITU-R S.465 建议书（ITU-R,2010b）和 ITU-R S.580 建议书（ITU-R,2003e）给出的地球站天线增益方向图常用于卫星协调和数据登记，如图 7.32 所示，图中天线直径为 2.4m，工作频率为 12GHz。由图可知，ITU-R S.580 天线方向图副瓣增益低于 ITU-R S.465 天线方向图副瓣增益，原因是两者计算公式不同，如下：

$$G_{465}(\vartheta) = 32 - 25\lg\vartheta \tag{7.63}$$

$$G_{580}(\vartheta) = 29 - 25\lg\vartheta \tag{7.64}$$

注意，上述建议书并未定义[0°,180°]范围内天线偏轴增益，也未给出偏轴角小于 1° 或 2° 的天线主瓣增益，这是由这些建议书背后的动机决定的。具体来讲，若天线能够满足这些建议书所规定的指标，则主管部门就可以批准天线型号，并准许天线的部署使用。如 3.7.5 节所述，由于通常需要综合权衡天线的孔径和效率，进而对天线增益方向图产生影响。通过不给定天线主瓣增益指标的方式，虽然可以为天线制造商带来一定程度的灵活性，但也为干扰分析中计算天线在全部偏轴角度上的相对增益带来困难。对此，可采取下列补偿方法。

- 采用替代性天线增益方向图，如 ITU-R S.1428 建议书给出的方向图，详见 7.6 节关于 EPFD 分析的讨论。
- 基于简单假设，即将地球站天线等效为抛物面天线，并利用式（3.83）求天线增益方向图。
- 基于复杂假设，例如采用图 7.32 中 ITU-R 天线方向图库生成地球站天线增益方向图。

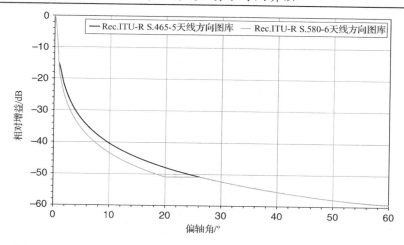

图 7.32　ITU-R S.465 建议书和 ITU-R S.580 建议书天线增益方向图对比

7.6　EPFD 和 ITU-R S.1503 建议书

7.6.1　背景

　　GSO 卫星能够为固定和移动用户提供广播（视频和声音）、数据和语音通信服务，其服务质量很大程度上取决于 GSO 弧段上的卫星数量。当前，为新发射卫星协调轨位的难度越来越大。

　　当卫星运行轨道高度达 35 786.1km 时，会产生下列问题。

- 往返距离增加导致延迟增大，如 3.8.6 节所述。
- 自由空间路径损耗增大，相关计算方法见式（3.13）。
- 天线波束覆盖更宽，导致频率复用率降低，进而使得单位频率通信容量减小。

　　表 7.25 列出了 GSO 和 NGSO 的延迟、路径损耗和波束直径数据示例。其中波束覆盖几何关系如图 7.33 所示，波束覆盖直径可用下式计算。

$$\frac{\sin(\phi)}{R_e} = \frac{\sin\left(\dfrac{\pi}{2} + \varepsilon\right)}{R_e + h} \tag{7.65}$$

$$\pi = \phi + \theta_g + \left(\frac{\pi}{2} + \varepsilon\right) \tag{7.66}$$

$$d = 2Rg_e\theta_g \tag{7.67}$$

表 7.25　GSO 和 NGSO 相关参数对比示例

参数	GSO	NGSO
卫星高度/km	35 786.1	1 414.0
1° 波束覆盖区直径/km	625	25
11.1GHz 自由空间路径损耗/dB	204.4	176.4
往返延迟/ms	238.6	9.4

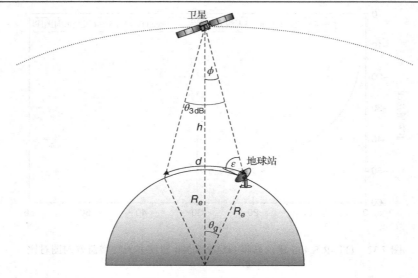

图 7.33　卫星覆盖几何关系

可见,降低卫星轨道高度可带来诸多好处,但同时也会增加系统复杂度。例如,要使 NGSO 卫星覆盖所需业务区域,用户终端必须具备跟踪卫星位置能力。由于 NGSO 卫星的轨道高度、倾角、卫星数量和偏心率等都可能发生变化,因此要使 NGSO 星座设计达到最优并非易事。

卫星星座设计中需要考虑的一个关键参数是用户终端最小工作仰角,该仰角值越小,天线需要扫描的范围越大,相应的用户终端成本越高。根据图 7.33 所示几何关系和图中仰角与轨道高度,可计算出 NGSO 卫星之间提供连续覆盖所需的偏心角。假设位于同一平面的卫星之间和不同平面之间的夹角相等,则可估计出星座卫星总数。表 7.26 列出了 20 世纪 90 年代构建的 Teledesic(如图 7.34 所示)和 SkyBridge 两个 NGSO FSS 卫星星座的例子。由于经过相关简化处理,星座的卫星数量估计值与实际值存在一定误差,但仍能说明星座的卫星数量与卫星轨道高度和最小仰角之间的关系。

表 7.26　星座大小的估计值和实际值

星座	Teledesic	SkyBridge
高度/km	700	1 469.3
最小仰角/°	40	20
星座卫星数量估计值	804	79
星座卫星数量实际值	840	80

这里之所以介绍这两个卫星星座,是因为在 20 世纪 90 年代,它们曾经出现无线电频谱使用方面的问题,并促使国际电联《无线电规则》引入 EPFD 限值。同时这两个大型卫星星座在设计时曾面临诸多限制条件,其中有些条件仍是驱动当前新一轮 NGSO 星座建设的重要因素。

由图 7.34 可知,大型 NGSO 星座建设主要面临两个问题:一是卫星数量庞大,制造成本高;二是卫星在大多数时间内未被使用。

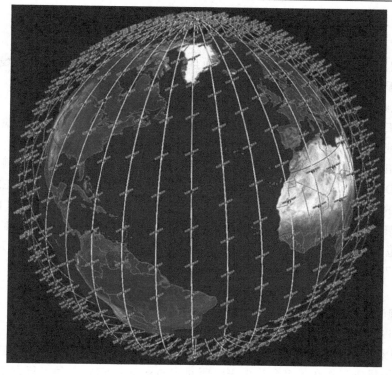

图 7.34　Teledesic NGSO 卫星星座（图片来源：Visualyse Professional 软件。数据来源：NASA Visible Earth 网站）

● 星座的卫星数量主要取决于赤道地区覆盖需求，但由于卫星轨道面在高纬度汇集，使得许多卫星在极地地区仅有少量甚至没有业务流量。

● 由于地球表面大多被海水覆盖，卫星在经过太平洋等区域上空时也仅有少量甚至没有业务流量。

　　Teledesic 星座是 WRC 97 之后最早登记的大型 NGSO FSS 系统之一，其工作在 Ka 频段，使用频段为 18.8～19.3GHz（空-地）和 28.6～29.1GHz（地-空）。该系统原本希望利用其在 ITU-R 登记日期较早的优势（仅位于少数几个 GSO 卫星之后）启动协调程序，但在 WRC 97 大会上，相关研究组对是否启动协调程序，以及将以往用于 GSO 网络的频段大量应用于高密度 NGSO 网络存在异议，原因是：

● 若允许 NGSO 系统拥有频段使用优先权，则由于该系统卫星数量庞大且网络覆盖全球区域，使得未来与 GSO 系统共用频段非常困难。甚至一个主管机构的 NGSO 系统将影响到未来所有主管机构的 GSO 系统的频率使用。

● 在目前已被占用的大量 GSO 系统的频段，NGSO 运营商要想取得合法地位非常困难，原因是后者需要与每个 GSO 卫星完成协调，并确保不会产生《无线电规则》第 22 条所述"不可接受干扰"。

　　针对上述问题，一种解决办法是提出一个能够被 GSO 系统视为"可接受干扰"的量化指标。若 NGSO 系统满足该指标要求，则无须通过与各个 GSO 网络协调，就可确保 GSO 系统正常工作。这种用于定义可接受干扰的指标被称为等效功率通量密度（EPFD），其计算式为

$$\mathrm{epfd} = 10\lg\left[\sum_{i=1}^{N_a} 10^{P_i/10}\frac{g_{\mathrm{tx}}(\theta_i)}{4\pi d_i^2}\frac{g_{\mathrm{rx}}(\varphi_i)}{g_{\mathrm{rx,max}}}\right] \tag{7.68}$$

EPFD 不仅是一个可测量的 PFD 指标，而且考虑到 FSS 和 BSS 地球站天线的高方向性，因此也被应用于射电天文业务保护等其他领域。

《无线电规则》第 22 条给出了两种 EPFD 限值。

（1）检验 EPFD 限值：该限值在 NGSO 登记检查阶段通过计算来确认。检验 EPFD 是通过干扰分析来获得主管机构许可的一项内容，也是系统必须满足的硬性限值。

（2）运行 EPFD 限值：该限值在 NGSO 系统提供服务时使用，可通过实测来确认。

由于 EPFD 的计算必须考虑到卫星移动所带来的几何位置的影响，因此 EPFD 并非是如 DT/T=6%这样的单值，而是用相关百分比表示的统计量。ITU-R S.1323 建议书（ITU-R，2002c）给出了利用雨衰 PDF 和干扰 PDF 的卷积来计算总 PFD 的方法，还给出了针对不可用要求的实测方法。该卷积的计算采用集总干扰电平，然后再将其分配至单网络限值，并假设（见《无线电规则》第 76 号决议）满足

$$N_{\mathrm{sys}} = 3.5 \tag{7.69}$$

《无线电规则》第 140 号决议（WRC-03）给出了集总 EPFD 限值。

ITU-R 曾设立联合任务组（JTG）4-9-11 开展 NGSO 频谱共用问题研究，包括如何定义 NGSO 系统，以避免将由约 1 000 个卫星组成的星座分割为 100 个包含 10 个卫星的子星座，然后计算每个子星座工作在最高允许电平时所对应的集总 EPFD。一种可行方法是将卫星和地球站视为可在一个系统内部互动的完全集合（complete set），即

● 组{ES}均由一个或多个来自组{NGSO}的卫星提供服务，且不接受其他卫星服务。
● 组{NGSO}所服务的地球站均属于组{ES}，且不为其他地球站提供服务。

EPFD 限值与干扰链路方向有关，例如：

● EPFD（↓）或 EPFD（下行）：NGSO 系统下行链路对 GSO 系统下行链路的干扰，且通常是 NGSO 系统 3 个方向限值中最难满足的一个。
● EPFD（↑）或 EPFD（上行）：NGSO 系统上行链路对 GSO 系统上行链路的干扰。
● EPFD（IS）：NGSO 系统下行链路对 GSO 系统上行链路产生的星间（IS）干扰。

此外，EPFD 限值还随业务类型、频段范围和接收机特性的变化而变化，特别是与天线尺寸或波束宽度及相关增益方向图有关。

JTG 4-9-11 联合任务组曾设立专家组，开展 NGSO 系统的检验 EPFD 限值计算方法研究，其研究成果构成 ITU-R S.1503 建议书（ITU-R，2013p）的相关内容，详见 7.6.3 节。该方法提出了基于 α 参数的禁区角（exclusion angle）概念，7.6.2 节将对该概念进行详细介绍。

7.6.2　禁区和 α 角

《无线电规则》第 22.5C 款指出 EPFD（下行）适用于"所有指向对地静止卫星轨道"和"可从对地静止轨道卫星观测到的地球表面所有点"。那么 NGSO 卫星系统如何构建干扰保护机制，以保证其正常工作呢？

实际上，NGSO 系统可采取控制其波束指向的办法，以避免出现主瓣对主瓣情形。图 7.35

给出了 SkyBridge 系统的波束控制方案，该方案包含 3 个 NGSO 卫星。

- NGSO 卫星 A 位于 GSO 地球站及其卫星的连线上，因此不应使其波束指向地球站。通过使 NGSO 卫星 A 的天线保持较大偏轴角，确保其对 GSO 地球站的 EPFD 保持较低水平。

- NGSO 卫星 B 不位于 GSO 地球站及其卫星的连线上，因此卫星 B 的波束可适当靠近 GSO 地球站，但除非其与地球站的偏轴角 θ 满足一定要求，否则不应将其波束直接指向地球站。

- NGSO 卫星 C 与 GSO 地球站及其卫星的连线相距较远，且卫星 C 天线指向 GSO 地球站的方向与其天线主瓣方向存在较大偏差，因此即使卫星 C 波束指向 GSO 地球站，其 EPFD 也会处于可接受水平。

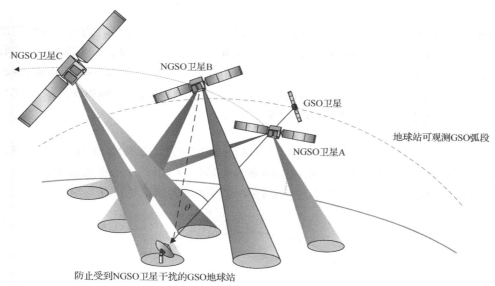

图 7.35　为保护单个地球站所采取的共线波束切换跟踪机制

以上例子仅考虑单个地球站和单个 GSO 卫星情形，若将其拓展为一般情形，则需要考虑 α 角的影响，如图 7.36 所示。针对一系列测试点 P_i，主要计算以 GSO 地球站为顶点（或从 GSO 看去地表任一点），以下两条连线之间的夹角 α_i。

- GSO 地球站与 NGSO 卫星之间的连线。
- GSO 地球站与测试点 P_i 之间的连线。

α 角为所有 α_i 角的最小值，即

$$\alpha = \min\{\alpha_i\} \tag{7.70}$$

若将 α 角的顶点替换为 NGSO 卫星，则其最小角称为 X。当 $\alpha=X=0$ 时，意味着 NGSO 卫星位于 GSO 地球站与 GSO 弧段上某点的连线上。

若用 α 角表示地球站天线的偏轴角，则地球站增益可表示为 α 角的函数，即 $Gain=G(\alpha)$。但由于 α 角无法用解析方法求得，只能通过迭代方法计算，且 α 与大多数输入参量之间为非线性关系。

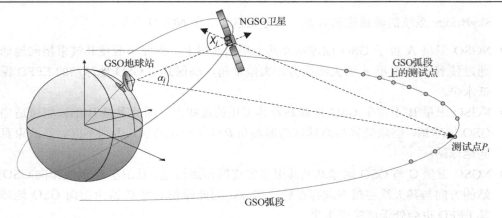

图 7.36 α 角计算几何关系图

由图 7.35 可知，若 NGSO 卫星天线指向地球站的角度满足特定值，则可直接面向地球站方向发射波束，且不会超出 EPFD 限值。尽管图 7.36 仅描述单个地球站和 GSO 卫星的几何关系，但实际中需要对整个 GSO 弧段进行保护，即用 α 或 X 角定义禁区（exclusion zone）。禁区既可以通过地球站来表示（规定地球站所指向的空中区域不能部署 NGSO 卫星），也可通过卫星来表示（规定卫星不能服务的地面区域）。

例 7.28

图 7.37 中灰色区域为 NGSO 禁区，该卫星位于地球赤道（即纬度=0°N）上空，轨道高度 h=1 440km，$\alpha \leqslant 10°$，由纬度和经度构成的网格线间隔角为 10°，中心黑线表示 α=0°。NGSO 卫星的有源波束不应指向禁区内任意位置。图中圆形区域为该卫星可视范围。

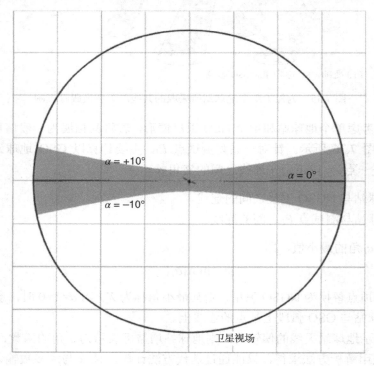

图 7.37 $\alpha \leqslant 10°$ 所对应的禁区

图 7.37 中包含两条 α 角度线，其中北方的角度线为正值，南方的角度线为负值。角度线东侧和西侧位置由 Δ 经度定义，其中 Δ 经度表示 NGSO 卫星经度与最小 α_i 对应的 GSO 弧段点经度之差。

例 7.29

图 7.38 中灰色区域为 NGSO 卫星禁区，该卫星纬度为 30°N，高度为 1 440km，$\alpha \leqslant 10°$。由纬度和经度构成的网格线间隔角为 10°，中心黑线表示 $\alpha=0°$。图中两个椭圆形区域为该卫星的视场，卫星的仰角为 20°。地球表面分布着许多业务区域（traffic cell points），指向这些区域中心的 NGSO 卫星波束须满足下列两个条件（若卫星波束指向小区边缘，则需采用其他方法）。

（1）NGSO 卫星仰角必须满足 $\varepsilon \geqslant \varepsilon_0$，其中 $\varepsilon_0=20°$ 且为最小仰角。

（2）NGSO 卫星与 GSO 弧段的夹角必须满足 $\alpha \geqslant \alpha_0$，其中 $\alpha=10°$ 为禁区范围。

为保证卫星覆盖的连续性，应由其他卫星为禁区提供相关业务。这种限制要求虽然对 NGSO 卫星系统的设计容量提出更高要求，但有助于其与 GSO 系统实现共用频谱。

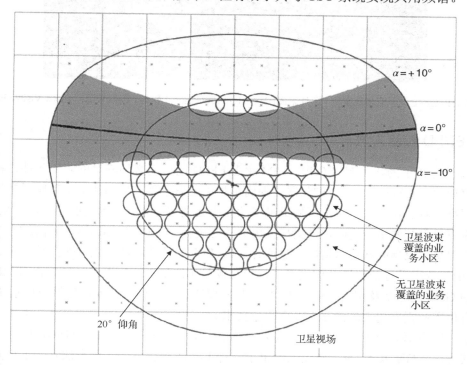

图 7.38　位于纬度为 30°N 的 NGSO 卫星的有源波束及禁区（图片来源：Visualyse Professional 软件）

例 7.30

图 7.39 给出了 SkyBridge 卫星星座仿真案例。该星座采用波束指向跟踪策略，能够为北美提供业务覆盖，同时满足 EPFD 限值要求。SkyBridge 卫星星座采用的"黏性波束（sticky beams）"能够通过电调节方式控制指向角和波束形状，从而确保卫星波束覆盖区近似为圆形且位置保持不变。该星座首先根据 α_0 角度和卫星最小仰角确定禁区规则，然后再依据规则选择服务特定小区的卫星。若卫星波束指向角度固定，则不能称为"黏性波束"卫星。

资料 7.4　Visualyse Professional 软件仿真文件"SkyBridge Example.sim"可用于生成图 7.39。

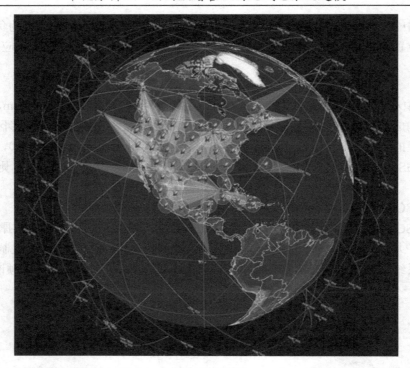

图 7.39　SkyBridge 卫星星座仿真案例（图片来源：Visualyse Professional 软件。数据来源：NASA Visible Earth 网站）

7.6.3　EPFD 校验方法

7.6.2 节介绍了为防止 NGSO FSS 系统超出 EPFD 限值而必须满足的若干条件，特别是避免其波束指向由 GSO 角度定义的禁区。为满足相关限值条件，NGSO 卫星星座通常设计为复杂卫星网络，便于其波束指向角可随卫星移动而不断调节。随着技术发展和市场环境的变化，当需要对卫星系统做出改进时，卫星星座也会随之进行大幅调整。虽然可通过详细仿真方法，模拟每个卫星波束指向和覆盖情况，进而计算其 EPFD 统计特性（以判断其是否满足限值要求），但由于分析过程依赖诸多假设条件，很难满足单次仿真运行要求。此外，EPFD 计算值与选定的 GSO 地球站及相关卫星有关，特别是需要通过大量仿真试验以确保卫星系统在 GSO 弧段所有位置和指向角上均满足 EPFD 限值要求。

由于 EPFD 校验要求基于一次仿真分析结果来确定是否批准注册 NGSO，因此需要寻求其他替代方法。ITU-R S.1503 建议书给出了一种 EPFD 校验方法，该方法基于下列两个核心概念。

（1）PFD 或 EIRP 掩模：该掩模可通过计算得到，主要指在系统运行过程中，所有潜在 EIRP、波束指向和卫星位置均不会超出的包络。只要 NGSO 运营商能够确保其卫星的集总功率不会超出 PFD 或 EIRP 掩模，就可自主调整卫星参数，且无须通知 ITU-R。EPFD（下行）的 PDF 掩模是一种可测量的规定限值，即地球表面上参考带宽内的功率密度，单位为 dBW/m^2。对于上行链路和星间链路，通常采用 EIRP 掩模，该功率值随偏轴角变化而变化，单位为 dBW。PFD/EIRP 掩模均对应有效频率范围和参考带宽。

（2）最严重情形几何关系（WCG）：在给定 PFD 或 EIRP 掩模和卫星星座轨道参数情形

下，可通过分析确定具有最大单输入 EPFD 的几何位置。若同一单输入 EPFD 对应多个波束指向，则可基于 ITU-R S.1257 建议书（ITU-R，2002b）中方法选择具有最大概率的波束指向。例如，相比高仰角卫星，低仰角卫星的角速度较低，有利于生成具有较大概率的波束指向。

运营商可根据 ITU-R S.1503 建议书，自主选择生成 PFD 或 EIRP 掩模的方法。其中 PFD 掩模可通过下列方式定义。

- PFD（α，Δ 经度，纬度）。
- PFD（X，Δ 经度，纬度）。
- PFD（方位角，仰角，纬度）。

以上定义中的纬度为 NGSO 卫星纬度，（方位角，仰角）的计算采用图 3.63 所示参考坐标系（该坐标系以正北为参考方向，而图 3.64 以卫星移动方向为参考方向）。

随着 ITU-R S.1503 建议书的更新，PFD 掩模所包含的参数由最初的 α 演变为目前的多个参数。若赋予 PFD 掩模更加灵活的定义，虽然便于 NGSO 运营商优化其系统，但也会增加相关算法特别是 WCG 计算的复杂性。

ITU-R S.1503 建议书给出了验证 NGSO 卫星登记参数是否满足 EPFD 限值（见《无线电规则》第 22 条）的方法，主要包括如下步骤。

（1）检查 NGSO 卫星登记信息及其所含 PFD/EIRP 掩模，提取相关频率范围信息。

（2）将相关频率范围信息与《无线电规则》中所有 EPFD 限值进行对比，并经多次计算，确保所有限值均被验证（如例 7.31）。

（3）每次计算均采用 PFD/EIRP 掩模和卫星星座轨道参数导出 WCG。

（4）其中一次仿真中，GSO 卫星及其地球站应处于 WCG。

（5）当包含卫星星座和 GSO 卫星/地球站天线波束宽度时，采用与 6.8 节类似的方法计算仿真时间步长和持续时间。注意可能产生两次时间步长，详见后续讨论。

（6）持续运行动态分析仿真，直至最终产生 EPFD 统计量，如 CDF。

（7）将生成的 EPFD 统计量与《无线电规则》第 22 条中相关表格所列限值进行比较，并设置通过/未通过标志。

例 7.31

采用 EPFD 校验软件对某基于 SkyBridge 卫星星座的测试系统进行分析，并通过与《无线电规则》第 22 条（ITU，2012a）给出的限值进行比较，其结果如图 7.40 所示。其中仿真中天线方向图均采用《无线电规则》相关数据。

每次仿真运行结果为 EPFD 的累积分布函数，并与《无线电规则》第 22 条给出的限值进行比较，后者定义了 $T(EPFD,p\%)$ 点集及其连线。其中百分比 $p\%$ 表示 "epfd↓ 不超出的百分比"，如（-160dBW/m²/40kHz，99.997%）。反之，也可采用百分比 $p\%=$ "epfd↓ 超出的百分比"来定义，即 $T(EPFD,p\%)=(-160dBW/m^2/40kHz,0.003\%)$。设统计量的分辨率为 0.1dB。

例 7.32

例 7.31 中 EPFD（下行）首次运行结果如图 7.41 所示。按照超过一定百分比的 EPFD 值统计，所有 EPFD 值均小于相关限值，因此本次仿真可视为 "通过"。图 7.41 中，左边为限值曲线，右边为 EPFD 累积分布函数曲线。

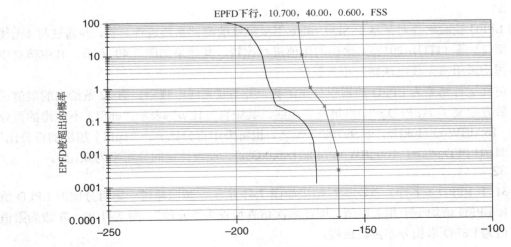

Run Schedule						
Run	Frequency	Antenna	Service	Gain Pattern	Bandwidth	non-GSO
⊟ Up						
┤◀ At Start	12.500	4.000	FSS	ITU-R S.672, Ls -20	40.000	SkyBridge
┤◀ At Start	17.300	4.000	FSS	ITU-R S.672, Ls -20	40.000	SkyBridge
┤◀ At Start	27.500	1.550	FSS	ITU-R S.672, Ls -10	40.000	SkyBridge
┤◀ At Start	29.500	1.550	FSS	ITU-R S.672, Ls -10	40.000	SkyBridge
⊟ Down						
┤◀ At Start	10.700	0.600	FSS	ITU-R S.1428	40.000	SkyBridge
┤◀ At Start	10.700	1.200	FSS	ITU-R S.1428	40.000	SkyBridge
┤◀ At Start	10.700	3.000	FSS	ITU-R S.1428	40.000	SkyBridge
┤◀ At Start	10.700	10.000	FSS	ITU-R S.1428	40.000	SkyBridge
┤◀ At Start	17.800	1.000	FSS	ITU-R S.1428	40.000	SkyBridge
┤◀ At Start	17.800	2.000	FSS	ITU-R S.1428	40.000	SkyBridge
┤◀ At Start	17.800	5.000	FSS	ITU-R S.1428	40.000	SkyBridge
┤◀ At Start	17.801	1.000	FSS	ITU-R S.1428	1000.000	SkyBridge
┤◀ At Start	17.801	2.000	FSS	ITU-R S.1428	1000.000	SkyBridge
┤◀ At Start	17.801	5.000	FSS	ITU-R S.1428	1000.000	SkyBridge
┤◀ At Start	19.700	0.700	FSS	ITU-R S.1428	40.000	SkyBridge
┤◀ At Start	19.700	0.900	FSS	ITU-R S.1428	40.000	SkyBridge
┤◀ At Start	19.700	2.500	FSS	ITU-R S.1428	40.000	SkyBridge
┤◀ At Start	19.700	5.000	FSS	ITU-R S.1428	40.000	SkyBridge
┤◀ At Start	19.701	0.700	FSS	ITU-R S.1428	1000.000	SkyBridge
┤◀ At Start	19.701	0.900	FSS	ITU-R S.1428	1000.000	SkyBridge
┤◀ At Start	19.701	2.500	FSS	ITU-R S.1428	1000.000	SkyBridge
┤◀ At Start	19.701	5.000	FSS	ITU-R S.1428	1000.000	SkyBridge
┤◀ At Start	11.700	0.300	BSS	ITU-R BO.1443	40.000	SkyBridge
┤◀ At Start	11.700	0.450	BSS	ITU-R BO.1443	40.000	SkyBridge
┤◀ At Start	11.700	0.600	BSS	ITU-R BO.1443	40.000	SkyBridge
┤◀ At Start	11.700	0.900	BSS	ITU-R BO.1443	40.000	SkyBridge
┤◀ At Start	11.700	1.200	BSS	ITU-R BO.1443	40.000	SkyBridge
┤◀ At Start	11.700	1.800	BSS	ITU-R BO.1443	40.000	SkyBridge
┤◀ At Start	11.700	2.400	BSS	ITU-R BO.1443	40.000	SkyBridge
┤◀ At Start	11.700	3.000	BSS	ITU-R BO.1443	40.000	SkyBridge
⊟ IS						
┤◀ At Start	10.700	4.000	FSS	ITU-R S.672, Ls -20	40.000	SkyBridge
┤◀ At Start	17.800	4.000	FSS	ITU-R S.672, Ls -20	40.000	SkyBridge

图 7.40　EPFD 运行案例列表（图片来源：Visualyse EPFD）

图 7.41　EPFD 运行结果案例

上述方法要求运行结果在统计上有效，即要求轨道上所有位置被等概率采样。如 6.8 节所述，由于卫星轨道运行存在微小变动，所以对于长时间仿真需要避免统计偏差。根据 ITU-R S.1503 建议书，NGSO 运营商应通过星座登记信息确认：

a．地面轨迹重复，其中卫星未遍历轨道壳且返回同一位置（如为了简化资源管理）。尽管轨道本身存在一定漂移，但仍需定义在重复轨迹周围空间站最大活动范围，该范围类似图 6.28 所示位置带。

b．地面轨迹漂移，其中卫星最终实现对轨道壳的完全遍历。由于该过程需要较长时间（如例 6.15），通常需要采用人工模拟方法，得到如图 6.29 所示均值分布结果。

对于长时间仿真，上述方法包含两种步长概念。

（1）短时间步长：适用于禁区内 NGSO 卫星，特别是当卫星邻近禁区边缘或中心时，EPFD 随时间变化非常快。

（2）长时间步长：适用于禁区外所有卫星，相应的 EPFD 变化非常慢。与采用短时间步长相比，采用长时间步长生成的 EPFD 样本的统计权重更大。

7.6.4　EPFD 计算方法

本节简要介绍 ITU-R S.1503 建议书给出的 EPFD 计算方法，主要包含下行、上行和星间链路三种情况，每种情况分为如下步骤。

（1）启动统计过程。

（2）根据所需时间步长次数更新仿真进程，在每个时间步长内：

a．确定 NGSO 卫星的位置。

b．运行下列各节计算过程。

（3）最后更新统计量，对累积分布函数和 EPFD 限值进行对比分析。

7.6.4.1　EPFD（下行）

在每个时间步长内运行如下 EPDF（下行）计算过程（见图 7.42）。

（1）确定 GSO 地球站可视范围内的所有 NGSO 卫星。

（2）对于 GSO 地球站可视范围内的每个 NGSO 卫星，根据 PFD 掩模计算 EPFD：

$$EPFD_i = PFD_i + G_{rel}(\theta_i) \tag{7.71}$$

其中，θ 为 GSO 地球站偏轴角。若地球站属于 FSS，则采用 ITU-R S.1428 建议书中天线方向图；若地球站属于 BSS，则采用 ITU-R BO.1443 建议书中方向图。

（3）对 $EPFD_i$ 输入按照由大到小的顺序进行排序。

（4）采用由 α_0 所定义的禁区以外且大于最小仰角 ε_0 的 N_{co} 个最大输入，以及禁区内所有 EPFD 来计算总 EPFD，即

$$EPFD = \sum_i 10^{EPFD_i/10} \tag{7.72}$$

之所以采用上述方法，主要考虑到在一些 NGSO 系统中，多个卫星可为同一区域提供服务且不会产生有害自扰。尽管采用 N_{co} 表示多个 EPFD 同频输入，但还需要考虑位于地球站主波束之内但没有为相同区域提供服务的 NGSO 卫星（见图 7.35），因此在计算集总 EPFD 时，还需包含如下输入。

- 位于由 $\alpha > \alpha_0$ 所确定的禁区外、最小仰角满足 $\varepsilon > \varepsilon_0$ 且主动提供服务的卫星,其产生 N_{co} 个最大 EPFD$_i$ 输入。
- 由 $\alpha \leqslant \alpha_0$ 所确定的禁区内的 NGSO 卫星产生的所有 EPFD$_i$ 输入。

图 7.42　EPFD(下行)计算案例(图片来源:Visualyse Professional 软件。数据来源:NASA Visible Earth 网站)

7.6.4.2　EPFD(上行)

计算 EPFD(上行)需要考虑 NGSO 地球站配置问题。由于全球性卫星系统可能包括大量地球站,对每个地球站进行建模并不现实。实际中可采用 5.7.5 节所述方法,根据运营商规定的距离间隔 d_{ES}(如蜂窝中心站之间的距离),在 GSO 地球站周围配置若干参考地球站,这些地球站位于 GSO 卫星波束视轴内,且卫星波束相对增益电平比峰值增益低 15dB(见图 7.43)。此外,NGSO 运营商还需提供地球站平均密度 D_{ES},由此可计算出集总因子 A_{agg}:

$$A_{agg} = 10\lg(N_{ES}) = 10\lg(D_{ES}d_{ES}^2) \tag{7.73}$$

其他 NGSO 系统也可采用少量特定地球站且取 $A_{agg}=0$dB。

在每次时间步长内,EPFD(上行)计算可分为如下步骤。

(1)针对每个 NGSO ES(i),确定地球站可视范围内的所有 NGSO 卫星。

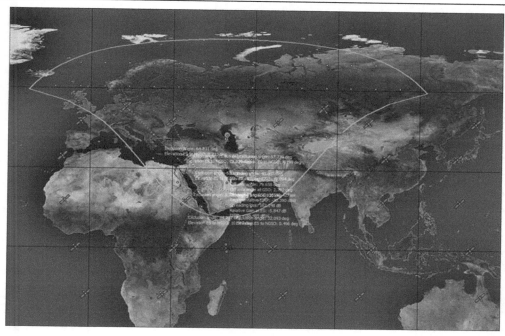

图 7.43　EPFD（上行）计算案例（图片来源：Visualyse Professional 软件。数据来源：NASA Visible Earth 网站）

（2）确定能够满足最小仰角指标 $\varepsilon \geqslant \varepsilon_0$ 及由 $\alpha \geqslant \alpha_0$ 所确定的 GSO 禁区要求的 NGSO 卫星，并依据 GSO 卫星仰角由低到高排序。

（3）对于 N_{co} 输入，采用 non-GSO 地球站 EIRP 掩模和由式（3.10）确定的扩展损耗 L_s 计算 $\text{EPFD}_{i,j}$，即

$$\text{EPFD}_{i,j} = A_{\text{agg}} + \text{EIRP}\,(\phi_{i,j}) - L_s + G_{\text{rel}}(\theta_i) \tag{7.74}$$

其中，ϕ 表示 NGSO 地球站的偏轴角；θ 为 GSO 卫星的偏轴角。同时采用 ITU-R S.672 建议书（ITU-R,1997a）给出的 GSO 天线方向图。

（4）通过对所有 (i,j) 求和，计算总 EPFD：

$$\text{EPFD} = \sum_{i,j} 10^{\text{EPFD}_{i,j}/10} \tag{7.75}$$

7.6.4.3　EPFD（星间链路）

星间链路 EPFD 的计算较为简单，仅需计算每个可见 NGSO 卫星的集总 EPFD（见图 7.44）。具体包括如下步骤。

（1）针对每个处于 GSO 卫星可视范围内的 NGSO 卫星（i），采用 NGSO 卫星 EIRP 掩模和由式（3.10）确定的扩展损耗 L_s 计算 EPFD_i：

$$\text{EPFD}_i = \text{EIRP}\,(\phi_i) - L_s + G_{\text{rel}}(\theta_i) \tag{7.76}$$

其中，ϕ 表示 NGSO 卫星偏轴角（假设其视轴为子卫星点）；θ 为 GSO 卫星的偏轴角（假设其指向参考 GSO 地球站）。同时采用 ITU-R S.672 建议书给出的 GSO 天线方向图。

（2）通过对所有（i）求和，计算总 EPFD：

$$\text{EPFD} = \sum_i 10^{\text{EPFD}_i/10} \tag{7.77}$$

图 7.44　EPFD（星间链路）计算案例（图片来源：Visualyse Professional 软件。数据来源：NASA Visible Earth 网站）

7.7　雷达方程

与前面各节案例中通信链路两端均为有源系统不同，雷达系统传输链路的另一端为反射信号的无源目标。雷达反射目标的原理可采用雷达方程来描述。对于大多数雷达受扰分析，可采用 $T(I/N)$（见 5.10.7 节）指标。由于许多频谱共用分析均需考虑目标对信号的反射效应，因此反射模型不仅适用于雷达干扰分析，也适用于地面和卫星干扰分析。例如：

- 遥感卫星上的雷达高度计可将海上目标信号反射至其他卫星链路。
- NGSO 卫星移动业务下行链路可将金属结构体目标信号反射至固定链路。

雷达方程的构成要素如图 7.45 所示，图中参数意义为：

p_T=雷达站发射功率

g_T=雷达站天线在目标方向的增益

r=雷达站与目标之间的距离

σ=雷达反射截面：目标反射信号的有效面积

在自由空间传播条件下，采用式（3.222）计算得到的目标处雷达信号的功率密度通量（PFD）为

$$\mathrm{pfd} = \frac{p_T g_T}{4\pi r^2} \qquad (7.78)$$

因此，目标处雷达信号功率为 PFD 与雷达发射截面 σ 的乘积：

$$s' = \mathrm{pfd} \cdot \sigma \qquad (7.79)$$

雷达站接收到的目标发射信号的功率通量密度为

$$\text{pfd}' = \frac{s'}{4\pi r^2} = \frac{p_T g_T}{4\pi r^2} \frac{\sigma}{4\pi r^2} \tag{7.80}$$

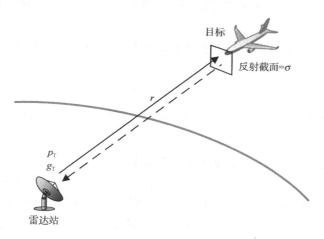

图 7.45　雷达方程构成要素

雷达站接收信号的功率为 PFD 与天线有效面积的乘积：

$$s = \text{pfd}' \cdot a_e = \frac{p_T g_T}{4\pi r^2} \frac{\sigma}{4\pi r^2} \cdot a_e \tag{7.81}$$

其中，天线有效面积与天线增益和波长 λ 的关系为

$$a_e = g \frac{\lambda^2}{4\pi} \tag{7.82}$$

因此，有

$$s = \frac{p_T g_T^2}{(4\pi r^2)^2} \frac{\sigma \lambda^2}{4\pi} \tag{7.83}$$

由于自由空间路径损耗为［采用式（3.11）］：

$$l_{fs} = \left(\frac{4\pi r}{\lambda}\right)^2 \tag{7.84}$$

因此，有

$$s = p_T g_T \frac{1}{(4\pi r/\lambda)^2} \frac{4\pi \sigma}{\lambda^2} \frac{1}{(4\pi r/\lambda)^2} g_T \tag{7.85}$$

上式用 dB 形式可表示为

$$S = P_T + G_T - L_{FS} + G_\sigma - L_{FS} + G_T \tag{7.86}$$

其中，目标有效增益为

$$G_\sigma = 10\lg\left(\frac{4\pi}{\lambda^2}\sigma\right) \tag{7.87}$$

雷达方程的简化表达式为

$$S = P_T + 2G_T - 2L_{FS} + G_\sigma \tag{7.88}$$

采用以上简化表达式，便于将式中自由空间路径损耗项替换为其他传播模型：

$$S = P_T + 2G_T - 2L_p + G_\sigma \tag{7.89}$$

可考虑采用下列模型替换自由空间传播模型。

- ITU-R P.528 建议书给出的用于地对空电波传播模型（详见 4.5 节）。
- ITU-R P.1812 建议书给出的用于低天线高度情形且包含地形数据的传播模型（见 4.3.6 节）。

以上介绍了雷达方程的简单形式，更多信息可参考 Skolnik（2001）等文献，这些文献还会进一步介绍下列信息。

- 雷达信号的脉冲特性，包括占空比、脉冲重复率和脉冲宽度。
- 由地物（如地形、建筑物、植被、海浪等）反射信号所造成的接收机额外噪声。

例 7.33

13.75～14.0GHz 频段"以主要业务条件"被划分给 FSS（地对空）和无线电定位业务（ITU,2012a）。WRC-03 大会之前，为防止 FSS 对雷达造成干扰，要求 FSS 地球站天线直径大于等于 4.5m。经过 WRC-03 相关课题研究，认为可以允许 FSS 使用更宽频段，进而催生《无线电规则》第 5.502 款中有关 PFD 限定内容。相关课题研究中系统参数采用 ITU-R M.1644 建议书（ITU-R,2003b）。

基于表 7.27 给出的海上雷达系统参数和图 7.46 所示天线增益方向图，图 7.47 给出了干扰导致雷达覆盖范围缩小的例子。其中目标高度假设为 1 000m，网格线间距为 10km。

在选定地球站的发射功率和位置时，应保证雷达所处位置满足指标 $I/N=-6$dB，同时采用如下传播模型。

- ITU-R P.528 建议书给出的适用于 $p=50\%$ 的雷达信号传播模型。
- ITU-R P.452 建议书给出的适用于 $p=50\%$ 的来自 FSS 地球站的干扰信号传播模型。

若雷达天线副瓣方向遭受干扰信号，则会使雷达在所有方向的覆盖范围减小，且在雷达指向干扰台站的方向上，雷达覆盖范围的减小量最大。需要指出，由于舰载雷达天线的仰角往往固定，当飞机飞临舰船上空时，信号将产生一定相对损耗，使得雷达覆盖范围呈现"甜甜圈（doughnut）"或圆环形状。

资料 7.5 Visualyse Professional 软件仿真文件"Radar Example.sim"可用于生成本例结果。

表 7.27 海上雷达系统参数案例

参数	参数值
频率/GHz	13.5
带宽/MHz	10.0
发射功率/dBW	40.0
天线峰值增益/dBi	31.5
天线高度/m	36.0
天线仰角/°	4.5
目标反射截面积/m²	250.0
接收机噪声温度/K	1 445.4
$T(C/N)$见（Skolnik，2001）/dB	15.75

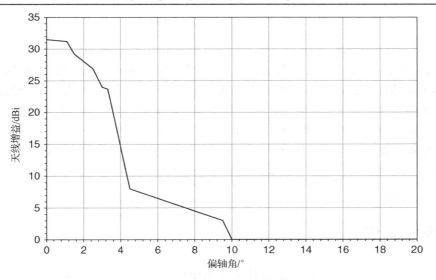

图 7.46　雷达天线增益方向图案例

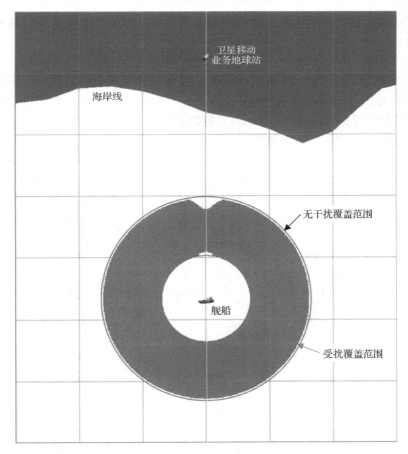

图 7.47　干扰对雷达覆盖范围影响案例（图片来源：Visualyse Professional 软件）

ITU-R M.1644 建议书指出，根据雷达方程和自由空间路径损耗模型，$T(I/N)$=-6dB 相当于在干扰源方向雷达的覆盖范围减小约 6%，也相当于裕量衰减 1dB，即

$$\Delta M = 2 \times 20 \lg(1 - 0.06) \sim 1 \text{dB} \tag{7.90}$$

图 7.47 中在干扰地球站方向上，雷达作用距离由 16.5km 缩短至 14.4km，减小约 12.6%。雷达作用距离的减少量之所以大于上述 6%，原因是图中计算过程采用 P.528 传播模型，且雷达天线主瓣未直接指向目标。与 5.10.5 节类似，例 7.33 也可作为反映无线电台站覆盖减少量与 $T(I/N)$ 之间相关性的例子。实际中，台站覆盖范围取决于诸多特定参数（如地形），最好先采用 I/N 限值开展通用分析，再将其作为台站规划计算的一个输入条件。

虽然 I/N 通常表示集总限值，但在例 7.33 中，由于受扰业务（雷达）和干扰源（FSS ES）均采用高方向性天线，且雷达天线波束范围内 FSS ES 部署密度较小，因此 I/N 干扰主要由最大单输入干扰源确定。

7.8   N 系统方法

无线电管理的一个重要目标是提高频谱资源使用效率。实际中，电磁干扰往往是影响无线电系统的部署数量的重要因素。为预测特定区域内能够共存的系统数量，可考虑采用 N 系统方法。该方法基于仿真原理，通过不断增加系统数量，直至在干扰条件限制下，系统数量不能再增加为止。

例 7.34

图 7.48 表示某 200×200km^2 区域内点对点（PtP）固定链路分布情况，图中网格线间距为 10km，点对点固定台站的位置随机分布，其链路参数如表 7.28 所示。对于每种分布样式，计算每条链路对其他链路的集总 I/N，直到该条链路满足集总 $T(I/N)$=-6dB 为止。如本例中，在满足集总限值之前，可增加 146 条链路。

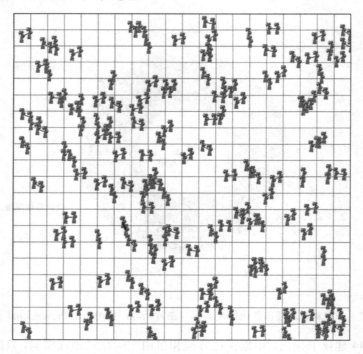

图 7.48   配置第 146 条固定链路时出现干扰（图片来源：Visualyse Professional 软件）

表 7.28　固定业务系统参数

参数	参数值
频率/GHz	28.1
带宽/MHz	14
天线直径/m	0.3
天线增益方向图	ITU-R F.1245 建议书
方位角	[000°，360°]随机数
无线跳长度	5km
馈线损耗/dB	1
噪声系数/dB	7
干扰信号传播模型	ITU-R P.452 建议书
相关时间百分比	50%

　　虽然本例在运行至第 146 条链路时仿真终止，但对该频段和区域来讲，链路并未完全饱和。因此 N 系统方法设置了循环路径，使用户可以按照随机原则尝试其他配置方案。当按照先前确定的试验次数无法再配置新系统时，该算法将进入终止状态，算法运行框图如图 7.49 所示。

　　图 7.49 所示流程可分为下列步骤（采用例 7.34 中固定业务场景）。

　　（1）定义场景条件，本例中区域面积为 $200 \times 200 \text{km}^2$，采用 ITU-R P.452 建议书传播模型。

　　（2）将系统总数设为 0，即开始时仿真模型中不存在点对点固定业务。

　　（3）生成一个新系统，本例中该系统为点对点链路，其方位角随机取值，单跳距离为 5km。

　　（4）将该新系统部署至仿真模型中随机位置（在 $200 \times 200 \text{km}^2$ 内部）。

　　（5）开展干扰分析，本例中干扰路径为每个固定业务链路的发射台站至所有其他固定业务链路接收台站（不包含正常信号链路），集总 I/N 计算中采用 P.452 和光滑地表传播模型。

　　（6）若仿真中所有系统均满足限值要求，则执行第 7 步，否则执行第 8 步。本例中限值为 $T(I/N)=-6\text{dB}$。

　　（7）系统计数加 1，然后执行第 3 步。

　　（8）若存在其他可用位置，则尝试该位置并执行第 3 步；否则执行第 9 步。由于本例中固定业务链路随机部署，可尝试的部署位置数量不限，因此在放弃尝试之前可尝试 N_{trial} 个随机位置。

　　（9）N 系统方法的输出为部署成功的系统数量。本例中为简化起见，取 $N_{\text{trial}}=1$，$N_{\text{FS}}=146$。

　　注意在上述干扰分析阶段，即第 5 步可采用静态分析法、区域分析法或蒙特卡洛分析法等方法，也可采用 $X=\{I, I/N, C/I, C/(N+I), \cdots\}$ 中任意指标。同时干扰计算中应考虑极化、带宽或掩模积分等所有相关因素。

　　由于上述分析过程包含随机元素，因此分析结果为概率分布，典型分布形式为均值和标准差为 (μ, σ) 的正态分布，而非单值。

　　由于 N 系统方法涉及多系统部署的总干扰限值，因此将集总干扰而非单输入干扰作为指标更为合适。由于集总干扰存在边缘效应，因此通常采用下列两种几何方法消除边缘效应的影响。

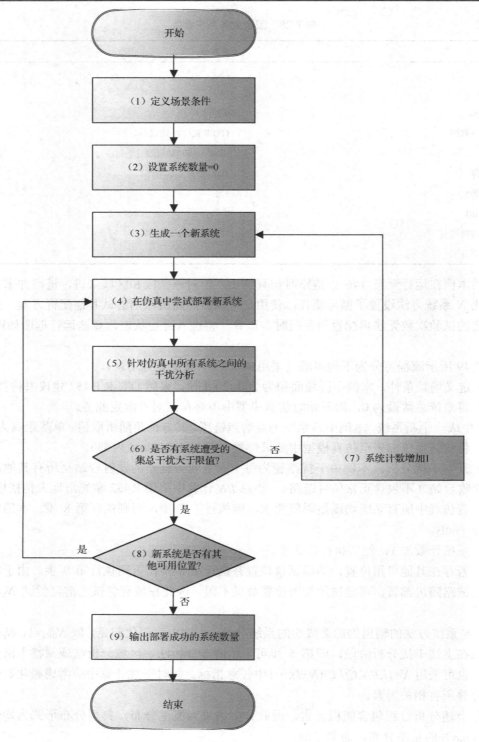

图 7.49　N 系统方法

（1）定义内部和外部两个区域，且仅计算中间区域内系统数量，由于这一区域内系统数量较少，从而避开边缘效应。

（2）采用环绕几何配置，详见 3.8.2 节。

A 类系统的干扰受限密度 D_A（单位为数量/km²/MHz）可通过区域面积和系统带宽表示为

$$D_A = \frac{N_A}{\text{Area} \cdot B_{\text{MHz}}} \tag{7.91}$$

基本的单系统方法可用于：

- 分析特定频段和区域内可部署的 A 类系统的总数量 N_A，以确定频段最大容量或价值。
- 比较频段占用度的预测值与实测值，确认某频段的饱和度。
- 分析单输入干扰和集总干扰的区别，例如采用 5.9 节所述方法，根据集总干扰限值求单输入干扰限值，并确定该限值随频段使用趋于饱和而增大的关系。

若将 N 系统方法按照以下两种方式扩展，则还可用于确定其他指标。

- 通过分析 N_A 对输入变量的灵敏度（sensitivity），用来确定该变量对频谱效率的影响
- 在测试区域内部署数量为 N_B 的 B 类系统，则计算 N_A 时不仅要考虑 A 类系统间干扰，还要考虑 A 类系统对 B 类系统的干扰，以及 B 类系统之间的干扰。

若按照第一种方式扩展，则 N 系统方法可用于分析固定业务系统采用更高调制阶数（可支持评估链路数据传输容量改善与抗大功率干扰性能的关系）或增大天线尺寸（虽然会增加成本，但也会增加特定频段可用链路数量）对 N_A 的影响。

上述因素还会对频谱定价等政策问题产生影响。许多国家的主管部门会对 PMR 或 FS 等系统的台站设置收取费用。通过采用 N 系统方法，可定量评估台站设置的频谱机会成本（spectrum opportunity cost），进而确定频谱执照价格；还可通过计算天线峰值增益和频谱利用率的关系，导出标准定价算法（standardised pricing algorithm）。

若按照第二种方式扩展，则 N 系统方法可用来确定两种业务频谱共用条件，其中一个系统的部署会影响另一个系统的部署。

例 7.35

假设针对如下两个系统开展干扰分析研究（Pahl，2002），其频率 18GHz。

- 系统 A 为点对点固定链路。
- 系统 B 为 GSO 接收地球站。

仿真分析中，在未部署 GSO 地球站情况下，某 40×40km² 试验区域内可部署的固定链路数量的均值为 33 个，其标准差为 5.6。随着 GSO 地球站开始部署且数量不断增加，为防止产生有害干扰（对固定链路或 GSO 地球站），固定业务链路数量的均值将逐渐减小，如图 7.50 所示。

回归分析表明，地球站数量 N_{FS} 与固定业务链路数量 N_{ES} 之间存在强相关性，即

$$N_{FS} = 33 - \frac{1}{93} N_{ES} \tag{7.92}$$

由图 7.50 仿真结果可知，地球站部署数量每增加 93 个，可部署的 PtP 固定链路平均数量可减少 1 个。因此可做出如下推断，即若相关系统采用上述参数，则接收地球站使用频谱的执照价格应为点对点固定系统的 1/93。当然实际中主管部门还要考虑地球站上行链路频谱价格，并将其计入整体执照价格。

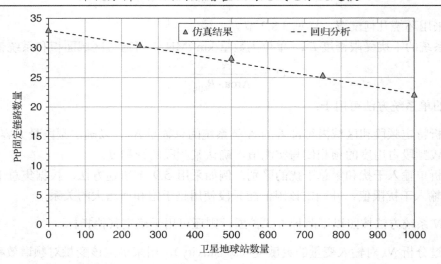

图 7.50　地球站数量和固定业务链路频谱可用度损失关系曲线

上述方法可推广为式（7.93），用于确定系统 A 与系统 B 频谱机会成本，即

$$N_A = N_A(0) - \alpha_{AB} N_B \tag{7.93}$$

其中，$N_A(0)$ 表示在未部署 B 类系统情况下，某区域内可部署 A 类系统的数量，每增加一个 B 类系统的频谱机会成本等价为 A 类系统数量与 α_{AB} 的乘积，即 B 类系统的频谱机会成本 O_C 可用 A 类系统的 O_C 表示为

$$O_C(B) = \alpha_{AB} \cdot O_C(A) \tag{7.94}$$

例 7.36

英国通信办公室采用 N 系统方法开展 2.4GHz 频谱占用度研究（Aegis Systems 公司和 Transfinite Systems 公司，2004），用来分析蓝牙（BT）、微波炉（MO）和两种电子新闻采集（ENG）系统对 Wi-Fi 系统性能影响。在未部署任何其他系统情况下，$1 \times 1 \text{km}^2$ 区域内可部署的 Wi-Fi 系统数量约为 25 个。

通过采用 N 系统方法，可确定各种干扰系统对 Wi-Fi 系统的影响，并得到如下具有强相关性的回归分析表达式。

$$N_{\text{Wi-Fi}} = 24.67 - \alpha_I N_I \tag{7.95}$$

表 7.29 给出了各类系统的 α 因子。由表可知，相比 ENG 系统，Wi-Fi 系统更易与 BT 系统实现频谱共用，同时微波炉的 α 因子也较小。

表 7.29　基于 N 系统方法开展 2.4GHz 频段共用研究中 α 因子取值示例

干扰系统	α	单位
BT	0.007	Wi-Fi/BT/km²
MO(0.05)	0.142	Wi-Fi/MO/km²
MO(0.1)	0.202	Wi-Fi/MO/km²
ENG-1	21.220	Wi-Fi/ENG/km²
ENG-2	4.890	Wi-Fi/ENG/km²

上述干扰分析还采用了详细蒙特卡洛分析法，并基于下列准则将 $T[C/(N+I)]$ 映射为误码率（BER）。

在超过 $X\%$ 位置和超过 $Z\%$ 时间满足 BER$<Y$。

由于 BT 系统带宽小于 Wi-Fi 系统带宽，因此可在 Wi-Fi 系统带宽内随机选择 BT 系统使用频率。对于带宽大于 Wi-Fi 系统带宽的其他系统，则需要对其进行适当缩减（scaled downward）。

N 系统方法除了可用于确定频谱机会成本外，还可用于评估两种潜在技术与另一种业务的兼容性。例如，由表 7.29 可知，相比 ENG-1 系统，ENG-2 系统虽然更容易与 Wi-Fi 系统实现兼容，但 EGN-1 可以提供更好的业务质量。因此，还应考虑其他指标来反映系统间的兼容性。

例如，可定义下列指标表征能够同时共用频谱的系统总数，即

$$N_{\text{Total}} = N_A + N_B = N_A(0) + (1-\alpha_{AB})N_B \tag{7.96}$$

设每种系统的成本为 V，则部署两种系统的总成本为

$$V_{\text{Total}} = V_A N_A(0) + (1-\alpha_{AB})V_B N_B \tag{7.97}$$

上述公式适用于一种系统在数量上占优的场景，对于一般情形，特别是对于系统 A 或系统 B 数量相当的情况，还需要开展进一步研究。

需要指出，采用 N 系统方法仅能给出相对频谱机会成本，不能得出绝对频谱价值信息。频谱的实际价值还与市场环境、商业成本、服务成本和相关基础设施成本等外部因素有关，这些内容已超出了本书的范畴。此外，在有些用频需求较低的地区，可用频谱远超出实际需求，则频谱占用情况对台站执照价格的影响很小，业务或执照成本主要由其他因素（如资本、运营等）决定。

前面几个例子均假设台站随机部署，但实际中由于受到诸多因素限制，该假设条件很难满足。例如，对于作为大城市间干线的 PtP 固定链路，其主要限制因素往往并非链路布局，而是如何通过采用高阶调制或极化复用技术，尽量增大高需求链路的容量。这时可基于现有频率指配数据库来确定台站部署位置，并迭代使用该方法。该方法类似于重新规划训练（replanning exercise），即通过重新规划现有频率指配方案，寻求使用更少信道的频率指配方法。

另外，N 系统方法还可针对不同需求设计特定应用框架。例如，欧洲邮电主管部门大会电子通信委员会报告 20（CEPT ECC，2002）在采用 N 系统方法分析固定业务系统部署密度基础上，还分析了固定链路采用星形或菊花链（daisy chain）配置问题，目的是为特定基站提供移动回程网络。

N 系统方法还可用于移动基站网络和各类移动终端系统的干扰受限容量计算。

7.9　通用无线电建模工具

前面各节介绍了多种无线电业务规划和干扰分析方法，这些方法大多面向特定业务，如固定、个人移动无线电（见 7.2 节）、广播（见 7.3 节）和卫星地球站（见 7.1 节和 7.4 节）业务等。这些方法与频谱管理过程相适应，首先将无线电频谱划分为若干频段，每个频段适用于若干业务，然后采用不同软件工具和特定算法实施业务规划，计算各个频段的干扰，如图 7.51 所示。

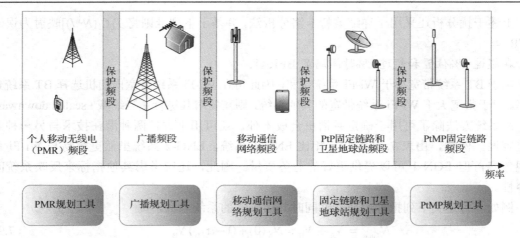

图 7.51　基于特定频段和工具的频谱管理

上述方法通常存在如下不足。

● 必须对频段进行预先划分，而且每种业务的实际需求难以预测，从而导致算法效率不高，如对某种业务的频段划分较细，而对其他业务的频段划分较粗。

● 有些业务仅被允许在特定区域内使用，因此若将整个频段单独划分给这类业务，就会妨碍其他业务在其他区域使用。

● 各业务之间的频率划分需要预留保护频带，而保护频带内的计算往往需要基于多种假设条件，导致计算结果较为保守。

● 执照持有者受到限制，原因是他们对系统的调整需要遵循执照变更程序，同时受到划分频段和软件工具能力的制约。

由于存在上述不足之处，采用传统干扰分析方法可能影响频谱使用效率，因此有必要开发更为高效的频谱管理模式。为此，英国通信办公室（Transfinite Systems、Radio Communications Research Unit，dB Spectrum，LS telcom，2007）组织开发了通用无线电建模工具（GRMT）。

GRMT 项目的目标是开发一种通用的干扰分析算法，能够支持基于技术中立原则颁发频谱执照，并使同一频谱块内多种类型执照之间能够灵活办理使用变更（CoU）。例如：

● 某频段执照持有者已被划分一种业务，要求通过申请使用变更划分另一种业务。

● 若某频段已有业务处于迁往更高频段的过渡期，则在该频段被清空前，可将其用于其他业务。

● 执照持有者希望在某频段内使用某标准频谱产品，但目前该频段尚未被划分给该业务类型。

● 执照持有者希望使用某新型系统，但该系统很难归类至现有业务类型。

● 执照持有者希望获取某标准频谱产品在某频段的用频许可，该频段允许多种业务共同使用，即至少可办理一次使用变更。

● 允许为两个不同业务之间的空闲保护频带颁发执照。

上述场景均希望各类执照之间可灵活变更，即要求开发能够处理不同系统和业务类别的干扰分析算法（及软件工具），如图 7.52 所示。

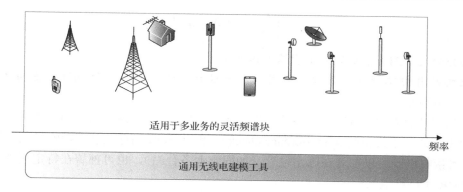

图 7.52　GRMT 支持灵活频谱管理

这里所说的"技术中立"可以理解为"基于参数",即只要相关技术或标准的无线电特征参数可被 GRMT 项目的数据词典定义,就可得到应用。其中数据词典由与所有执照类型相关的通用概念确定,即:

- 执照:包含一个或多个系统。
- 系统:发射或接收,包含部署(deployment)和天线,并采用 TX 或 RX 频谱掩模。
- 天线:定义与指向角相关的增益特性。
- 部署:包括点、线(如边界)或区域。

此外,主管部门还应考虑频谱块(spectrum block)等其他对象类(object class),其中频谱块定义了特定频段和区域的特征和限制条件,同时还定义了边界 PFD 限值,可为其他主管部门提供需求和数据库支持。执照和频谱块均有相关持有者。

GRMT 数据词典的顶层结构如图 7.53 所示。该结构通常通过频谱产品模板(spectrum product template)载入标准执照参数,并作为数据迁移(data migration)活动和用户接口的一部分。

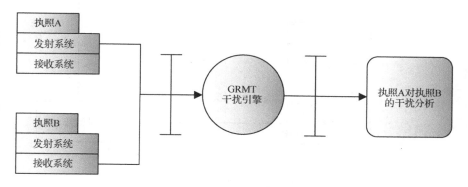

图 7.53　GRMT 数据词典的顶层结构

为分析任意执照类型之间的干扰,需要采用单个干扰分析方法,该方法采用被称为频谱质量基准(Spectrum Quality Benchmark,SQB)的标准限值。其中 SQB 的选择需要考虑本章中所涉及系统和场景的共性,如根据相对于接收机噪声的干扰裕量 M_i,可将 I/N 限值表示为

$$T\left(\frac{I_{\mathrm{agg}}}{N}\right)=10\lg(10^{M_i/10}-1) \tag{7.98}$$

一种充分灵活的频谱管理体制应基于如下理念。

在理想的自由体制下，对频谱使用的唯一限制是为避免有害干扰所实施的必要控制。（Ofcom，2006b）。

若某执照持有者通过 CoU 调整其接收机噪声温度（如降低噪声温度），则不应导致其他合法用户无法通过干扰检验（interference check）。因此 SQB 指标应基于接收机端干扰大小而非 *I/N*，且接收机既可以部署在固定位置（如固定业务台站），也可部署在特定区域内任意位置（如 PMR 手持终端）。

SQB 因此被定义为：

接收机端干扰在超过 *Y*%时间内不应大于 *X*dBW[在超过 *Z*%的位置]。

单输入 SQB 可通过分解项（apportionment term）和集总干扰导出，其中分解项综合考虑了系统数量和带宽重叠度，如式（5.155）所示。

上述 SQB 定义是一种透明、可测量和技术中立的干扰定义方法，可支持每个执照持有者根据预期干扰大小对其业务实施规划。

由于 SQB 与接收系统有关，因此每个系统可定义多个 SQB，如短期限值和长期限值。为某频段申请新执照或对现有执照实施 CoU 时，应校验如下两个方面内容。

（1）确保调整后的合法发射系统不会对现有合法接收系统产生有害干扰。

（2）确保调整后的合法接收系统不会遭受现有合法发射系统产生的有害干扰。

可采用 GRMT 干扰引擎对上述两个方面实施干扰校验，如图 7.54 所示。

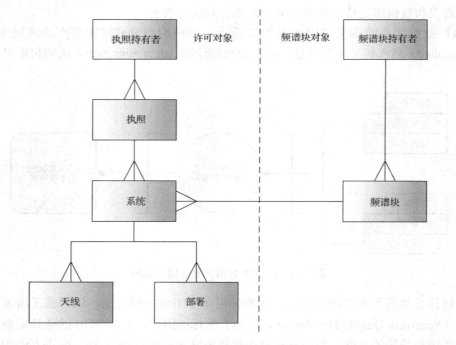

图 7.54　GRMT 干扰引擎

GRMT 干扰引擎采用标准化算法对每个{发射系统，接收系统}集合进行评估，并利用决策树综合考虑台站部署类型和活动情况，以确定应从{静态法、区域分析法、蒙特卡洛分析法、区域蒙特卡洛分析法}中选用何种方法。这些方法对台站部署类型的依赖性如表 7.30 所示。

表 7.30　基于台站部署类型确定 GRMT 干扰分析方法

干扰发射系统	受扰接收系统	
	部署类型=点	部署类型=面
所有部署类型=点	静态分析法	区域分析法
至少一种部署类型=面	蒙特卡洛分析法	区域蒙特卡洛分析法

表中方法均采用同一标准化算法，并采用式（5.63）给出的掩模积分和极化损耗计算干扰信号，即

$$I = P'_{\text{tx}} + G'_{\text{tx}} - L'_{\text{p}} - L_{\text{pol}} + G'_{\text{rx}} - L_{\text{f}} + A_{\text{MI}}(\text{tx}_1, \text{rx}_{\text{W}}) \tag{7.99}$$

式（7.99）适用于同频和非同频干扰分析。GRMT 要求能够灵活适用各种场景和不同频率，这也是开发 ITU-R P.2001 建议书传播模型的一个重要原因，详见 4.3.7 节。

由于 CoU 分析需要针对各个案例分别实施，因此可能需要耗费大量资源且难以预估结果。通过将公开获取算法嵌入相关分析软件，可使执照授权过程更加灵活，并促进频谱管理向高效、透明、可预测方向发展。

例 7.37

如 6.2.1 节所述，许多无线电业务运营商对 3.6～4.2GHz 频段的使用非常关注，该频段适用于如下业务或系统。

- 接收卫星地球站。
- 点对点固定业务（如低延时链路）。
- 单点对多点固定业务（如用于连接 LTE 基站）。
- 公共 LTE 网络，主要是部署于市区或室内的低高度、小功率基站及小蜂窝网络。
- 其他 LTE 网络（如用于公共事业或紧急业务）。
- 未来可能出现的新业务。

为推动形成更为灵活的执照许可机制，可采用图 7.55 所示统一门户网站，辅助主管部门处理所有业务，包括：

- 用户管理，包括保密管理等。
- 采集执照数据，包括基于地图的位置数据。
- 支持执照任务规划（如点对面覆盖许可）。
- 频率指配（在适用区域）。
- 工作流程支持。
- 基于 GRMT 方法的自动干扰评估。
- 报告生成工具，包括执照搜索工具等。
- 签发电子执照（如通过 PDF 格式）。

该门户网站还应具备执照费支付功能，费用计算可采用 7.8 节介绍的 N 系统方法。

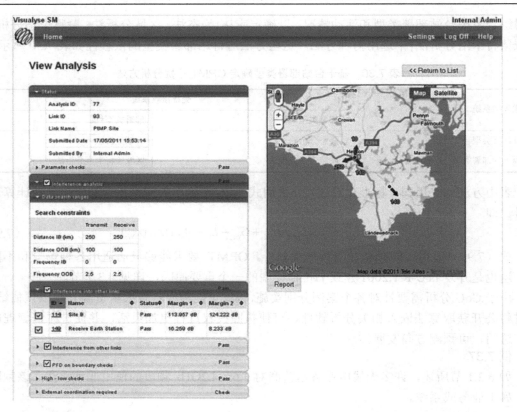

图 7.55　基于 GRMT 干扰引擎的网上授权工具（图片来源：Visualyse Spectrum manager）

通过采用基于 GRMT 的执照授权工具，可将 3.6～4.2GHz 频段分配给部署在密集市区的 LTE 系统，也可分配给其他区域的地球站、点对点固定业务和单点对多点固定业务，同时需要开展大量干扰校验工作，对所有新频率指配或现有频率指配变更进行评估，以确保所有接收机均得到有效保护。其中干扰校验的内容包括：

（1）校验相关参数，如频率、功率、天线高度和部署位置等。

（2）校验新频率指配是否会对现有频率指配造成有害干扰，包括同频和非同频两种情况。

（3）校验新频率指配是否会遭受现有频率指配产生的有害干扰，包括同频和非同频两种情况。

（4）检验所有边界线上的功率通量密度限值。

（5）检验所有高/低站限制条件。

（6）检验是否需要开展涉外协调（如国际协调或双边协调）。

图 7.55 所示门户网站主要用于人工交互，但也应支持机器对机器（M2M）交互，例如可自动将频率指配给同一频段内的固定台站或地球站，如 7.4 节所述。其中自动频率指配还可用于支持白色空间设备（WSD）的频率授权管理，详见 7.10 节内容。

实际上，GRMT 方法反映了授权共享接入（Licensed Shared Access，LSA）的理念，即新用户可以基于相关规则，在确保不对已有用户造成有害干扰的前提下接入特定无线电频段。GRMT 方法在综合考虑同频和非同频干扰情形的基础上，以一种灵活、多频段和基于参数的方式，支持多种无线电业务共用频谱。

7.10　白色空间设备

7.10.1　背景和相关业务

　　根据 7.9 节介绍的授权频谱接入方法，只要各种无线电业务不产生或遭受有害干扰，就可共享同一频段。该方法能够支持主管部门对频谱授权过程实施控制，并获取特定频段内所有发射系统和接收系统的位置、频率等特征数据。由于授权频谱接入方法需要对每个台站实施单独授权，导致行政性支出相对较高。通过采用电子执照门户网站（如图 7.55 所示），能够显著降低行政性支出，当单个台站的执照费高于频谱和行政性支出时，授权频谱接入就能被行政部门接受。

　　但是，当需要对大量设备实施频谱授权时，其管理成本仍然偏高。主管部门希望通过频谱感知或 M2M 通信，建立一种无须人工干预的自动频谱授权机制，并将其应用于白色空间设备。

　　由于白色空间设备通常与电视业务共用频谱，因此也被称为电视频段设备（TVBD），其相关技术也适用于其他多种业务。图 7.56 描述了白色空间设备与电视业务共用频谱的核心概念。

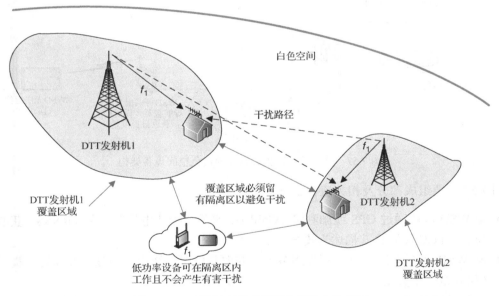

图 7.56　TV 发射台覆盖区域之间的白色空间

　　地面数字业务的发射台站通常功率较大、天线高度较高，这使得电视发射信号能够覆盖较大区域，但也可能造成特定区域无法正常接收其他发射台信号，因此不同发射台的覆盖区域必须留有隔离区，以避免相互干扰[*]。若电视服务区如图 7.56 中阴影区所示，则阴影区之间的区域即为白色空间。图中白色空间可被其他业务使用，若这些业务采用小发射功率、低天线高度，则其对主要业务造成干扰的范围相当有限。

---

[*] 单频网络（SFN）可在同一覆盖区域部署多个发射台，但多个同频网络覆盖区域之间仍需留有隔离区。

通过采用 7.3 节所述方法，可预测各广播电视发射台的覆盖区域，而且一旦广播电视网络完成规划，其覆盖区域的变化会非常缓慢。因此，对于这些覆盖区域之间的白色空间，其位置和频率均可预测且非常稳定，可供白色空间设备持续使用。白色空间的位置可通过下列两种方法确定。

（1）频谱感知，即白色空间设备通过对所有 TV 信号实施监测，避免对邻近区域正在使用的 TV 信道产生干扰

（2）地理位置数据库（或地理数据库），即白色空间设备确认其所处位置，然后通过接入数据库服务器获取该位置可用频率列表。

实际中，由于可能存在如图 3.22 所示隐藏节点，从而为频谱感知方法的应用带来许多困难。本节重点讨论地理位置数据库方法，该方法原理如图 7.57 所示。

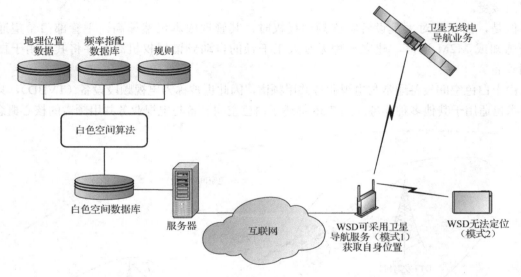

图 7.57　基于地理位置数据库的白色空间设备架构

图 7.57 主要组成部分及相关流程如下。

- 某 WSD 能够通过 GPS 或伽利略（Galileo）等卫星无线电导航业务（RNSS）获取自身位置（FCC 规则将其描述为模式 1）。
- 该 WSD 通过互联网接入预设服务器，获取其位置（纬度，经度）及其设备类型信息（如固定、个人/便携式等）。
- 该预设服务器向白色空间数据库发送请求，获取该型 WSD 在当前位置的可用信道列表。
- 白色空间数据库基于白色空间算法（详见后文）周期性更新如下数据。
  - ○ 地理位置数据，包括边界、地形高度、陆地使用代码等数据。
  - ○ 频率指配数据，如 TV 发射台或其他授权业务台站的位置和使用信道等数据。
  - ○ 规则，具体见后文。
- 若某 WSD 无法定位（FCC 规则将其描述为模式 2），则仍能通过模式 1 设备为其提供白色空间频率，进而获取可用信道列表。

由于 VHF 和 UHF 频段比更高频段（如 Wi-Fi 使用的 2.4GHz 频段）的传播损耗小，穿透建筑物的损耗小，可为电视业务提供较好的覆盖效果，这一优势尤其适用于乡村地区。例如，白色空间设备可为 Wi-Fi 难以覆盖的农场远端建筑物提供服务。因此可将白色空间设备作为 Wi-Fi 的替代业务，并以免执照方式提供类似服务。

由于 VHF 和 UHF 频段的传播特性极佳，引起了诸多无线电业务青睐。除电视广播业务外，美国国内使用该频段的其他无线电业务包括（FCC，2010）：

- TV 接收站（TVRS），包括转发站和信号增强站（booster station），这些站点采用固定高增益天线接收标准覆盖区域以外的视频信号，再以相同频率或不同频率进行转发。
- 多通道视频编程分发（MVPD）接收站，例如采用固定高增益天线接收标准覆盖区域以外的视频信号，再通过电缆传输系统转发。
- 固定广播辅助服务（BAS），例如将广播节目由演播室传输至 TV 广播发射台。
- PMR 和公共移动业务。
- 海上无线电话业务，如为海上油气钻井设备提供电话服务。
- 小功率辅助服务，包括无线麦克风和控制/同步系统等广播业务附属设备。
- 射电天文业务，包括超大型阵列（VLA）等。
- 免执照设备，例如医疗探测和远程控制设备等。

各国 VHF 和 UHF 频段的使用和保护业务并不相同，例如在英国该频段主要用于数字陆地电视（DTT）、节目制作和重要事件（PMSE）。同时还应考虑如何保护电视接收机免受邻国同频或邻频业务的（如移动业务）有害干扰。

为保护 VHF 和 UHF 频段主要业务免受干扰，有必要开发相关算法，用于计算特定位置可用信道、最大发射功率或 EIRP。下面列出两种参考方法。

- FCC 方法：该方法基于等值线和距离，详见 7.10.2 节。
- Ofcom 方法：该方法基于 DTT 覆盖范围的缩小量，详见 7.10.3 节。

7.10.4 节对上述两种方法在特定场景下的性能进行了比较，更多信息可参考 ERC 报告 185（CEPT，2011a）和 ERC 报告 186（CEPT，2011b）。

7.10.2　FCC 方法

本节介绍美国联邦通信委员会（FCC）法规第 15.700 部分给出的基于等值线和距离的 TVBD 性能预测方法，其核心概念如图 7.58 所示。

图中主要涉及两类电视频段设备。

- 固定 TVBD：这类设备部署位置固定（或已知），其天线离地高度小于 30m，地面平均高度（HAAT）小于 76m。相比个人/便携式设备，固定 TVBD 可接入更多信号，适用于固定对固定通信，且必须采用工作模式 1。
- 个人/便携 TVBD：这类设备可采用工作模式 1（若具备定位功能）或工作模式 2（若不具备定位功能），工作频段为 512～608MHz（电视 21～36 频道）或 614～698MHz（电视 38～51 频道）。

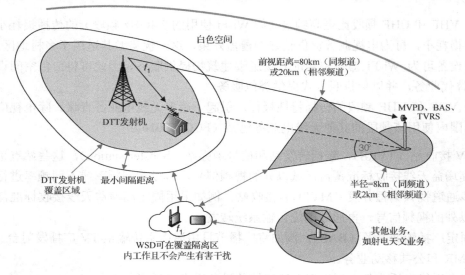

图 7.58　TVBD 干扰保护等值线

为保护射电天文业务，TVBD 不应使用 608～614MHz 频段，即电视 37 频道（注意美国电视频道宽度为 6MHz）。为保护邻国电视业务，可在频率指配数据库中载入美国边境沿线的邻国电视接收频率数据。TVBD 的定位精度应优于 50m。

作为图中核心概念，保护等值线可包含如下几种样式。

（1）多边形：用来定义 TV 覆盖区域边缘地带。

（2）锁眼形状：用于定义 MVPD、BAS 或 TVRS 接收机周围区域。

（3）矩形或圆形：用于定义无线麦克风或射电天文台等其他业务保护区域。

FCC 法规第 73 部分给出了 TV 覆盖范围预测方法，其中覆盖边沿地带的信号场强如表 7.31 所示，传播模型引自报告 R-6602（FCC，1966），该模型与 ITU-R P.370 建议书传播模型（曾用于开发 P.1546 模型）类似，给出了随地形粗糙度和发射天线高度变化的信号场强曲线簇。其中信号场强为超出 $q\%$ 位置百分比和 $p\%$ 时间百分比的场强 $F(q,p)$，并分别给出 10% 和 50% 时间百分比场强，同时建议通过设定场强时间变量服从正态分布，进而导出 90% 时间百分比场强值。TV 覆盖范围通常以半径大小和单个闭环形状表示。

除保护等值线外，TVBD 还应与 DTT 保护等值线之间保持一定的间隔距离，间隔距离大小与前者是否工作在 TV 业务的相同或相邻频道有关，如表 7.32 所示。

表 7.31　TV 业务保护等值线

台站类型	保护等值线		
	频道	场强/dBμV	传播曲线
模拟	低 VHF（2～6）	47	F(50,50)
	高 VHF（7～13）	56	F(50,50)
	UHF（14～69）	64	F(50,50)
数字	低 VHF（2～6）	28	F(50,90)
	高 VHF（7～13）	36	F(50,90)
	UHF（14～51）	41	F(50,90)

表 7.32　TVBD 与 DTT 保护等值线之间的间隔距离

TVBD 高度 h	与 TV 保护等值线的间隔/km	
	同频道	相邻频道
$h<3m$	6.0	0.1
$3m \leqslant h<10m$	8.0	0.1
$10m \leqslant h \leqslant 30m$	14.4	0.74

对于安装 MVPD、BAS 或 TVRS 系统的接收台站，其保护等值线通常为锁眼形状，且满足：

● 接收台站与相关 TV 发射台之间的距离为 80km（同频道）或 20km（相邻频道）。
● 锁眼角度：接收台站与相关 TV 发射台的连线两侧各 30°。
● 台站覆盖半径：8km（同频道）或 2km（相邻频道）。

TVBD 系统与其他业务之间的保护距离与后者特性有关。例如，无线麦克风与固定 TVBD 之间的保护距离为 1km，与个人/便携式 TVBD 之间的保护距离为 400m。射电天文业务与 TVBD 之间的保护距离为 2.4km。

固定 TVBD 系统的功率限值为 1W，即 0dBW，天线增益为 6dBi，因此其最大 EIRP 为 6dBW，信道带宽为 6MHz。TVBD 可以采用高增益天线，但必须相应地减小发射功率，以确保 EIRP 不超出限值要求。个人/便携式 TVBD 的 EIRP 限值通常为 100mW，即 20dBm/6MHz。当 TVBD 采用工作模式 2 且位于表 7.32 所列保护等值线附近或内部时，其 EIRP 限值将降至 16dBm/6MHz。为防止相邻频道产生干扰，一般要求邻道功率谱密度比带内最大功率谱密度均值降低 55dB，单位为 dBW/100kHz。

7.10.3　Ofcom 方法

英国 Ofcom 提出了另一种 WSD 性能预测方法，该方法将 DTT 网络覆盖范围的减少量作为限值指标。尽管 Ofcom 方法比 FCC 方法应用广泛，但若对相关问题做出适当假设，则两种方法对 WSD 的限制条件大体类似。

上述两种方法在某方面存在明显区别，如 Ofcom 方法适用的英国 DTT 频道带宽为 8MHz。同时，两者采用不同规划算法预测 TV 覆盖范围。

● 美国 FCC：基于径向区域分析方法求得多边形等值线。
● 英国 Ofcom：采用网格区域分析方法，需要利用每个 $100 \times 100m^2$ 网格内信号场强均值和标准差。

此外，由于 Ofcom 方法基于欧洲标准化协会标准 EN 301 598（ETSI，2014b），因而采用了一些特定术语，如：

● A 类台站：室外固定台站。
● B 类台站：室内或室外的便携式/移动台站。

Ofcom 方法原本用于保护英国境内的 DTT 业务。图 7.59 中，PMSE 业务及其相邻频段业务（如移动通信）位于英国，DTT 业务位于英国邻国。则 WSD 最大允许功率为

$$P_{\text{WSD}} = \min(P_{\text{WSD,DTT}}, P_{\text{WSD,PMSE}}, P_{\text{WSD,Int}}, P_{\text{UA}}, 36\text{dBm}) \tag{7.100}$$

其中，$P_{\text{WSD,DTT}}$——通过 DTT 保护算法求得的最大允许功率；

　　　　$P_{\text{WSD,PMSE}}$——通过 PMSE 保护算法求得的最大允许功率；

　　　　$P_{\text{WSD,Int}}$——国际边界最大允许功率；

　　　　P_{UA}——Ofcom 针对非预期调整所设限值。

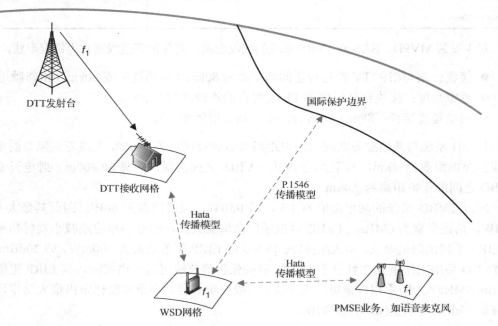

图 7.59　Ofcom WSD 算法核心业务及传播模型

上式中 $P_{\text{WSD,DTT}}$ 的计算需要利用覆盖率 q 减少量的限值 $\Delta q_{\text{T}}=7\%$，且

$$q_2 = q_1 - \Delta q_{\text{T}} \tag{7.101}$$

英国 Ofcom 取无干扰最小覆盖率 $q_1=70\%$，若考虑干扰影响，则 $q_2=63\%$。若位置可变性标准差为 5.5dB，则裕量的减小量为

$$\Delta M = 2.8 - 1.8 = 1\text{dB} \tag{7.102}$$

在 DTT 覆盖边缘地带，其所对应的限值 I/N 为

$$T\left(\frac{I}{N}\right) = -6\text{dB} \tag{7.103}$$

在 DTT 其他覆盖区域，$T(I/N)$ 将显著提高（见例 7.38）。在 DTT 接收网格内允许的 WSD 干扰 z 可通过下列参数计算（均取绝对值）。

● 所需 DTT 信号电平 $p_{\text{S,min}}$。

● 预测的有用信号，满足正态分布 $p_{\text{S}}=N(m_{\text{S}}, \sigma_{\text{S}}^2)$。

● 预测的 DTT 无用信号，满足正态分布 $p_{\text{U},k}=N(m_{\text{U},k}, \sigma_{\text{U},k}^2)$。

● DTT 对 DTT 干扰的保护率 $\text{pr}_{\text{DTT}}(\text{cli}, \Delta f)$。

● WSD 对 DTT 干扰的保护率 $\text{pr}_{\text{WSD}}(\text{cli}, \Delta f)$。

- 网格内覆盖减少量 $\Delta q_{\mathrm{T}} = 7\%$。

式（7.101）中两种覆盖率的计算式为

$$q_1 = P_{\mathrm{r}}\left\{ p_{\mathrm{S}} \geqslant p_{\mathrm{S,min}} + \sum_{k=1}^{K} \mathrm{pr}_{\mathrm{DTT}} \cdot p_{\mathrm{U},k} \right\} \tag{7.104}$$

$$q_2 = P_{\mathrm{r}}\left\{ p_{\mathrm{S}} \geqslant p_{\mathrm{S,min}} + \sum_{k=1}^{K} \mathrm{pr}_{\mathrm{DTT}} \cdot p_{\mathrm{U},k} + z \cdot \mathrm{pr}_{\mathrm{WSD}} \right\} \tag{7.105}$$

$$\Delta q_{\mathrm{T}} = q_1 - q_2 \tag{7.106}$$

采用本书格式可将式（7.104）和式（7.105）改写为

$$q_1 = P_{\mathrm{r}}\left\{ \frac{c}{n + \sum\limits_{k=1}^{K} i_{\mathrm{DTT},k}} \geqslant t\left(\frac{c}{n+i}\right) \right\} \tag{7.107}$$

$$q_2 = P_{\mathrm{r}}\left\{ \frac{c}{n + \sum\limits_{k=1}^{K} i_{\mathrm{DTT},k} + i_{\mathrm{WSD}}} \geqslant t\left(\frac{c}{n+i}\right) \right\} \tag{7.108}$$

对于相邻频道情形，可将式（7.108）调整为

$$q_2 = P_{\mathrm{r}}\left\{ \frac{c}{n + \sum\limits_{k=1}^{K} i_{\mathrm{DTT},k} + i_{\mathrm{WSD,co}} \cdot a_{\mathrm{MI}}} \geqslant t\left(\frac{c}{n+i}\right) \right\} \tag{7.109}$$

其中，a_{MI} 为掩模积分因子，根据式（5.82），有

$$a_{\mathrm{MI}} = \frac{1}{\mathrm{acir}} \tag{7.110}$$

由于 DTT 有用信号和干扰信号场强均服从正态分布，因此需要采用蒙特卡洛仿真方法，通过迭代生成满足式（7.106）的 i_{WSD} 限值 $t(i)$。

在此基础上，利用干扰信号链路预算公式求得 WSD 最大允许功率，以满足 DTT 接收网格保护要求，即

$$T(I) = P_{\mathrm{WSD,DTT}} - L_{\mathrm{Hata}} + G_{\mathrm{DTT}} \tag{7.111}$$

或

$$P_{\mathrm{WSD,DTT}} = T(I) + L_{\mathrm{Hata}} - G_{\mathrm{DTT}} \tag{7.112}$$

其中，L_{Hata} 为基于 Hata/COST 231 传播模型计算得到的传输损耗；G_{DTT} 为根据 ITU-R BT.419 建议书中天线方向图确定的接收天线增益，该天线方向图如图 7.13 所示，且假设其主瓣指向 DTT 发射机。此外，还要考虑建筑物穿透损耗和人体损耗等其他因素。

上述计算过程须遍历每个 WSD 网格和各个信道，且每次计算均需考虑所有频道对应的 DTT 网格和 DTT 发射台，因此整个计算过程需要循环多次。此外，计算过程中还应考虑下列因素。

- WSD 位置具有不确定性。

● WSD 可能为次要用户提供跨区域服务。

因此，除 WSD 所处网格外，还应在多个位置对 WSD 设备进行检验，如图 7.60 所示。此外，还应考虑到若 WSD 和 DTT 接收台站处于相同或相邻网格，网格内总传输损耗和接收相对增益可能发生显著变化，这时可采用蒙特卡洛分析法计算不超出给定位置百分比的总耦合增益 $G=L_\mathrm{P}-G_\mathrm{DTT}$。

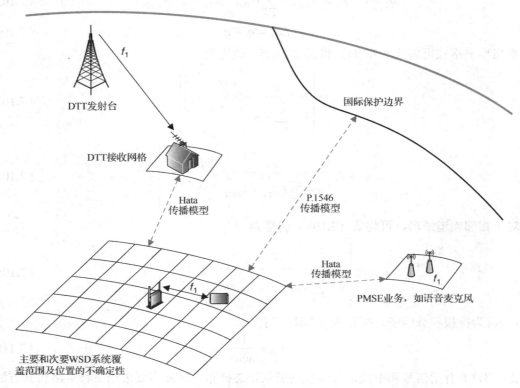

图 7.60　针对每个 DTT/PMSE 位置网格检验 WSD 网格范围

上述循环计算过程应包含同频道和相邻频道两种情形，它们对应的网格半径分别为 8km（同频道）和 2km（相邻频道）。同时可通过调整 PR(C/I)或式（7.112）中 ACIR 来建立相邻频道干扰模型。

基于 ITU-R P.1546 建议书传播模型和触发国际协调的 GE06 场强限值（见表 7.33），可计算出用于保护国际边界 $P_\mathrm{WSD,Int}$ 的最大 WSD 功率。这也是基于式（7.21）中场强计算公式开展国际保护边界干扰分析的例子。

表 7.33　触发国际协调的 GE06 场强限值

频段	频段 IV	频段 V	频段 VI
频道	21～34	35～51	51～69
频率/MHz	470～582	582～718	718～862
场强/（dBμV/m）	21	23	25

需要受到保护的 PMSE 业务包括无线麦克风、对讲机、入耳式监听耳机、语音编程链路

和部分视频/数据链路等。相关干扰限值为

$$T(I) = -104\text{dBm} / 200\text{kHz} \tag{7.113}$$

因此能使 PMSE 免受干扰的最大 WSD 功率为

$$P_{\text{WSD,PMSE}} = T(I) + L_{\text{Hata}} - G_{\text{PMSE}} \tag{7.114}$$

另外，还有一个无线麦克风使用电视 38 频道的例子，该无线麦克风位置未知，假设其部署于参考位置。经计算，$T(I/N)$=+10dB，设 DTT 接收机噪声系数为 7dB，则 $T(I/N)$远大于接收机噪声电平。

有关 Ofcom 方法的更多信息可参考 Ofcom（2015）。

7.10.4　两种方法的比较

FCC 方法通过规定 TVBD 与 DTT 保护等值线的最小间隔距离，防止两者同频工作或覆盖重叠。而 Ofcom 通过定义 DTT 覆盖率的最大减少量，防止其与其他系统同频工作或覆盖重叠。这两种方法均是从 DTT 角度出发给出相关限值，因而有必要从 WSD 设备视角，考虑其是否能在 DTT 覆盖区域内正常工作。

例 7.38

某 WSD 设备与 DTT 发射台相距小于 1km，在考虑 WSD 设备干扰和不考虑 WSD 设备干扰两种情形下，DTT 接收台站的链路预算如表 7.34 所示。其中干扰信号场强正好使 DTT 的覆盖率减小 7%。

表 7.34　WSD 与 DTT 同频且重叠覆盖情形下的 DTT 链路预算案例

DTT 链路预算	无干扰	有干扰	备注
频率/MHz	610	610	根据例 7.11
带宽/MHz	7.9	7.9	根据例 7.11
发射功率 P_{tx}/dBW	40	40	假设
距离/km	1	1	假设
自由空间传输损耗 L_{fs}/dB	88.3	88.3	式（3.13）
接收天线增益 G_{rx}/dBi	9.15	9.15	根据表 7.13
接收噪声系数/dB	7	7	根据例 7.11
接收噪声 N/dBW	−128.0	−128.0	式（3.60）
接收干扰 I/dBW	—	−69.0	迭代生成
接收（$N+I$）/dBW	−128.0	−69.0	根据 N、I 计算求得
I/N/dB	—	59.0	=I−N
接收信号 C/dBW	−39.1	−39.1	=P_{tx}−L_{fs}+G_{tx}
$C/(N+I)$/ dB	88.9	29.9	=C−（$N+I$）
限值 $T[C/(N+I)]$/dB	21.6	21.6	根据例 7.11
有用信号变化/dB	5.5	5.5	标准差
覆盖率/%	100	93	导出

表 7.34 中 I/N 远大于式（7.103）给出的 -6dB 限值。假设 WSD 与 DTT 接收台站相距 20m，根据表 7.35 中参数及式（7.112），可求得 WSD 最大发射功率值。

表 7.35　根据干扰限值得出的 WSD 最大功率值案例

参数	参数值
干扰信号/dBW	−69.0
接收天线增益/dBi	9.15
发射天线增益/dBi	0.0
距离/m	20.0
自由空间传输损耗/dB	54.2
最大功率/dBW	−24.0

根据 WSD 最大发射功率值，可求得距离 WSD 设备 5m 处的有用信号功率值，再结合距离 DTT 发射台 1km 处的干扰信号功率值（如表 7.36 所示），就可计算出 C/(N+I)=−18dB。

表 7.36　WSD 有用信号和 DTT 干扰信号链路预算案例

链路预算	WSD 有用信号	DTT 干扰信号
频率/MHz	610.0	610.0
带宽/MHz	7.9	7.9
发射功率/dBW	−24.0	40.0
距离/km	0.005	1.0
自由空间传输损耗/dB	42.2	88.3
接收天线增益/dBi	0.0	0.0
接收机噪声系数/dB	7.0	7.0
接收噪声/dBW	−128.0	−128.0
接收干扰/dBW	−48.3	−69.0
接收（N+I）/dBW	−48.3	−69.0
接收信号/dBW	−66.2	−48.3

可见，尽管 Ofcom 方法支持 WSD 设备与 DTT 系统同频/重叠覆盖，但由于 WSD 设备可能遭受有害干扰或可用覆盖范围过小，因此该方法很难具备可实施性。

无论采用 Ofcom 方法还是 FCC 方法，当 WSD 和 DTT 满足一定距离间隔时，均可同频共用频谱。下面对这两种方法得出的间隔距离做出对比。

例 7.39

某 WSD 设备期望与 DTT 台站按照图 7.61 所示部署关系同频工作。设 WSD 最大发射功率为 6dBW，若要满足覆盖率减小 7% 指标要求，两者的最小距离间隔 d 为多少？

根据式（7.103），位于 DTT 覆盖边缘地带的接收台站需满足 T(I/N)=−6dB。再根据式（7.114），对应的最小传输损耗为

$$L_{\text{Hata}} = P_{\text{WSD}} + G_{\text{DTT}} - N - T\left(\frac{I}{N}\right) \tag{7.115}$$

由于图 7.61 中 DTT 接收台站位于其覆盖边缘地带，因此接收天线主瓣应指向内部且远离 WSD 设备，而接收天线副瓣指向 WSD 设备。根据 ITU-R BT.419 建议书，可取 DTT 接收台

站天线副瓣增益为峰值增益 9.15dBi 减去 16dB，进而可求得最小传输损耗为

$$L_{\text{Hata}}=6+(9.15-16)-(-128)-(-6)=131.1\text{dB}$$

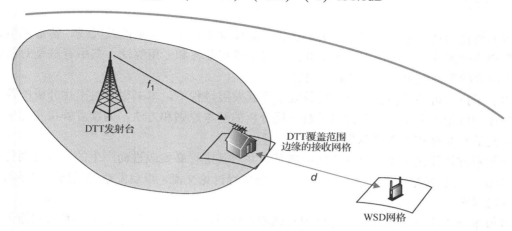

图 7.61　DTT 与 WSD 部署关系

除与传输损耗有关外，台站间隔距离还与天线高度和电波传播环境有关。表 7.37 给出了发射天线和接收天线均为 10m 条件下各种传播环境中的间隔距离。

表 7.37 中间隔距离与表 7.32 中基于 FCC 方法得出的间隔距离 14.4km 处于同一数量级，且随环境参数变化而变化。

表 7.37　WSD 与 DTT 所需间隔距离示例

环境	开阔地	城市郊区	市区
距离/km	21.9	6.52	3.77

例 7.40

某 WSD 设备期望与天线高度为 15m 的 PMSE 系统同频工作。设该 WSD 为固定设备，天线高度为 10m，最大发射功率为 6dBW，则其与 PMSE 系统的最小距离间隔 d 为多少？

Ofcom 规定的 PMSE 功率密度限值为-104dBm/200kHz=-134dBW/200kHz，对应的最小传输损耗计算式为

$$L_{\text{Hata}} = P_{\text{WSD}} + G_{\text{PMSE}} + A_{\text{BW}} - T(I) \tag{7.116}$$

设 WSD 采用全向接收天线，则

$$L_{\text{Hata}}=6+0+10\lg(200/8\,000)-(-134)=124\text{dB}$$

若采用 Hata/COST 231 传播模型，则上述传输损耗对应的间隔距离为 1.26km（城市郊区环境）或 0.725km（市区环境），这两个间隔距离与 7.10.2 节给出的基于 FCC 方法得出的间隔距离相当。

由例 7.39 和例 7.40 可知，尽管 FCC 方法与 Ofcom 方法存在显著的区别，但两者计算出的间隔距离非常接近。

7.11   结语

本书的目的是为读者介绍可用于干扰分析的技术和方法，主要涉及天线、传播模型、干扰计算和干扰消除方法等内容。本章介绍了若干特定业务和专用算法，其中有些是对前面章节相关内容的举例说明，有些是新增内容。

由于干扰分析涉及内容广泛，而且处于不断发展过程中，本书很难对干扰分析的各个方面展开详细讨论，主要是帮助读者了解干扰分析的基本原则和方法，为读者解决实际干扰问题、参阅 ITU-R 建议书等文献提供指引。

一种新方法往往是受到已有方法的启发，并对其进行必要改进而产生的。非常期待采用本书描述的空间–频率图等可视化工具，与业界同行讨论交流，以启发新的灵感，探寻需要解决的关键问题。

希望本书能够成为开展干扰分析的基础参考资料，并促使干扰分析成为有效实施无线电频谱管理的核心手段。

首字母缩写词和缩略词

3GPP	第三代合作伙伴计划
AA	区域分析
ABW	分配带宽
ACMA	澳大利亚通信和传媒局
ACIR	邻信道干扰抑制比
ACLR	邻信号泄漏功率比
ACS	邻信道选择性
AEIRP	集总等效全向辐射功率
AF	活动因子
AM	幅度调制
AMS	航空移动业务
AMSS	卫星航空移动业务
ANFR	法国频率管理局
APC	自动功率控制
APT	亚太电信组织
ASMG	阿拉伯国家频谱管理组织
ASTER	先进星基热辐射和反射辐射计
ATPC	自适应发射功率控制
ATU	非洲电信组织
BAS	广播辅助业务
BEM	块边沿掩模
BER	误码率
BPSK	二级制相移键控
BR	商用无线电/无线电通信局
BS	基站/广播业务
BSS	卫星广播业务
CA	碰撞回避
CAC	信道可用性检测
CAPEX	资本支出
CCDP	同信道双极化
CCV	词汇协调委员会（国际电联无线电通信部门）
CD	碰撞检测
CDF	累积分布函数
CDMA	码分多址
CEPT	欧洲邮电主管部门大会
CITEL	美洲国家电信委员会
COST	科学和技术合作
CoU	（频谱）使用变更

CPM	大会筹备会议（世界无线电通信大会）
CS	中心站
CSMA	载波侦听多路访问
CW	连续波
DFS	动态选频
DG	起草组
DL	下行链路
DMS	度、分、秒
DNR	起草新建议书
DPSK	差分相移键控
DTT	数字地面电视
DVB	数字视频广播
EBU	欧洲广播联盟
ECC	电子通信委员会
ECI	地球中心惯性
ECP	《欧洲共同建议》
EESS	卫星地球探测业务
EHF	极高频
EIRP	等效全向辐射功率
ENG	电子新闻采集
EPFD	等效功率通量密度
ERC	欧洲无线电通信委员会
ES	有效辐射功率
ESIM	移动地球站
ESOMP	移动平台地球站
ESV	船载地球站
ETSI	欧洲电信标准化协会
E-UTRA	广域陆地无线电接入演进
FAT	频率划分表
FCC	联邦通信委员会
FCFS	先来先服务
FDMA	频分多址
FDP	部分性能降级
FDR	频率相关抑制
FEC	前向纠错
FFT	快速傅里叶变换
FRA	联邦无线电管理局
FM	频率调制
FS	固定业务
FSK	移频键控
FSS	卫星固定业务
FWA	固定无线接入
GIMS	图形化干扰管理系统

GIS	地理信息系统
GPS	全球定位系统
GRMT	通用无线电建模工具
GSM	全球移动通信系统
GSO	对地静止卫星轨道
HAAT	平均地面高度
HCM	通用协调方法
HEO	高椭圆轨道
HF	高频
ICAO	国际民航组织
IDWM	国际电联数字全球地图
IEEE	电气电子工程师协会
IF	中频
IFIC	国际频率信息通告
IMO	国际气象组织
IMT	国际移动通信
IS	星间
ITU	国际电信联盟
ITU-R	国际电信联盟无线电通信部门
JEG	联合专家组
JPL	喷气推进实验室
JRG	联合报告起草组
LEO	近地轨道
LF	低频
LH	线性水平
LHC	左旋圆极化
LM	陆地移动
LMS	陆地移动业务
LNM	对数正态方法
LSA	授权共享接入
LT	长期
LTE	长期演进
LV	线性垂直
M2M	机器对机器
MASTS	移动指配技术系统
Mbps	兆比特每秒
MCL	最小耦合损耗
MF	中频
MIFR	国际频率登记总表
MIMO	多输入/多输出
MMS	海上移动业务
MO	微波炉
MOLA	火星轨道激光测高仪

MoU	谅解备忘录
MPtMP	多点对多点
MS	移动业务/移动台站
MSS	卫星移动业务
MVPD	多路径视频编程分发
NASA	国家航空航天局
NFD	净滤波器分辨力
NGSO	非对地静止卫星轨道
NM	海里
NTIA	国家电信与信息管理局
OBW	占用带宽
Ofcom	（英国）通信办公室
OFDM	正交频分复用多址
OFDMA	正交频分复用多址接入
OFR	频率失谐抑制
OR	偏航
OS	地形测量
OSGB	英国地形测量局
OTR	调谐抑制
PC	个人电脑
PCA	预测覆盖区域
PDF	概率密度函数或可移植文件格式
PDNR	新建议书草案初稿
PER	包错误率
PFD	功率通量密度
PMR	专用移动无线电
PMSE	节目制作和重要事件
PSA	受保护服务区域
PSK	相移键控
PtMP	单点对多点
PtP	点对点
QAM	正交幅度调制
QoS	服务质量
QPSK	正交相移键控
R	航线
RA	无线电理事会
RAG	无线电通信顾问组
RAL	拉瑟福德·阿普尔顿实验室
RAL1	无线电通信指配和执照授权说明
RAS	射电天文业务
RCC	通信领域区域共同体（苏联）
Rec.	建议书
RED	无线电设备指令

RF	射频
RHC	右旋圆极化
RLAN	无线局域网
RPE	辐射包络图
RR	无线电规则
RRB	无线电规则委员会
RRC	区域无线电通信会议
RSA	所需服务区域
RSC	无线电频谱委员会
RSL	接收机灵敏度电平
RSPG	无线电频谱政策组
RX	接收
SAB	广播辅助业务
SAP	节目制作辅助业务
SC	规则/程序事务特别委员会
SFN	单频网络
SG	研究组/小组
SHF	超高频
SM	频谱管理员
SQB	频谱质量基准
SRS	空间无线电通信电台
SRTM	航天飞机雷达地形测量任务
SSB	单边带
ST	短期
TDMA	码分多址
TFAC	频率指配技术指标
TRP	总辐射功率
TS	终端站
TV	电视
TVBD	电视频段设备
TVRS	电视接收台站
TX	发射
UHF	特高频
UKPM	英国规划模型
UL	上行链路
ULF	超低频
UMTS	通用移动通信系统
UN	联合国
UWB	超宽带
VHF	甚高频
VLA	甚大天线阵
VLBI	甚长基线干涉仪
VLF	甚低频

VSAT	甚小孔径终端
VSB	残留边带调制
WARC	全球无线电行政大会
WCDMA	宽带码分多址接入
WCG	最严重情形几何关系
WGS	世界大地坐标系
WP	工作组
WRC	世界无线电通信大会
WRPM	广域传播模型
WSD	白色空间设备
XPD	交叉极化分辨力

主 要 符 号

A	轨道半长轴
a_e	等效地球半径
A_{bw}	带宽调整因子
A_c	信号幅度或互调耦合损耗
A_e	天线有效面积
A_h	地物损耗
A_I	互调转换损耗
A_{MI}	掩模积分调整因子
A_t	平均业务量，单位为厄兰
A_{tc}	每信道平均业务量
A_u	每用户业务量，单位为厄兰
Az	方位角
B	带宽
B_{3dB}	峰值功率密度 3dB 带宽
B_I	干扰源带宽
B_M	测量带宽
B_V	受扰带宽
Bw	有用信号带宽
c	有用信道带宽（绝对值）或光速
C	有用信号功率，dB 值
C_0	有用信号功率，dB/Hz
C_a	信道容量
c/i	信干比，绝对值
C/I	信干比，dB 值
C_n	信道数量
c/n	信噪比，绝对值
C/N	信噪比，dB 值
C_0/N_0	信噪比，dB 值/Hz
$c/(n+i)$	信号与噪声加干扰比，绝对值
$C/(N+I)$	信号与噪声加干扰比，dB 值
$C_0/(N_0+I_0)$	信号与噪声加干扰比，dB/Hz
D	天线尺寸，单位为 m
DT	温度变化量（K）
DT/T	温度变化量与温度的百分比
e	轨道离心率
E	轨道偏近点角
e_b	每比特能量，绝对值
E_b	每比特能量，dB 值

e_c	载波效率
El	仰角
e_v	场强，单位为 v/m
$E_{\mu V}$	场强，单位为 dBμV/m
f_c	载波中心频率
F_c	覆盖率
f_{MHz}	频率，单位为 MHz
f_n	噪声系数，绝对值
F_N	噪声系数，绝对值
F_P	污染率
G_p	处理增益，dB 值
g_{rx}	接收增益，绝对值
G_{rx}	接收增益，dB 值
G_{tx}	发射增益，绝对值
G_{tx}	发射增益，dB 值
H	平均呼叫持续时间
h	高度
H_{rx}	接收天线高度
H_{tx}	发射天线高度
i	干扰信号功率（绝对值）或序号或轨道倾角
I	干扰信号功率，dB 值
I_0	干扰信号功率，dB/Hz
i/n	干扰信号与噪声比，绝对值
I/N	干扰信号与噪声比，dB 值
K	玻尔兹曼常数
l_f	馈线损耗，绝对值
L_f	馈线损耗，绝对值
L_{fx}	自由空间路径损耗，dB 值
L_p	传播损耗，dB 值
L_{pol}	极化损耗，dB 值
L_s	扩散损耗，dB 值
M	轨道平均异常
M_{fade}	衰落裕量，dB 值
M_i	干扰裕量，dB 值
m_{rx}	接收频谱掩模，绝对值
M_{rx}	接收频谱掩模，dB 值
m_{tx}	发射频谱掩模，绝对值
M_s	系统裕量，dB 值
M_{tx}	发射频谱掩模，dB 值
$M(X)$	指标 X 的裕量，dB 值
n	噪声绝对值或轨道平均运动
N	噪声 dB 值或事件数量
n_0	单位 Hz 噪声，绝对值

N_0	单位 Hz 噪声，dB 值
N_c	信道数量
N_{hit}	接收天线主瓣所需样本数量
N_{PCA}	预测覆盖区域内网格数量
N_{PSA}	受保护服务区域内网格数量
N_r	噪声增量，dB 值
N_{RSA}	所需服务区域内网格数量
N_{sys}	系统数量
p	时间百分比，例如限值或传播模型的时间百分比
P	轨道周期
P_R	保护比，dB 值
p_{rx}	接收功率，绝对值
P_{rx}	接收功率，dB 值
$p_t(X)$	指标 X 的时间百分比限值
P_{tx}	发射功率，绝对值
P_{tx}	发射功率，dB 值
q	位置百分比，例如传播模型中的位置百分比
r_a	远地点轨道半径
R_c	切普速率
R_{cs}	信道共享率
R_d	数据速率
r_p	近地点轨道半径
s	信号场强，绝对值
S	信号场强，dB 值
t	时间
T	时间，单位为 K
T_a	天线温度，单位为 K
T_b	比特持续时间
T_e	有效温度，单位为 K
T_f	馈电温度，单位为 K
T_o	参考温度=290°K
T_r	接收机温度，单位为 K
$T(X)$	指标 X 的限值
U	无用信号，单位为 dB
U_n	用户数量
v	轨道速度
W	有用信号，单位为 dB
X	指标，通常为 $\{C,I,C/I,C/(N+I),I/N,DT/T,PFD,EPFD\}$ 之一
α	地球站与卫星间连线与 GSO 弧段的最小夹角
Δf	频差
ε	仰角
γ	放大增益
η	天线效率

ϕ		偏轴角
λ		波长（典型单位为 m）或平均呼叫次数
μ		均值
ν		轨道真近点角
θ_{3dB}		天线半功率波束宽度
$\theta_{3dB,a}$		长半轴椭圆波束半功率宽度
$\sigma_{3dB,b}$		短半轴椭圆波束半功率宽度
σ		标准差
ω		轨道近地点幅角
Ω		升交点经度

下表中列出了希腊字母表

A	α	alpha	H	η	eta	N	ν	nu	T	τ	tau
B	β	beta	Θ	θ	theta	Ξ	ξ	xi	Υ	υ	upsilon
Γ	γ	gamma	I	ι	iota	O	o	omicron	Φ	ϕ	phi
Δ	δ	delta	K	κ	kappa	Π	π	pi	X	χ	chi
E	ε	epsilon	Λ	λ	lambda	P	ρ	rho	Ψ	ψ	psi
Z	ζ	zeta	M	μ	mu	Σ	σ	sigma	Ω	ω	omega

参 考 文 献

3GPP, 2010. *3GPP TR 36.814: Technical specification group radio access network; evolved universal terrestrial radio access (E-UTRA); further advancements for E-UTRA physical layer aspects*, Sophia-Antipolis: 3GPP.

ACMA, 1998. *Microwave fixed services frequency coordination*, Canberra: ACMA.

ACMA, 2000. *Frequency assignment requirements for the land mobile service*, Canberra: ACMA.

Aegis Systems Ltd, 2011. *The co-existence of LTE and DTT services at UHF: A field trial*, London: Ofcom.

Aegis Systems Ltd and Transfinite Systems Ltd, 2004. *Evaluating spectrum percentage occupancy in licence-exempt allocations*, London: Ofcom.

Aegis Systems Ltd, Transfinite Systems Ltd and Indepen Ltd, 2006. *Technology-neutral spectrum usage rights*, London: Ofcom.

Auer, G., et al., 2012. *How much energy is needed to run a wireless network*, s.l.: EU FP7 Project Earth.

Barclay, L., 2003. *Propagation of radiowaves*, 2nd ed., London: The Institute of Electrical Engineers.

Bate, R. R., Mueller, D. D., and White, J. E., 1971. *Fundamentals of astrodynamics*, 1st ed., New York: Dover.

Bousquet, M., and Maral, G., 1986. *Satellite communication systems*, 1st ed. Chichester: John Wiley & Sons, Ltd.

CEPT, 1997. *The Chester 1997 multilateral coordination agreement relating to technical criteria, coordination principles and procedures for the introduction of terrestrial digital video broadcasting (DVB-T)*, Chester: CEPT.

CEPT, 2009. *CEPT ECC Report 131: Derivation of a block edge mask (BEM) for terminal stations in the 2.6 GHz frequency band (2 500–2 690 MHz)*, Dublin: CEPT.

CEPT, 2011a. *ECC Report 185: Further definition of technical and operational requirements for the operation of white space devices in the band 470–790 MHz*, Copenhagen: CEPT.

CEPT, 2011b. *ECC Report 186: Technical and operational requirements for the operation of white space devices under geo-location approach*, Copenhagen: CEPT.

CEPT, 2011c. *ERC Recommendation 74-01: Unwanted emissions in the spurious domain*, Cardiff: CEPT.

CEPT ECC, 2002. *ECC Report 20: Methodology to determine the density of fixed service links*, Sesimbra: CEPT ECC.

CEPT ECC, 2010. *Recommendation T/R 13-02: Preferred channel arrangements for fixed service systems in the frequency range 22.0–29.5 GHz*, s.l.: s.n.

CEPT ERC, 1999. *CEPT ERC Report 101: A comparison of the minimum coupling loss method, enhanced minimum coupling loss method, and the Monte-Carlo simulation*, Menton: CEPT ERC.

CEPT ERC, 2002. *Report 68: Monte-Carlo radio simulation methodology for the use in sharing and compatibility studies between different radio services or systems*, s.l.: s.n.

Interference Analysis: Modelling Radio Systems for Spectrum Management, First Edition. John Pahl.
© 2016 John Wiley & Sons, Ltd. Published 2016 by John Wiley & Sons, Ltd.
Companion website: www.wiley.com/go/pahl1015

Clarke, A. C., 1945. Extra-terrestrial relays – can rocket stations give worldwide radio coverage. *Wireless World*, Issue October, pp. 305–308.

Cockell, C. S., 2006. *Project Boreas: A station for the Martian geographic north pole*, London: British Interplanetary Society.

Commission of the European Communities, 2007. Commission Decision of 21 February 2007 on allowing the use of the radio spectrum for equipment using ultra-wideband technology in a harmonised manner in the community. *Official Journal of the European Union*, **55**, pp. 33–36.

COST Action 231, n.d. *Final report*, s.l.: s.n.

Craig, K. H., 2004. *Theoretical assessment of the impact of the correlation of signal enhancements on area-to-point interference*, s.l.: Radiocommunications Agency.

Crane, R. K., 1996. *Electromagnetic wave propagation through rain*, s.l.: Wiley.

DTG Testing, 2014. *Lab measurements of WSD-DTT protection ratios*, London: Ofcom.

EBU, 2005. *EBU technical report 24: SFN frequency planning and network implementation with regard to D-DAB and DVB-T*, Geneva: EBU.

EBU, 2014. *Tech 3348: Frequency and network planning aspects of DVB-T2*, Geneva: EBU.

ECC and ETSI, 2011. *The European regulatory environment for radio equipment and spectrum*. [Online] Available at: http://www.cept.org/files/1051/ECC_ETSI_2011.pdf (Accessed 31 October 2014).

Egli, J. J., 1957. Radio propagation above 40 MC over irregular terrain. *Proceedings of the IRE (IEEE)*, **45**(10), pp. 1383–1391.

ERC, 1999. *ERC report 101: A comparison of the minimum coupling loss method, the enhanced mininimum coupling loss method and the monte Carlo simulation*, Menton: CEPT ERC.

ETSI, 2005. *ETSI TR 101 854; V1.3.1: Technical report; fixed radio systems; point-to-point equipment; derivation of receiver interference parameters useful for planning fixed service point-to-point systems operating different equipment classes and/or capacities*, Sophia Antipolis: ETSI.

ETSI, 2009. *EN 300 744; V1.6.1; european standard (telecommunications series) digital video broadcasting (DVB); framing structure, channel coding and modulation for digital terrestrial television*, Sophia Antipolis: ETSI.

ETSI, 2010. *EN 302 217-4-2 V1.5.1: Fixed radio systems; characteristics and requirements for point-to-point equipment and antennas; Part 4-2: Antennas; harmonized EN covering the essential requirements of article 3.2 of the R&TTE directive*, Sophia Antipolis: ETSI.

ETSI, 2014a. *EN 301 893; V1.7.2: Broadband radio access networks (BRAN); 5 GHz high performance RLAN; harmonized EN covering the essential requirements of article 3.2 of the R&TTE directive*, Sophia Antipolis: ETSI.

ETSI, 2014b. *ETSI EN 301 598: White space devices (WSD); wireless access systems operating in the 470 MHz to 790 MHz TV broadcast band; harmonized EN covering the essential requirements of article 3.2 of the R&TTE directive*, Sophia Antipolis: ETSI.

ETSI, 2014c. *EN 302 217-2-2 V2.2.1: Fixed radio systems; characteristics and requirements for point-to-point equipment and antennas; Part 2-2: Digital systems operating in frequency bands where frequency co-ordination is applied*, Sophia Antipolis: ETSI.

ETSI/3GPP, 2010. *ETSI TS 36.101; version 8.10.0; evolved universal terrestrial radio access (E-UTRA); user equipment (UE) radio transmission and reception*, Sophia Antipolis: ETSI/3GPP.

ETSI/3GPP, 2011. *ETSI TS 36.141; version 10.1.0; evolved universal terrestrial radio access (E-UTRA); base station (BS) conformance testing*, Sophia Antipolis: ETSI/3GPP.

ETSI/3GPP, 2014. *ETSI 36.104: LTE; v11.10.0; evolved universal terrestrial radio access (E-UTRA); base station (BS) radio transmission and reception*, Sophia Antipolis: ETSI/3GPP.

FCC, 1966. *Report R-6602: Development of VHF and UHF propagation curves for TV and FM broadcasting*, Washington, DC: FCC.

FCC, 2004. *FCC 04-168: In the matter of improving public safety communications in the 800 MHz band consolidating the 800 and 900 MHz industrial/land transportation and business pool channels*, s.l.: s.n.

FCC, 2010. *FCC 10-174: Second memorandum opinion and order*, Washington, DC: FCC.

Federal Communications Commission, 2002. *First report and order in the matter of the revision of Part 15 of the Commission's rules regarding ultra-wideband transmission systems*, s.l.: s.n.

Flood, I., 2013. *Graph theoretic methods for radio equipment selection*, Cardiff: Cardiff University.

Flood, I., and Bacon, D., 2006. Towards more spectrally efficient frequency assignment for microwave fixed link. *International Journal of Mobile Network Design and Innovation*, **1**(2), pp. 147–152.

Goodman, M., n.d. *The Radio Act of 1927 as a product of progressivism*. [Online] Available at: http://www.scripps.ohiou.edu/mediahistory/mhmjour2-2.htm (Accessed 26 October 2014).

Haslett, C., 2008. *Essentials of radio wave propagation*, 1st ed., Cambridge: Cambridge University Press.

Hata, M., 1980. Empirical formula for propagation loss in land mobile radio services. *IEEE Transactions on Vehicular Technology*, **VT-29**(3), pp. 317–325.

HCM Administrations, 2013. *Agreement on the co-ordination of frequencies between 29.7 MHz and 43.5 GHz for the fixed service and the land mobile service*, s.l.: s.n.

Ho, C., Golshan, N., and Kliore, A., 2002. *Radio wave propagation handbook for communication on and around mars*, Los Angeles: JPL.

Holma, H., and Toskala, A., 2010. *WCDMA for UMTS – HSPA evolution and LTE*, 5th ed., Chichester: John Wiley & Sons, Ltd.

IEEE, 2009a. *802.11n-2009: Amendment 5: Enhancements for higher throughput*, s.l.: s.n.

IEEE, 2009b. *IEEE 802.16m evaluation methodology document*, New York: IEEE.

International Commission on Non-Ionizing Radiation Protection (ICNIRP), 1998. Guidelines for limiting exposure to time-varying electric, magnetic and electromagnetic fields (up to 300 GHz). *Health Physics*, **74**, pp. 494–522.

International Launch Service, 2000. *Sirius 1: Launch on the proton launch vehicle*, s.l.: s.n.

ITU, 2004. *Radio Regulations*, 2004 ed., Geneva: ITU.

ITU, 2008. *Radio Regulations*, 2008 ed., Geneva: ITU.

ITU, 2011. *Collection of the basic texts of the International Telecommunications Union adopted by the Plenipotentiary Conference*, 2011 ed., Geneva: ITU.

ITU, 2012a. *Radio Regulations*, 2012 ed., Geneva: ITU.

ITU, 2012b. *Resolutions of the Radiocommunications Assembly*, Geneva: ITU.

ITU, 2014. *Final Acts of the Plenipotentiary Conference (Busan, 2014)*, Geneva: ITU.

ITU, 2015. *Provisional Final Acts WRC-15*, Geneva: ITU.

ITU, n.d. *Overview of ITU's history*. [Online] Available at: http://www.itu.int/en/history/Documents/ITU-HISTORY-Overview.pdf (Accessed 27 Octobter 2012).

ITU-R, 1986. *Report ITU-R M.739-1: Interference due to intermodulation products in the land mobile service between 25 and 1 000 MHz*, Geneva: ITU-R.

ITU-R, 1992a. *Recommendation ITU-R BT.419-3: Directivity and polarization discrimination of antennas in the reception of television broadcasting*, Geneva: ITU-R.

ITU-R, 1992b. *Recommendation ITU-R S.738: Procedure for determining if coordination is required between geostationary-satellite networks sharing the same frequency bands*, Geneva: ITU-R.

ITU-R, 1992c. *Recommendation ITU-R S.740:Technical coordination methods for fixed-satellite networks*, Geneva: ITU-R.

ITU-R, 1993. *Recommendation ITU-R SF.1006: Determination of the interference potential between earth stations of the fixed-satellite service and stations in the fixed service*, Geneva: ITU-R.

ITU-R, 1994a. *Recommendation ITU-R F.1101: Characteristics of digital fixed wireless systems below about 17 GHz*, Geneva: ITU-R.

ITU-R, 1994b. *Recommendation ITU-R P.525-2: Calculation of free space attenuation*, Geneva: ITU-R.

ITU-R, 1994c. *Recommendation ITU-R S.741-2: Carrier-to-interference calculations between networks in the fixed-satellite service*, Geneva: ITU-R.

ITU-R, 1995. *Recommendation ITU-R S.728-1: Maximum permissible level of off-axis e.i.r.p. density from very small aperture terminals (VSATs)*, Geneva: ITU-R.

ITU-R, 1997a. *Recommendation ITU-R S.672-4: Satellite antenna radiation pattern for use as a design objective in the fixed-satellite service employing geostationary satellites*, Geneva: ITU-R.

ITU-R, 1997b. *Recommendation ITU-R S.736: Estimation of polarization discrimination in calculations of interference between geostationary-satellite networks in the fixed-satellite service*, Geneva: ITU-R.

ITU-R, 1999a. *Recommendation ITU-R P.341-5: The concept of transmission loss for radio links*, Geneva: ITU-R.

ITU-R, 1999b. *Recommendation ITU-R P.1058: Digital topographic databases for propagation studies*, Geneva: ITU-R.

ITU-R, 1999c. *Recommendation ITU-R SF.1395: Minimum propagation attenuation due to atmospheric gases for use in frequency sharing studies between the fixed-satellite service and the fixed service*, Geneva: ITU-R.

ITU-R, 2000a. *Recommendation ITU-R M.1454: E.i.r.p. density limit and operational restrictions for RLANS or other wireless access transmitters in order to ensure the protection of feeder links of non-geostationary systems in the mobile-satellite service in the frequency band 5 150–5 250 MHz*, Geneva: ITU-R.

ITU-R, 2000b. *Recommendation ITU-R SM.1448: Determination of the coordination area around an Earth station in the frequency bands between 100 MHz and 105 GHz*, Geneva: ITU-R.

ITU-R, 2000c. *Recommendation ITU-R V.431-7: Nomenclature of the frequency and wavelength bands used in telecommunications*, Geneva: ITU-R.

ITU-R, 2001a. *Recommendation ITU-R F.748-4: Radio-frequency arrangements for systems of the fixed service operating in the 25, 26 and 28 GHz bands*, Geneva: ITU-R.

ITU-R, 2001b. *Recommendation ITU-R P.1510: Annual mean surface temperature*, Geneva: ITU-R.

ITU-R, 2001c. *Recommendation ITU-R S.1428-1: Reference FSS earth-station radiation patterns for use in interference assessment involving non-GSO satellites in frequency bands between 10.7 GHz and 30 GHz*, Geneva: ITU-R.

ITU-R, 2001d. *Recommendation ITU-R S.1528: Satellite antenna radiation patterns for non-geostationary orbit satellite antennas operating in the fixed-satellite service below 30 GHz*, Geneva: ITU-R.

ITU-R, 2001e. *Recommendation ITU-R S.1529: Analytical method for determining the statistics of interference between non-geostationary-satellite orbit FSS systems and other non-geostationary-satellite orbit FSS systems or geostationary-satellite orbit FSS networks*, Geneva: ITU-R.

ITU-R, 2002a. *ITU-R Report SM.2028-1: Monte Carlo simulation methodology for the use in sharing and compatibility studies between different radio services or systems*, Geneva: ITU-R.

ITU-R, 2002b. *Recommendation ITU-R S.1257-3: Analytical method to calculate short-term visibility and interference statistics for non-geostationary satellite orbit satellites as seen from a point on the Earth's surface*, Geneva: ITU-R.

ITU-R, 2002c. *Recommendation ITU-R S.1323-2: Maximum permissible levels of interference in a satellite network (GSO/FSS; non-GSO/FSS; non-GSO/MSS feeder links) in the fixed-satellite service caused by other codirectional FSS networks below 30 GHz*, Geneva: ITU-R.

ITU-R, 2003a. *Recommendation ITU-R M.1184-2: Technical characteristics of mobile satellite systems in the frequency bands below 3 GHz for use in developing criteria for sharing between the mobile-satellite service (MSS) and other services*, Geneva: ITU-R.

ITU-R, 2003b. *Recommendation ITU-R M.1644: Technical and operational characteristics, and criteria for protecting the mission of radars in the radiolocation and radionavigation service operating in the frequency band 13.75–14 GHz*, Geneva: ITU-R.

ITU-R, 2003c. *Recommendation ITU-R M.1654: A methodology to assess interference from broadcasting-satellite service (sound) into terrestrial IMT-2000 systems intending to use the band 2 630–2 655 MHz*, Geneva: ITU-R.

ITU-R, 2003d. *Recommendation ITU-R RA.769-2: Protection criteria used for radio astronomical measurements*, Geneva: ITU-R.

ITU-R, 2003e. *Recommendation ITU-R S.580-6: Radiation diagrams for use as design objectives for antennas of earth stations operating with geostationary satellites*, Geneva: ITU-R.

ITU-R, 2003f. *Recommendation ITU-R S.1325-3: Simulation methodologies for determining statistics of short-term interference between co-frequency, codirectional non-geostationary-satellite orbit FSS systems in circular orbits and other non-geostationary FSS networks*, Geneva: ITU-R.

ITU-R, 2005a. *Recommendation ITU-R F.1108-4: Determination of the criteria to protect fixed service receivers from the emissions of space stations operating in non-geostationary orbits in shared frequency bands*, Geneva: ITU-R.

ITU-R, 2005b. *Recommendation ITU-R M.1141-2: Sharing in the 1–3 GHz frequency range between non-geostationary space stations operating in the mobile-satellite service*, Geneva: ITU-R.

ITU-R, 2005c. *Recommendation ITU-R M.1143-3: System specific methodology for coordination of non-geostationary space stations (space-to-Earth) operating in the mobile-satellite service with the fixed service*, Geneva: ITU-R.

ITU-R, 2005d. *Recommendation ITU-R P.838-3: Specific attenuation model for rain for use in prediction methods*, Geneva: ITU-R.

ITU-R, 2006a. *Final Acts of the Regional Radiocommunication Conference for planning of the digital terrestrial broadcasting service in parts of Regions 1 and 3, in the frequency bands 174–230 MHz and 470–862 MHz*. Geneva: ITU-R.

ITU-R, 2006b. *Recommendation ITU-R F.699-7: Reference radiation patterns for fixed wireless system antennas for use in coordination studies and interference assessment in the frequency range from 100 MHz to about 70 GHz*, Geneva: ITU-R.

ITU-R, 2006c. *Recommendation ITU-R F.1760: Methodology for the calculation of aggregate equivalent isotropically radiated power (a.e.i.r.p.) distribution from point-to-multipoint high-density applications in the fixed service operating in bands above 30 GHz*, Geneva: ITU-R.

ITU-R, 2006d. *Recommendation ITU-R F.1766: Methodology to determine the probability of a radio astronomy observatory receiving interference based on calculated exclusion zones to protect against interference from p-mp high-density applications in the fixed service*, Geneva: ITU-R.

ITU-R, 2006e. *Recommendation ITU-R M.1460-1: Technical and operational characteristics and protection criteria of radiodetermination radars in the 2 900–3 100 MHz band*, Geneva: ITU-R.

ITU-R, 2006f. *Recommendation ITU-R M.1739: Protection criteria for wireless access systems, including radio local area networks, operating in the mobile service in accordance with Resolution 229 (WRC-03) in the bands 5 150–5 250 MHz, 5 250–5 350 MHz and 5 470–5 725 MHz*, Geneva: ITU-R.

ITU-R, 2006g. *Recommendation ITU-R S.524-9: Maximum permissible levels of off-axis e.i.r.p. density from earth stations in geostationary-satellite orbit networks operating in the FSS transmitting in the 6 GHz, 13 GHz, 14 GHz and 30 GHz frequency bands*, Geneva: ITU-R.

ITU-R, 2006h. *Recommendation ITU-R S.1432-1: Apportionment of the allowable error performance degradations to fixed-satellite service (FSS) hypothetical reference digital paths arising from time invariant interference for systems operating below 30 GHz*, Geneva: ITU-R.

ITU-R, 2006i. *Recommendation ITU-R SM.328-11: Spectra and bandwidth of emissions*, Geneva: ITU-R.

ITU-R, 2007a. *Recommendation ITU-R F.1094-2: Maximum allowable error performance and availability degradations to digital fixed wireless systems arising from radio interference from emissions and radiations from other sources*, Geneva: ITU-R.

ITU-R, 2007b. *Recommendation ITU-R M. 1583-1: Interference calculations between non-geostationary mobile-satellite service or radionavigation-satellite service systems and radio astronomy telescope sites*, Geneva: ITU-R.

ITU-R, 2007c. *Recommendation ITU-R P.368-9: Ground-wave propagation curves for frequencies between 10 kHz and 30 MHz*, Geneva: ITU-R.

ITU-R, 2007d. *Recommendation ITU-R P.1147-4: Prediction of sky-wave field strength at frequencies between about 150 and 1 700 kHz*, Geneva: ITU-R.

ITU-R, 2007e. *Recommendation ITU-R P.1791: Propagation prediction methods for assessment of the impact of ultra-wideband devices*, Geneva: ITU-R.

ITU-R, 2007f. *Recommendation ITU-R SM.1134-1: Intermodulation interference calculations in the land-mobile service*, Geneva: ITU-R.

ITU-R, 2008b. *Recommendation ITU-R SM.337-6: Frequency and distance separations*, Geneva: ITU-R.

ITU-R, 2010a. *Recommendation ITU-R M.1319-3: The basis of a methodology to assess the impact of interference from a TDMA/FDMA MSS space-to-Earth transmissions on the performance of line-of-sight FS receiver*, Geneva: ITU-R.

ITU-R, 2010b. *Recommendation ITU-R S.465-6: Reference radiation pattern for earth station antennas in the fixed-satellite service for use in coordination and interference assessment in the frequency range from 2 to 31 GHz*, Geneva: ITU-R.

ITU-R, 2011a. *Recommendation ITU-R BT.1895: Protection criteria for terrestrial broadcasting systems*, Geneva: ITU-R.

ITU-R, 2011b. *Recommendation ITU-R M.1652-1: Dynamic frequency selection in wireless access systems including radio local area networks for the purpose of protecting the radiodetermination service in the 5 GHz band*, Geneva: ITU-R.

ITU-R, 2011c. *Report ITU-R M.2235: Aeronautical mobile (route) service sharing studies in the frequency band 960–1 164 MHz*, Geneva: ITU-R.

ITU-R, 2012a. *Recommendation ITU-R 329-12: Unwanted emissions in the spurious domain*, Geneva: ITU-R.

ITU-R, 2012b. *Recommendation ITU-R F.746-10: Radio-frequency arrangements for fixed service systems*, Geneva: ITU-R.

ITU-R, 2012c. *Recommendation ITU-R F.1245-2: Mathematical model of average and related radiation patterns for line-of-sight PtP fixed wireless system antennas for use in certain coordination studies and interference assessment in the frequency range 1 to about 70 GHz*, Geneva: ITU-R.

ITU-R, 2012d. *Recommendation ITU-R P.453-10: The radio refractive index: Its formula and refractivity data*, Geneva: ITU-R.

ITU-R, 2012e. *Recommendation ITU-R P.528-3: Propagation curves for aeronautical mobile and radionavigation services using the VHF, UHF and SHF bands*, Geneva: ITU-R.

ITU-R, 2012f. *Recommendation ITU-R P.837-6: Characteristics of precipitation for propagation modelling*, Geneva: ITU-R.

ITU-R, 2012g. *Recommendation ITU-R P.1238-7: Propagation data and prediction methods for the planning of indoor radiocommunication systems and radio local area networks in the frequency range 900 MHz to 100 GHz*, Geneva: ITU-R.

ITU-R, 2012h. *Recommendation ITU-R RS.2017: Performance and interference criteria for satellite passive remote sensing*, Geneva: ITU-R.

ITU-R, 2012i. *Report ITU-R BT.2265: Guidelines for the assessment of interference into the broadcasting service*, Geneva: ITU-R.

ITU-R, 2013a. *Guidelines for the working methods of the RA, the SGs and related groups*, s.l.: s.n.

ITU-R, 2013b. *Recommendation ITU-R BT.2036: Characteristics of a reference receiving system for frequency planning of digital terrestrial television systems*, Geneva: ITU-R.

ITU-R, 2013c. *Recommendation ITU-R P.372-11: Radio noise*, Geneva: ITU-R.

ITU-R, 2013d. *Recommendation ITU-R P.452-15: Prediction procedure for the evaluation of interference between stations on the surface of the Earth at frequencies above about 0.1 GHz*, Geneva: ITU-R.

ITU-R, 2013e. *Recommendation ITU-R P.526-13: Propagation by diffraction*, Geneva: ITU-R.

ITU-R, 2013f. *Recommendation ITU-R P.530-15: Propagation data and prediction methods required for the design of terrestrial line-of-sight systems*, Geneva: ITU-R.

ITU-R, 2013g. *Recommendation ITU-R P.618-11: Propagation data and prediction methods required for the design of Earth-space telecommunication systems*, Geneva: ITU-R.

ITU-R, 2013h. *Recommendation ITU-R P.676-10: Attenuation by atmospheric gases*, Geneva: ITU-R.

ITU-R, 2013i. *Recommendation ITU-R P.835-5: Reference standard atmospheres*, Geneva: ITU-R.

ITU-R, 2013j. *Recommendation ITU-R P.836-5: Water vapour: surface density and total columnar content*, Geneva: ITU-R.

ITU-R, 2013k. *Recommendation ITU-R P.1411-7: Propagation data and prediction methods for the planning of short-range outdoor radiocommunication systems and radio local area networks in the frequency range 300 MHz to 100 GHz*, Geneva: ITU-R.

ITU-R, 2013l. *Recommendation ITU-R P.1546-5: Method for point-to-area predictions for terrestrial services in the frequency range 30 MHz to 3 000 MHz*, Geneva: ITU-R.

ITU-R, 2013m. *Recommendation ITU-R P.1812-3: A path-specific propagation prediction method for point-to-area terrestrial services in the VHF and UHF bands*, Geneva: ITU-R.

ITU-R, 2013n. *Recommendation ITU-R P.2001-1: A general purpose wide-range terrestrial propagation model in the frequency range 30 MHz to 50 GHz*, Geneva: ITU-R.

ITU-R, 2013o. *Recommendation ITU-R P.2040: Effects of building materials and structures on radiowave propagation above about 100 MHz*, Geneva: ITU-R.

ITU-R, 2013p. *Recommendation ITU-R S.1503-2: Functional description to be used in developing software tools for determining conformity of non-geostationary-satellite orbit fixed-satellite system networks with limits contained in Article 22 of the Radio Regulations*, Geneva: ITU-R.

ITU-R, 2013q. *Report ITU-R M.2290-0: Future spectrum requirements estimate for terrestrial IMT*, Geneva: ITU-R.

ITU-R, 2013r. *Report ITU-R M.2292: Characteristics of terrestrial IMT-advanced systems for frequency sharing/interference analyses*, Geneva: ITU-R.

ITU-R, 2013s. *Recommendation ITU-R P.833-8: Attenuation in vegetation*, Geneva: ITU-R.

ITU-R, 2014a. *Document JTG 4-5-6-7/715: Report on the sixth and final meeting of Joint Task Group 4-5-6-7*, s.l.: s.n.

ITU-R, 2014b. *Draft New Report ITU-R [FSS-IMT C-BAND DOWNLINK]: Sharing studies between International Mobile Telecommunication-advanced systems and geostationary satellite networks in the FSS in the 3 400–4 200 MHz and 4 500–4 800 MHz frequency bands*, s.l.: s.n.

ITU-R, 2014c. *Recommendation ITU-R BO.1443-3: Reference BSS earth station antenna patterns for use in interference assessment involving non-GSO satellites in frequency bands covered by RR Appendix 30*, Geneva: ITU-R.

ITU-R, 2014d. *Recommendation ITU-R BT.1368-11: Planning criteria, including protection ratios, for digital terrestrial television services in the VHF/UHF bands*, Geneva: ITU-R.

ITU-R JTG 4-5-6-7, 2014. *Document 715 Annex 05: Draft new Report ITU-R BT.[MBB_DTTB_470_694] – sharing and compatibility studies between digital terrestrial television broadcasting and terrestrial mobile broadband applications, including IMT, in the frequency band 470–694/698 MHz*, s.l.: s.n.

Joint Frequency Planning Project, 2012. *Technical parameters and planning algorithms*, London: Ofcom.

Kraus, J. D., and Marhefka, R. J., 2003. *Antennas for all applications*, 3rd ed., New York: McGraw Hill.

Lee, W. C. Y., 1993. *Mobile communications design fundamentals*. s.l.: Wiley Interscience.

NASA, n.d. *Shuttle radar topography mission*. [Online] Available at: http://www2.jpl.nasa.gov/srtm/index.html (Accessed 10 December 2014).

NASA JPL, n.d. *ASTER global digital elevation Map*. [Online] Available at: http://asterweb.jpl.nasa.gov/gdem.asp (Accessed 10 December 2014).

Nelsen, R., 1999. *An introduction to copulas*, s.l.: Springer.

Ofcom, 2006a. *3M/164-E: Information paper: Modelling multiple interfering signals*, Geneva: ITU-R.

Ofcom, 2006b. *Spectrum usage rights: Technology and usage neutral access to the radio spectrum*, London: Ofcom.

Ofcom, 2007. *Spectrum co-existence document: Broadband fixed wireless access (BFWA) and spectrum access – sub national (SA-SN) – in 28 GHz*, London: Ofcom.

Ofcom, 2008a. *Document 3K/10-E: Diffraction model comparison using cleaned 3K1 correspondence group database*, Geneva: ITU-R.

Ofcom, 2008b. *OfW 164: Business radio technical frequency assignment criteria*, London: Ofcom.

Ofcom, 2012a. *3G coverage obligation verification methodology*, London: Ofcom.

Ofcom, 2012b. *4G coverage obligation notice of compliance verification methodology; LTE*, London: Ofcom.

Ofcom, 2013. *OfW 446 technical frequency assignment criteria for fixed point-to-point radio services with digital modulation*, London: Ofcom.

Ofcom, 2014. *Business radio assignment sharing criteria review*, London: Ofcom.

Ofcom, 2015. *Implementing white spaces: Annexes 1 to 12*, London: Ofcom.

Ofcom and ANFR, 2004. *MoU concluded between the administrations of France and the UK on coordination in the 47–68 MHz frequency band*, London and Paris: Ofcom and ANFR.

PA Knowledge Limited, 2009. *Predicting areas of spectrum shortage*, London: Ofcom.

Pahl, J., 2002. *Analysis of the spectrum efficiency of sharing between terrestrial and satellite services*, London: IEE Conference on Radio Spectrum.

Pahl, J., 2006. Communications and navigation networks for pole station. In: C. S. Cockell, ed. *Project Boreas: A station for the Martian geographic north pole*, London: British Interplanetary Society, pp. 123–146.

Petroff, E., et al., 2015. Identifying the source of perytons at the Parkes radio telescope. arXiv:1504.02165v1, 9 April.

Rappaport, T. S., 1996. *Wireless communications principle & practices*, 1st ed., s.l.: Prentice Hall.

Scientific Generics Limited, 2005. *Cost and power consumption implications of digital switchover*, London: Ofcom.

Skolnik, M. I., 2001. *Introduction to radar systems*, 3rd ed., Singapore: McGraw-Hill Higher Education.

Telecommunications Industry Association, 1994. *Technical service bulletin 10F: Interference criteria for microwave systems*, Washington, DC: Telecommunications Industry Association.

Transfinite Systems, Radio Communications Research Unit, dB Spectrum, LS telcom, 2007. *Final report: GRMT phase 2*, London: Ofcom.

Vallado, D. A., Crawford, P., Hujsak, R., and Kelso, T. S., 2006. *Revisiting spacetrack report #3: Rev 2*, Reston, VA: American Institute of Aeronautics and Astronautics.

Wikipedia, 2014a. *Boltzmann constant*. [Online] Available at: http://en.wikipedia.org/wiki/Boltzmann_constant (Accessed 23 October 2014).

Wikipedia, 2014b. *Speed of light*. [Online] Available at: http://en.wikipedia.org/wiki/Speed_of_light (Accessed 23 October 2014).

Wikipedia, 2014c. *Tragedy of the commons*. [Online] Available at: http://en.wikipedia.org/wiki/Tragedy_of_the_commons (Accessed 26 October 2014).

Wikipedia, 2014d. *World geodetic system*. [Online] Available at: http://en.wikipedia.org/wiki/World_Geodetic_System (Accessed 23 October 2014).

反侵权盗版声明

电子工业出版社依法对本作品享有专有出版权。任何未经权利人书面许可，复制、销售或通过信息网络传播本作品的行为，歪曲、篡改、剽窃本作品的行为，均违反《中华人民共和国著作权法》，其行为人应承担相应的民事责任和行政责任，构成犯罪的，将被依法追究刑事责任。

为了维护市场秩序，保护权利人的合法权益，我社将依法查处和打击侵权盗版的单位和个人。欢迎社会各界人士积极举报侵权盗版行为，本社将奖励举报有功人员，并保证举报人的信息不被泄露。

举报电话：（010）88254396；（010）88258888

传　　真：（010）88254397

E-mail：　dbqq@phei.com.cn

通信地址：北京市海淀区万寿路 173 信箱
　　　　　电子工业出版社总编办公室

邮　　编：100036